工业和信息化精品系列教材

信息技术基础

（Windows 10+Office 2019）

微课版

刘志成 石坤泉 ◎ 主编

人民邮电出版社
北京

图书在版编目（CIP）数据

信息技术基础 : Windows 10+Office 2019 : 微课版/
刘志成, 石坤泉主编. -- 北京 : 人民邮电出版社,
2023.4
工业和信息化精品系列教材
ISBN 978-7-115-61143-7

Ⅰ. ①信… Ⅱ. ①刘… ②石… Ⅲ. ①Windows操作系
统－教材②办公自动化－应用软件－教材 Ⅳ.
①TP316.7②TP317.1

中国国家版本馆CIP数据核字(2023)第023249号

内 容 提 要

本书以微型计算机为基础，全面、系统地介绍计算机的基础知识及基本操作。全书共 12 个项目，包括了解并使用计算机、了解计算机新技术、学习操作系统知识、管理计算机中的资源、制作并编辑 Word 文档、排版文档、制作 Excel 表格、计算和分析 Excel 数据、制作演示文稿、设置并放映演示文稿、认识并使用计算机网络、做好计算机维护与安全管理等内容。

本书参考全国计算机等级考试一级计算机基础及 MS Office 应用的考试大纲要求，采用任务式的讲解方式锻炼读者的计算机操作能力，培养读者的信息素养。书中每个项目最后都安排了课后练习，以便读者对所学知识进行练习和巩固。

本书适合作为普通高等学校、高职高专院校计算机基础课程的教材或参考书，也可作为计算机培训班的教材，或全国计算机等级考试一级计算机基础及 MS Office 应用的自学参考书。

◆ 主　　编　刘志成　石坤泉
　责任编辑　刘晓东
　责任印制　王　郁　焦志炜
◆ 人民邮电出版社出版发行　　北京市丰台区成寿寺路 11 号
　邮编　100164　电子邮件　315@ptpress.com.cn
　网址　https://www.ptpress.com.cn
　北京天宇星印刷厂印刷
◆ 开本：787×1092　1/16
　印张：15.5　　2023 年 4 月第 1 版
　字数：423 千字　　2024 年 8 月北京第 4 次印刷

定价：49.80 元

读者服务热线：(010)81055256　印装质量热线：(010)81055316
反盗版热线：(010)81055315
广告经营许可证：京东市监广登字 20170147 号

前言 PREFACE

随着经济和科技的不断发展，计算机在人们的工作和生活中发挥着越来越重要的作用，已经成为一种必不可少的工具。如今，计算机技术已广泛应用到军事、科研、经济和文化等领域，其作用和意义已超出了科学和技术的层面，达到了社会文化的层面。能够使用计算机进行信息处理已成为每位大学生必备的能力，因此“信息技术基础”作为一门普通高校的公共基础必修课程，对于大学生来说具有很高的学习价值。

教育是国之大计、党之大计，而信息技术作为当今社会发展的重要领域，更需要得到充分的重视和发展。党的二十大报告提出“我们要办好人民满意的教育，全面贯彻党的教育方针，落实立德树人根本任务，培养德智体美劳全面发展的社会主义建设者和接班人，加快建设高质量教育体系，发展素质教育，促进教育公平。”本书结合全国计算机等级考试一级计算机基础及 MS Office 应用的操作要求，通过直观的案例、详细的讲解和互联网课堂等形式，致力于帮助读者学习和掌握信息技术基础知识，以满足当前经济、文化和科技发展的需求，促进我国现代化建设进程，推动中华民族伟大复兴。

本书的内容

本书紧跟当下主流的计算机技术，讲解以下 6 个部分的内容。

- 计算机基础知识（项目一～项目四）。该部分主要讲解计算机的发展历程、计算机中信息的表示和存储形式、计算机硬件的连接、计算机的软件系统、鼠标和键盘、人工智能、大数据、云计算、其他新兴技术、Windows 10 操作系统、Windows 10 窗口与“开始”菜单、Windows 10 工作环境的定制、汉字输入法的设置、文件和文件夹资源的管理、程序和硬件资源的管理等内容。
- Word 2019 办公应用（项目五、项目六）。该部分主要通过输入并编辑学习计划文本、设置招聘启事文档格式、设计并美化公司简介、制作用人需求申请表、排版工作简报、排版和打印员工手册等任务，详细讲解 Word 2019 的基本操作，包括字体格式的设置、段落格式的设置、图片的插入与设置、表格的使用和页面版式设置的方法，以及长文档排版的相关知识。
- Excel 2019 办公应用（项目七、项目八）。该部分主要通过创建和编辑客户来访登记表、美化员工考勤表、制作产品销售统计表、统计分析员工绩效考核表、制作工资对比图表等任务，详细讲解 Excel 2019 的基本操作，包括输入数据、设置工作表格式、使用公式与函数进行运算、数据排序、数据筛选、数据分类汇总、用图表分析数据等相关内容。
- PowerPoint 2019 办公应用（项目九、项目十）。该部分主要通过制作企业宣传演示文稿、编辑入职培训演示文稿、设置营销分析报告演示文稿和放映并输出礼仪手册演示文稿等任务，详细讲解 PowerPoint 2019 的基本操作，包括在幻灯片中输入文本、插入图片和表格等对象，制作幻灯片母版，设置幻灯片的切换动画、添加动画效果、设置放映效果和打包演示文稿等内容。

- 网络应用（项目十一）。该部分主要讲解计算机网络基础知识、Internet 基础知识和 Internet 的应用等。
- 计算机维护与安全（项目十二）。该部分主要讲解磁盘与计算机系统的维护，以及计算机病毒的防治等知识。

本书的特色

本书具有以下特色。

（1）任务驱动，目标明确。每个项目分为几个不同的任务来完成，讲解每个任务时，先结合情景式教学模式给出“任务要求”，便于读者了解实际工作需求并明确学习目的，然后讲解完成任务需要具备的相关知识，再将操作实施过程分为几个具体的操作阶段进行介绍。

（2）讲解深入浅出，实用性强。本书在注重系统性和科学性的基础上，突出实用性及可操作性，对重点概念和操作技能进行详细讲解，语言流畅，深入浅出，符合计算机基础教学的规律，并满足社会人才培养的要求。

本书在讲解过程中，还通过“提示”“注意”小栏目为读者提供更多解决问题的方法和更加全面的知识，引导读者更好、更快地完成当前工作任务及类似工作任务。

（3）本书配有微课视频，配套出版上机指导与习题集。本书所有操作讲解内容均已录制成视频，并上传至“微课云课堂”，读者只需扫描书中提供的二维码便可以随时观看，轻松掌握相关知识。本书还同步推出实验教材《信息技术基础上机指导与习题集（Windows 10+Office 2019）（微课版）》，以加强对读者实际应用技能的培养，实验教材可与本书配套使用。

本书的平台支撑

“微课云课堂”（www.ryweike.com）目前包含近 50000 个微课视频，在资源展现上分为“微课云”“云课堂”两种形式。“微课云课堂”的主要特点如下。

（1）海量微课资源，并在持续更新。“微课云课堂”充分利用人民邮电出版社在信息技术领域的优势，以 60 多年的发展积累为基础，将资源经过分类、整理、加工及微课化之后提供给读者。

（2）资源精心分类，方便自主学习。“微课云课堂”相当于一个庞大的微课视频资源库，按照门类进行一级和二级分类。

读者可以扫描封面上的二维码或者直接登录“微课云课堂”（www.ryweike.com），用手机号码注册，在首页单击“学习卡”选项，输入封底刮刮卡中的激活码，在线观看视频。

读者可以登录人邮教育社区网站（www.ryjiaoyu.com）下载本书的素材和效果文件等相关教学资源。

编者

2023 年 1 月

目录 CONTENTS

项目三

学习操作系统知识……………… 41

项目四

管理计算机中的资源…………63

项目五

项目六

项目七

项目十

项目十一

项目十二

项目一
了解并使用计算机

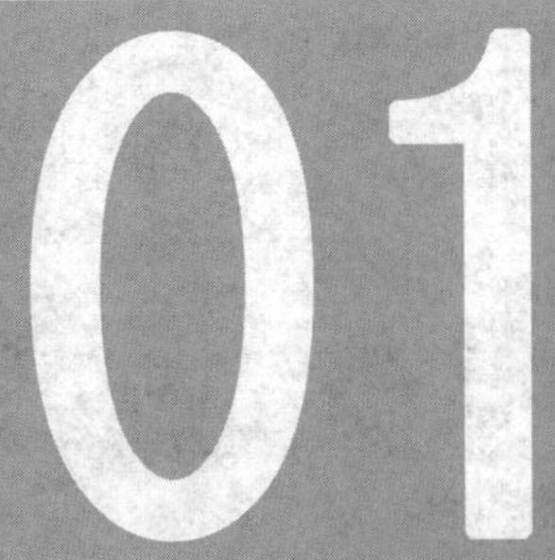

计算机的出现使人类迅速步入了信息社会。计算机是一门科学，同时也是一种能够按照指令，对各种数据和信息进行自动加工和处理的电子设备。掌握计算机相关技术已成为各行业对从业人员的基本要求之一。本项目将通过 5 个任务来介绍计算机的基础知识，包括了解计算机的发展历程、认识计算机中信息的表示和存储形式、了解并连接计算机硬件、了解计算机的软件系统、使用鼠标和键盘等，为后面的学习奠定基础。

课堂学习目标

- 了解计算机的发展历程。
- 认识计算机中信息的表示和存储形式。
- 了解并连接计算机硬件。
- 了解计算机的软件系统。
- 学会使用鼠标和键盘。

任务一　了解计算机的发展历程

任务要求

肖磊填报志愿时选择了与计算机相关的专业，虽然平时在生活中也会使用计算机，但是他知道计算机的功能很强大，远不止他目前所了解的那么简单。作为一名计算机相关专业的学生，肖磊迫切地想要了解计算机是如何诞生与发展的，计算机有哪些功能和分类，计算机的未来发展会怎样。

本任务要求了解计算机的诞生及发展进程，认识计算机的特点、应用和分类，了解计算机的发展趋势等相关知识。

任务实现

（一）了解计算机的诞生及发展进程

17 世纪，德国数学家莱布尼茨发明了二进制记数法。20 世纪初，电子技术得到飞速发展：1904 年，英国电机工程师弗莱明研制出真空二极管；1906 年，美国福雷斯特（Lee De Forest）发明了真空三极管。这些进程为计算机的诞生奠定了基础。

20 世纪 40 年代，西方国家的工业技术发展迅猛，相继出现了雷达和导弹等高科技产品，原有的计算工具难以满足大量科技产品对复杂计算的需要，迫切需要在计算技术上有所突破。1943 年，美国宾夕法尼亚大学教授约翰·莫奇利（John W. Mauchly）和他的学生约翰·埃克特（John Presper Eckert）计划采用电子管（真空管）建造一台通用电子计算机。1946 年 2 月，由美国宾夕

图 1-1　世界上第一台通用电子计算机 ENIAC

法尼亚大学研制的世界上第一台通用电子计算机——电子数字积分计算机（Electronic Numerical Integrator And Computer，ENIAC）诞生了，如图 1-1 所示。

ENIAC 的主要元件是电子管，每秒可完成约 5000 次加法运算。ENIAC 重达 30t，占地约 170m^2，采用了约 18800 个电子管、1500 个继电器、70000 个电阻器和 10000 个电容器，功耗约为 150kW。虽然 ENIAC 的体积庞大、性能不佳，但它的出现具有划时代的意义：它开创了电子技术发展的新时代——计算机时代。

同一时期，离散变量自动电子计算机（Electronic Discrete Variable Automatic Computer，EDVAC）研制成功，这是当时理论上最快的计算机，其主要设计理论是采用二进制和存储程序工作方式。

从第一台计算机 ENIAC 诞生至今，计算机技术成为发展较快的现代技术之一。根据计算机所采用的物理器件，可以将计算机的发展划分为 4 个阶段，如表 1-1 所示。

表 1-1　计算机发展的 4 个阶段

阶段	划分年代	采用的元器件	运算速度（每秒指令数）	主要特点	应用领域
第一代计算机	1946～1954 年	电子管	几千～几万条	主存储器采用磁鼓，体积庞大、耗电量大、运行速度慢、可靠性较差、内存容量小	国防及科学研究工作
第二代计算机	1955～1964 年	晶体管	几万～几十万条	主存储器采用磁芯，开始使用高级程序及操作系统，运算速度提高、体积减小	工程设计、数据处理
第三代计算机	1965～1970 年	中小规模集成电路	几十万～几百万条	主存储器采用半导体存储器，集成度高、功能增强、价格下降	工业控制、数据处理
第四代计算机	1971 年至今	大规模、超大规模集成电路	上千万～万亿条	计算机走向微型化，性能大幅度提高，软件越来越丰富，为其网络化创造了条件。同时，计算机逐渐走向人工智能化，并采用了多媒体技术，具有听、说、读、写等功能	工业、生活等各个方面

（二）认识计算机的特点、应用和分类

随着科学技术的发展，计算机已被广泛应用于各个领域，在人们的生活和工作中起着重要的作用。下面介绍计算机的特点、应用和分类。

1. 计算机的特点

计算机主要有以下 5 个特点。

- 运算速度快。计算机的运算速度指的是计算机在单位时间内执行的指令条数，一般以每秒能执行多少条指令来描述。早期的计算机受技术手段的限制，运算速度较慢，随着集成电路技术的发展，计算机的运算速度得到飞速提升。目前世界上已经有运算速度超过每秒亿亿次的超级计算机。
- 计算精度高。计算机的计算精度取决于机器码的字长（二进制码），即常说的 8 位、16 位、32 位和 64 位等。机器码的字长越长，有效位数就越多，计算精度也就越高。

- 逻辑判断准确。除了计算功能外，计算机还具有数据分析和逻辑判断能力，高级计算机还具有推理、诊断和联想等模拟人类思维的能力。因此，计算机俗称“电脑”。具有准确、可靠的逻辑判断能力是计算机能够实现自动化信息处理的重要保证。
- 存储能力强大。计算机具有许多存储记忆载体，可以将运行的数据、指令程序和运算的结果存储起来，供计算机本身或用户使用，它还可即时输出文字、图像、声音和视频等各种信息。例如，要在一个大型图书馆使用人工查阅的方法查找图书可能会比较烦琐，而采用计算机管理后，所有的图书及索引信息都被存储在计算机中，这时查找一本图书只需要几秒。
- 自动化程度高。计算机内具有运算单元、控制单元、存储单元和输入/输出单元。计算机可以按照编写的程序（一组指令）实现工作自动化，不需要人为干预，而且可以反复执行。例如企业生产车间及流水线管理中的各种自动化生产设备，正是因为它们植入了计算机控制系统，工厂生产自动化才得以实现。

提示 除了以上主要特点外，计算机还具有可靠性高和通用性强等特点。

2. 计算机的应用

在诞生初期，计算机主要应用于科研和军事等领域，负责的主要是大型的高科技研发活动。随着社会发展和科技进步，计算机的功能不断扩展，计算机在社会各个领域都得到了广泛的应用。

计算机的应用可以概括为以下 7 个方面。

- 科学计算。科学计算即通常所说的数值计算，是指利用计算机来解决科学研究和工程设计中的数学问题。计算机不仅可以进行数字运算，还可以求解微积分方程及不等式。由于计算机运算速度较快，以往人工难以完成甚至无法完成的数值计算计算机都可以完成，如气象资料分析和卫星轨道测算等。目前，基于互联网的云计算甚至可以达到每秒 10 万亿次的超快运算速度。
- 数据处理和信息管理。数据处理和信息管理是指使用计算机来完成对大量数据的分析、加工和处理等工作。这些数据不仅包括“数”，还包括文字、图像和声音等数据形式。现代计算机运算速度快、存储容量大，因此它们在数据处理和信息管理方面的应用十分广泛，如企业的财务管理、事务管理、资料和人事档案的文字处理等。计算机在数据处理和信息管理方面的应用为实现办公自动化和管理自动化创造了有利条件。
- 过程控制。过程控制也称实时控制，是指利用计算机对生产过程和其他过程进行自动监测，以及自动控制设备工作状态的一种控制方式，目前已广泛应用于各种工业环境中，还可以取代人在危险、有害的环境中作业。计算机作业不受疲劳等因素的影响，可完成大量有高精度和高速度要求的操作，从而节省大量的人力、物力，大大提高经济效益。
- 人工智能。人工智能（Artificial Intelligence，AI）是指设计智能的计算机系统，让计算机具有人的智能特性，能模拟人类的智能活动，如“学习”“识别图形和声音”“推理过程”“适应环境”等。目前，人工智能主要应用于智能机器人、机器翻译、医疗诊断、故障诊断、案件侦破和经营管理等方面。
- 计算机辅助。计算机辅助也称计算机辅助工程应用，是指利用计算机协助人们完成各种设计工作。计算机辅助是目前正在迅速发展并不断取得成果的重要应用领域，主要包括计算机辅助设计（Computer Aided Design，CAD）、计算机辅助制造（Computer Aided Manufacturing，CAM）、

微课：计算机辅助

计算机辅助工程（Computer Aided Engineering，CAE）、计算机辅助教学（Computer Aided Instruction，CAI）和计算机辅助测试（Computer Aided Testing，CAT）等。

- 网络通信。网络通信是指利用通信设备和线路将地理位置不同的、功能独立的多个计算机系统连接起来，从而形成计算机网络。随着互联网技术的快速发展，人们通过计算机网络可以在不同地区和国家间进行数据传递，并可以进行各种商务活动。
- 多媒体技术。多媒体技术（Multimedia Technology）是指通过计算机对文字、数据、图形、图像、动画和声音等多种媒体信息进行综合处理和管理，用户可以通过多种感官与计算机进行实时信息交互的技术。多媒体技术拓宽了计算机的应用领域，使计算机被广泛应用于教育、广告宣传、视频会议、服务和文化娱乐等领域。

3. 计算机的分类

计算机的种类非常多，划分的方法也有很多种。

微课：计算机的分类

按计算机的用途可将其分为专用计算机和通用计算机两种。其中，专用计算机是指为适应某种特殊需要而设计的计算机，如计算导弹弹道的计算机等。因为这类计算机都强化了计算机的某些特定功能，忽略了一些次要功能，所以有高速度、高效率、功能单一和专机专用等特点。通用计算机适用于一般科学运算、学术研究、工程设计和数据处理等领域，具有功能多、配置全、用途广和通用性强等特点。目前市场上销售的计算机大多属于通用计算机。

按计算机的性能、规模和处理能力，可以将计算机分为巨型机、大型机、中型机、小型机和微型机 5 类，具体介绍如下。

- 巨型机。巨型机也称超级计算机或高性能计算机，如图 1-2 所示。巨型机是速度最快、处理能力最强的计算机之一，是为满足特殊需要而设计的。巨型机多用于国家高科技领域和尖端技术研究，是一个国家科研实力的体现。现有巨型机的运算速度大多可以达到每秒 1 万亿次以上。
- 大型机。大型机也称大型主机，如图 1-3 所示。大型机的特点是运算速度快、存储容量大和通用性强，主要服务于计算量大、信息流通量大、通信需求大的用户，如银行、政府部门和大型企业等。目前，生产大型机的公司主要有国际商业机器（International Business Machines，IBM）和富士通等。

图 1-2　巨型机

图 1-3　大型机

- 中型机。中型机的性能低于大型机，其特点是处理能力强，适用于中小型企业和公司。
- 小型机。小型机是指采用精简指令集处理器，性能和价格介于微型机和大型机之间的一种高性能 64 位计算机。小型机的特点是结构简单、可靠性高和维护费用低，适用于中小型企业。

随着微型机的飞速发展，小型机被微型机取代的趋势已非常明显。

- 微型机。微型机也称微型计算机，简称微机，是目前应用最普遍的机型。微型机价格便宜、功能齐全，被广泛应用于机关、学校、企业、事业单位和家庭。微型机按结构和性能可以划分为单片机、单板机、个人计算机（Personal Computer，PC）、工作站和服务器等。其中，个人计算机又可分为台式计算机和便携式计算机（如笔记本电脑）两类，分别如图 1-4 和图 1-5 所示。

图 1-4　台式计算机

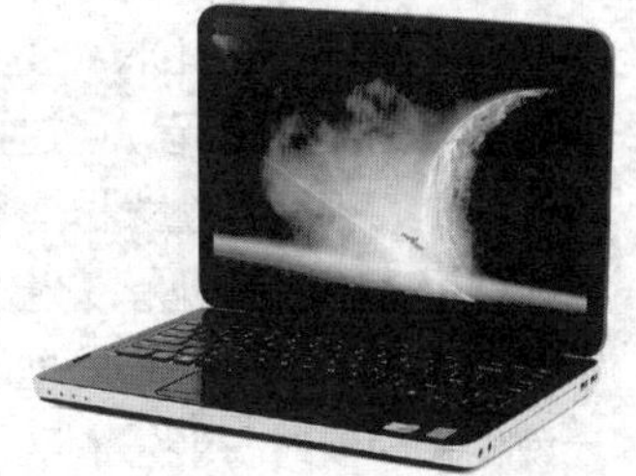

图 1-5　便携式计算机

提示　工作站是一种高端的通用微型机，它具有比个人计算机更强大的性能，通常配有高分辨率的大屏、多屏显示器及容量很大的内存储器和外存储器，并具有极强的信息处理能力和图形、图像处理能力，主要应用于图像处理和计算机辅助设计等领域。

服务器是提供计算服务的设备，它可以是大型机、小型机或高性能的微型机。在网络环境下，根据提供服务的类型，可将服务器分为文件服务器、数据库服务器、应用程序服务器和 Web 服务器等。

（三）了解计算机的发展趋势

下面从计算机的发展方向和未来新一代计算机芯片技术两个方面对计算机的发展趋势进行介绍。

1. 计算机的发展方向

计算机未来的发展呈现巨型化、微型化、网络化和智能化四大趋势。

- 巨型化。巨型化是指计算机的计算速度更快、存储容量更大、功能更强、可靠性更高。巨型化计算机的应用领域主要包括天文、天气预报、军事和生物仿真等。这些领域需进行大量的数据处理和运算，这些数据处理和运算只有性能足够强的计算机才能完成。
- 微型化。随着超大规模集成电路的进一步发展，个人计算机将更加微型化。膝上型、书本型、笔记本型和掌上型等微型化计算机将不断涌现，并会受到越来越多用户的喜爱。
- 网络化。随着计算机的普及，计算机网络也逐步深入人们的工作和生活。人们通过计算机网络可以连接全球各地的计算机，然后共享各种分散的计算机资源。计算机网络逐渐成为人们工作和生活中不可或缺的事物，它可以让人们足不出户就获得大量的信息，并能与世界各地的人进行网络通信、网上贸易等。
- 智能化。以前，计算机只能按照人的意愿和指令处理数据，而智能化的计算机能够代替人进行脑力劳动，具有类似人的智能，如能听懂人类的语言，能看懂各种图形，可以自己学习等。智能化的计算机可以进行知识处理，从而代替人的部分工作。未来的智能化计算机将会代替甚至超越人类在某些方面的脑力劳动。

2. 未来新一代计算机的芯片技术

计算机的核心部件是芯片，计算机芯片技术的不断发展是推动计算机未来发展的动力。几十年来，计算机芯片的集成度严格按照摩尔定律发展，不过该技术的发展并不是无限的。计算机采用电流作为数据传输的载体，而电流主要靠电子的迁移产生，电子基本的通路是原子。由于晶体管计算机存在物理极限，因此世界上许多国家在很早的时候就开始了各种非晶体管计算机的研究，如 DNA 生物计算机、光计算机、量子计算机等。这类计算机也被称为第五代计算机或新一代计算机，它们能在更大程度上模仿人类的智能，这类技术也是目前世界各国计算机技术研究的重点。

- DNA 生物计算机。DNA 生物计算机以脱氧核糖核酸（Deoxyribo Nucleic Acid，DNA）作为基本的运算单元，通过控制 DNA 分子间的生化反应来完成运算。DNA 生物计算机具有体积小、存储容量大、运算快、耗能低、并行性强等优点。
- 光计算机。光计算机是以光作为载体进行信息处理的计算机。光计算机的优点有：光器件的带宽非常大，能传输和处理的信息量极大；信息传输过程中的畸变和失真小，运算速度快；光传输和转换时，能量消耗极低等。
- 量子计算机。量子计算机是遵循物理学的量子规律进行数学计算和逻辑计算，并进行信息处理的计算机。量子计算机具有运算速度快、存储容量大、功耗低等优点。

任务二　认识计算机中信息的表示和存储形式

任务要求

肖磊知道利用计算机技术可以采集、存储和处理各种信息，也可以将这些信息转换成用户可以识别的文字、音频或视频进行输出。然而让肖磊疑惑的是，这些信息在计算机内部又是如何表示的呢？该如何对信息进行量化呢？肖磊认为，只有学习好这方面的知识，才能更好地使用计算机。

本任务要求认识计算机中的数据及其单位，了解数制及其转换，了解二进制数的运算，了解计算机中字符的编码规则，了解多媒体技术的相关知识。

任务实现

（一）认识计算机中的数据及其单位

在计算机中，各种信息都是以数据的形式呈现的。数据经过处理后产生的结果为信息，因此数据是计算机中信息的载体。数据本身没有意义，只有经过处理和描述才能有实际意义。如单独一个数据“32℃”并没有什么实际意义，但将其描述为“今天的气温是 32℃”时，这条信息就有意义了。

计算机中处理的数据可分为数值数据和非数值数据（如字母、汉字和图形等）两大类，无论是什么类型的数据，它们在计算机内部都是以二进制代码的形式存储和参与运算的。计算机在与外部“交流”时会采用人们熟悉和便于阅读的形式表示数据，如十进制数据、文字和图形等，它们之间的转换由计算机系统来完成。

在计算机内存储和运算数据时，通常要涉及的数据单位有以下 3 种。

- 位（bit）。计算机中的数据都以二进制代码来表示，二进制只有“0”和“1”两个数码，采用多个数码（0 和 1 的组合）来表示一个数。其中一个数码称为一位，位是计算机中最小的数据单位。
- 字节（byte，B）。字节是计算机中信息组织和存储的基本单位，也是计算机体系结构的基本单位。在对二进制代码进行存储时，8 位二进制代码为一个单元存放在一起，称为 1 字节，即 1 B=8 bit。在计算机中，通常用 B、KB（千字节）、MB（兆字节）、GB（吉字节）或 TB（太字节）为单位来表示存储器（如内存、硬盘和 U 盘等）的存储容量或文件的大小。存储容量是指存储器中能够容纳的字节数。存储单位 B、KB、MB、GB 和 TB 的换算关系如下。

1 KB（千字节）=1024 B（字节）=2^{10}B（字节）

1 MB（兆字节）=1024 KB（千字节）=2^{20}B（字节）

1 GB（吉字节）=1024 MB（兆字节）=2^{30}B（字节）

1 TB（太字节）=1024 GB（吉字节）=2^{40}B（字节）

- 字长。人们将计算机一次能够并行处理的二进制代码的位数称为字长。字长是衡量计算机性能的一个重要指标，字长越长，数据所包含的位数越多，计算机的数据处理速度越快。计算机的字长通常是字节的整倍数，如 8 位、16 位、32 位、64 位和 128 位等。

（二）了解数制及其转换

数制是指用一组固定的数字符号和统一的规则来表示数值的方法。其中，按照进位方式计数的数制称为进位计数制。在日常生活中，人们习惯用的进位计数制是十进制，而计算机则使用二进制。除此以外，进位计数制还包括八进制和十六进制等。顾名思义，二进制就是逢二进一的数制。以此类推，十进制就是逢十进一的数制，八进制就是逢八进一的数制。

在进位计数制中，每个数码的数值大小不仅取决于数码本身，还取决于数码在数中的位置，例如十进制数 828.41，其整数部分的第 1 个数码“8”处在百位，表示 800，第 2 个数码“2”处在十位，表示 20，第 3 个数码“8”处在个位，表示 8，小数点后第 1 个数码“4”处在十分位，表示 0.4，小数点后第 2 个数码“1”处在百分位，表示 0.01。也就是说，同一数码处在不同位置时，其代表的数值是不同的。数码在一个数中的位置称为数制的数位，数制中数码的个数称为数制的基数，例如十进制有 0、1、2、3、4、5、6、7、8、9 共 10 个数码，其基数为 10。每个数位上的数码符号代表的数值等于数码与一个固定值的积，该固定值称为数制的位权，数码所在的数位不同，其位权也不同。

无论在何种进位计数制中，数值都可写成按位权展开的形式，如十进制数 828.41 可写成如下形式。

计算机中常用的几种进位数制的表示

828.41=8×100+2×10+8×1+4×0.1+1×0.01

或者写成如下形式。

$828.41=8\times10^2+2\times10^1+8\times10^0+4\times10^{-1}+1\times10^{-2}$

上式为将数值按位权展开的表达式，其中 10^i 称为十进制数的位权，其基数为 10。使用不同的基数，可得到不同进位计数制的结果。设 R 表示基数，则称为 R 进制，使用 R 个基本的数码，R^i 就是位权，其加法运算规则是“逢 R 进一”。由此可知，任意一个 R 进制数 D 均可以展开表示为如下形式。

$$(D)_R=\sum_{i=-m}^{n-1}K_i\times R^i$$

上式中的 K_i 为第 i 位的数码，i 的取值范围是 $[-m,n-1]$（m 是小数部分的位数，n 是整数部分的位数），R^i 表示第 i 位的位权。

在计算机中，为了区分不同进制的数，可以用括号加数制基数下标的方式来表示不同数制的数。例如，$(492)_{10}$ 表示十进制数，$(1001.1)_2$ 表示二进制数，$(4A9E)_{16}$ 表示十六进制数。也可以用字母的形式分别将十进制数、二进制数和十六进制数表示为（492）$_D$、（1001.1）$_B$和（4A9E）$_H$。在程序设计中，常在数字后直接加英文字母后缀来区别不同进制数，如 492D、1001.1B 等。

下面具体介绍 4 种常用数制之间的转换方法。

常用数制对照关系表

1. 非十进制数转换为十进制数

将二进制数、八进制数和十六进制数转换成十进制数时，只需用相应数制的各位数码乘各自对应的位权，然后将乘积相加。用按位权展开的方法即可得到对应的结果。

（1）将二进制数（10110）$_2$转换成十进制数。

将二进制数（10110）$_2$按位权展开，转换过程如下。

$$(10110)_2=(1\times2^4+0\times2^3+1\times2^2+1\times2^1+0\times2^0)_{10}$$
$$=(16+4+2)_{10}$$
$$=(22)_{10}$$

（2）将八进制数（232）$_8$转换成十进制数。

将八进制数（232）$_8$按位权展开，转换过程如下。

$$(232)_8=(2\times8^2+3\times8^1+2\times8^0)_{10}$$
$$=(128+24+2)_{10}$$
$$=(154)_{10}$$

（3）将十六进制数（232）$_{16}$转换成十进制数。

将十六进制数（232）$_{16}$按位权展开，转换过程如下。

$$(232)_{16}=(2\times16^2+3\times16^1+2\times16^0)_{10}$$
$$=(512+48+2)_{10}$$
$$=(562)_{10}$$

2. 十进制数转换成其他进制数

将十进制数转换成二进制数、八进制数和十六进制数时，可将数值分成整数部分和小数部分，分别转换后拼接起来。

例如，将十进制数转换成二进制数时，整数部分采用“除 2 取余倒读”法，即将该十进制数的整数部分除以 2，得到一个商和余数（K_0），再将商除以 2，得到一个新的商和余数（K_1），如此反复，直到商为 0 时得到余数（K_{n-1}）。然后将各次得到的余数以最后一次的余数为最高位，最初一次的余数为最低位依次排列，即 $K_{n-1}\cdots K_1K_0$，这就是该十进制数整数部分对应的二进制。

小数部分采用“乘 2 取整正读”法，即将十进制数的小数部分乘 2，取乘积中的整数部分作为相应二进制小数点后的最高位 K_{-1}，取乘积中的小数部分反复乘 2，逐次得到 K_{-2}，$K_{-3},\cdots,K_{-m}$，直到乘积中的小数部分为 0 或位数达到所需的精度要求，然后把每次乘积所得的整数部分由上而下（即从小数点往右）依次排列起来（$K_{-1}K_{-2}\cdots K_{-m}$），得到所求的二进制数的小数部分。

同理，将十进制数转换成八进制数时，整数部分除 8 取余，小数部分乘 8 取整。将十进制数转换成十六进制数时，整数部分除 16 取余，小数部分乘 16 取整。

提示 在进行小数部分的转换时，有些十进制小数不能转换为有限位的二进制小数，此时只有用近似值表示。例如，$(0.57)_{10}$不能用有限位二进制表示，如果要求 5 位小数近似值，则得到$(0.57)_{10}\approx(0.10010)_2$。

下面将十进制数（225.625）$_{10}$转换成二进制数。

用"除 2 取余倒读"法对整数部分进行转换，再用"乘 2 取整正读"法对小数部分进行转换，转换过程如下所示。

（225.625）$_{10}$ =（11100001.101）$_{2}$

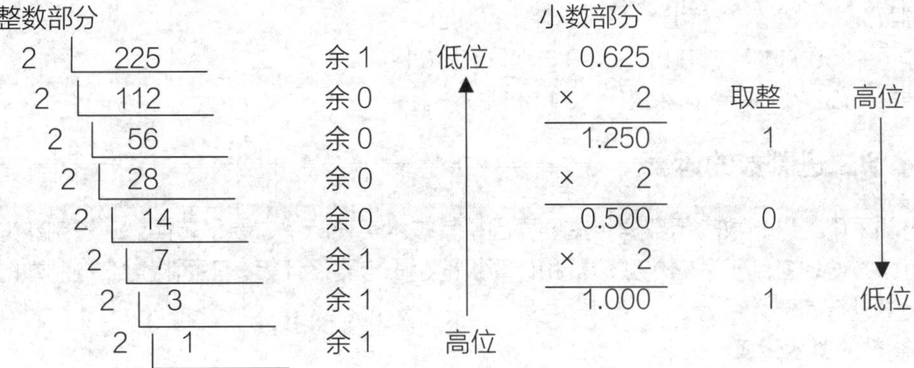

3. 二进制数转换成八进制数、十六进制数

（1）二进制数转换成八进制数。

二进制数转换成八进制数采用的转换原则是"3 位分一组"，即以小数点为界，整数部分从右向左每 3 位为一组，若最后一组不足 3 位，则在最高位左边添 0 补足 3 位，然后将每组中的二进制数按权相加，得到对应的八进制数。小数部分从左向右每 3 位分为一组，最后一组不足 3 位时，在最低位右边添 0 补足 3 位，然后按照顺序写出每组二进制数对应的八进制数即可。

将二进制数（1101001.101）$_{2}$转换为八进制数，转换过程如下。

二进制数	001	101	001	.	101
八进制数	1	5	1	.	5

得到的结果为$(1101001.101)_2 = (151.5)_8$。

（2）二进制数转换成十六进制数。

二进制数转换成十六进制数采用的转换原则与转换成八进制数的类似，采用的转换原则是"4 位分一组"，即以小数点为界，整数部分从右向左、小数部分从左向右每 4 位一组，不足 4 位时添 0 补齐即可。

将二进制数（10111001100011101 1）$_{2}$转换为十六进制数，转换过程如下。

二进制数	0010	1110	0110	0011	1011
十六进制数	2	E	6	3	B

得到的结果为$(101110011000111011)_2 = (2E63B)_{16}$。

4. 八进制数、十六进制数转换成二进制数

（1）八进制数转换成二进制数。

八进制数转换成二进制数的转换原则是"一分为三"，即从八进制数的低位开始，将每一位上的八进制数写成对应的 3 位二进制数。如有小数部分，则从小数点开始，按上述方法分别向左、右两边进行转换。

将八进制数（162.4）$_{8}$转换为二进制数，转换过程如下。

八进制数	1	6	2	.	4
二进制数	001	110	010	.	100

得到的结果为$(162.4)_8 = (001110010.100)_2$。

（2）十六进制数转换成二进制数。

十六进制数转换成二进制数的转换原则是“一分为四”，即把每一位上的十六进制数写成对应的4位二进制数即可。

将十六进制数（3B7D）$_{16}$转换为二进制数，转换过程如下所示。

十六进制数	3	B	7	D
二进制数	0011	1011	0111	1101

得到的结果为$(3B7D)_{16}=(0011101101111101)_2$。

（三）了解二进制数的运算

计算机内部采用二进制数表示数据，主要原因是其技术实现简单、易于转换。二进制数的运算规则简单，可以方便地应用于逻辑代数分析和计算机的逻辑电路设计等。下面将对二进制数的算术运算和逻辑运算进行简要介绍。

1. 二进制数的算术运算

二进制数的算术运算也就是通常所说的四则运算，包括加、减、乘、除，运算规则比较简单，具体规则如下。

- 加法运算。按“逢二进一”法，向高位进位，运算规则为0+0=0、0+1=1、1+0=1、1+1=10。例如，$(10011.01)_2+(100011.11)_2=(110111.00)_2$。
- 减法运算。减法运算实质上是加上一个负数，主要应用于补码运算，运算规则为：0-0=0、1-0=1、0-1=1（向高位借位，结果本位为 1）、1-1=0。例如，$(110011)_2-(001101)_2=(100110)_2$。
- 乘法运算。乘法运算与我们常见的十进制数对应的乘法运算类似，运算规则为0×0=0、1×0=0、0×1=0、1×1=1。例如，$(1110)_2\times(1101)_2=(10110110)_2$。
- 除法运算。除法运算也与十进制数对应的除法运算类似，运算规则为 0÷1=0、1÷1=1，而0÷0和1÷0是无意义的。例如，$(1101.1)_2\div(110)_2=(10.01)_2$。

2. 二进制数的逻辑运算

计算机采用的二进制数1和0可以代表逻辑运算中的“真”与“假”、“是”与“否”和“有”与“无”。二进制数的逻辑运算包括“与”“或”“非”“异或”4种，具体介绍如下。

- “与”运算。“与”运算又被称为逻辑乘，通常用符号“×”“∧”“·”来表示。其运算规则为 0∧0=0、0∧1=0、1∧0=0、1∧1=1。通过上述运算规则可以看出，当两个参与运算的数中有一个数为0时，其结果就为0；只有两个数的数值都为1，其结果才为1，即所有的条件都符合时，逻辑结果才为肯定值。
- “或”运算。“或”运算又被称为逻辑加，通常用符号“+”或“∨”来表示。其运算规则为0∨0=0、0∨1=1、1∨0=1、1∨1=1。该运算规则表明，只要有一个数为1，运算结果就是1。例如，假定某个公益组织规定加入该组织的成员可以是女性或慈善家，那么只要符合其中任意一个条件或两个条件都符合，就可加入该组织。
- “非”运算。“非”运算又被称为逻辑否运算，通常通过在逻辑变量上加一道横线来表示，如变量为A，其非运算结果用$\overline{A}$表示。“非”运算的规则为$\overline{0}=1$、$\overline{1}=0$。例如，假定A变量表示男性，$\overline{A}$就表示非男性。
- “异或”运算。“异或”运算通常用符号“⊕”表示，其运算规则为0⊕0=0、0⊕1=1、1⊕0=1、1⊕1=0。该运算规则表明，当逻辑运算中变量的值不同时，结果为 1；当变量的值相同时，结果为0。

（四）了解计算机中字符的编码规则

编码就是利用 0 和 1 这两个代码的不同长度表示不同信息的一种约定方式。由于计算机是以二进制编码的形式存储和处理数据的，因此只能识别二进制编码信息。数字、字母、符号、汉字、语音和图形等信息都要通过特定规则进行二进制编码后才能被计算机识别。西文与中文字符由于形式不同，使用的编码也不同。

1. 西文字符的编码

计算机对西文字符进行编码时，通常采用 ASCII 和 Unicode 两种编码。

标准 7 位 ASCII 码

- ASCII。美国信息交换标准代码（American Standard Code for Information Interchange，ASCII）是基于拉丁字母的一套编码系统，主要用于显示现代英语和其他西欧语言，它被国际标准化组织指定为国际标准（ISO 646 标准）。标准 ASCII 使用 7 位二进制编码来表示所有的大写和小写字母、数字 0～9、标点符号，以及在美式英语中使用的特殊控制字符，共有 2^7=128 个不同的编码值，可以表示 128 个不同字符的编码。其中，低 4 位编码 $b_3b_2b_1b_0$ 用作行编码，高 3 位 $b_6b_5b_4$ 用作列编码。在 128 个不同字符的编码中，95 个编码对应键盘上的符号或其他可显示或打印的字符，另外 33 个编码被用作控制码，用于控制计算机某些外部设备的工作情况和某些计算机软件的运行情况。例如，字母 A 的编码为二进制数 1000001，对应十进制数 65 或十六进制数 41。
- Unicode。Unicode 也是一种国际标准编码，采用 2 字节编码，几乎能够表示世界上所有的书写语言中可能用于计算机通信的文字和其他符号。目前，Unicode 在网络、Windows 操作系统和大型软件中得到广泛应用。

2. 汉字的编码

在计算机中，汉字信息的传播和交换必须通过统一的编码才不会造成混乱和差错。因此，计算机中处理的汉字是包含在国家或国际组织制定的汉字字符集中的汉字，常用的汉字字符集包括 GB 2312、GB 18030、GBK 和 CJK 编码等。为了使每个汉字有统一的代码，我国于 1980 年颁布了汉字编码的国家标准，即 GB/T 2312—80《信息交换用汉字编码字符集 基本集》。这个字符集是目前国内所有汉字系统的统一标准。

汉字的编码方式主要有以下 4 种。

- 输入码。输入码也称外码，是为了将汉字输入计算机而设计的代码，包括音码、形码和音形码等。
- 区位码。将 GB 2312 字符集放置在一个 94 行（每一行称为“区”）、94 列（每一列称为“位”）的方阵中，将方阵中每个汉字对应的区号和位号组合起来就可以得到该汉字的区位码。区位码用 4 位数字编码表示，前两位叫作区码，后两位叫作位码，如汉字“中”的区位码为 5448。
- 国标码。国标码采用 2 字节表示一个汉字，将汉字区位码中的十进制区码和位码分别转换成十六进制数，再分别加上 20H，就可以得到国标码。例如，“中”字的区位码为 5448，区码 54 对应的十六进制数为 36，加上 20H，即为 56H，位码 48 对应的十六进制数为 30，加上 20H，即为 50H，所以“中”字的国标码为 5650H。
- 机内码。在计算机内部进行存储与处理使用的代码称为机内码。对汉字系统来说，汉字机内码规定在汉字国标码的基础上，每字节的最高位为 1，每字节的低 7 位为汉字信息。将国标码的 2 字节编码分别加上 80H（即 10000000B），便可以得到机内码，如汉字“中”的机内码为 D6D0H。

（五）了解多媒体技术

微课：多媒体技术在工作生活中的应用

多媒体（Multimedia）是由单媒体复合而成的，融合了两种或两种以上的人机交互式信息交流和传播媒体。多媒体不仅包含文本、图形、图像、视频、音频和动画这些媒体信息本身，还包含处理和应用这些媒体信息的一整套技术，即多媒体技术。多媒体技术是指能够同时获取、处理、编辑、存储和演示两种以上不同类型的媒体信息的媒体技术。在计算机领域中，多媒体技术就是用计算机实时地综合处理图、文、声和像等信息的技术，这些信息在计算机内都是先被转换成 0 和 1 的数字化信息，然后再被处理的。

1. 多媒体技术的特点

多媒体技术主要具有以下 5 个特点。

- 多样性。多媒体技术的多样性是指信息载体的多样性。计算机所能处理的信息从最初的数值、文字、图形扩展到音频和视频等多种形式的信息。
- 集成性。多媒体技术的集成性是指以计算机为中心综合处理多种信息，可集文字、图形、图像、音频和视频于一体。此外，多媒体处理工具和设备的集成性能够为多媒体系统的开发与实现建立理想的集成环境。
- 交互性。多媒体技术的交互性是指用户可以与计算机进行交互操作，计算机能提供多种交互控制功能，使人们在获取信息的同时，将信息的使用行为从被动变为主动，以增强人机操作界面的交互性。
- 实时性。多媒体技术的实时性是指多媒体技术需要同时处理声音、文字和图像等多种信息，其中声音和视频还要实时处理。因此计算机也应具有能够对多媒体信息进行实时处理的软件与硬件环境。
- 协同性。多媒体技术的协同性是指多媒体中的每一种媒体都有其自身的特性，而各媒体之间必须有机配合，并协调一致。

2. 多媒体计算机的硬件

多媒体计算机的硬件除了计算机的常规硬件，还包括音频/视频处理器、多种媒体输入/输出设备及信号转换装置、通信传输设备及接口装置等。具体来说，多媒体计算机的硬件主要包括以下 3 种。

微课：多媒体计算机的硬件

- 音频卡。音频卡即声卡，它是多媒体技术中的基本硬件之一，是实现声波/数字信号相互转换的一种硬件。其基本功能是把来自话筒等的原始声音信息加以转换，将其输出到耳机、扬声器、扩音机或录音机等音响设备，也可通过乐器数字接口（Musical Instrument Digital Interface，MIDI）输出声音。
- 视频卡。视频卡也叫视频采集卡，用于将模拟摄像机、录像机和电视机输出的视频数据或者视频和音频的混合数据输入计算机，并转换成计算机可识别的数字数据。视频卡按照用途可以分为广播级视频采集卡、专业级视频采集卡和民用级视频采集卡。
- 各种外部设备。多媒体在信息处理过程中会用到的外部设备主要包括摄像机、数码相机、头盔显示器、扫描仪、激光打印机、光盘驱动器、光笔、鼠标、传感器、触摸屏、话筒、音箱（或扬声器）、传真机和可视电话机等。

3. 多媒体计算机的软件

多媒体计算机的软件种类较多，根据功能可以分为多媒体操作系统、多媒体处理系统和用户应用软件 3 种。

- 多媒体操作系统。多媒体操作系统应具备实时任务调度、多媒体数据转换和同步控制、对多媒体设备的驱动和控制，以及图形用户界面管理等功能。目前，大部分计算机中安装的 Windows 操作系统已完全具备上述功能。
- 多媒体处理系统。多媒体处理系统主要包括多媒体创作软件、多媒体节目写作软件、多媒体播放软件等，以及其他各类多媒体处理软件，如多媒体数据库管理系统等。
- 用户应用软件。用户应用软件是根据多媒体系统终端用户的要求定制的应用软件。目前国内外已经开发出了很多服务于图形、图像、音频和视频处理的软件，通过这些软件，用户可以创建、收集和处理多媒体素材，制作出丰富多样的图形、图像和动画。目前，比较流行的应用软件有 Photoshop、Illustrator、Cinema 4D、Authorware、After Effects 和 PowerPoint 等。这些软件各有所长，在多媒体处理过程中可以综合运用。

4. 常见的多媒体文件格式

微课：常见的多媒体文件格式及应用

在计算机中，利用多媒体技术可以将声音、文字和图像等多种媒体信息进行综合式交互处理，并以不同的多媒体文件格式存储。下面介绍常用的多媒体文件格式。

- 声音文件格式。在多媒体系统中，语音和音乐是十分常见的，存储声音信息的文件格式有多种，包括 WAV、MIDI、MP3、RM、AU 和 VOC 等。

- 图像文件格式。图像是多媒体中非常基本和重要的一种数据，包括静态图像和动态图像。其中，静态图像又可分为矢量图和位图两种，动态图像又分为视频和动画两种。常见的图像文件格式有 JPEG、TIFF、BMP 等。
- 视频文件格式。视频文件一般比其他媒体文件要大一些，占用的存储空间较多。常见的视频文件格式有 AVI、MOV、MPEG、ASF、WMV 等。

任务三 了解并连接计算机硬件

任务要求

随着计算机的普及，使用计算机的人越来越多，肖磊与很多使用计算机的人一样，并不了解计算机的工作原理、计算机内部的硬件组成，以及连接计算机硬件的方法。

本任务要求认识计算机的基本结构，对微型机的各硬件组成有基本的认识和了解，如主机及主机内部的硬件、显示器、键盘和鼠标等，并能将这些硬件连接在一起。

任务实现

（一）了解计算机的基本结构

微课：计算机系统的组成

尽管各种计算机在性能和用途等方面有不同，但是其基本结构都遵循冯·诺依曼体系结构，因此人们将符合这种设计的计算机称为冯·诺依曼计算机。

冯·诺依曼计算机主要由运算器、控制器、存储器、输入设备和输出设备 5 个部分组成，其基本结构如图 1-6 所示。

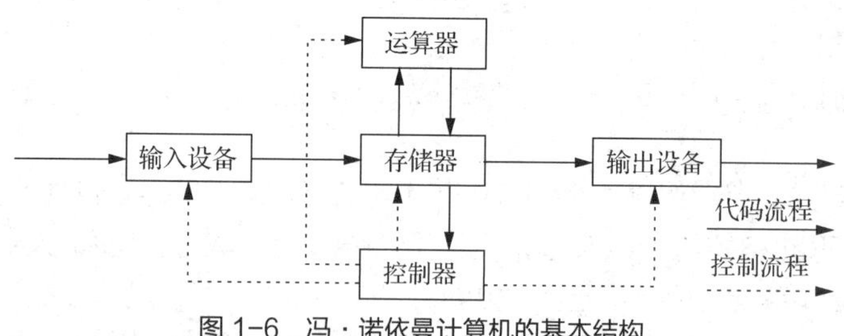

图 1-6　冯·诺依曼计算机的基本结构

从图 1-6 可知，计算机工作的核心部分是控制器、运算器和存储器。其中，控制器是计算机的指挥中心，它根据程序执行指令，并向存储器、运算器、输入设备与输出设备发出控制信号，以达到控制计算机，使其有条不紊工作的目的。运算器在控制器的控制下对存储器提供的数据进行各种算术运算（加、减、乘、除等）、逻辑运算（与、或、非、异或等）和其他处理（存数、取数等）。控制器与运算器构成中央处理器（Central Processing Unit，CPU），中央处理器被称为"计算机的心脏"。存储器是计算机的记忆装置，它以二进制代码的形式存储程序和数据，它可以分为内存储器和外存储器。内存储器是影响计算机运行速度的主要因素之一。外存储器主要有光盘、硬盘和 U 盘等。存储器能够存放的最大信息数量称为存储容量，常见的存储容量单位有 KB、MB、GB 和 TB 等。

输入设备是计算机系统中重要的人机交互设备，用于接收用户输入的命令和程序等信息，它负责将命令转换成计算机能够识别的二进制代码，并放入内存储器。输入设备主要包括键盘、鼠标等。输出设备用于将计算机处理的结果以人们可以识别的信息形式输出，常用的输出设备有显示器、打印机等。

（二）了解计算机的硬件组成

计算机硬件是指计算机中看得见、摸得着的那些实体设备。从外观上看，微型机主要由主机、显示器、鼠标和键盘等组成。主机背面有许多插孔和接口，用于接通电源和连接键盘、鼠标等硬件；而主机箱内则包含主机电源、显卡、CPU、主板、内存储器和硬盘等设备。图 1-7 所示为微型机的外观组成及主机内部的主要硬件。

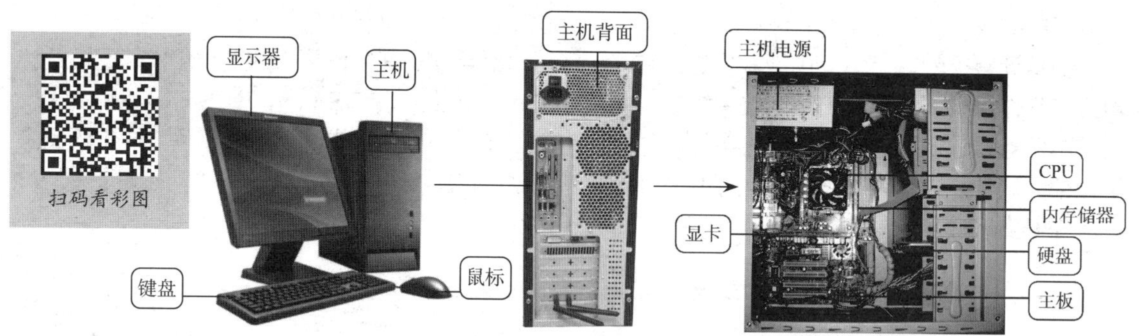

图 1-7　微型机的外观组成及主机内部的主要硬件

下面按类别对微型机的主要硬件进行详细介绍。

1. CPU

CPU 是由大规模集成电路组成的，用于实现控制和算术逻辑运算等功能。CPU 既是计算机的指令中枢，又是系统的最高执行单位，CPU 外形如图 1-8 所示。CPU 主要负责执行指令，是计算机系统的核心组件，在计算机系统中占有举足轻重的地位，CPU 也是影响计算机系统运行速度的重要因素。目前，CPU 的生产厂商主要有英特尔（Intel）、超威半导体（AMD）和龙芯（Loongson）等，市场上销售的 CPU 产品大多是由英特尔和超威半导体公司生产的。

2. 主板

主板（Main Board）也称为“主机板”或“系统板”（System Board），从外观上看，主板是一块矩形的电路板，如图 1-9 所示。其上布满了各种电子元器件、插座、插槽和各种外部接口，它可以为计算机的所有部件提供插槽和接口，并通过其中的线路统一协调所有部件的工作。

随着主板制板技术的发展，主板已经能够集成很多计算机硬件，如 CPU、显卡、声卡、网卡、基本输入/输出系统（Basic Input Output System，BIOS）芯片和南北桥芯片等。这些硬件都可以集成到主板上。其中，BIOS 芯片是一个矩形的存储器，里面存有与该主板搭配的 BIOS 程序，能够让主板识别各种硬件，还可以设置引导系统的设备和调整 CPU 外频等，如图 1-10 所示。南北桥芯片通常由南桥芯片和北桥芯片组成，南桥芯片主要负责硬盘等存储设备和外设部件互连（Peripheral Component Interconnect，PCI）总线之间的数据流通，北桥芯片主要负责处理 CPU、内存储器和显卡三者之间的数据交流。

图 1-8　CPU

图 1-9　主板

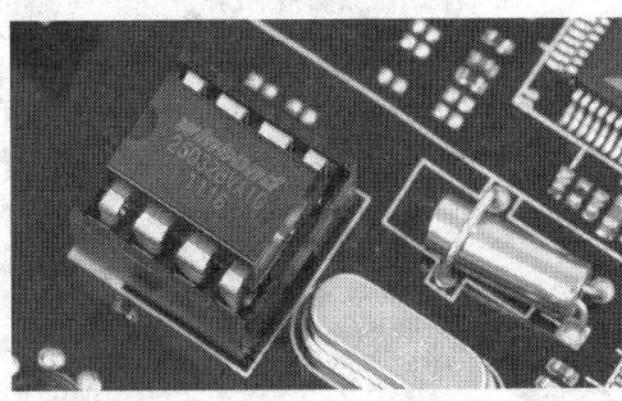

图 1-10　主板上的 BIOS 芯片

3. 主机电源

主机电源也称电源供应器，其功能是为计算机正常运行提供所需要的动力，电源能够通过不同的接口为主板、硬盘和光驱等计算机部件提供所需动力。

4. 显卡

显卡又称显示适配器或图形加速卡，其主要功能是将计算机中的数字信号转换成显示器能够识别的信号（模拟信号或数字信号），并将其处理和输出，可分担 CPU 的图形处理工作。

5. 存储器

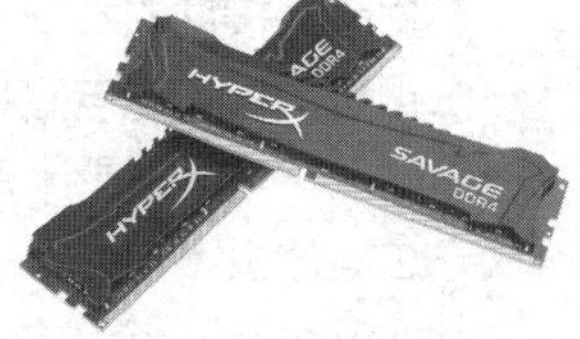

图 1-11　DDR4 内存储器

计算机中的存储器包括内存储器和外存储器两种。其中，内存储器简称内存，也叫主存储器，是计算机用来临时存放数据的地方，也是 CPU 处理数据的中转站，内存的容量和存取速度会直接影响 CPU 处理数据的速度。图 1-11 所示为 DDR4 内存储器。

从工作原理上说，内存一般采用半导体存储单元，包括随机存储器、只读存储器（Read-Only Memory，ROM）和高速缓冲存储器（Cache，简称缓存）。通常所说的内存是指随机存储器，计算机既可以从中读取数据，又可以向其中写入数据，当计算机断电时，存于其中的数据会丢失。只读存储器一般只能读取信息，不能写入信息，即使断电，这些数据也不会丢失，如 BIOS ROM。高速缓冲存储器是介于 CPU 与内存之间的高速存储器，通常由静态随机存储器（Static Random Access Memory，SRAM）构成。

外存储器简称外存，是指除计算机内存及缓存以外的存储器。此类存储器一般在断电后仍然能保存数据，常见的外存储器有硬盘和可移动存储设备（如 U 盘）等。

- 硬盘。硬盘是计算机中最大的存储设备，通常用于存放永久性的数据和程序。目前，硬盘有机械硬盘（Hard Disk Drive，HDD）和固态硬盘（Solid State Drive，SSD）两种。机械硬盘如图 1-12 所示，其内部结构比较复杂，主要由主轴电机、盘片、磁头和传动臂等部件组成。在机械硬盘中，通常将磁性物质附着在盘片上，并将盘片安装在主轴电机上，当硬盘开始工作时，主轴电机将带动盘片一起转动，盘片表面的磁头将在电路和传动臂的控制下移动，并将指定位置的数据读取出来，或将数据存储到指定的位置。硬盘容量是选购机械硬盘的主要性能指标之一，包括总容量、单片容量和盘片数 3 个参数。其中，总容量是表示机械硬盘能够存储多少数据的一项重要指标，通常以 TB 为单位，目前主流机械硬盘容量从 1TB 到 10TB 不等。固态硬盘是目前非常热门的硬盘类型，如图 1-13 所示，它是用固态电子存储芯片阵列制成的硬盘，优点是数据写入速度和读取速度快，缺点是容量较小、价格较为昂贵。

- 可移动存储设备。可移动存储设备包括移动通用串行总线（Universal Serial Bus，USB）盘（简称 U 盘）（见图 1-14）和移动硬盘等。这类设备即插即用，容量也能大致满足人们的需求，是计算机的重要附属配件之一。

图 1-12　机械硬盘

图 1-13　固态硬盘

图 1-14　U 盘

6. 输入设备

输入设备是向计算机输入数据和信息的设备，是用户和计算机之间进行信息交换的主要装置，用于将数据、文本和图形等转换为计算机能够识别的二进制代码并输入计算机。键盘、鼠标、摄像头、扫描仪、光笔、手写输入板、游戏杆和语音输入装置等都属于输入设备。下面介绍 3 种常用的输入设备。

- 鼠标。鼠标是计算机的主要输入设备之一，因其外形与老鼠类似，所以被称为“鼠标”。根据鼠标按键的数量可以将鼠标分为三键鼠标和两键鼠标；根据鼠标的工作原理可以将其分为机械鼠标和光电鼠标。另外，还有无线鼠标和轨迹球鼠标等。
- 键盘。键盘也是计算机的主要输入设备，是用户和计算机进行信息交换的工具，用户可以通过键盘直接向计算机输入各种字符和命令。不同生产厂商生产的键盘型号不同，目前常用的键盘有 107 个键位。
- 扫描仪。扫描仪是利用光电技术和数字处理技术，以扫描的方式将图形或图像信息转换为数字信号的设备，其主要功能是对文字和图像进行扫描与输入。

7. 输出设备

输出设备是计算机硬件系统的终端设备，用于将各种计算结果的数据或信息转换成用户能够识别的数字、字符、图像和声音等。常见的输出设备有显示器、音箱、打印机、耳机、投影仪和磁记录设备等。下面介绍 5 种常用的输出设备。

- 显示器。显示器是计算机的主要输出设备之一，其作用是将显卡输出的信号（模拟信号或数字信号）以肉眼可见的形式表现出来。液晶显示器（Liquid Crystal Display，LCD）（见图 1-15）是目前市场上的主流显示器，具有辐射危害小、工作电压低、功耗小、重量轻和体积小等优点，但液晶显示器的画面颜色逼真度一般，不及 CRT 显示器。显示器的常见尺寸有 17 英寸（1 英寸=2.54 厘米）、19 英寸、20 英寸、22 英寸、24 英寸、26 英寸、29 英寸等。

图 1-15　液晶显示器

- 音箱。音箱可直接连接声卡的音频输出接口，并将声卡传输的音频信号输出为人们可以听到的声音。需要注意的是，音箱是整个音响系统的终端，只负责输出声音。音响则通常是指声音产生和输出的一整套系统，音箱是音响的一部分。
- 打印机。打印机是计算机常见的输出设备，在办公中经常会用到，其主要功能是对文字和图像进行打印。
- 耳机。耳机是一种音频设备，它能接收媒体播放器或接收器发出的信号，利用贴近耳朵的扬声器将其转化成人可以听到的音波。
- 投影仪。投影仪是一种可以将图像或视频投射到幕布上的设备。投影仪可以通过特定的接口与计算机连接，播放相应的视频信号。

（三）了解连接计算机的各组成部分

微课：连接计算机的各组成部分

购买计算机后，计算机的主机与显示器、鼠标、键盘等通常都是分开的，用户需在收到计算机后将其连接在一起，具体操作如下。

（1）将计算机各组成部分放在电脑桌的相应位置，然后将 PS/2 键盘连接线插头对准主机后的键盘接口并插入，如图 1-16 所示。

（2）将 USB 鼠标连接线插头对准主机后的 USB 接口并插入，将显示器包装箱中配置的数据线的 VGA 插头插入显卡的 VGA 接口（如果显示器的数据线是 DVI 或 HDMI 插头的，将插头插入主机后的相应接口即可），然后拧紧插头上的两颗固定螺丝，如图 1-17 所示。

（3）将显示器数据线的另外一个插头插入显示器后面的 VGA 接口，并拧紧插头上的两颗固定螺丝，将显示器的电源线一头插入显示器电源接口，如图 1-18 所示。

图 1-16　连接键盘

图 1-17　连接鼠标和显卡

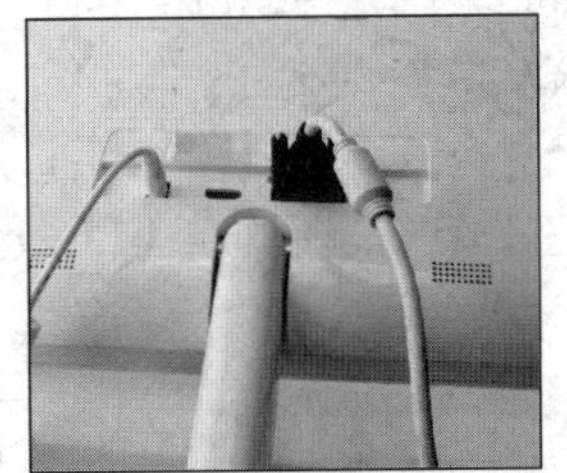

图 1-18　连接显示器

（4）检查各连线，确认无误后，将主机电源线连接到主机后的电源接口，如图 1-19 所示。

（5）将显示器电源插头插入电源插线板，如图 1-20 所示。

（6）将主机电源线插头插入电源插线板，完成计算机各部件的连接操作，如图 1-21 所示。

图 1-19 连接主机

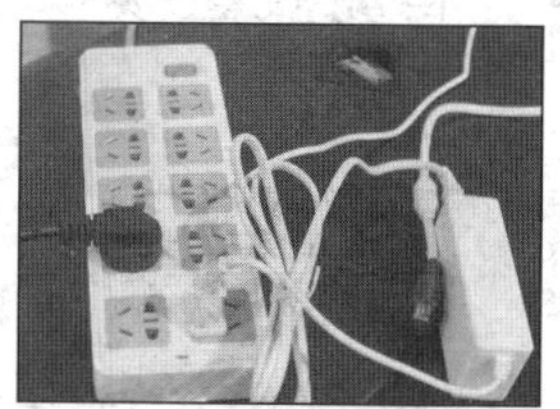
图 1-20 连接显示器电源

图 1-21 完成计算机各部件的连接

任务四 了解计算机的软件系统

任务要求

因学习需要，肖磊购买了一台计算机。负责给他组装计算机的售后人员告诉他，新买的计算机中只安装了操作系统，没有安装其他应用软件，可以在需要时自行安装。回校后，肖磊决定先了解计算机软件的相关知识。

本任务要求了解计算机软件的定义，认识系统软件的分类，了解常用的应用软件。

任务实现

（一）了解计算机软件的定义

计算机软件（Computer Software）简称软件，是指计算机系统中的程序及其文档。程序是对计算任务的处理对象和处理规则的描述，是按照一定顺序执行的、能够完成某一任务的指令集合，而文档则是了解程序所需的说明性资料。

计算机之所以能够按照用户的要求运行，是因为计算机采用了程序设计语言（计算机语言）。该语言是人与计算机之间进行沟通的语言，用于编写计算机程序。计算机可通过相关程序控制自身的工作流程，从而完成特定的设计任务。可以说，程序设计语言是计算机软件的基础。

计算机软件总体分为系统软件和应用软件两大类。

（二）认识系统软件的分类

系统软件是指控制和协调计算机及其外部设备、支持应用软件开发和运行的系统。其主要功能是调度、监控和维护计算机系统，同时负责管理计算机系统中各种独立的硬件，协调它们的工作。系统软件是应用软件运行的基础，所有应用软件都是在系统软件上运行的。

系统软件主要分为操作系统、语言处理程序、数据库管理系统和系统辅助处理程序等，具体介绍如下。

- 操作系统。操作系统（Operating System，OS）是计算机系统的指挥调度中心，它可以为各种程序提供运行环境。常见的操作系统有 Windows 和 Linux 等，例如，本书项目三讲解的 Windows 10 就是一种操作系统。
- 语言处理程序。语言处理程序是为用户设计的编程服务软件，可用来编译、解释和处理各种程序所使用的计算机语言，是人与计算机相互交流的工具。常见计算机语言包括机器语言、汇编语言和高级语言 3 种。由于计算机只能直接识别和执行机器语言，因此要在计算机上运行高级语言程序，就必须配备语言翻译程序。语言翻译程序本身是一组程序，高级语言都有相应的语言翻译程序。

- 数据库管理系统。数据库管理系统（Database Management System，DBMS）是一种操作和管理数据库的大型软件，它是介于用户和操作系统之间的数据管理软件，也是用于建立、使用和维护数据库的管理软件。数据库管理系统可以组织不同类型的数据，以使用户能够有效地查询、检索和管理数据。常用的数据库管理系统有 SQL Server、Oracle 和 Access 等。
- 系统辅助处理程序。系统辅助处理程序也称软件研制开发工具或支撑软件，主要有编辑程序、调试程序等，这些程序的作用是维护计算机的正常运行，如 Windows 操作系统中自带的磁盘整理程序等。

（三）了解常用的应用软件

应用软件是指计算机领域中一些具有特定功能的软件，即为解决各种实际问题而编制的程序，包括各种程序设计语言，以及用各种程序设计语言编制的应用程序。计算机中的应用软件种类繁多，这些软件能够帮助用户完成特定的任务，如要编辑一篇文章可以使用 Word，要制作一份报表可以使用 Excel。这些软件都属于应用软件。常见的应用软件种类有办公软件、图形处理与设计软件、图文浏览软件、翻译与学习软件、多媒体播放和处理软件、网站开发软件、程序设计软件、磁盘分区软件、数据备份与恢复软件、网络通信软件等。

微课：主要应用领域的应用软件

任务五　使用鼠标和键盘

任务要求

肖磊在课余时间找了份兼职，工作中经常需要整理大量的文件资料，有中文的，也有英文的。在录入资料时，由于不太熟悉键盘和指法，因此肖磊的录入速度很慢，还经常出现错误，这严重影响了工作效率。肖磊听办公室的同事说要想提高打字速度，就必须用好鼠标和键盘，熟练之后甚至可以“盲打”。

本任务要求掌握鼠标的基本操作方法，了解键盘的使用方法，并练习“盲打”。

任务实现

（一）掌握鼠标的基本操作方法

操作系统进入图形化时代后，鼠标就成为计算机的重要输入设备之一。用户启动计算机后，首先可能使用的便是鼠标，因此鼠标的基本操作方法是初学者必须掌握的技能之一。

1. 手握鼠标的方法

鼠标左边的按键被称为鼠标左键，鼠标右边的按键被称为鼠标右键，鼠标中间可以滚动的按键被称为鼠标中键或鼠标滚轮。右手握鼠标的正确方法是：食指和中指分别自然地放在鼠标的左键和右键上，拇指放于鼠标左侧，无名指和小指放在鼠标的右侧，拇指与无名指及小指轻轻握住鼠标，手掌心轻轻贴住鼠标后部，手腕自然垂放在桌面上，用食指控制鼠标左键，用中指控制鼠标右键和鼠标滚轮，如图 1-22 所示。当需要使用鼠标滚动页面时，用中指滚动鼠标滚轮即可。左手握鼠标的方法与右手握鼠标的方法类似，但使用时需进行相关设置。

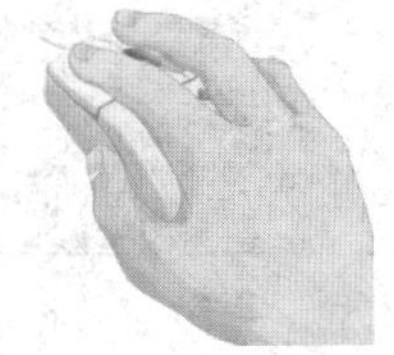

图 1-22　握鼠标的方法（右手）

2. 鼠标的 5 种基本操作

鼠标的基本操作包括移动定位、单击、拖动、右击和双击 5 种，具体介绍如下（这里以右手使用鼠标为例，左手操作类似）。

- 移动定位。移动定位的方法是握住鼠标，在光滑的桌面或鼠标垫上移动，此时屏幕上显示的鼠标指针会同步移动。将鼠标指针移到计算机屏幕上的某一对象上停留片刻，这就是定位操作，被定位的对象周围通常会出现相应的提示信息。

微课：鼠标的 5 种基本操作

- 单击。单击的方法是先移动鼠标指针，将鼠标指针移到某个对象上，然后用食指按下鼠标左键后快速松开，鼠标左键将自动弹起。单击操作常用于选择对象，被选择的对象会高亮显示。
- 拖动。拖动是指将鼠标指针移到某个对象上后，按住鼠标左键，然后移动鼠标，把指定对象从屏幕的一个位置拖动到另一个位置，最后释放鼠标左键，这个过程也被称为拖曳。拖动操作常用于移动对象。
- 右击。右击是指单击鼠标右键，即用中指按一次鼠标右键，松开按键后鼠标右键将自动弹起。右击操作常用于打开与对象相关的快捷菜单。
- 双击。双击是指用食指快速、连续地按两次鼠标左键。双击操作常用于启动某个程序、执行某个任务、打开某个窗口或文件夹。

注意 在连续两次按鼠标左键的过程中，不能移动鼠标指针。另外，在移动鼠标时，鼠标指针可能不会一次就移动到指定位置，当感觉手臂伸展不方便时，可提起鼠标使其离开桌面，再把鼠标放到易于移动的位置上继续移动。在这个过程中，鼠标实际上经历了移动、提起、回位、放下、再移动等动作。

（二）了解键盘的使用方法

键盘是计算机的重要输入设备之一，用户需要掌握键盘上各个按键的作用和指法，才能达到快速输入信息的目的。

1. 认识键盘的结构

以常用的 107 键键盘为例，按照各键功能的不同，可以将键盘分为功能键区、主键盘区、编辑键区、小键盘区和状态指示灯区 5 个区域，如图 1-23 所示。

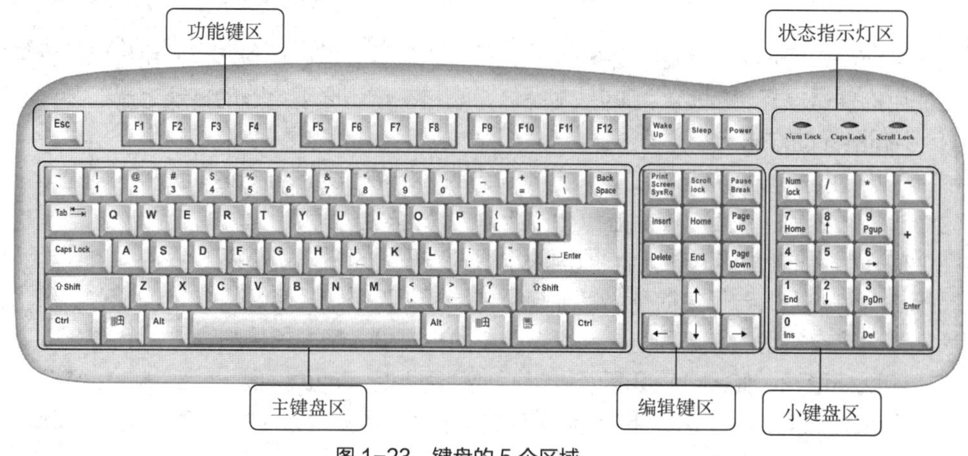

图 1-23 键盘的 5 个区域

- 主键盘区。主键盘区主要用于输入文字和符号，包括字母键、数字键、符号键、控制键和Windows功能键，共5排61个键。其中，字母键“A”～“Z”用于输入26个英文字母，数字键“0”～“9”用于输入相应的数字和符号。每个数字键由上、下挡两种字符组成，因此又称双字符键。单独按数字键，将输入下挡字符，即数字。按住“Shift”键再按数字键，将输入上挡字符，即特殊符号。符号键中除了键位于主键盘区的左上角，其余都位于主键盘区的右侧。与数字键一样，每个符号键也由上、下挡两种不同的符号组成。各控制键和Windows功能键的说明如表1-2所示。

表1-2　各控制键和Windows功能键的说明

按　键	说　明
“Tab”键	也称制表定位键，Tab是英文“Table”的缩写。每按一次该键，光标将默认向右移动8个字符，常用于文字处理中的对齐操作
“Caps Lock”键	又称大写字母锁定键，系统默认状态下输入的英文字母为小写，按该键后输入的字母为大写，再次按该键可取消大写锁定状态
“Shift”键	主键盘区左、右各有一个，功能相同，主要用于输入上挡字符，以及输入字母键的大写英文字符。例如，按住“Shift”键再按“A”键，可以输入大写字母“A”
“Ctrl”键和“Alt”键	在主键盘区左下角和右下角各有一个，常与其他键组合使用，在不同的应用软件中，其作用也不同
“Space”键	又称空格键，位于主键盘区的下方，其上面无刻记符号，每按一次该键，可在光标当前位置产生一个空字符，同时光标将向右移动一个位置
“Back Space”键	退格键。每按一次该键，可使光标向左移动一个位置，若光标位置左边有字符，则删除该位置的字符
“Enter”键	回车键。它有两个作用：一是确认并执行输入的命令；二是在输入文字时按此键，光标将移至下一行行首
Windows功能键	主键盘左下角的键面上刻有Windows窗口图案，它被称为“开始菜单”键，在Windows操作系统中，按该键后将弹出“开始”菜单。主键盘区右下角的键称为“快捷菜单”键，按该键后会弹出相应的快捷菜单，其功能相当于右击

- 编辑键区。编辑键区的键主要用于在编辑过程中控制光标，编辑键区各键的作用如图1-24所示。

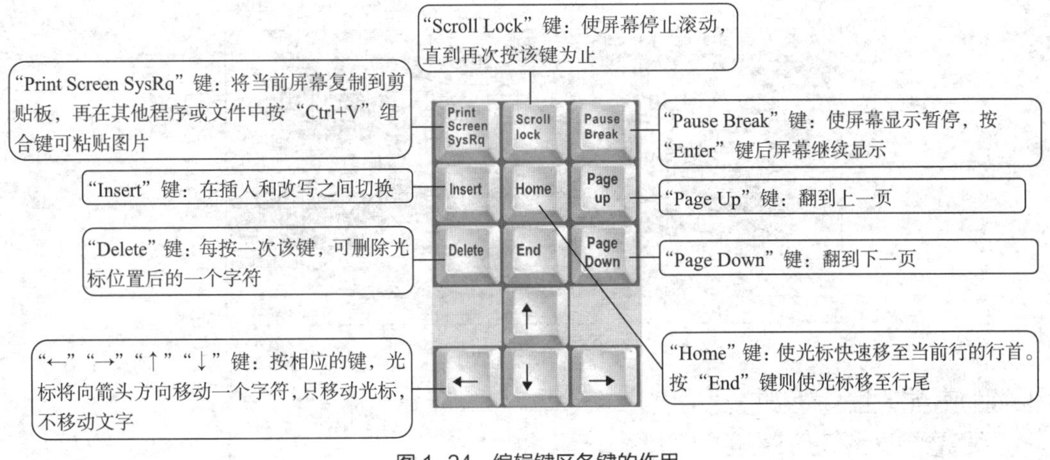

图1-24　编辑键区各键的作用

- 小键盘区。小键盘区主要用于快速输入数字及移动光标。当要使用小键盘区的键输入数字时，应先按小键盘区左上角的“Num Lock”键，此时状态指示灯区第 1 个指示灯亮起，表示此时为数字状态，然后输入即可。

- 状态指示灯区。状态指示灯区主要用来提示小键盘区的工作状态、大小写状态及滚屏锁定键状态。
- 功能键区。功能键区位于键盘的顶端，其中“Esc”键用于取消已输入的命令或字符串，在一些应用软件中常起到退出的作用；“F1”～“F12”键称为功能键，在不同的软件中，各个功能键的功能不同。一般在程序窗口中按“F1”键可以获取程序的帮助信息；“Power”键、“Sleep”键和“Wake Up”键分别用来控制电源、转入睡眠状态和唤醒睡眠状态。

2. 键盘的操作与指法练习

采用正确的打字姿势可以提高打字速度，减轻疲劳程度，这对初学者来说非常重要。正确的打字姿势为：身体坐正，双手自然放在键盘上，腰部挺直，上身微前倾；双脚的脚尖和脚跟自然地放在地面上，大腿自然平直；座椅的高度与计算机键盘、显示器的放置高度相适应，一般以双手自然垂放在键盘上时肘关节略高于手腕为宜；显示器的高度则以操作者坐下后，其目光水平线处于屏幕上的 2/3 处为优，如图 1-25 所示。

准备打字时，将左手的食指放在“F”键上，右手的食指放在“J”键上，这两个键下方各有一个突起的小横杠，用于左、右手的定位。手指（除拇指外）按顺序分别放置在相邻的 8 个基准键位上，双手的大拇指放在“Space”键上，如图 1-26 所示。8 个基准键位是指主键盘区第 2 排按键中的“A”“S”“D”“F”“J”“K”“L”“;”键。

图 1-25 打字姿势

图 1-26 准备打字时手指在键盘上的位置

打字时键盘的指法分区：除拇指外，其余 8 个手指各有一定的活动范围。把主键盘区中的字母键、数字键和部分符号键划分成 8 个区域，每根手指负责输入相应区域的字符，如图 1-27 所示。

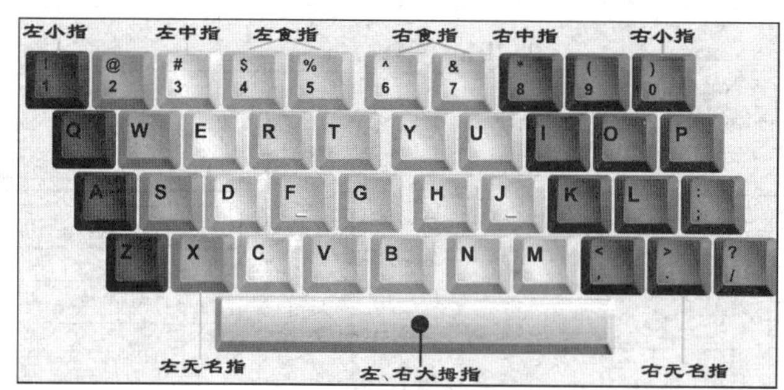

图 1-27 键盘的指法分区

按键的要点及注意事项如下。

- 手腕要平直，胳膊应尽可能保持不动。
- 手指要严格按照键位分工按键，不能随意按键。
- 按键时以手指指尖垂直向键位用力，并立即抬起，不可用力过大。

- 左手按键时，右手手指应放在基准键位上保持不动；右手按键时，左手手指也应放在基准键位上保持不动。
- 按键后手指要迅速返回相应的基准键位。
- 不要长时间按住一个键不放，按键时应尽量不看键盘，养成“盲打”的习惯。

为了提高信息录入速度，一般要求不看键盘，将手指轻放在键盘基准键位上，固定手指位置。可将视线集中于文稿，以养成科学合理的“盲打”习惯。在练习时可以一边打字一边默念，便于快速记忆各个键位。

课后练习

选择题

（1）1946 年诞生的世界上第一台通用电子计算机是（　　）。

A．UNIVAC-I　　B．EDVAC　　C．ENIAC　　D．IBM

（2）第二代计算机的划分年代是（　　）。

A．1946～1954 年　　B．1955～1964 年
C．1965～1970 年　　D．1971 年至今

（3）1KB 的准确数值是（　　）。

A．1024 B　　B．1000 B　　C．1024 bit　　D．1024 MB

（4）关于数制的转换，下列叙述中正确的是（　　）。

A．采用不同的数制表示同一个数时，基数（*R*）越大，使用的位数越少
B．采用不同的数制表示同一个数时，基数（*R*）越大，使用的位数越多
C．不同数制采用的数码是各不相同的，没有一个数码是一样的
D．进位计数制中每个数码的数值不只取决于数码本身

（5）十进制数$(55)_{10}$转换成二进制数等于（　　）。

A．$(111111)_2$　　B．$(110111)_2$　　C．$(111001)_2$　　D．$(111011)_2$

（6）与二进制数$(101101)_2$等值的十六进制数是（　　）。

A．$(2D)_{16}$　　B．$(2C)_{16}$　　C．$(1D)_{16}$　　D．$(B4)_{16}$

（7）二进制数$(111)_2$+1 等于（　　）。

A．$(10000)_2$　　B．$(100)_2$　　C．$(1111)_2$　　D．$(1000)_2$

（8）一个汉字的机内码与它的国标码之差是（　　）。

A．2020H　　B．4040H　　C．8080H　　D．AOAOH

（9）多媒体信息不包括（　　）。

A．动画、影像　　B．文字、图像　　C．声卡、光驱　　D．音频、视频

（10）计算机的硬件系统主要包括运算器、控制器、存储器、输出设备和（　　）。

A．键盘　　B．鼠标　　C．输入设备　　D．显示器

（11）计算机的总线是计算机各部件间传递信息的公共通道，它分为（　　）。

A．数据总线和控制总线　　B．数据总线、控制总线和地址总线
C．地址总线和数据总线　　D．地址总线和控制总线

（12）下列叙述中，错误的是（　　）。

A．内存储器一般由 ROM、RAM 和 Cache 组成
B．RAM 中存储的数据一旦断电就会全部丢失

C．CPU 可以直接存取硬盘中的数据

D．存储在 ROM 中的数据断电后也不会丢失

（13）能直接与 CPU 交换信息的存储器是（　　）。

A．硬盘存储器　　B．光盘驱动器　　C．内存储器　　D．软盘存储器

（14）英文缩写 ROM 的中文译名是（　　）。

A．高速缓冲存储器　B．只读存储器　　C．随机存取存储器　D．光盘

（15）下列设备组中，全部属于外部设备的一组是（　　）。

A．打印机、移动硬盘、鼠标　　B．CPU、键盘、显示器

C．SRAM 内存条、光盘驱动器、扫描仪　D．U 盘、内存储器、硬盘

（16）下列软件中，属于应用软件的是（　　）。

A．Windows 10　　B．Excel 2016　　C．UNIX　　D．Linux

（17）下列关于软件的叙述中，错误的是（　　）。

A．计算机软件系统由程序和相应的文档资料组成

B．Windows 操作系统是系统软件

C．PowerPoint 2019 是应用软件

D．使用高级程序设计语言编写的程序，要转换成计算机中的可执行程序，必须经过编译

（18）键盘上的“Caps Lock”键又被称为（　　）。

A．上挡键　　B．回车键　　C．大写字母锁定键　D．退格键

项目二
了解计算机新技术

随着计算机网络的发展，计算机技术不断创新，这不仅给 IT 界带来了重大影响，而且对社会的发展起到了积极的作用。本项目将通过 4 个任务，介绍人工智能、大数据、云计算、物联网、移动互联网、虚拟现实技术、3D 打印和“互联网+”等计算机新技术及应用的相关内容。

课堂学习目标

- 认识人工智能。
- 认识大数据。
- 认识云计算。
- 认识其他新兴技术。

任务一 认识人工智能

任务要求

肖磊最近参加了一场新兴科学技术展览会，在参会过程中，他发现很多人工智能产品都能够与人流畅地交流。随着科技的发展，人工智能不再仅限于简单的人机交流层面，有些领域已经可以使用人工智能技术来代替人类完成一些高难度或高危险性的工作。肖磊了解到，人工智能是计算机科学的一个分支，它试图通过了解智能的实质，生产出一种能以与人类相似的方式做出反应的智能机器。人工智能研究的领域比较广泛，包括机器人、语言识别、图像识别及自然语言处理等。

本任务要求了解人工智能的定义，了解人工智能的发展，熟悉人工智能在实际工作生活中的应用。

任务实现

（一）了解人工智能的定义

人工智能（Artificial Intelligence，AI）也叫作机器智能，是指由人工制造的系统所表现出来的智能，是研究智能程序的一门科学。人工智能研究的主要目标是用机器模仿和执行人脑的某些智力活动，如判断、推理、识别、感知、理解、思考、规划、学习等思维活动。人工智能技术已经渗透到人们日常生活的各个方面，涉及的行业也很多，包括游戏、新闻媒体、金融等，并被应用于各种领先的研究领域，如量子科学等。

提示 人工智能并不是可望而不可即的，微软（Microsoft）公司的 Cortana、百度公司的度秘、苹果公司的 Siri 等智能助理或智能聊天类应用，都属于人工智能的范畴，甚至一些简单的、有固定模式的资讯类新闻，也是由人工智能来完成的。

（二）了解人工智能的发展

1956 年夏季，以约翰 · 麦卡锡（John McCarthy）、马文 · 明斯基（Marvin Lee Minsky）、纳撒尼尔 · 罗彻斯特（Nathaniel Rochester）和克劳德 · 艾尔伍德 · 申农（Claude Elwood Shannon）等为首的一批科学家聚在一起，共同研究和探讨用机器模拟智能的一系列有关问题，并首次提出了“人工智能”这一术语，这标志着“人工智能”这门新兴学科正式诞生。

从 1956 年正式提出人工智能算起，60 多年来，人工智能研究取得了长足的发展，成为一门广泛的交叉和前沿科学。总的来说，研究人工智能的目的就是让计算机能够像人一样去思考。当计算机出现后，人类才开始真正有了可以模拟人类思维的工具。

如今，全世界大部分大学的计算机系都在研究“人工智能”这门学科。1997 年 5 月，国际商业机器公司研制的深蓝（Deep Blue）计算机战胜了国际象棋大师加里 · 卡斯帕罗夫（Garry Kasparov）。大家或许没有注意到，在某些方面，计算机可以帮助人类进行其他原本只属于人类的工作，以它的高效率和准确性为人类发展发挥着作用。

（三）熟悉人工智能的实际运用

图 2-1 人工智能的实际运用

曾经，人工智能只在一些科幻影片中出现，但伴随着技术的不断发展，人工智能在很多领域得到了不同程度的应用，如在线客服、自动驾驶、智慧生活、智慧医疗等，如图 2-1 所示。

1. 在线客服

在线客服是一种以网站为媒介、即时沟通的通信技术，主要以聊天机器人的形式自动与消费者沟通，并及时解决消费者的一些问题。聊天机器人必须善于理解人类自然语言，懂得语言所传达的意义，因此这项技术十分依赖自然语言处理技术。一旦这些机器人能够理解不同的语言表达方式所包含的实际意义，这些机器人就可以在很大程度上代替人工客服。

2. 自动驾驶

自动驾驶是正在发展的一项智能应用。自动驾驶一旦实现，将会带来如下改变。

- 汽车本身的形态会发生变化。自动驾驶的汽车不再需要司机和方向盘，其形态设计可能会发生较大的变化。
- 未来的道路将发生改变。未来道路会按照自动驾驶的要求重新设计，专用于自动驾驶的车道可能变得更窄，交通信号可以更容易被自动驾驶汽车识别。
- 完全意义上的共享汽车将成为现实。大多数的汽车可以通过共享经济的模式，随叫随到。因为不需要司机，所以这些车辆可以保证 24 小时随时待命，可以在任何时间、任何地点提供高质量的租用服务。

3. 智慧生活

智慧生活是一种具有新内涵的生活方式，其实质是通过使用方便的智能家居产品，让人们能更安全、舒适、健康、方便地享受生活。智慧生活需要依托人工智能技术与智能家居终端产品来构建智能家居控制系统，从而打造具备共同智能生活理念的智能社区。

目前，智慧生活的应用还处于不断发展的阶段，只能满足普通的沟通，但假以时日，不断提高人工智能系统的性能后，人们生活中的每一件家用电器都会拥有足够强大的功能，为人们提供更加方便的服务。

4. 智慧医疗

智慧医疗（Wise Information Technology of 120，WIT120），是近年兴起的专有医疗名词，通过打造健康档案区域医疗信息平台，利用先进的物联网技术，实现患者与医务人员、医疗机构、医疗设备之间的互动，从而逐步实现医疗服务的自动化。

大数据和基于大数据的人工智能，能为医生辅助诊断疾病提供很好的支持。将来医疗行业将融入更多的人工智能、传感技术等高科技，使医疗服务走向真正意义的智能化。在人工智能的帮助下，我们看到的不会是医生失业，而是同样数量的医生可以服务几倍、数十倍，甚至更多的人。

提示 人工智能可以分为弱人工智能、强人工智能、超人工智能 3 个级别。其中，弱人工智能应用得非常广泛，例如手机的自动拦截骚扰电话、邮箱的自动过滤等功能都属于弱人工智能。强人工智能和弱人工智能的区别在于，强人工智能有自己的思考方式，能够进行推理、制订并执行计划，并且拥有一定的学习能力，能够在实践中不断进步。

任务二 认识大数据

任务要求

肖磊在使用计算机时发现，网页经常会推荐一些他曾经搜索或关注过的信息，如前段时间，他在某网站上购买了一双运动鞋，然后每次打开该网站主页时，在推荐购买区都会显示一些同类的物品。肖磊觉得这很神奇，经过了解，他才知道这是大数据技术的一种应用，它将用户的使用习惯、搜索习惯记录到数据库中，应用独特的算法计算出用户可能感兴趣或有需要的内容，然后将相同种类的商品推荐到用户眼前。

本任务要求了解大数据的定义和发展，了解数据的计量单位，熟悉大数据处理的基本流程和大数据的典型应用案例。

任务实现

（一）了解大数据的定义

数据是指存储在某种介质上、包含信息的物理符号。在网络时代，随着人们生产数据能力的飞速提升和数量的不断增长，大数据应运而生。大数据是指无法在一定时间范围内用常规软件工具进行捕捉、管理、处理的数据集合，而要想从这些数据集合中获取有用的信息，就需要对大数据进行分析，这不仅需要强大的数据分析能力，还需对数据分析算法进行深入的研究。

大数据技术是指为了传送、存储、分析和应用大数据而采用的软件和硬件技术，也可将其看作面向数据的高性能计算系统。就技术层面而言，大数据技术必须依托分布式架构对海量的数据进行分布式挖掘，需要利用云计算的分布式处理、分布式数据库、云存储和虚拟化技术，因此大数据技术与云计算是密不可分的。

（二）了解大数据的发展

在大数据行业快速发展的情况下，大数据的应用越来越广泛，各国政府相继出台的一系列政策更是加快了大数据行业的发展。大数据的发展经历了图 2-2 所示的 4 个阶段。

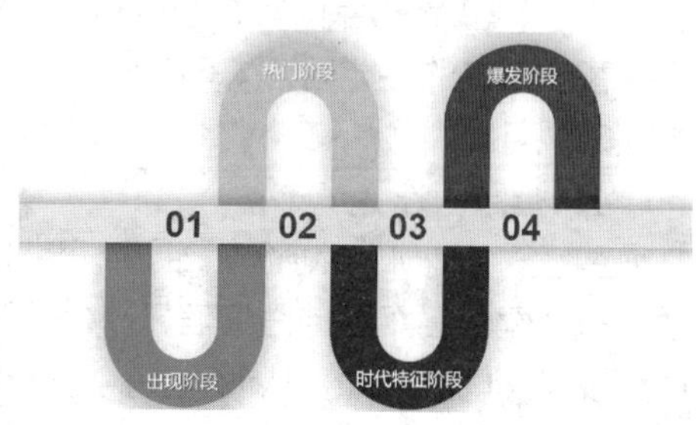

图 2-2　大数据的 4 个发展阶段

1. 出现阶段

1980 年，阿尔文·托夫勒（Alvin Toffler）《第三次浪潮》（*The Third Wave*）中将“大数据”称为“第三次浪潮的华彩乐章”。1997 年，美国研究员迈克尔·考克斯（Michael Cox）和大卫·埃尔斯沃斯（David Ellsworth）使用“大数据”来描述 20 世纪 90 年代的挑战。

“大数据”在云计算出现之后才突显其真正的价值，谷歌（Google）公司在 2006 年率先提出云计算的概念。2007～2008 年，随着社交网络的快速发展，“大数据”概念被注入了新的生机。2008 年 9 月《自然》（*Nature*）杂志推出了名为“大数据”的封面专栏。

2. 热门阶段

2009 年，欧洲一些领先的研究型图书馆和科技信息研究机构建立了伙伴关系，致力于改善在互联网上获取科学数据的简易性。2010 年肯尼斯·库克耶（Kenneth Cukier）发表了大数据专题报告《数据，无所不在的数据》，报告中提道：“世界上有着无法想象的巨量数字信息，并以极快的速度增长。从经济界到科学界，从政府部门到艺术领域，很多方面都已经感受到了这种巨量信息的影响。科学家和计算机工程师已经为这个现象创造了一个新词汇：‘大数据’。”2011 年 6 月，麦肯锡（Mckinsey）咨询公司发布了关于“大数据”的报告，正式定义了大数据的概念，大数据逐渐被各行各业关注。2011 年 11 月，中华人民共和国工业和信息化部发布了《物联网“十二五”发展规划》，将信息处理技术作为 4 项关键技术创新工程之一提出来，其中包括海量数据存储、图像视频智能分析、数据挖掘，这些是大数据的重要组成部分。

3. 时代特征阶段

2012 年维克托·迈尔-舍恩伯格（Viktor Mayer-Schönberger）和肯尼思·库克耶的《大数据时代》（*Big Data A Revolution*）一书，把大数据的影响划分为 3 个不同的层面来分析，分别是思维变革、商业变革和管理变革。此时“大数据”这一概念乘着互联网的浪潮在各行各业中占据着举足轻重的地位。2013 年 11 月，中华人民共和国国家统计局与阿里、百度等企业签署了大数据战略合作框架协议，推动了大数据在政府统计中的应用。2014 年，大数据首次写入我国《政府工作报告》，大数据上升为国家战略。2015 年 8 月，中华人民共和国国务院（简称国务院）发布《促进大数据发展行动纲要》，这是指导我国大数据发展的国家顶层设计和总体部署。

4. 爆发阶段

2017 年，在政策、法规、技术、应用等多重因素的推动下，我国跨部门数据共享共用的格局基本形成。京、津、沪、冀、辽、贵、渝等省、自治区、直辖市人民政府相继出台了大数据研究与发展行动计划，通过整合数据资源实现区域数据中心资源汇集与集中建设。

全国各省市纷纷成立大数据管理机构，已有众多本科院校获批“数据科学与大数据技术”专业，众多专科院校开设“大数据技术与应用”专业。

（三）了解数据的计量单位

在研究和应用大数据时，经常会接触数据存储的计量单位，随着大数据的产生，数据的计量单位也在逐步发生变化。MB、GB、TB 等常用单位已无法有效地描述大数据，一般会用到 PB、EB 和 ZB 这 3 种单位。常用的数据单位如表 2-1 所示。

表 2-1　常用的数据单位

数值换算	单位名称
1024B=1KB	千字节（kilobyte）
1024KB=1MB	兆字节（megabyte）
1024MB=1GB	吉字节（gigabyte）
1024GB=1TB	太字节（terabyte）
1024TB=1PB	拍字节（petabyte）
1024PB=1EB	艾字节（exabyte）
1024EB=1ZB	泽字节（zettabyte）
1024ZB=1YB	尧字节（yottabyte）

（四）熟悉大数据处理的基本流程

大数据处理的数据源类型多种多样，在不同的场合通常需要使用不同的处理方法。在处理大数据的过程中，通常需要经过数据抽取与集成、数据分析、数据解释和展现等步骤。

- 数据抽取与集成。数据抽取与集成是大数据处理的第一步，即从抽取数据中提取出关系和实体，经过关联和聚合等操作，按照统一定义的格式对数据进行存储。如基于物化或数据仓库技术方法的引擎（Materialization or Extract-Transform-Load Engine）、基于联邦数据库或中间件方法的引擎（Federation Engine or Mediator）、基于数据流方法的引擎（Stream Engine）均是现有主流的数据抽取与集成方式。
- 数据分析。数据分析是大数据处理的核心步骤，在决策支持、商业智能、推荐系统、预测系统中应用广泛。数据分析是指从异构的数据源中获取原始数据后，将数据导入一个集中的大型分布式数据库或分布式存储集群，并进行一些基本的预处理工作，然后根据实际的需求对原始数据进行分析，如数据挖掘、机器学习、数据统计等。
- 数据解释和展现。在完成数据分析后，应该使用合适的、便于理解的展示方式将正确的数据处理结果展示给终端用户，可视化和人机交互是数据解释和展现的主要技术。

在合适的工具辅助下，对不同类型的数据源进行数据融合取样和多分辨率分析，按照一定的标准统一存储数据，并通过去噪等数据分析技术对其进行降维处理，然后进行分类或群集，最后抽取信息，选择可视化认证等方式将结果展示给终端用户。大数据处理的基本流程如图 2-3 所示。

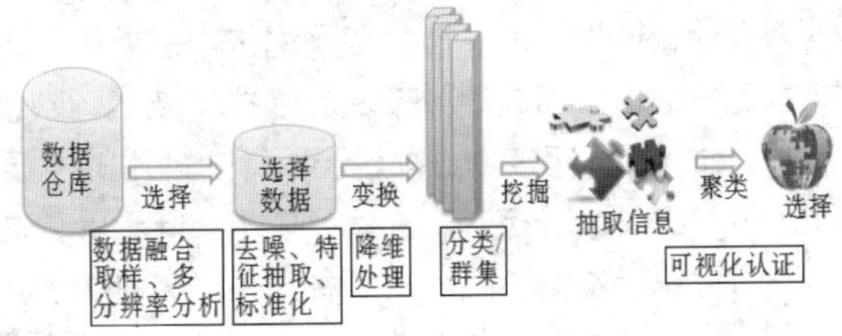

图 2-3　大数据处理的基本流程

查看大数据在行业中的应用

（五）熟悉大数据的典型应用案例

在以云计算为代表的技术创新背景下，收集和处理数据变得更加简便。国务院在印发的《促进大数据发展行动纲要》中系统地部署了大数据发展工作，通过各行各业的不断创新，大数据会创造更多价值。下面对大数据典型应用案例进行介绍。

- 高能物理。高能物理是一个与大数据联系十分紧密的学科。科学家往往要从大量的数据中发现一些小概率的粒子事件，如比较典型的离线处理方式由探测器组负责在实验时获取数据，而最新的大型强子对撞机（Large Hadron Collider，LHC）实验每年采集的数据量高达15PB。高能物理中的数据不仅海量，而且没有关联性。如果要从海量数据中提取有用的数据，就可使用并行计算技术对各个数据文件进行较为独立的分析处理。
- 推荐系统。推荐系统可以通过电子商务网站向用户提供商品信息和建议，如商品推荐、新闻推荐、视频推荐等。实现推荐过程则需要依赖大数据：用户在访问网站时，网站会记录和分析用户的行为并建立模型，将该模型与数据库中的产品进行匹配后，才能进行推荐。为了实现这个推荐过程，需要存储海量的用户访问信息，并进行基于大量数据的分析，从而推荐与用户行为相符合的内容。
- 搜索引擎系统。搜索引擎系统是非常常见的大数据系统。为了有效完成互联网上数量巨大的信息收集、分类和处理工作，搜索引擎系统大多基于集群架构。搜索引擎系统的发展历程为大数据研究积累了宝贵的经验。

任务三　认识云计算

任务要求

肖磊最近加入了计算机技术讨论组，在讨论组中听到了许多新名词，如云计算、云安全、云存储、云游戏等。为了了解这些新技术，肖磊开始多方查阅资料，学习相关的知识。

本任务要求了解云计算的定义、云计算的发展、云计算技术的特点，以及云计算在云安全、云存储、云游戏等领域的应用。

任务实现

（一）了解云计算的定义

云计算是国家战略性新兴产业，是基于互联网服务的增加、使用和交付模式。云计算通常涉及通过互联网来提供动态、易扩展且经常是虚拟化的资源，是传统计算机和网络技术发展与融合的产物。

云计算技术是硬件技术和网络技术发展到一定阶段出现的新技术，是对实现云计算所需的所有技术的总称。分布式计算技术、虚拟化技术、网络技术、服务器技术、数据中心技术、云计算平台技术、分布式存储技术等都属于云计算技术的范畴。云计算技术也包括新出现的Hadoop、HPCC、Storm、Spark等技术。云计算技术意味着计算能力也可作为一种商品通过互联网进行流通。

云计算技术中主要包括3种角色，分别为资源的整合运营者、资源的使用者和终端客户。资源的整合运营者负责资源的整合输出，资源的使用者负责将资源转变为满足客户需求的应用，而终端客户则是资源的最终消费者。

云计算技术作为一项应用范围广、对产业影响深的技术，正逐步向包括信息产业的各种产业渗透。产业的结构模式、技术模式和产品销售模式等都会随着云计算技术发生巨大改变，进而影响人们的工作和生活。

（二）了解云计算的发展

2010 年开始，云计算作为新的技术得到了快速的发展。云计算的发展无疑会改变 IT 产业，也会改变人们的工作方式和公司的经营方式。云计算的发展基本可以分为 4 个阶段。

1. 理论完善阶段

1984 年，美国微系统公司（Sun Microsystems）的联合创始人约翰・盖奇（John Gage）提出了“网络就是计算机”的名言，用于描述分布式计算技术带来的“新世界”，今天的“云计算”正在将这一名言变成现实。1997 年，美国南加利福尼亚大学教授拉姆纳特・K. 切拉帕（Ramnath K. Chellappa）提出了“云计算”的第一个学术定义。1999 年，马克・安德森（Marc Andreessen）创建了响云（LoudCloud）——第一个商业化的基础设施即服务（Infrastructure as a Service，IaaS）平台。1999 年 3 月，赛富时（Salesforce）公司成立，成为最早出现的云计算服务公司。2005 年，亚马逊公司宣布推出亚马逊云计算服务（Amazon Web Services，AWS）平台。

2. 准备阶段

电信运营商、互联网企业等纷纷推出云服务，云服务形成一定规模。2008 年 10 月，微软公司发布其公共云计算平台——Windows Azure Platform，由此拉开了微软公司的云计算发展大幕。

3. 成长阶段

云服务功能日趋完善，种类日趋多样，传统企业也开始通过自身能力扩展、收购等模式投入云服务。2009 年 4 月，VMware 公司推出业界首款云操作系统 VMware vSphere 4。2009 年 7 月，中国首个企业云计算平台诞生。2009 年 11 月，中国移动云计算平台“大云”计划启动。2010 年 1 月，微软公司正式推出 Microsoft Azure 云服务平台。

4. 高速发展阶段

云计算行业通过深度竞争，逐渐形成了主流平台产品和标准，此时的产品功能比较健全、市场格局相对稳定，云服务进入成熟阶段。2014 年，阿里云启动“云合”计划；2015 年，华为在北京正式对外宣布“企业云”战略；2016 年，腾讯云战略升级，并宣布“出海”计划等。

2017 年，华为高调宣布发力公有云市场，成立二级部门云业务部 Cloud BU。2018 年，全球 37 家集团与天猫共建创新中心，用大数据研发全新商品，腾讯加码云计算，大金额入股网宿科技。2019 年，阿里云峰会、华为云城市峰会如期举行，5G 逐渐商用，AI、大数据等技术与云计算有了更深度的融合。2020 年，百度智能云调整架构，UCloud 上市，京东提出“京东智联云”等。

（三）了解云计算技术的特点

传统计算模式向云计算模式的转变如同单机发电模式向集中供电模式的转变，云计算是将计算任务分布在由大量计算机构成的资源池上，使用户能够按需获取计算能力、存储空间和信息服务。与传统的资源提供方式相比，云计算主要具有以下特点。

- 超大规模。“云”具有超大规模，IBM、微软等公司的“云”均拥有几十万台服务器。“云”能赋予用户前所未有的计算能力。

- 高可扩展性。云计算可将资源低效的分散使用转变为资源高效的集约化使用。分散在不同计算机上的资源，其利用率非常低，通常会造成资源的极大浪费，而将资源集中起来后，资源的利用效率会大大提升。而资源的集中化和资源需求的不断提高，也对资源池的可扩展性提出了要求，因此云计算系统必须具备高可扩展性，这样才能方便新资源的存储，有效应对不断增长的资源需求。
- 按需服务。对用户而言，云计算系统最大的好处是可以适应自身对资源不断变化的需求。云计算系统按需向用户提供资源，用户只需为自己实际使用的资源量付费，而不必自己购买和维护大量固定的硬件资源。这不仅为用户节约了成本，还可促使应用软件的开发者创造出更多有趣和实用的应用。同时，按需服务让用户在服务上具有更大的选择空间，可以通过缴纳不同数额的费用来获取不同层次的服务。
- 虚拟化。云计算技术利用软件实现硬件资源的虚拟化管理、调度及应用，支持用户在任意位置使用各种终端获取应用服务。通过“云”这个庞大的资源池，用户可以方便地使用网络资源、计算资源、数据库资源、硬件资源、存储资源等，这可以大大降低维护成本，提高资源的利用率。
- 通用性。云计算不面对特定的应用，在“云”的支撑下可以构造出千变万化的应用，同一个“云”可以同时支撑不同的应用运行。
- 高可靠性。在云计算技术中，用户数据存储在服务器端，应用程序在服务器端运行，计算由服务器端处理，数据被复制到多个服务器节点。当某一个节点任务失败时，可在该节点终止，再启动另一个程序或节点，保证应用和计算正常进行。
- 低成本。“云”的自动化集中式管理使大量企业无须负担日益高昂的数据管理成本，“云”的通用性也使资源的利用率较传统系统有了大幅提升，因此用户可以充分享受“云”的低成本优势。
- 潜在的危险性。云计算服务除了提供计算服务，还能提供存储服务。那么，对选择云计算服务的政府机构、商业机构而言，就存在数据（信息）被泄露的风险，因此这些政府机构、商业机构（特别是像银行这样持有敏感数据的商业机构）在选择云计算服务时一定要保持足够的警惕。

（四）了解云计算的应用

随着云计算技术产品、解决方案的不断成熟，云计算技术的应用领域也在不断扩展，衍生出了云制造、教育云、环保云、物流云、云安全、云存储、云游戏、移动云计算等各种应用，对医药与医疗领域、制造领域、金融与能源领域、电子政务领域、教育科研领域的影响巨大，为电子邮箱、数据存储、虚拟办公等提供了非常大的便利。下面介绍几种常用的云计算应用。

1. 云安全

云安全是云计算技术的重要分支，在反病毒领域获得了广泛应用。云安全技术可以通过网状的大量客户端对网络中软件的异常行为进行监测，获取互联网中木马和恶意程序的最新信息，自动分析和处理信息，并将解决方案发送到每一个客户端。

云安全融合了并行处理、网格计算、未知病毒行为判断等新兴技术和概念，理论上可以把病毒的传播范围控制在一定区域内，且整个云安全网络对病毒的上报和查杀速度非常快，在反病毒领域中意义重大，但涉及的安全问题也非常多。云安全技术在用户身份安全、共享业务安全和用户数据安全等方面的问题需要格外关注。

- 用户身份安全。用户登录云端使用应用与服务时，系统在确保使用者身份合法之后才会为其提供服务，如果非法用户取得了用户身份，则会对合法用户的数据和业务产生危害。
- 共享业务安全。云计算通过虚拟化技术实现资源共享与调用，可以提高资源的利用率，但共享也会带来安全问题。云计算不仅需要保证用户资源间的隔离，还要对虚拟机、虚拟交换机、虚拟存储等虚拟对象提供安全保护策略。
- 用户数据安全。用户数据安全问题包括数据丢失、泄露、被篡改等，因此必须对数据采取复制、存储加密等有效的保护措施，以确保数据安全。此外，账户、服务和通信劫持，不安全的应用程序接口，操作错误等问题也会对云安全造成隐患。

云安全系统的建立并非轻而易举，要想保证系统正常运行，不仅需要海量的客户端、专业的防病毒技术和经验、大量的资金和技术投入，还必须提供开放的系统，让大量合作伙伴加入。

2. 云存储

云存储是一种新兴的网络存储技术，可将储存资源放到“云”上供用户存取。云存储通过集群应用、网络技术和分布式文件系统等功能将网络中大量不同类型的存储设备集合起来，协同工作，共同对外提供数据存储和业务访问功能。通过云存储，用户几乎可以在任何时间、任何地点，将任何可联网的装置连接到“云”上存取数据。

在使用云存储功能时，用户只需要为实际使用的存储容量付费，不用额外安装物理存储设备，降低了托管成本。同时，存储维护工作转移至服务提供商，在人力、物力上也降低了成本。但云存储也可能存在一定问题，例如用户在云存储中保存重要数据，则数据安全可能存在潜在隐患，其可靠性和可用性取决于广域网（Wide Area Network，WAN）的可用性和服务提供商的预防措施等级。对于一些具有特定记录保留需求的用户，在选择云存储服务之前还需进一步了解和掌握云存储的相关知识。

提示  云盘也是一种以云计算为基础的网络存储技术，目前各大互联网企业也在陆续开发自己的云盘，如百度网盘等。

3. 云游戏

云游戏是一种以云计算技术为基础的在线游戏技术，云游戏中的所有游戏都在服务器端运行，并通过网络将渲染后的游戏画面压缩，再传送给用户。

云游戏技术主要包括在云端完成游戏运行与画面渲染的云计算技术，以及玩家终端与云端间的流媒体传输技术。对游戏运营商而言，只需花费服务器升级的成本，而不需要不断投入巨额的新主机研发费用；对游戏用户而言，用户的游戏终端无须拥有强大的图形运算与数据处理等能力，只需拥有流媒体播放能力、获取玩家输入指令并发送给云端服务器的能力。

任务四　认识其他新兴技术

任务要求

肖磊最近对计算机新兴技术非常感兴趣，随着时代的发展，越来越多的新技术被应用到人们的工作和生活中。肖磊明白，只有不断学习新知识，才能与时俱进。

本任务要求认识计算机的其他新兴技术，如物联网、移动互联网、虚拟现实技术、3D 打印和“互联网+”等。

任务实现

（一）认识物联网

物联网（Internet of Things，IoT）源于传媒领域，是信息科学技术产业的第三次革命。物联网可以将现实世界数字化，其应用范围十分广泛。下面将从物联网的定义、关键技术和应用 3 个方面来介绍物联网的相关知识。

1. 物联网的定义

物联网基于互联网、传统电信网等信息承载体，让所有具有独立功能的普通物体实现互联互通。简单地说，物联网可以把所有能行使独立功能的物品，通过传感设备与互联网连接起来，促进信息交换，实现智能识别和管理。

在物联网上，每个人都可以使用电子标签连接真实的物体。通过物联网可以用中心计算机对机器、设备、人员进行集中管理和控制，也可以对家庭设备、汽车进行遥控，还可以搜索设备位置、防止物品被盗等，通过收集这些小的数据，最后聚集成大数据，从而实现物和物相连。

2. 物联网的关键技术

目前，物联网的发展非常迅速，尤其是在智慧城市、工业、交通及安防等领域取得了突破性的进展。未来的物联网发展，必须从低功耗、高效率、高安全性等方面出发，必须重视物联网的关键技术发展。物联网的关键技术主要有以下几项。

- 射频识别（Radio Frequency Identification，RFID）技术。RFID 技术是一种通信技术，它同时融合了无线射频技术和嵌入式技术，在自动识别、物品物流管理等方面的应用前景十分广阔。RFID 技术的主要表现形式是 RFID 标签。RFID 技术具有抗干扰性强、数据容量大、安全性高、识别速度快等优点，主要工作频率有低频、高频和超高频。但 RFID 技术还存在一些技术方面的难点，例如最佳工作频率的选择和对于机密的保护等，尤其是超高频频率的技术还不够成熟，相关产品价格较高，稳定性也不理想。
- 传感器技术。传感器技术是物联网的关键技术之一，通过传感器可以把模拟信号转换成数字信号供计算机处理。目前，传感器技术的难点主要是应对外部环境的影响。例如，当受到自然环境中温度等因素的影响时，传感器零点漂移和灵敏度会发生变化。
- 云计算技术。云计算是把一些相关网络技术和计算机发展融合在一起的产物，具备强大的计算和存储能力。常用的搜索功能就是云计算技术应用的一种。
- 无线网络技术。物体与物体之间的“交流”需要高速、可进行大批量数据传输的无线网络，设备连接的速度和稳定性与无线网络的速度息息相关。目前，我们使用的大部分网络属于 4G、5G，正在向 6G 迈进。随着无线网络速度的提升，物联网的发展也将受益，进而取得更大的突破。
- 人工智能技术。人工智能技术是研究、开发用于模拟、延伸和扩展人类智能的理论、方法、技术及应用系统的一门新的科学技术。人工智能技术与物联网有着十分密切的关系，物联网主要负责使物体之间相互连接，人工智能技术则可以让连接起来的物体进行学习，从而使物体实现智能化。

3. 物联网的应用

物联网蓝图逐步变成了现实，很多场合都有物联网的影子。下面将对物联网的应用领域进行简单介绍，包括物流、交通、安防、医疗、建筑、能源环保、家居、零售等。

- 智慧物流。智慧物流是指以物联网、人工智能、大数据等信息技术为支撑，在商品的运输、仓储、配送等环节实现系统感知、全面分析和处理等功能。但物联网的应用主要体现在 3 个方面，包括仓储、运输监测和快递终端。通过物联网技术可以实现对货物及运输车辆的监测，包括运输车辆位置、状态、油耗及车速，以及货物的温、湿度等。

- 智能交通。智能交通是物联网的一种重要体现形式，可以利用信息技术将人、车和路紧密结合起来，改善交通运输环境、保障交通安全并提高资源利用率。物联网技术在智能交通领域的应用包括智能公交车、智慧停车、共享单车、车联网、充电桩监测及智能红绿灯等。
- 智能安防。传统安防对人员的依赖性比较高，非常耗费人力，而智能安防能够通过设备实现智能判断。目前，智能安防的核心部分是智能安防系统，该系统能对拍摄的图像进行传输与存储，并对其进行分析与处理。一个完整的智能安防系统主要包括 3 部分，即门禁、报警和监控，行业应用中主要以视频监控为主。
- 智慧医疗。在智慧医疗领域，新技术的应用必须以人为中心。而物联网是数据获取的主要途径，能有效地帮助医院实现对人和物的智能化管理。对人的智能化管理是通过传感器对人的生理状态（如心跳频率、血压高低等）进行监测，将获取的数据记录到电子健康文件中，方便个人或医生查阅。RFID 技术能对医疗设备、物品进行监控与管理，实现医疗设备、物品可视化，主要表现为数字化医院。
- 智慧建筑。建筑是城市的基石，技术的进步促进了建筑的智能化发展，以物联网等新技术为主的智慧建筑也逐渐受到人们的关注。当前的智慧建筑主要体现在节能方面，如对设备进行感知、传输信息并实现远程监控，在节约能源的同时还减少了物业管理人员的维护工作。
- 智慧能源环保。智慧能源环保属于智慧城市的一部分，其物联网应用主要集中在水能、电能、燃气、路灯等相关方面，如智能水电表能实现远程抄表。将物联网技术应用于传统的水、电、光能设备，并进行联网、监测，可提升能源的利用效率。
- 智能家居。智能家居使用智能的方法和设备来提高人们的生活水平，使家庭生活变得更舒适。物联网应用于智能家居领域，能够对家居类产品的位置、状态、变化进行监测，分析其变化特征。智能家居行业的发展主要分为单品连接、物物联动和平台集成 3 个阶段。其发展的方向首先是连接智能家居单品，随后走向不同单品之间的联动，最后向智能家居系统平台发展。当前，各个智能家居类企业正处于单品连接向物物联动的过渡阶段。
- 智能零售。行业内将零售按照距离分为远场零售、中场零售、近场零售，三者分别以电商、超市和自动售货机为代表。物联网技术可以用于近场和中场零售，且主要应用于近场零售，即无人便利店和自动（无人）售货机。智能零售通过将传统的售货机和便利店进行数字化升级和改造，打造无人零售模式。通过数据分析，智能零售可以充分运用门店内的客流和活动，为用户提供更好的服务。

（二）认识移动互联网

移动互联网是互联网与移动通信在各自独立发展的基础上相互融合形成的产物，涉及无线蜂窝通信、无线局域网与互联网、物联网、云计算等诸多领域，能广泛应用于个人即时通信、现代物流、智慧城市等场景。

1. 移动互联网的定义

移动互联网（Mobile Internet，MI）是一种通过智能移动终端，采用移动无线通信方式获取业务和服务的新兴业务，包含终端、软件和应用 3 个层面。

- 终端层，包括智能手机、平板电脑、电子书等。

- 软件层，包括操作系统、数据库和安全软件等。
- 应用层，包括休闲娱乐类、工具媒体类、商务财经类等不同应用与服务。

移动互联网具有以下几个特点。

- 便携性。移动互联网的基础网络是立体的网络，由通用分组无线业务（General Packet Radio Service，GPRS）、3G、4G、无线局域网（Wireless Local Area Networks，WLAN）或Wi-Fi 构成，无缝覆盖。移动终端可以通过上述任何形式联通网络，这些移动终端可以是智能手机、平板电脑，也可以是智能眼镜、手表等各类随身物品，它们可以随时随地联网使用。
- 即时性。由于移动终端的便捷性，人们可以充分利用生活、工作中的碎片化时间接收和处理互联网的各类信息，不用担心有任何重要信息、时效信息被错过。
- 感触性和定向性。感触性和定向性不仅体现在移动终端屏幕的感触层面，更体现在照相、摄像、二维码扫描，以及移动感应，温度、湿度感应等无所不及的感触功能上。而基于位置的服务（Location Based Services，LBS）不仅能够定位移动终端所在位置，而且可以根据移动终端的趋向性，预测下一步可能去往的位置。
- 隐私性。移动终端用户的隐私性远高于 PC 端用户。高隐私性决定了移动互联网终端应用的特点，即数据共享时既要保障认证客户的有效性，又要保证信息的安全性。在互联网环境下，PC 端的用户信息是可以被搜集的，而在移动终端用户的上网信息是保密的。

提示 移动互联网≠移动+互联网，移动互联网是移动和互联网融合的产物，不是简单的加法。移动互联网继承了移动的随时随地和互联网的分享、开放、互动优势，是整合二者优势的“升级版本”。

2. 移动互联网的发展

作为互联网的重要组成部分，移动互联网还处在发展阶段，但从传统互联网的发展历程来看，其快速发展的临界点已经出现。在互联网基础设施完善及移动寻址等成熟技术的推动下，移动互联网将迎来发展高潮。

- 移动互联网会超越 PC 互联网，引领发展新潮流。PC 只是互联网的终端之一，智能手机、平板电脑已成为重要终端，电视机、车载设备也可作为终端。
- 移动互联网和传统行业融合，将催生新的应用模式。在移动互联网、云计算、物联网等新技术的推动下，传统行业与互联网的融合正呈现出新的特点，平台和模式都发生了改变，例如食品、餐饮、娱乐、金融、家电等传统行业的 App 和企业推广平台。
- 终端的支持是业务推广的生命线。随着移动互联网业务的发展，移动终端的解决方案也不断增多。例如，2011 年主流的智能手机屏幕是 3.5～4.3 英寸，而现在手机屏幕大多为 6 英寸及以上。
- 移动互联网业务的新特点为商业模式创新提供了空间。随着移动互联网发展进入“快车道”，移动互联网也已经融入主流生活与商业社会。例如，移动游戏、移动广告、移动电子商务等业务模式的流量变现能力得到快速提升。
- 目前的移动互联网领域仍然是以位置的精准营销为主，但随着大数据相关技术的发展和人们对数据挖掘的不断深入，面对用户个性化定制的应用服务和营销方式将成为其发展的趋势。

在移动互联网时代，传统的信息产业运作模式正在改变，新的运作模式正在形成。对手机厂商、互联网公司、消费电子公司及网络运营商来说，这既是机遇，又是挑战。

3. 移动互联网的 5G 时代

移动互联网的演进历程是移动通信和互联网等技术汇聚、融合的过程，其中不断演进的移动通信技术是其持续且快速发展的主要推动力。至今，移动通信技术已经从 1G 时代发展到 5G 万物互联的时代。

- 1G。1986 年，第一代移动通信系统采用模拟技术传输数据，即将电磁波进行频率调制后，将语音信号转换到载波电磁波上，载有信息的电磁波成功发布到空间后，由接收设备接收，并从载波电磁波上还原语音信息，完成一次通话。
- 2G。2G 采用的是数字调制技术。2G 时代的手机已经可以上网了，虽然数据传输的速度很慢（9.6～14.4kbit/s），但实现了文字信息的移动传输。
- 3G。3G 依然采用数字数据传输，但通过开辟新的电磁波频谱、制定新的通信标准，3G 的传输速度可达 384kbit/s。由于 3G 采用了更宽的频带，所以传输的稳定性也大大提高。
- 4G。4G 是在 3G 的基础上发展起来，采用了更加先进的通信协议的第四代移动通信技术。4G 在传输速度上有非常大的提升，理论上的传输速度是 3G 的 50 倍，因此 4G 网络非常流畅，缓存高清电影、传输数据速度都非常快。
- 5G。随着移动通信系统带宽和能力的提升，移动网络的速率也从 2G 时代的 10kbit/s，发展到 4G 时代的 1Gbit/s。而 5G 不同于传统的几代移动通信，它不仅拥有更高速率、更大带宽、更强能力的技术，还是一个多业务、多技术融合的网络，也是面向业务应用和用户体验的智能网络，并以期打造一个以用户为中心的信息生态系统。

（三）认识虚拟现实技术

虚拟现实技术是一种结合了仿真技术、计算机图形学、人机接口技术、图像处理与模式识别、多传感技术、人工智能等多项技术的交叉技术，虚拟现实技术的研究和开发开始于 20 世纪 60 年代，进一步完善和应用是在 20 世纪 90 年代到 21 世纪初。

1. 虚拟现实

虚拟现实（Virtual Reality，VR）是一种可以创建和体验虚拟世界的计算机仿真系统。VR 可以使计算机生成一种模拟环境，通过多源信息融合的交互式三维动态视景和实体行为的系统仿真，带给用户身临其境的体验。

虚拟现实主要包括模拟环境、感知、自然技能和传感设备等。其中，模拟环境是指由计算机生成的实时动态的三维立体图像；感知是指一切人所具有的感知，包括视觉、听觉、触觉、运动感知，甚至嗅觉和味觉等；自然技能是指计算机对人体行为动作数据进行处理，并对用户输入做出实时响应；传感设备是指三维交互设备。

通过虚拟现实，人们可以全角度观看电影、比赛、风景、新闻等，虚拟现实游戏技术甚至可以追踪用户的动作行为，如对用户的移动、步态等进行追踪和交互。

2. 增强现实

增强现实（Augment Reality，AR）是一种实时计算摄影机影像位置及角度，并赋予其相应图像、视频、3D 模型的技术。虚拟现实是百分之百的虚拟世界，而增强现实则以现实世界的实体为主体，借助数字技术让用户可以探索现实世界并与之交互。虚拟现实看到的场景、人物都是虚拟的，增强现实看到的场景、人物半真半假。现实场景和虚拟场景的结合需借助摄像头进行拍摄，在拍摄画面的基础上，结合虚拟画面进行展示和互动。

增强现实包含多媒体、三维建模、实时视频显示及控制、多传感器融合、实时跟踪及注册、场景融合等多项新技术。增强现实与虚拟现实的应用领域类似，如尖端武器、飞行器的研制与开发等，但增强现实技术具有对真实环境进行增强显示输出的特性，因此它在医疗、军事、古迹复原、网络视频通信、电视转播、旅游展览及建设规划等领域的表现比虚拟现实更加出色。

3. 介导现实或混合现实

介导现实或混合现实（Mixed Reality，MR）可以看作虚拟现实和增强现实的集合，虚拟现实是纯虚拟数字画面，增强现实是在虚拟数字画面上加上裸眼现实，介导现实或混合现实则是在数字化现实基础上加上虚拟数字画面。它结合了虚拟现实与增强现实的优势，利用介导现实或混合现实，用户不仅可以看到真实世界，还可以看到虚拟物体，甚至可以将虚拟物体置于真实世界，与虚拟物体进行互动。

4. 影像现实

影像现实（Cinematic Reality，CR）是通过光波传导棱镜设计，多角度地将画面直接投射于用户的视网膜上，画面直接与视网膜交互，产生真实的影像和效果。影像现实与介导现实或混合现实的理念类似，都是物理世界与虚拟世界的集合，它们所完成的任务、应用的场景、提供的内容都相似。与介导现实或混合现实的投射显示技术相比，影像现实虽然投射方式不同，但本质上仍是介导现实或混合现实的不同实现方式。

（四）认识 3D 打印

3D 打印是一种快速成型技术，以数字模型文件为基础，运用特殊蜡材、粉末状金属或塑料等可黏合材料，通过逐层打印的方式构造三维物体。

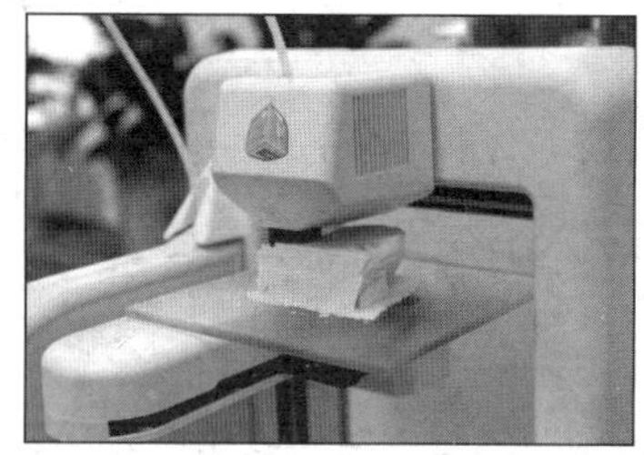

图 2-4　3D 打印机

3D 打印需借助 3D 打印机来实现。3D 打印机的工作原理是把数据和原料放进 3D 打印机中，机器会按照程序把产品一层层地打印出来。可用于 3D 打印的原料种类非常多，如塑料、金属、陶瓷、橡胶类物质等，还能结合不同原料，打印出不同质感和硬度的物品。3D 打印机如图 2-4 所示。

3D 打印技术作为一种新兴的技术，在模具制造、工业设计等领域应用广泛，可在产品制造的过程中直接使用 3D 打印技术打印零部件。另外，3D 打印技术在珠宝、鞋类、工业设计、建筑、工程施工、汽车、航空航天、医疗、教育、地理信息系统、土木工程等领域都有所应用。

（五）认识“互联网+”

“互联网+”是“互联网+传统行业”的简称，它利用信息通信技术和互联网平台，让互联网与传统行业深度融合，创造出新的发展业态。“互联网+”是一种新的经济发展形态，它充分发挥了互联网在社会资源配置中的优化和集成作用，将互联网的创新成果深度融合于经济、社会各领域，以提升全社会的创新力和生产力，形成更广泛的以互联网为基础设施和实现工具的新经济发展形态。

“互联网+”将互联网作为当前信息化发展的核心特征，并与工业、商业和金融业等服务行业全面融合。实现这一融合的关键在于创新，只有创新才能让其具有真正的价值和意义。因此，“互联网+”是创新 2.0 下的互联网发展新业态，是知识社会创新 2.0 推动下的经济社会发展新形态的演进。

1. “互联网+”的主要特征

“互联网+”主要有以下几项特征。

- 跨界融合。跨界融合将互联网与传统行业进行变革、开放和融合，使创新的基础更坚实，实现群体智能，缩短从研发到产业化的路程。

- 创新驱动。创新驱动发展是互联网的特质，适合我国目前的经济发展方式，而且用互联网思维来变革求发展，更能发挥创新的力量。
- 重塑结构。在新时代的信息革命、全球化中，互联网行业打破了原有的各种结构，使得权力、议事规则、话语权不断发生变化，“互联网+”让社会治理向更好的方向发展。
- 尊重人性。对人性最大限度的尊重、对人体验的敬畏和对人创造性的重视是互联网经济的根本所在。
- 开放生态。生态的本身是开放的，而“互联网+”就是把孤岛式创新连接起来，让研发由市场主导，让创业者有机会实现自身价值。
- 连接一切。连接是有层次的，可连接性也可能有差异，这导致了连接的价值差别很大，但连接一切是“互联网+”的目标。
- 法制经济。“互联网+”建立在以市场经济为基础的法治经济之上，它更加注重对创新的法律保护，增大了知识产权的保护范围，使全世界对虚拟经济的法律保护更加趋向于共通。

2.“互联网+”对消费模式的影响

“互联网+”对消费模式的影响主要有以下几点。

- 满足了消费需求，使消费具有互动性。在“互联网+”消费模式中，互联网为消费者和商家搭建了快捷且实用的互动平台，商家直接与消费者互动，省去了中间环节。同时，消费者还可通过互联网直接将自身的个性化需求提供给商家，亲自参与商品的生产，商家则根据消费者对产品外形、性能等要求提供个性化商品。
- 优化了消费结构，使消费更具合理性。互联网提供的快捷选择、快捷支付等，让消费者的消费习惯进入享受型和发展型的新阶段。同时，互联网信息技术有利于实现空间分散、时间错位之间的供求匹配，从而可以更好地提高供求双方的福利水平，优化、升级基本需求。
- 扩展了消费范围，使消费具有无边界性。首先，消费者在商品服务的选择上没有了范围限制，互联网有足够的商品来满足消费者的需求。其次，互联网消费突破了空间的限制。再次，消费者的购买效率得到了充分的提高。最后，互联网提供的消费信息是无边界的。
- 改变了消费行为，使消费具有分享性。互联网的时效性、综合性、互动性和便利性使得消费者能方便地分享商品的价格、性能、使用感受，这些信息对消费模式转型发挥着越来越重要的作用。
- 丰富了消费信息，使消费具有自主性。互联网把产品、信息、应用和服务连接起来，使消费者可以方便地找到同类产品的信息，并根据其他消费者的消费心得、消费评价做出是否购买的决定，强化了消费者自由选择、自主消费的权益。

3.“互联网+”的典型应用案例

“互联网+”促进了更多互联网创业项目的诞生，使创业者可使用较少的人力、物力和财力去研究与实施行业转型。目前，通信、购物、饮食、出行、交易等行业和领域都对“互联网+”有实践应用。

- “互联网+通信”。互联网与通信行业的融合产生了即时通信工具，如 QQ、微信等。互联网的出现并不会彻底颠覆通信行业，反而会促进运营商进行相关业务的升级。
- “互联网+购物”。互联网与购物进行融合产生了一系列的电商购物平台，如淘宝、京东等。互联网的出现让消费者能够更加舒适地消费，足不出户便能买到自己需要的物品。
- “互联网+饮食”。互联网与饮食行业的融合产生了一系列以线上饮食服务为主的 App，如美团、大众点评等。

- “互联网+出行”。互联网与交通行业的融合产生了低碳交通工具，如共享单车等。虽然这些低碳交通工具目前在世界上的不同地方仍存在争议，但移动互联网和传统交通出行相结合，不仅改善了人们的出行方式，提高了车辆的使用率，还推动了互联网共享经济的发展。
- “互联网+交易”。互联网与金融交易行业的融合产生了快捷支付工具，如支付宝、微信钱包等。
- “互联网+政府”。互联网将交通、医疗、社会保险等一系列政府服务融合在一起，让原来需要繁杂手续才能办理的业务可以通过互联网便捷完成，既节省了时间，又提高了效率。例如，阿里巴巴和腾讯等中国互联网公司通过自有的云计算服务为地方政府搭建了政务数据后台，形成了统一的数据池，协助地方政府实现政务数据的统一管理。

课后练习

选择题

（1）下列不属于云计算技术特点的是（　　）。

A．高可扩展性　　B．按需服务

C．高可靠性　　D．非网络化

（2）下列不属于典型大数据常用单位的是（　　）。

A．MB　　B．ZB　　C．PB　　D．EB

（3）AR 技术是指（　　）。

A．虚拟现实技术　　B．增强现实技术　　C．混合现实技术　　D．影像现实技术

（4）人工智能的实际应用不包括（　　）。

A．自动驾驶　　B．人工客服　　C．智慧生活　　D．智慧医疗

（5）（　　）是一种通过智能移动终端，采用移动无线通信方式获取业务和服务的新兴业务，它包含终端、软件和应用 3 个层面。

A．人工智能　　B．“互联网+”　　C．移动互联网　　D．物联网

项目三
学习操作系统知识

操作系统是计算机软件工作的平台。由微软公司开发的 Windows 10 是当前主流的计算机操作系统之一。Windows 10 为计算机的操作带来了变革性升级，它具有操作简单、启动速度快、安全和连接方便等特点。本项目将通过 4 个典型任务介绍 Windows 10 的基本操作，包括了解操作系统、操作 Windows10、定制 Windows 10 工作环境和设置汉字输入法等内容。

课堂学习目标

- 了解操作系统。
- 操作 Windows 10。
- 定制 Windows 10 工作环境。
- 设置汉字输入法。

任务一　了解操作系统

任务要求

小赵是一名大学毕业生，应聘上了一份办公室行政的工作。上班第一天，他发现公司计算机的所有操作系统都是 Windows 10，其界面外观与他在学校时使用的 Windows 7 有较大的差异。为了日后能更高效地工作，小赵决定先熟悉一下 Windows 10。

本任务要求了解操作系统的概念、功能与种类，了解智能手机操作系统和 Windows 操作系统的发展史，掌握启动与退出 Windows 10 的方法，并熟悉 Windows 10 的桌面组成。

任务实现

（一）了解计算机操作系统的概念、功能与种类

在认识 Windows 10 前，先了解计算机操作系统的概念、功能与种类。

1. 操作系统的概念

操作系统是一种系统软件，用于管理计算机系统的硬件与软件资源，控制程序的运行，改善人机工作界面，为其他应用软件提供支持等，使计算机系统中的所有资源能最大限度地发挥作用，并为用户提供方便、有效和友善的服务界面。操作系统是一个庞大的管理控制程序，它直接运行在计算机硬件上，是最基本的系统软件，也是计算机系统软件的核心，同时还是靠近计算机硬件的第一层软件，其位置如图 3-1 所示。

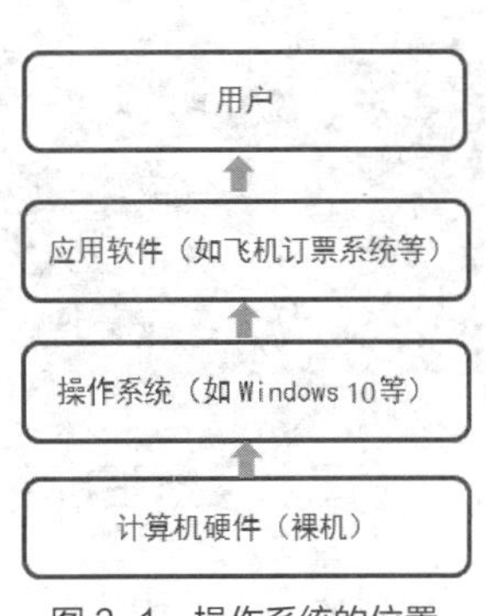

图 3-1　操作系统的位置

2. 操作系统的功能

通过前面介绍的操作系统的概念可以看出，操作系统的功能是控制和管理计算机的硬件资源和软件资源，以提高计算机的利用率，方便用户使用。具体来说，操作系统具有以下 6 个方面的管理功能。

- 进程与处理机管理。进程与处理机管理通过操作系统处理机管理模块来确定对处理机的分配策略，实施对进程或线程的调度和管理。进程与处理机管理包括调度（作业调度、进程调度）、进程控制、进程同步和进程通信等内容。
- 存储管理。存储管理的实质是对存储空间的管理，即对内存的管理。操作系统的存储管理负责将内存单元分配给需要内存的程序，在程序执行结束后再将程序占用的内存单元收回以便再使用。此外，存储管理还要保证各用户进程之间互不影响，保证用户进程不破坏系统进程，并提供内存保护。
- 设备管理。设备管理指对硬件设备的管理，包括对各种输入设备与输出设备的分配、启动、完成和回收。
- 文件管理。文件管理又称为信息管理，指利用操作系统的文件管理子系统，为用户提供方便、快捷、共享和安全的文件使用环境，包括文件存储空间管理、文件操作、目录管理、读写管理和存取控制等。
- 网络管理。随着计算机网络功能的不断加强，网络应用不断深入人们生活的各个方面，因此操作系统必须具备能让计算机与网络进行数据传输和网络安全防护的功能。
- 提供良好的用户界面。操作系统是计算机与用户之间的接口，为了方便用户的操作，操作系统必须为用户提供良好的用户界面。

3. 操作系统的种类

操作系统可以从以下 3 个角度分类。

- 从用户角度分类，操作系统可分为 3 类：单用户单任务操作系统（如 DOS），单用户多任务操作系统（如 Windows 9x），多用户多任务操作系统（如 Windows 10）。
- 从硬件的规模角度分类，操作系统可分为微型机操作系统、小型机操作系统、中型机操作系统和大型机操作系统 4 类。
- 从系统操作方式的角度分类，操作系统可分为批处理操作系统、分时操作系统、实时操作系统、PC 操作系统、网络操作系统和分布式操作系统 6 类。

目前微型机上常见的操作系统有 DOS、OS/2、UNIX、Linux、Windows 和 NetWare 等，虽然操作系统的形态多样，但所有的操作系统都具有并发性、共享性、虚拟性和不确定性 4 个基本特征。

> **提示** 多用户即一台计算机上可以有多个用户，单用户即一台计算机上只能有一个用户。如果用户在同一时间可以运行多个应用程序（每个应用程序被称作一个任务），则称这样的操作系统为多任务操作系统；如果用户在同一时间只能运行一个应用程序，则称这样的操作系统为单任务操作系统。

（二）了解智能手机操作系统

智能手机的操作系统是一种功能强大的操作系统。智能手机能够便捷安装或删除第三方应用程序，显示适合用户观看的网页，具有独立的操作系统和良好的用户界面，应用扩展性强，因此它受到了用户的一致好评。使用较多的手机操作系统有 Android、iOS 等。

微课：手机操作系统的发展

- Android。它是谷歌公司以 Linux 为基础开发的开放源代码操作系统，主要应用于便携设备。Android 设备包括操作系统、用户界面和应用程序，是一种融入了全部 Web 应用的单一平台，它具备触摸屏、高级图形显示和上网功能，且有界面性能强大等优点。
- iOS。iOS 原名为 iPhone OS，其核心源自 Apple Darwin，主要应用于 iPad、iPhone 和 iPod touch。它以 Darwin 为基础，其系统架构分为核心操作系统层、核心服务层、媒体层、可轻触层 4 个层次。iOS 设备采用全触摸设计，其娱乐性强，第三方软件较多，但 iOS 操作系统较为封闭，与其他操作系统的应用软件不兼容。

微课：Windows 操作系统的发展史

（三）了解 Windows 操作系统的发展史

微软公司自 1985 年推出 Windows 操作系统以来，其版本从最初运行在 DOS 下的 Windows 3.0，一直到 Windows 7、Windows 8 和 Windows 10，主要经历了 10 个阶段。

（四）掌握启动与退出 Windows 10 的方法

在计算机上安装 Windows 10 后，启动计算机便可进入 Windows 10 的桌面。

微课：启动 Windows 10

1. 启动 Windows 10

开启计算机显示器和主机的电源开关，Windows 10 将载入内存，接着对计算机的主板和内存等进行检测，系统启动完成后将进入 Windows 10 欢迎界面，如果只有一个用户且没有设置用户密码，则直接进入系统桌面。如果系统存在多个用户且设置了用户密码，则需要选择用户并输入正确的密码才能进入系统桌面。

2. 认识 Windows 10 桌面

启动 Windows 10 后，屏幕上即显示 Windows 10 桌面。Windows 10 有 7 种不同的版本，其桌面样式也有所不同，下面以 Windows 10 专业版为例介绍其桌面组成。在默认情况下，Windows 10 的桌面由桌面图标、鼠标指针和任务栏 3 个部分组成，如图 3-2 所示。

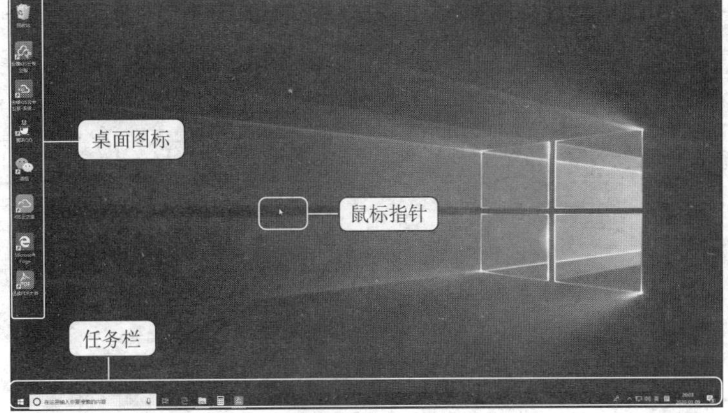

图 3-2 Windows 10 的桌面

查看添加图标到桌面

- 桌面图标。桌面图标一般是程序或文件的快捷方式，具体表现为图标左下角有一个小箭头。安装新软件后，桌面上一般会增加相应的快捷方式图标，如“腾讯 QQ”的快捷方式图标为。默认情况下，桌面只有“回收站”一个系统图标。双击桌面上的图标可以打开该图标对应的窗口。
- 鼠标指针。在 Windows 10 中，鼠标指针在不同的状态下有不同的形状，代表用户当前可进行的操作或系统当前的状态。
- 任务栏。任务栏默认情况下位于桌面的最下方，由“开始”按钮、cortana 搜索框、“任务视图”按钮、任务区、通知区域和“显示桌面”按钮等部分组成。其中，cortana 搜索框、“任务视图”是 Windows 10 的新增功能。在 cortana 搜索框中单击，将打开搜索界面，在该界面中可以通过键盘或语音输入的方式快速打开应用，也可以实现聊天、看新闻、设置提醒等操作。单击“任务视图”按钮，可以让一台计算机同时拥有多个桌面，其中，“桌面 1”显示当前桌面运行的应用窗口，如果想要一个干净的桌面，可直接单击“桌面 1”图标。

查看鼠标指针的形态与含义

提示 Windows 10 默认只显示一个桌面，若想添加一个桌面，首先要单击任务栏中的“任务视图”按钮，然后单击桌面左上角的“新建桌面”按钮，即可添加一个桌面。若想添加多个桌面，则继续单击“新建桌面”按钮，每单击一次就增加一个桌面。

微课：退出 Windows 10

3. 退出 Windows 10

计算机操作结束后需要退出 Windows 10，退出的方法是：保存文件或数据，关闭所有打开的应用程序。单击“开始”按钮，在打开的“开始”菜单中单击“电源”按钮，然后在打开的列表中选择“关机”选项。成功关闭计算机后，再关闭显示器的电源。

任务二 操作 Windows 10

任务要求

小赵想知道办公室的计算机中都有哪些文件和软件，于是打开“此电脑”窗口，开始一一查看各磁盘的文件和软件，以便日后进行分类管理。小赵主要通过双击桌面上的图标来运行桌面的软件，还通过“开始”菜单启动了几个软件，正当小赵准备切换到之前浏览的窗口继续查看计算机中的文件时，却发现之前打开的窗口怎么也找不到了，此时该怎么办呢？

本任务要求了解 Windows 10 的基本设置，掌握操作 Windows 10 窗口和利用“开始”菜单启动程序的方法。

相关知识

（一）Windows 10 窗口

双击桌面上的“此电脑”图标，将打开“此电脑”窗口，如图 3-3 所示。这是一个典型的 Windows 10 窗口，包括标题栏、功能区、地址栏、搜索栏、导航窗格、窗口工作区、状态栏等组成部分。各个组成部分的作用如下。

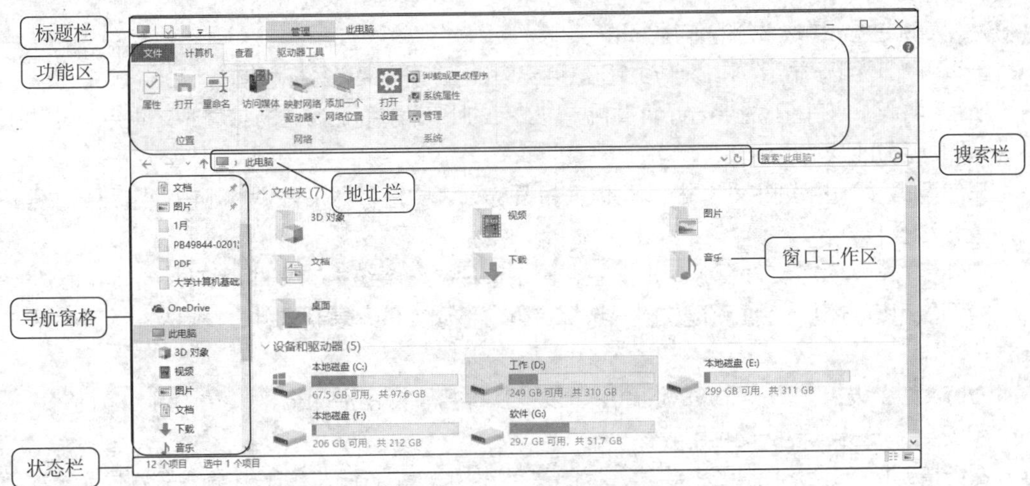

图 3-3 “此电脑”窗口

- 标题栏。标题栏位于窗口顶部，左侧有一个用于控制窗口大小和关闭窗口的“文件资源管理器”按钮，按钮右侧为快速访问工具栏，通过该工具栏可以快速实现设置所选项目属性和新建文件夹等操作，最右侧是“最小化”窗口 - 、“最大化”窗口 □ 和“关闭”窗口 × 按钮。
- 功能区。功能区是以选项卡的方式显示的，其中存放了各种操作命令，要执行功能区中的操作命令，只需选择对应的操作命令或单击对应的操作按钮即可。
- 地址栏。地址栏用来显示当前窗口文件在系统中的位置，其左侧包括“返回”按钮 ← 、“前进”按钮 → 和“上移”按钮 ↑ ，用于打开最近浏览过的窗口。
- 搜索栏。搜索栏用于快速搜索计算机中的文件。
- 导航窗格。单击导航窗格中的选项可以快速切换至其他窗口。
- 窗口工作区。窗口工作区用于显示当前窗口中存放的文件和文件夹内容。
- 状态栏。状态栏用于显示当前窗口所包含项目的个数和项目的排列方式。

（二）“开始”菜单

单击桌面任务栏左侧的“开始”按钮，即可打开“开始”菜单，计算机中几乎所有的应用都可以在“开始”菜单中启动。“开始”菜单是操作计算机的重要门户，即使是桌面上没有显示的文件或程序，也可以通过“开始”菜单找到并启动。“开始”菜单的组成如图 3-4 所示。

图 3-4 “开始”菜单的组成

“开始”菜单主要组成部分的作用如下。

- 最近添加。用于显示 Windows 10 最近安装的应用程序的名称和图标。
- 所有程序区。所有程序区将显示计算机中已安装的所有程序的启动图标或程序文件夹，选择相应选项即可启动相应的程序。
- 账户设置。单击“账户”图标，可以在打开的列表中进行账户注销、账户锁定和更改账户设置 3 种操作。
- 文件资源管理器。文件资源管理器主要用来管理操作系统中的文件和文件夹。通过文件资源管理器可以方便地完成新建文件、选择文件、移动文件、复制文件、删除文件及重命名文件等操作。
- Windows 设置。Windows 设置用于设置系统信息，包括网络和 Internet、个性化、更新和安全、设备、隐私及应用等。
- 系统控制区。系统控制区主要分为“创建”“娱乐”和“浏览”3 部分，分别显示一些系统选项的快捷启动方式，单击相应的图标可以快速运行程序，便于用户管理计算机中的资源。

任务实现

（一）掌握操作 Windows 10 窗口的方法

下面将举例讲解打开窗口及窗口中的对象，最大化或最小化窗口，移动和调整窗口大小，排列窗口，切换窗口，关闭窗口的操作。

1. 打开窗口及窗口中的对象

微课：打开窗口及窗口中的对象

在 Windows 10 中，用户启动一个程序、打开一个文件或文件夹都会打开一个窗口。一个窗口中包括多个对象，打开某个对象又可能会打开相应的窗口，该窗口中可能又包括其他不同的对象。

打开“此电脑”窗口中“本地磁盘(C:)”下的 Windows 目录，具体操作如下。

（1）双击桌面上的“此电脑”图标，或在“此电脑”图标上单击鼠标右键，在弹出的快捷菜单中选择“打开”命令，打开“此电脑”窗口。

（2）双击“此电脑”窗口中的“本地磁盘(C:)”图标，或选择“本地磁盘(C:)”图标后按“Enter”键打开“本地磁盘(C:)”窗口，如图 3-5 所示。

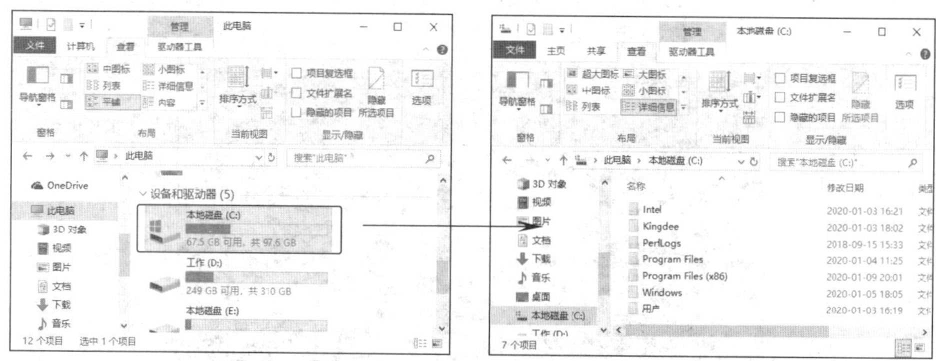

图 3-5 打开窗口及窗口中的对象

（3）双击“本地磁盘(C:)”窗口中的“Windows”文件夹图标，即可进入 Windows 目录。

（4）单击地址栏左侧的“返回”按钮←，将返回上一级“本地磁盘(C:)”窗口。

2. 最大化或最小化窗口

最大化窗口即将当前窗口放大到整个屏幕显示，可以方便用户查看窗口中的详细内容，而最小化窗口即将窗口以标题按钮形式缩放到任务栏的任务区。

打开“此电脑”窗口中“本地磁盘(C:)”下的 Windows 目录，然后分别将窗口最大化和最小化显示，最后还原窗口，具体操作如下。

微课：最大化或最小化窗口

（1）打开“此电脑”窗口，依次双击“本地磁盘(C:)”图标及“Windows”文件夹图标。

（2）单击窗口右上角的“最大化”按钮□，此时窗口将铺满整个屏幕，同时“最大化”按钮□将变成“还原”按钮⧉，单击“还原”⧉即可将最大化窗口还原成原始大小。

（3）单击窗口右上角的“最小化”按钮－，此时该窗口将隐藏显示，并在任务栏的任务区中显示一个图标，单击该图标，窗口将还原到屏幕显示状态。

提示 双击窗口的标题栏也可以最大化窗口，再次双击可将最大化窗口还原到原始大小。

3. 移动和调整窗口大小

微课：移动和调整窗口大小

打开窗口后，有些窗口会遮盖屏幕上的其他窗口，为了查看被遮盖的部分，用户需要适当移动窗口的位置或调整窗口的大小。

将桌面上的窗口移至桌面的左侧，呈半屏显示，再调整窗口的宽度，具体操作如下。

（1）将鼠标指针置于窗口标题栏上，按住鼠标左键不放，拖动窗口到目标位置释放鼠标左键即可。其中，将窗口向上拖动到屏幕顶部时，窗口会最大化显示；向屏幕最左侧或最右侧拖动时，窗口会半屏显示在桌面左侧或右侧。图 3-6 所示为拖动当前窗口到桌面最左侧后释放鼠标左键，窗口以半屏状态显示在桌面左侧。

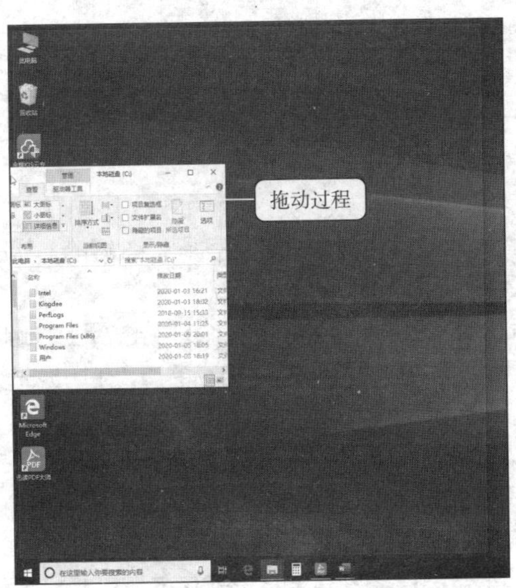

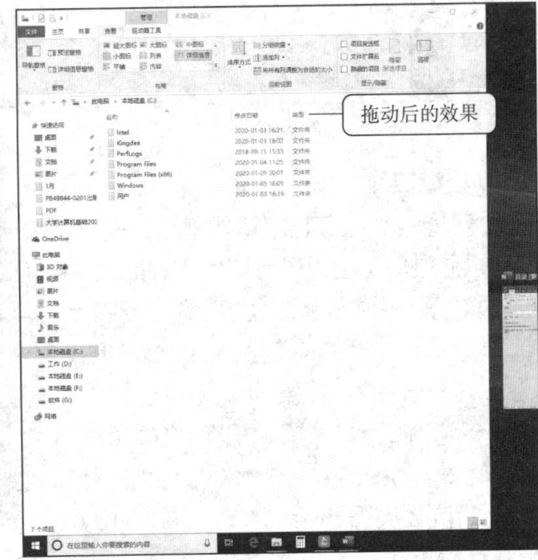

图 3-6 将窗口移至桌面左侧变成半屏显示

提示 当用户打开多个窗口后，对遮盖的窗口进行半屏显示操作，其他窗口将以缩略图的形式显示在桌面上，单击任意一个缩略图，同样可以将所选窗口进行半屏显示。

（2）将鼠标指针移至窗口的外边框上，当鼠标指针变为⇕或⇔形状时，按住鼠标左键不放并拖动窗口到所需大小时释放鼠标左键，即可调整窗口大小。

提示 将鼠标指针移至窗口的 4 个角上，当其变为⤡或⤢形状时，按住鼠标左键不放拖动窗口到所需大小时释放鼠标左键，即可对窗口的大小进行按比例调整。

4. 排列窗口

微课：排列窗口

在使用计算机的过程中，常常需要打开多个窗口，例如既要用 Word 编辑文档，又要打开 Microsoft Edge 浏览器查询资料等。当打开多个窗口后，为了使桌面更加整洁，可以对打开的窗口进行层叠、堆叠和并排等操作。

将打开的所有窗口以层叠和并排两种方式进行显示，具体操作如下。

（1）在任务栏空白处单击鼠标右键，在弹出的快捷菜单中选择“层叠窗口”命令，即可以层叠的方式排列窗口，层叠窗口的效果如图 3-7 所示。

（2）在任务栏空白处单击鼠标右键，在弹出的快捷菜单中选择“并排显示窗口”命令，即可以并排的方式排列窗口，并排显示窗口的效果如图 3-8 所示。

图 3-7　层叠窗口

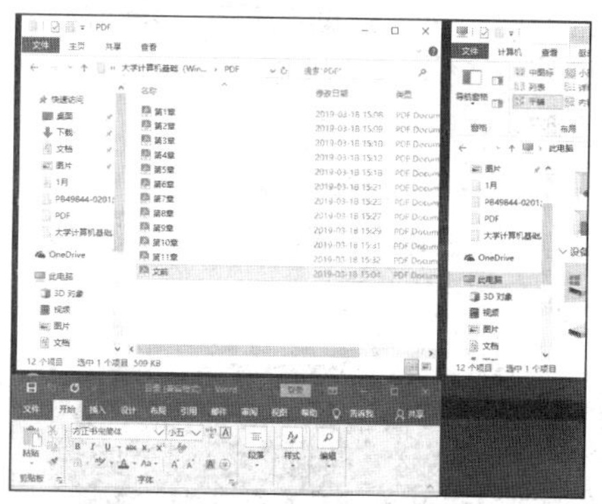

图 3-8　并排显示窗口

5. 切换窗口

无论打开多少个窗口，当前窗口都只有一个，且所有的操作都是针对当前窗口进行的。切换窗口除了可以通过单击窗口进行切换，Windows 10 还提供了以下 3 种切换方法。

- 通过任务栏中的图标切换。将鼠标指针移至任务栏左侧任务区中的某个任务图标上，此时将展开所有打开的该类型任务的缩略图，单击某个缩略图即可切换到相应窗口，在切换时其他同时打开的窗口将自动变为透明效果，如图 3-9 所示。
- 按“Win+Tab”组合键切换。按“Win+Tab”组合键后，屏幕上将出现操作记录时间线，系统当前和稍早前的操作记录都以缩略图的形式在时间线中排列出来，若想打开某一个窗口，可将鼠标指针定位至要打开的窗口中，如图 3-10 所示，当窗口呈现白色边框后单击即可打开窗口。
- 按“Alt+Tab”组合键切换。按“Alt+Tab”组合键后，屏幕上将出现任务切换栏，系统当前打开的窗口都以缩略图的形式在任务切换栏中排列出来，此时先按住“Alt”键，再反复按“Tab”键，将显示一个白色方框，并在所有窗口缩略图标之间轮流切换，当方框移动到需要的窗口缩略图标上时释放“Alt”键，即可切换到该窗口。

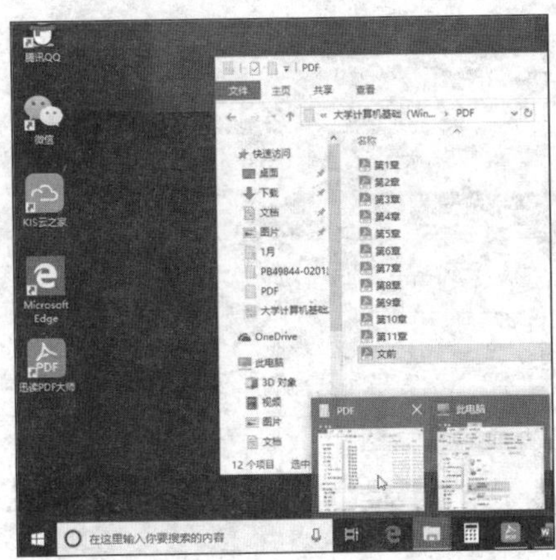

图 3-9 通过任务栏中的图标切换窗口

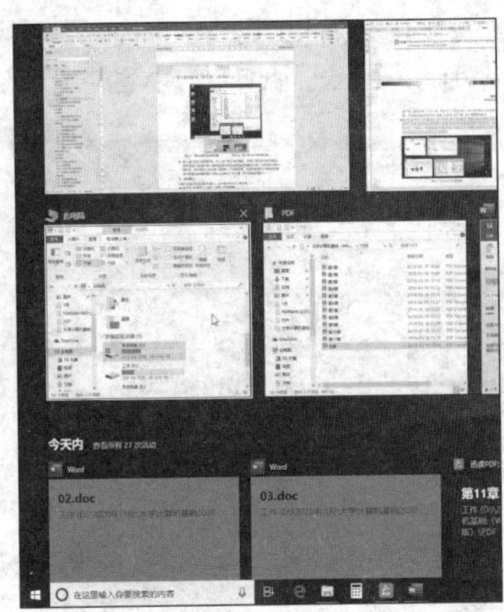

图 3-10 按“Win+Tab”组合键切换窗口

6. 关闭窗口

对窗口的操作结束后要关闭窗口。关闭窗口主要有以下 5 种方法。

- 单击窗口标题栏右侧的“关闭”按钮×。
- 在窗口的标题栏上单击鼠标右键，在弹出的快捷菜单中选择“关闭”命令。
- 将鼠标指针指向某个任务缩略图后单击右上角的“关闭”按钮☒。
- 将鼠标指针移动到任务栏中需要关闭的窗口任务图标上，单击鼠标右键，在弹出的快捷菜单中选择“关闭窗口”命令或“关闭所有窗口”命令。
- 按“Alt+F4”组合键。

（二）掌握利用“开始”菜单启动程序的方法

启动应用程序有多种方法，比较常用的是在桌面上双击应用程序的快捷方式图标和在“开始”菜单中选择要启动的程序。下面介绍从“开始”菜单中启动应用程序的 5 种方法。

- 单击“开始”按钮■，打开“开始”菜单，此时可以先在“开始”菜单左侧的高频使用区查看是否有需要打开的程序选项，如果有则选择相应程序选项启动。如果高频使用区中没有要启动的程序，则在“所有程序”列表中依次单击展开程序所在的文件夹，选择相应的程序选项启动程序。
- 在“此电脑”中找到需要启动的应用程序文件并双击，或在其上单击鼠标右键，在弹出的快捷菜单中选择“打开”命令。
- 双击应用程序对应的快捷方式图标。
- 单击“开始”按钮■，打开“开始”菜单，在“搜索程序”文本框中输入程序的名称，选择后按“Enter”键打开程序。
- 在“开始”菜单中要打开的程序上单击鼠标右键，在弹出的快捷菜单中选择“固定到任务栏”命令，此时在任务栏中单击程序名称即可快速启动程序。

任务三 定制 Windows 10 工作环境

任务要求

小赵使用计算机办公有一段时间了，为了提高工作效率，小赵准备对操作系统的工作环境进行个性化定制。图 3-11 所示为小赵期望定制后达到的桌面效果，具体要求如下。

图 3-11 定制 Windows 10 工作环境

- 注册一个名称为“xiaozhao”的 Microsoft 账户。
- 将“1.jpg”图像设置为本地账户头像，然后设置账户密码为“123456”。
- 将创建的 Microsoft 账户切换成本地账户。
- 将“2.jpg”图片设置为桌面背景，主题颜色从桌面背景中获取，并将其应用到“开始”菜单和任务栏中。
- 将常用的 Excel 2019 程序固定到任务栏中。
- 修改系统日期和时间为“2020 年 1 月 1 日”，将“星期一”设置为一周的第一天。

相关知识

（一）用户账户

用户账户即用来记录用户的用户名、口令等信息的账户。Windows 系统都是通过用户账户进行登录的，这样才能访问计算机、服务器。通过用户账户可以让多人共用一台计算机，还可以对各个用户的使用权限进行设置。Windows 10 主要包含以下 4 种类型的用户账户。

- 管理员账户。管理员账户对计算机有最高控制权，可对计算机进行任何操作。
- 标准账户。标准账户是日常使用的基本账户，可运行应用程序，能对系统进行常规设置。需要注意的是，这些设置只对当前标准账户生效，计算机和其他账户不受该账户设置的影响。
- 来宾账户。来宾账户是他人暂时使用计算机时登录的账户，可直接登录到系统，不需要输入密码，其权限比标准账户低，无法对系统进行任何设置。
- Microsoft 账户。Microsoft 账户是使用微软账号登录的网络账户。使用 Microsoft 账户登录计算机进行的任何个性化设置都会漫游到该账户用户的其他设备或计算机端口。

（二）Microsoft 账户

使用 Microsoft 账户可以同步计算机设置。设置同步后，只要在不同的 Windows 10 设备上登录 Microsoft 账户，就可以通过同步设置，将包括 Web 浏览器设置、密码、颜色和主题等内容，以及一些设备信息，如打印机、鼠标、文件资源管理器等，在各个设备上同时更新。

设置同步的方法很简单，在“设置”窗口的左侧选择“同步你的设置”选项，在右侧将需要设置同步的内容设置为“开”状态即可。

（三）虚拟桌面

Multiple Desktops 功能又称为虚拟桌面功能，即用户根据自己的需要，在同一个操作系统中创建多个桌面，并能快速地在不同桌面之间进行切换，还能在不同的窗口中以某种推荐的方式显示窗口，在虚拟桌面的左上角单击 + 新建桌面 按钮，可以新建一个虚拟桌面。

（四）多窗口分屏显示

通过分屏功能可将多个不同桌面的应用窗口展示在一个屏幕中，并能和其他应用自由组合成多个任务模式。在桌面上的应用程序窗口上按住鼠标左键并将窗口向四周拖动，直至屏幕出现灰色透明的分屏提示框，释放鼠标左键即可实现分屏显示。

任务实现

（一）注册 Microsoft 账户

要使用 Microsoft 账户，首先需要注册一个 Microsoft 账户，注册完成后，即可使用该账户登录相关设备。下面通过网页来创建名称为“xiao zhao”的 Microsoft 账户，具体操作如下。

微课：注册 Microsoft 账户

（1）打开浏览器，搜索 Microsoft 账户注册的相关内容，打开“Microsoft 登录”页面，在其中直接单击“创建一个！”超链接，如图 3-12 所示。

（2）在“创建账户”页面中输入邮箱信息，单击 下一步 按钮；打开“创建密码”对话框，输入需要设置的密码，单击 下一步 按钮。

（3）设置姓名，单击 下一步 按钮，继续根据提示设置相关的账户信息，单击 下一步 按钮。

（4）在“创建账户”页面中输入验证字符，单击 下一步 按钮，稍等片刻即可完成账户的创建，效果如图 3-13 所示。

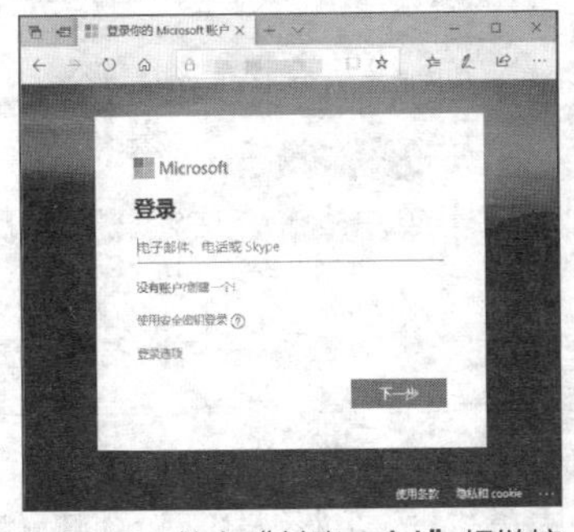

图 3-12 单击“创建一个！”超链接

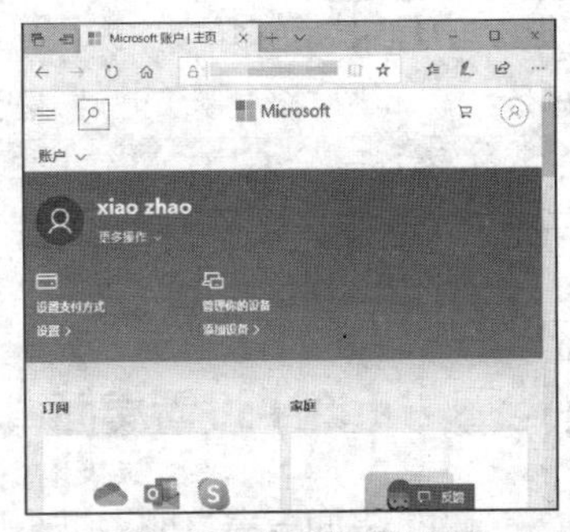

图 3-13 完成账户的创建

提示 按“Windows +I”组合键打开“Windows 设置”窗口，然后选择“设置”选项，在打开的“设置”窗口的左侧选择“电子邮件和账户”选项，在右侧单击“添加 Microsoft 账户”按钮，在打开的对话框中单击“创建一个！”超链接，也可开始 Microsoft 账户的注册。

（二）设置头像和密码

微课：设置头像和密码

用户头像一般为默认的灰色头像，用户可手动将喜欢的照片或图片设置为账户头像。下面将“1.jpg”图片设置为当前账户的头像，然后设置登录密码为123456，具体操作如下。

（1）打开“设置”窗口，在“账户信息”选项中的“创建头像”栏中，选择“从现有图片中选择”选项。

（2）在“打开”对话框中选择“1.jpg”图片，单击选择图片按钮，返回“设置”窗口，即可查看设置的头像，如图3-14所示。

（3）在“设置”窗口左侧选择“登录选项”选项，在右侧单击“密码”下方的添加按钮，在打开的界面中设置密码为“123456”，提示为“数字”，单击下一步按钮，在打开的界面中将提示密码创建完成，单击完成按钮即可，如图3-15所示。

图3-14　修改账户头像

图3-15　账户密码创建完成

（三）本地账户和Microsoft账户的切换

微课：本地账户和Microsoft账户的切换

本地账户是计算机启动时登录的一种账户类型，只作为当前计算机登录的账户密码使用。本地账户可与Microsoft账户相互切换。下面将启动的“xiaozhao”账户切换成本地账户，具体操作如下。

（1）在“设置”窗口左侧选择“账户信息”选项，在右侧选择“改用本地账户登录”选项。

（2）在打开的窗口中输入Microsoft账户的密码，单击下一步按钮，打开“添加安全信息”对话框，输入手机号，单击下一步按钮。

（3）打开提示对话框，单击注销并完成按钮，在切换的窗口中单击注销并完成按钮，系统即可开始注销并切换到本地账户登录。

微课：设置桌面背景

（四）设置桌面背景

桌面背景又叫壁纸，用户可以使用系统自带的图片作为桌面背景，也可以将自己喜欢的图片设置为桌面背景。设置桌面背景可分为设置静态的桌面背景和设置动态的桌面背景两种形式。下面将“2.jpg”图片设置为一个静态的桌面背景，具体操作如下。

（1）在桌面空白处单击鼠标右键，在弹出的快捷菜单中选择“个性化”命令。

（2）在设置窗口右侧的“选择图片”栏中选择需要的图片，单击即可更改桌面背景。

（3）这里在“选择图片”栏中单击 浏览 按钮，打开“打开”对话框，在其中选择“2.jpg”图片，单击 选择图片 按钮，返回设置窗口，关闭窗口后即可看到设置桌面背景后的效果，如图 3-16 所示。

图 3-16　设置桌面背景后的效果

提示　设置窗口右侧的“选择契合度”下拉列表中提供了 5 种背景图片放置方式。“填充”选项可将图片等比例放大或缩小。“适应”选项可按照屏幕的大小调整图片。“拉伸”选项可将图片横向或纵向拉伸到整个桌面。“平铺”选项可对图片进行多个平铺形式的排列。“居中”选项可将图片居中显示在桌面中间。

（五）设置主题颜色

主题颜色指窗口、选项、“开始”菜单、任务栏和通知区域等显示的颜色，通过设置主题颜色功能可自定义这些区域的显示颜色。设置主题颜色时，可在桌面背景中选取颜色，也可自定义颜色。下面在桌面背景中选取颜色来作为主题颜色，具体操作如下。

微课：设置主题颜色

（1）打开设置窗口，在左侧选择“颜色”选项卡，在右侧的“选择颜色”栏中勾选“从我的背景自动选取一种颜色”复选框。

（2）在下方勾选“显示‘开始’菜单、任务栏和操作中心的颜色”和“标题栏和窗口边框”复选框。

（3）设置完成后，关闭窗口返回桌面，打开“开始”菜单可查看效果，如图 3-17 所示。

图 3-17　设置主题颜色

（六）保存主题

微课：保存主题

Windows 10 的系统主题可从网上下载，也可将计算机中设置的主题保存并分享给他人。前面已经对系统的外观进行了个性化的设置，下面把已设置的个性化外观保存为“护眼”主题，具体操作如下。

（1）打开个性化设置窗口，在左侧选择“主题”选项，在右侧单击 保存主题 按钮。

（2）在打开的“保存主题”对话框中输入“护眼”，单击 保存 按钮，此时主题被保存，“应用主题”栏中将显示新的主题名称。

提示 在“应用主题”栏中选择需要的主题选项即可应用相应主题，在所需主题上单击鼠标右键，在弹出的快捷菜单中选择“保存用于共享的主题”命令，打开“另存为”对话框，在其中进行设置，完成后单击 保存 按钮，打开保存主题的文件夹，通过网络即可将保存的主题发送给其他人。

（七）自定义任务栏

微课：自定义任务栏

任务栏是位于桌面最底部的长条，由任务区、通知区域和“显示桌面”按钮组成。Windows 10 取消了快速启动工具栏，若要快速打开程序，可将程序固定到任务栏。下面将“Excel 2019”程序固定到任务栏中，具体操作如下。

（1）单击“开始”按钮，找到“Excel 2019”程序，单击鼠标右键，在弹出的快捷菜单中选择“更多”命令，在子菜单中选择“固定到任务栏”命令。

（2）即可看到“Excel 2019”程序被固定到了任务栏中。

提示 若程序已打开，可在任务栏中的程序图标上直接单击鼠标右键，在弹出的快捷菜单中选择“固定到任务栏”命令。

（八）设置日期和时间

微课：设置日期和时间

系统显示的日期和时间默认情况下会自动与系统所在区域的互联网时间同步，当然也可以手动更改系统的日期和时间。下面将系统日期修改为 2020 年 1 月 1 日，然后设置星期一为一周的第一天，具体操作如下。

（1）将鼠标指针移动至任务栏右侧的时间显示区域上，单击鼠标右键，在弹出的快捷菜单中选择“调整日期/时间”命令。

（2）在“日期和时间”窗口中单击“自动设置时间”按钮，使其处于“关”状态，单击 更改 按钮。

（3）在“更改日期和时间”对话框中对应的下拉列表中设置日期为 2020 年 1 月 1 日，完成后单击 更改 按钮即可，如图 3-18 所示。

（4）在左侧选择“区域”选项，在右侧的“区域格式数据”栏中单击“更改数据格式”超链接，打开“更改数据格式”界面，在“一周的第一天”下拉列表中选择“星期一”选项，如图 3-19 所示。

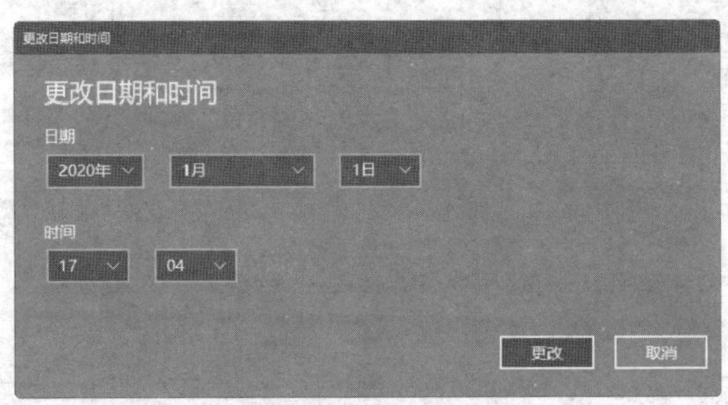

图 3-18　设置日期

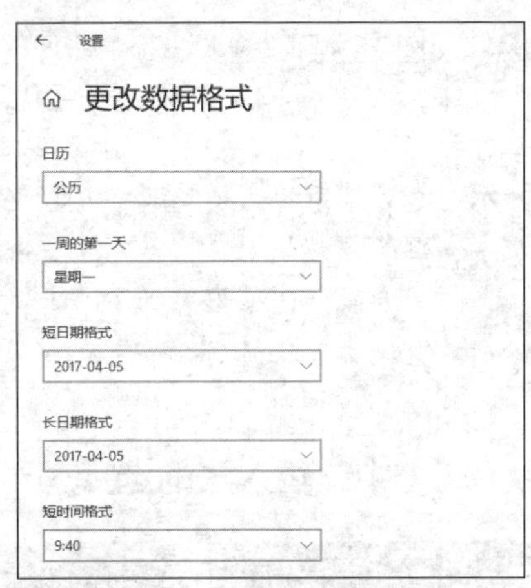

图 3-19　设置日期的数据格式

任务四　设置汉字输入法

任务要求

小赵准备使用计算机中的“记事本”程序制作一个备忘录，用于记录最近几天要做的工作，以便随时查看。在制作备忘录之前，小赵需要对计算机中的输入法进行相关的管理和设置。图 3-20 所示为设置后的输入法列表及创建的“备忘录”记事本文档效果，具体要求如下。

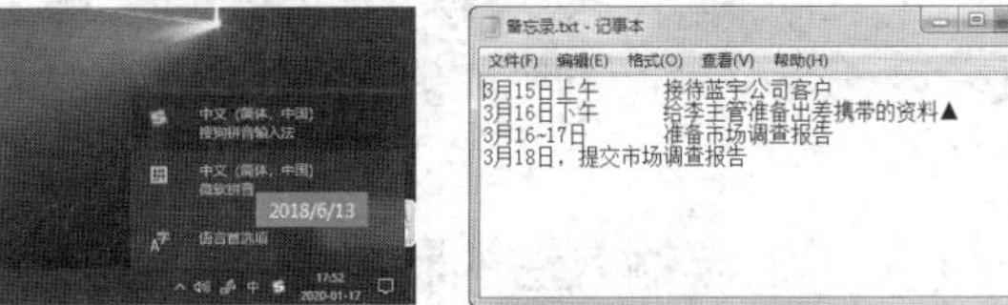

图 3-20　输入法列表和名为“备忘录”的记事本文档

- 添加搜狗拼音输入法，删除微软五笔输入法。
- 设置允许字体进行快捷方式安装，然后将桌面上的“方正楷体简体”字体安装到计算机中并查看。
- 在桌面上创建名为“备忘录”的记事本文档，使用搜狗拼音输入法，输入如下内容。

3 月 15 日上午　　　　接待蓝宇公司客户
3 月 16 日下午　　　　给李主管准备出差携带的资料▲
3 月 16～17 日　　　　准备市场调查报告

- 使用语言识别功能在“备忘录”中添加一条内容：3 月 18 日，提交市场调查报告。

相关知识

（一）汉字输入法的分类

在计算机中，主要通过汉字输入法输入汉字。常用的汉字输入法有微软拼音输入法、搜狗拼音输入法和五笔字型输入法等。这些输入法按编码的不同（音码、形码和音形码）可以分为 3 类。

- 音码。音码是指利用汉字的读音特征进行编码，通过输入汉语拼音字母来输入汉字，例如，“计算机”一词的拼音编码为“jisuanji”。这类输入法包括微软拼音输入法和搜狗拼音输入法等，它们都具有简单、易学的特点，会拼音即会输入汉字。
- 形码。形码是指利用汉字的字形特征进行编码，例如，“计算机”一词的五笔编码为“ytsm”。这类输入法的特点是输入速度较快、重码少，且不受方言限制，但需记忆大量编码，如五笔输入法。
- 音形码。音形码既可以利用汉字的读音特征进行编码，又可以利用汉字的字形特征进行编码，如智能ABC输入法等。音形码这类输入法将音码与形码相互结合，取长补短，既降低了重码，又无需用户记忆大量编码。

提示 有时汉字的音码和汉字并非是完全对应的，如在拼音输入法状态下输入“da”，此时便会出现“大”“打”“答”等多个具有相同音码的汉字，这些具有相同音码的汉字或词组就是重码，也称为同码字。出现重码时用户可以根据需要进行选择，因此选择重码较少的输入法可以提高输入速度。

（二）中文输入法的选择

图3-21 选择输入法

在Windows 10中，一般统一通过任务栏右侧的通知区域来选择输入法，方法为：单击任务栏中的输入法图标，在打开的列表中选择需切换的输入法，如图3-21所示，选择相应的输入法后，该图标将变成所选输入法的徽标。

提示 Windows 10中默认安装了微软拼音输入法，读者也可根据使用习惯，下载和安装其他输入法，如搜狗拼音输入法、搜狗五笔输入法等。除了通过任务栏的通知区域选择输入法，读者还可以按“Win+Space”组合键在不同种类的输入法之间进行轮流切换。

（三）汉字输入法的状态条

切换至某一种汉字输入法后，将打开其对应的汉字输入法状态条，图3-22所示为搜狗拼音输入法的状态条，各图标的作用介绍如下。

- 输入法图标。该图标用来显示当前输入法的徽标，单击可以切换至其他输入法。
- “中/英文”切换图标。单击该图标，可以在中文输入法与英文输入法之间进行切换。当图标为中时，表示当前为中文输入状态；当图标为英时，表示当前为英文输入状态。按“Ctrl+Space”组合键也可以在中文输入法和英文输入法之间快速切换。

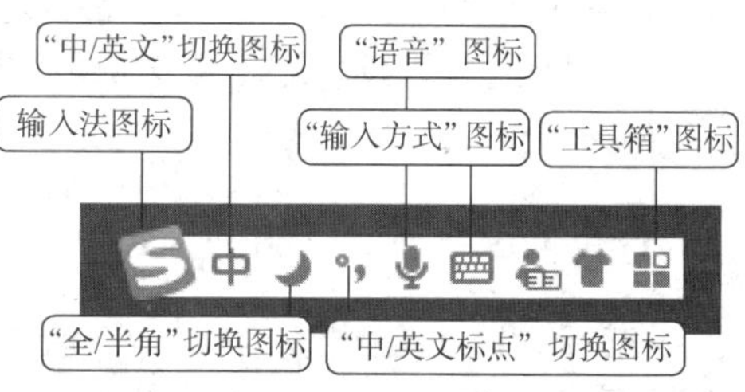

图3-22 搜狗拼音输入法状态条

- “全/半角切换图标”。默认为半角状态，单击半角状态图标切换为全角，再次单击则切换为半角。
- “中/英文标点”切换图标。默认状态下的图标用于输入中文标点符号，单击该图标，其变为图标时，可输入英文标点符号。
- “语音”图标。“语音”图标用于语音的输入，单击该图标，在打开的“语音输入”对话框中录入自己的音频信息后，单击完成按钮，即可成功输入通过语音表达的文字信息。
- “输入方式”图标。单击该图标可以输入特殊符号、标点符号和数字序号等多种字符，还可以进行语音或手写输入，其方法是：单击“输入方式”图标，在打开的对话框中选择一种符号的类型，如图3-23所示；或在“输入方式”图标上单击鼠标右键，在弹出的快捷菜单中选择相应的命令，图 3-24 所示为选择“标点符号”命令后打开搜狗软键盘的效果，直接单击软键盘中相应的按钮或按键盘上对应的按键，都可以输入对应的特殊符号。需要注意的是，若要输入的特殊符号是上挡字符，需在按住“Shift”键的同时在键盘上的相应键位处按键进行输入。输入完成后，单击右上角的×按钮或单击“输入方式”图标可退出软键盘输入状态。

- “工具箱”图标。不同的输入法自带不同的输入选项设置功能，单击“工具箱”图标，便可对输入法的属性、皮肤、常用诗词、在线翻译等功能进行相应设置。

图 3-23 选择输入类型

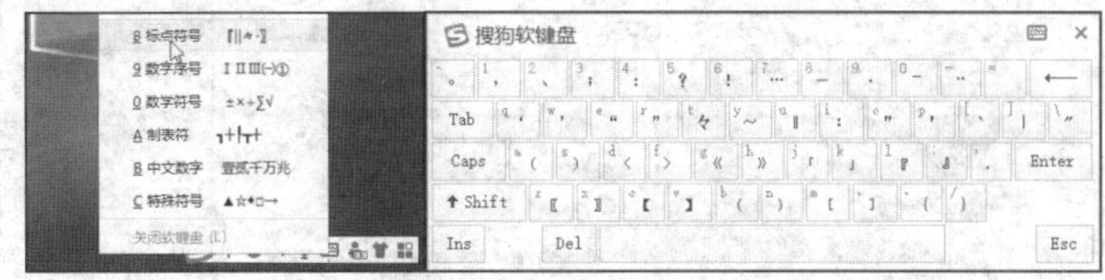

图 3-24 搜狗软键盘输入

（四）拼音输入法的输入方式

使用拼音输入法时，直接输入汉字的拼音编码，然后输入汉字前的数字或直接单击需要的汉字即可。当输入的汉字编码的同码字较多，不能在状态条中全部显示出来时，可以按“↓”键向后翻页，按“↑”键向前翻页，通过前后查找的方式来选择需要输入的汉字。

为了提高用户的输入速度，目前的各种拼音输入法都提供了全拼输入、简拼输入和混拼输入等多种输入方式，各种输入方式介绍如下。

- 全拼输入。全拼输入是按照汉语拼音进行输入，所输入的拼音编码需与汉语拼音一致。例如，要输入“文件”，需一次输入完整的拼音编码“wenjian”，在弹出的汉字状态条中选择“文件”选项即可。
- 简拼输入。简拼输入是取各个汉字的第一个拼音字母进行输入，对于包含复合声母的汉字，如包含 zh、ch、sh 音节，也可以取前两个拼音字母进行输入。例如，要输入“掌握”，只需输入拼音编码“zhw”，在弹出的汉字状态条中选择“掌握”选项即可。
- 混拼输入。混拼输入综合了全拼输入和简拼输入，即在输入的拼音中既有全拼也有简拼。混拼输入的使用规则是：对两个音节以上的词语，一部分用全拼，另一部分用简拼。例如，要输入“电脑”，只需输入拼音编码“diann”，在弹出的汉字状态条中选择“电脑”选项即可。

任务实现

（一）添加和删除输入法

用户可以将系统自带的输入法添加到输入法列表中，也可自行安装输入法，在不需要时，还可将这些输入法删除。

微课：添加和删除输入法

下面先在 Windows 10 中添加搜狗拼音输入法，然后将微软五笔输入法删除，其具体操作如下。

（1）在任务栏单击输入法图标，在打开的列表中选择“语言首选项”选项。

（2）打开“设置”窗口，在右侧选择“中文（中华人民共和国）”选项，单击 选项 按钮，如图 3-25 所示。

（3）在“语言选项:中文（简体，中国）”界面中单击“添加键盘”按钮，在打开的列表中选择“搜狗拼音输入法”选项，即可添加该输入法。

（4）在该界面的“键盘”栏下，可查看已添加的输入法。也可在任务栏单击输入法图标，在打开的列表中查看添加的输入法。

（5）选择“微软五笔”选项，并单击 删除 按钮，如图 3-26 所示，“微软五笔”输入法即可被删除。

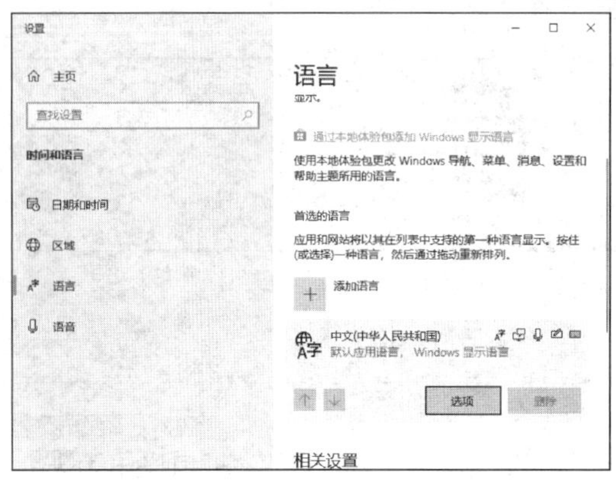

图 3-25　添加输入法

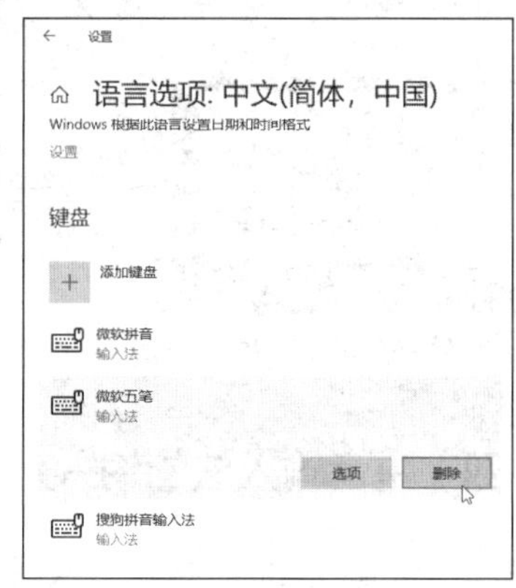

图 3-26　删除输入法

注意　用户也可在网络中下载其他输入法的安装包进行安装。按“Ctrl+Shift”组合键，能快速在已安装的输入法之间进行切换。

（二）设置系统字体

微课：设置系统字体

用户可通过直接将字体安装到系统中的方式来减少字体在系统资源中的占用量，从而释放空间，提高资源使用率。如果安装到系统中的字体长时间内不使用，可将其删除，以节约空间。

下面先设置字体安装方式为快捷安装，然后将桌面中的“方正楷体简体”字体以快捷方式安装到系统中，最后删除不需要的字体，具体操作如下。

（1）在搜索框中输入“控制面板”，在搜索结果中选择“控制面板”选项。

（2）在打开的“控制面板”窗口中单击“字体”超链接，打开“字体”窗口，在窗口左侧单击“字体设置”超链接，在打开的窗口中的“安装设置”栏中勾选“允许使用快捷方式安装字体（高级）”复选框，单击 确定 按钮，如图 3-27 所示。

（3）在桌面选择“方正楷体简体”字体，在其上单击鼠标右键，在弹出的快捷菜单中选择“为所有用户的快捷方式”命令，即可以快捷方式将字体安装到系统中，如图 3-28 所示。

注意　设置了允许使用快捷方式安装字体后，在使用快捷方式安装字体时，字体的源文件不能移动，否则系统将找不到以快捷方式安装的字体。另外，若在磁盘中选择需要安装的字体文件，在其上单击鼠标右键，在弹出的快捷菜单中选择“为所有用户安装”命令，也可将所选的字体直接安装到系统中。

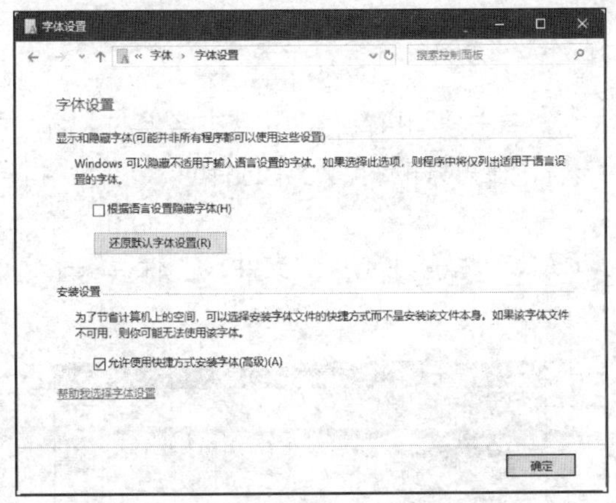

图 3-27　设置系统字体安装方式为允许快捷安装

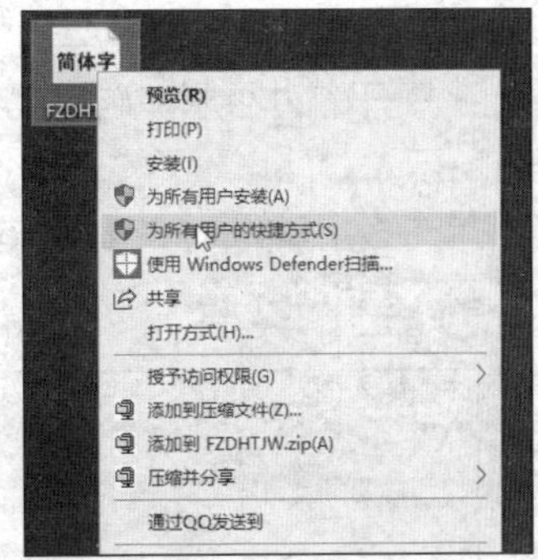

图 3-28　快捷安装字体

（4）打开“字体”窗口，在其中选择需要删除的字体选项，然后在工具栏中单击删除按钮，将打开确认是否删除的提示框，在其中选择“是，我要从计算机中删除此整个字体集”选项确认删除即可。

（三）使用搜狗拼音输入法输入汉字

输入法添加完成后，即可输入汉字，这里以搜狗拼音输入法为例，介绍输入汉字的方法。

微课：使用搜狗拼音输入法输入汉字

启动记事本程序，创建一个名为“备忘录”的文档并使用搜狗拼音输入法输入任务要求中的备忘录内容，具体操作如下。

（1）在桌面上的空白区域单击鼠标右键，在弹出的快捷菜单中选择“新建”/“文本文档”命令，在桌面上新建一个名为“新建文本文档.txt”的文件，且文件名呈可编辑状态。

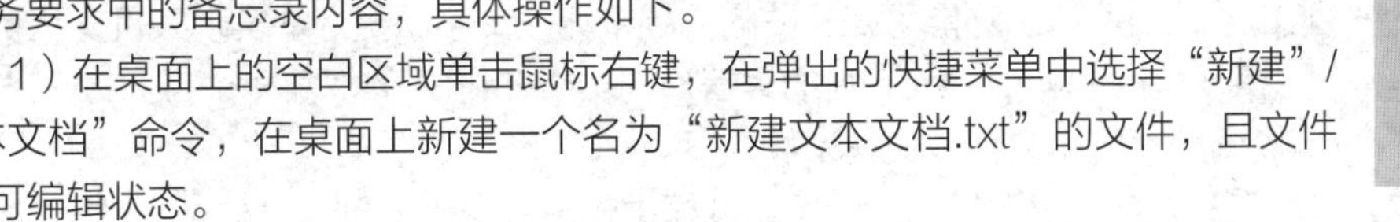

（2）单击任务栏中的输入法图标，选择“搜狗拼音输入法”选项，然后输入拼音编码“beiwanglu”，汉字状态条中显示所需的“备忘录”文本，如图 3-29 所示。

（3）选择汉字状态条中的“备忘录”选项或直接按“Space”键输入文本，按“Enter”键完成输入。

（4）双击桌面上新建的“备忘录”记事本文档，启动记事本程序，在编辑区单击定位文本插入点，按“3”键输入数字“3”，按“Ctrl+Shift”组合键将输入法切换为搜狗拼音输入法，输入拼音编码“yue”，选择状态条中的“月”选项或按“Space”键输入文本“月”。

（5）输入数字“15”，再输入拼音编码“ri”，按“Space”键输入“日”字。然后输入拼音编码“shangwu”，选择状态条中的“上午”选项或按“Space”键输入词组“上午”，如图 3-30 所示。

图 3-29　输入“备忘录”

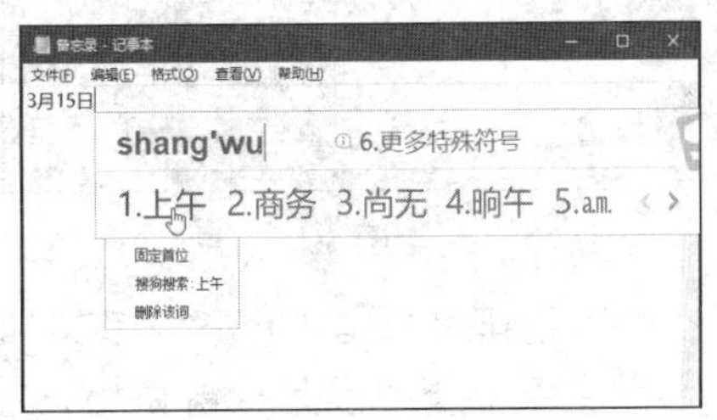

图 3-30　输入词组“上午”

（6）连续多次按“Space”键，输入若干空字符，继续使用搜狗拼音输入法输入后面的内容，输入过程中按“Enter”键可分段换行。

（7）在“资料”文本右侧单击定位文本插入点，单击搜狗拼音输入法状态条上的“输入方式”图标⌨，在打开的对话框中选择“特殊符号”选项，在打开的对话框中选择“▲”特殊符号，如图 3-31 所示。

（8）单击右上角的×按钮关闭软键盘。在“记事本”程序中选择“文件”/“保存”命令，保存文档，如图 3-32 所示。

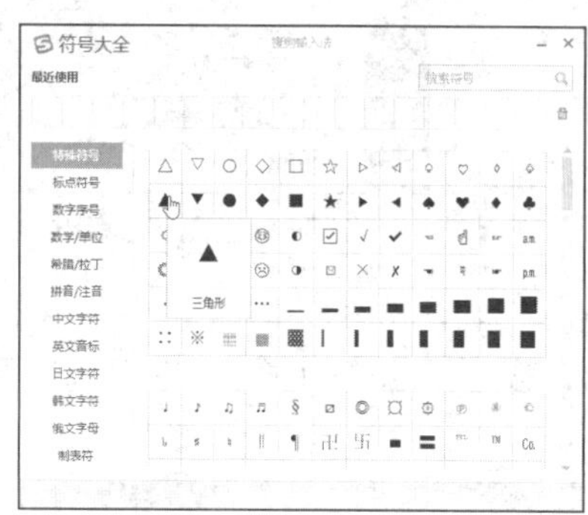

图 3-31　输入特殊符号

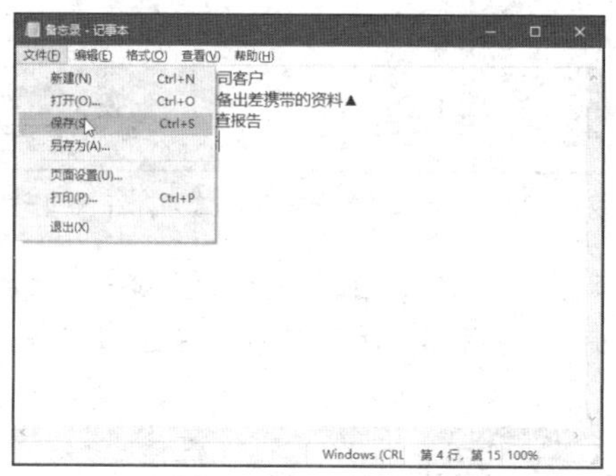

图 3-32　保存文档

（四）使用语音识别功能录入文本

微课：使用语音识别功能录入文本

除了前面介绍的各种键盘输入方式，Windows 10 还自带语音识别输入功能，通过语音识别功能可在相关的文档中输入文字，更好地实现人机交互功能。

下面使用 Windows 10 的语音识别功能在记事本中输入“3 月 18 日，提交市场调查报告”内容，具体操作如下。

（1）在任务栏的 cortana 搜索框中输入“语音识别”文本，按“Enter”键确认，打开“语音识别”窗口，单击“启动语音识别”超链接，如图 3-33 所示。

（2）第一次使用语音识别系统时，会打开“设置语音识别”对话框，在其中单击 下一步(N) 按钮，如图 3-34 所示。

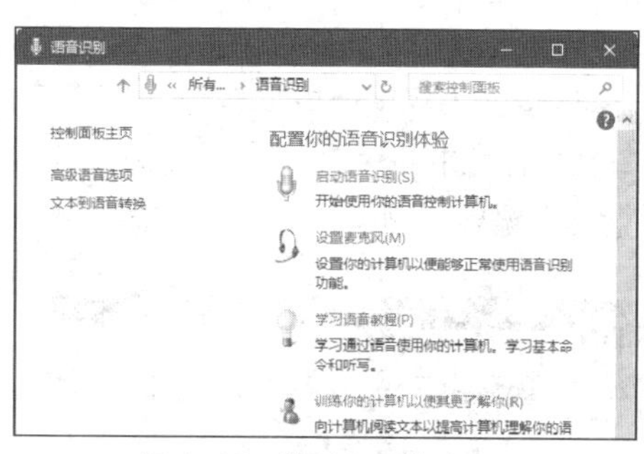

图 3-33　“语音识别”窗口

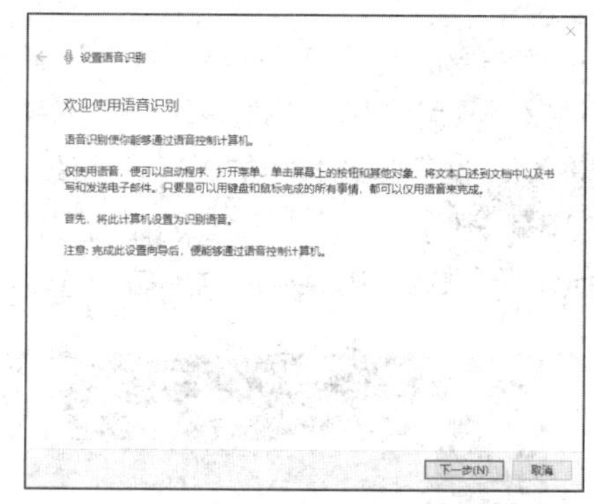

图 3-34　“设置语音识别”对话框

（3）在打开的界面中单击“头戴式麦克风”单选按钮，单击 下一步(N) 按钮，如图 3-35 所示。

（4）“设置麦克风”界面提示放置麦克风的方法，按照要求放置好麦克风后，单击 下一步(N) 按钮，如图 3-36 所示。

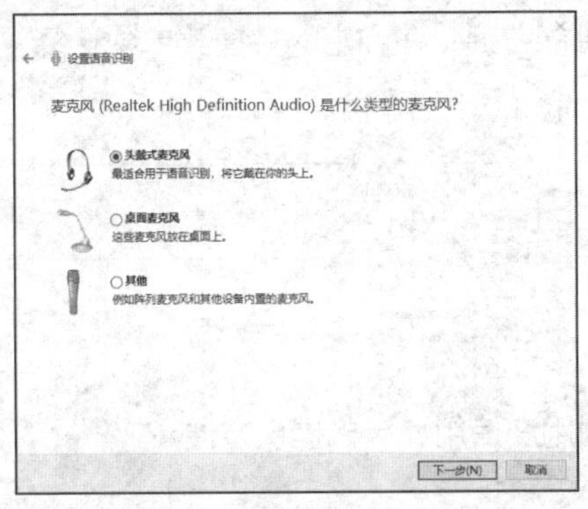

图 3-35　选择麦克风类型

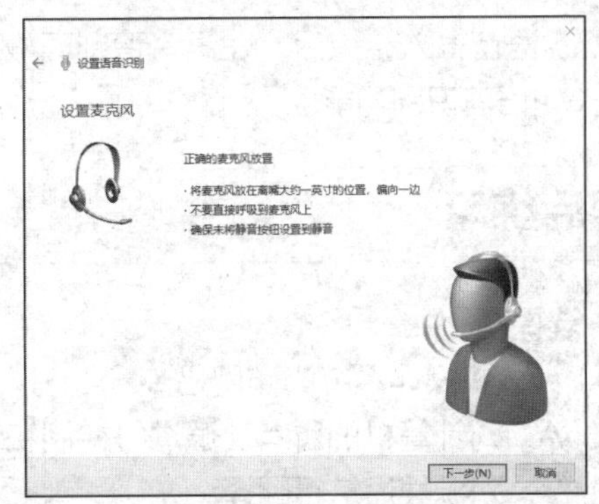

图 3-36　“设置麦克风”界面

（5）按照提示读出语句，单击 下一步(N) 按钮。

（6）在出现的界面中直接单击 下一步(N) 按钮，完成麦克风设置。

（7）在“改进语音识别的精确度”界面中单击“启用文档审阅”单选按钮，单击 下一步(N) 按钮，如图 3-37 所示。

（8）依次在接下来的界面中单击 下一步(N) 按钮，并设置激活模式，如图 3-38 所示。

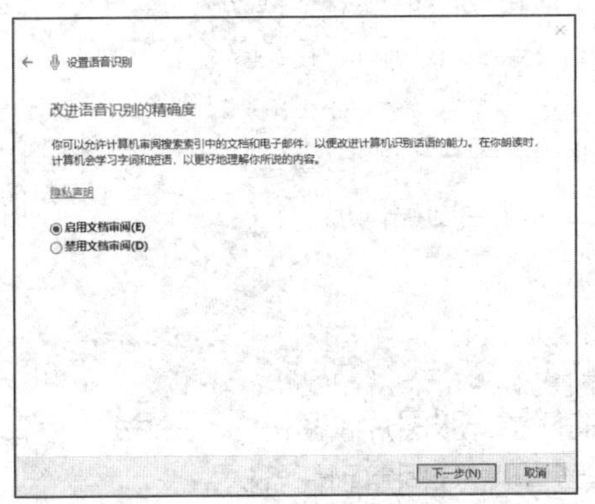

图 3-37　选中“启用文档审阅”单选按钮

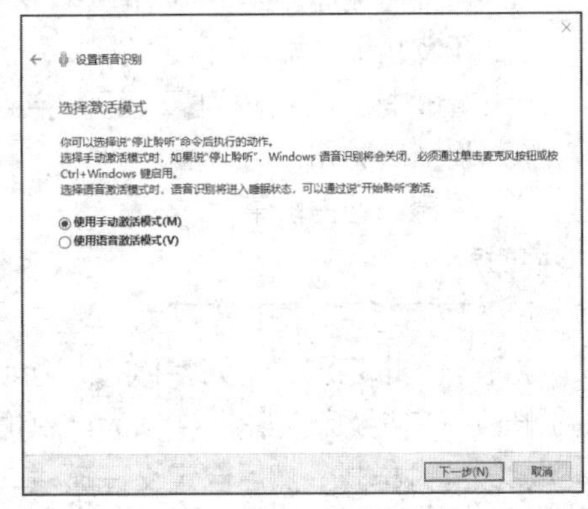

图 3-38　设置激活模式

（9）依次在接下来的界面中单击 下一步(N) 按钮。

（10）单击 跳过教程(P) 按钮完成语音输入设置，如图 3-39 所示。

（11）打开语音识别程序，在记事本中单击定位文本插入点，然后对着麦克风说出“3 月 18 日，提交市场调查报告”，稍后该语音文本显示在记事本中，如图 3-40 所示。

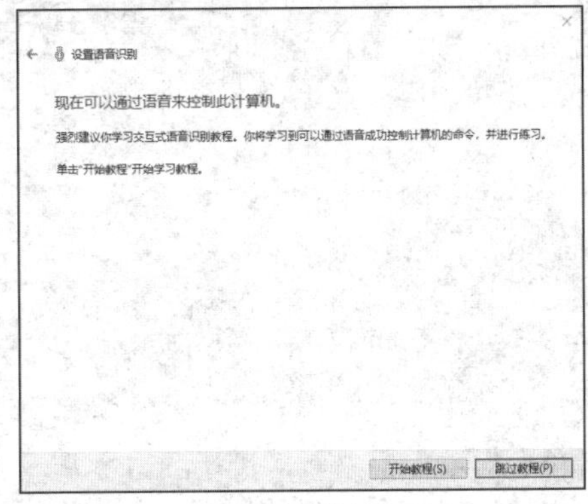

图 3-39　跳过教程

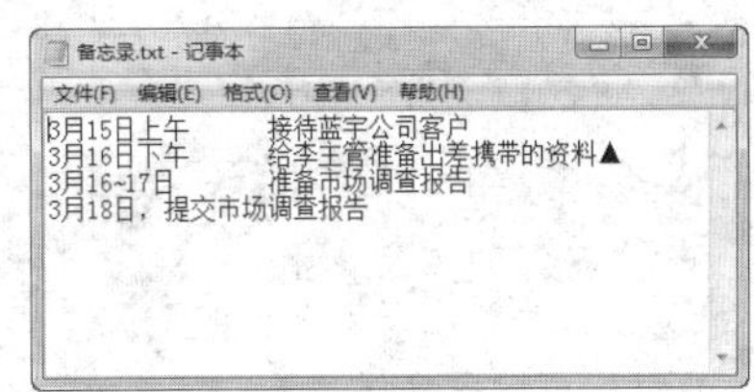

图 3-40　使用语音输入文本

（12）语音输入结束后，在语音识别面板上单击鼠标右键，在弹出的快捷菜单中选择“退出”命令，关闭语音识别功能。

课后练习

1. 选择题

（1）计算机操作系统的作用是（　　）。

A. 对计算机的所有资源进行控制和管理，为用户使用计算机提供方便

B. 对源程序进行翻译

C. 对用户数据文件进行管理

D. 对汇编语言程序进行翻译

（2）计算机的操作系统是（　　）。

A. 计算机中使用最广泛的应用软件　　B. 计算机系统软件的核心

C. 计算机的专用软件　　D. 计算机的通用软件

（3）在 Windows 10 中，下列叙述中错误的是（　　）。

A. 可支持鼠标操作　　B. 可同时运行多个程序

C. 不支持即插即用　　D. 桌面上可同时容纳多个窗口

（4）单击窗口标题栏右侧的■按钮，会（　　）。

A. 将窗口关闭　　B. 打开一个空白窗口

C. 使窗口独占屏幕　　D. 使当前窗口最小化

2. 操作题

（1）设置桌面背景，图片设置为“填充”。

（2）创建一个以自己名字为名称的 Microsoft 账户。

（3）修改账户头像和密码，头像为计算机中自带的任意一张图片，密码为 aaaaaa。

（4）修改主题样式，然后自定义任务栏，将“计算器”程序固定到任务栏中。

（5）将系统字体安装设置为允许快捷方式安装和直接安装。

（6）将输入法切换为微软拼音输入法，并在打开的记事本中输入“今天是我的生日”。

项目四
管理计算机中的资源

在使用计算机的过程中，管理文件、文件夹、程序和硬件等资源是十分常见的操作。本项目将通过 2 个任务，介绍如何在 Windows 10 中利用文件资源管理器来管理计算机中的资源，包括对文件和文件夹进行新建、移动、复制、重命名及删除等操作，安装程序和打印机，连接投影仪，连接笔记本电脑到计算机显示器，以及使用计算器、画图等附件工具等。

课堂学习目标

- 管理文件和文件夹资源。
- 管理程序和硬件资源。

任务一　管理文件和文件夹资源

任务要求

赵刚是某公司人力资源部的员工，主要负责人员招聘和办公室的日常管理工作，由于管理工作的需要，赵刚经常会在计算机中存放工作文档，同时为了方便使用，还需要对相关的文件进行新建、移动、复制、重命名、删除、还原、搜索和设置文件属性等操作，具体要求如下。

- 在 G 盘根目录下新建“办公”文件夹和“公司简介.txt”“公司员工名单.xlsx”两个文件，再在新建的“办公”文件夹中创建“表格”和“文档”两个子文件夹。
- 将前面新建的“公司员工名单.xlsx”文件移动到“表格”文件夹中，将“公司简介.txt”文件复制到“文档”文件夹中并修改文件名为“招聘信息”。
- 删除 G 盘根目录下的“公司简介.txt”文件，然后通过回收站查看并将其还原。
- 搜索 E 盘下所有“.jpg”格式的图片文件。
- 将“公司员工名单.xlsx”文件的属性修改为只读。
- 新建一个“办公”库，将“表格”文件夹添加到“办公”库中。

相关知识

（一）文件管理的相关概念

管理文件的过程中，会涉及以下几个相关概念。

- 硬盘分区与盘符。硬盘分区实质上是对硬盘的一种格式化，是指将硬盘划分为几个独立的区域，这样可以更加方便地存储和管理数据。格式化可以将硬盘划分成可以用来存储数据的单位，一般在安装系统时才会对硬盘进行分区。盘符是 Windows 系统对于磁盘存储设备的标识符，一般使用 26 个英文字母加上一个冒号“:”来表示，如“C:”，其中“C”就是该盘的盘符。

- 文件。文件是指保存在计算机中的各种信息和数据，计算机中文件的类型有很多，如文档、表格、图片、音乐和应用程序等。在默认情况下，文件在计算机中以图标形式显示，由文件图标、文件名和扩展名 3 部分组成，如 作息时间表.docx 表示这是一个 Word 文件，文件名为“作息时间表”，扩展名为“.docx”。
- 文件夹。文件夹用于保存和管理计算机中的文件，其中可以放置多个文件和子文件夹，让用户能够快速地找到需要的文件。文件夹一般由文件夹图标和文件夹名称 2 部分组成。
- 文件路径。用户在对文件进行操作时，除了要知道文件名，还需要知道文件所在的盘符和文件夹，即文件在计算机中的位置，也称为文件路径。文件路径包括相对路径和绝对路径两种。其中，相对路径以“.”（表示当前文件夹）、“..”（表示上级文件夹）或文件夹名称（表示当前文件夹中的子文件名）开头；绝对路径是指文件或目录在硬盘上存放的绝对位置，如“D:\图片\标志.jpg”表示“标志.jpg”文件存放在 D 盘的“图片”文件夹中。在 Windows 10 中单击地址栏的空白处，可查看已打开的文件夹的文件路径。
- 资源管理器。资源管理器是指“此电脑”窗口左侧的导航窗格，它将计算机资源分为收藏夹、库、家庭组、计算机和网络等类别，可以方便用户更好、更快地组织、管理及应用资源。打开资源管理器的方法为双击桌面上的“此电脑”图标或单击任务栏上的“文件资源管理器”图标。在打开的窗口中单击导航窗格中各类别图标左侧的 › 图标，依次按层级展开文件夹，选择需要的文件夹后，右侧窗格中将显示相应文件夹中的内容，如图 4-1 所示。

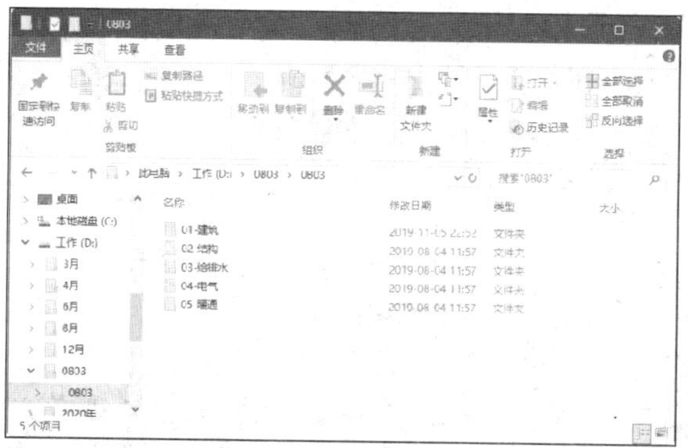

图 4-1 资源管理器

提示 为了便于查看和管理文件，用户可根据使用需求更改当前窗口中文件和文件夹的视图方式。其方法是：在“此电脑”窗口的“查看”/“布局”组中的列表框中选择相应的视图选项，也可以在窗口右下角单击按钮，在超大图标模式和详细信息模式中切换。

（二）选择文件或文件夹的几种方式

在对文件或文件夹进行操作前，要先选择文件或文件夹，选择的方法主要有以下 5 种。

- 选择单个文件或文件夹。直接单击文件或文件夹图标即可将其选中，被选中的文件或文件夹的周围呈蓝色透明状。
- 选择多个相邻的文件或文件夹。可在窗口空白处按住鼠标左键，然后拖动鼠标指针框选需要选择的多个对象，框选完毕再释放鼠标左键。

- 选择多个连续的文件或文件夹。用鼠标指针选中第一个对象，在按住“Shift”键的同时单击最后一个对象，即可选择两个对象中间的所有对象。
- 选择多个不连续的文件或文件夹。在按住“Ctrl”键的同时依次单击要选择的文件或文件夹，可选择多个不连续的文件或文件夹。
- 选择所有文件或文件夹。按“Ctrl+A”组合键，或在“主页”/“选择”组中单击全部选择按钮，即可选中当前窗口中的所有文件或文件夹。

任务实现

（一）文件和文件夹的基本操作

文件和文件夹的基本操作包括新建、移动、复制、重命名、删除、还原和搜索等，下面将结合前面的任务要求讲解操作方法。

1. 新建文件和文件夹

新建文件是指根据计算机中已安装的程序类别，新建一个相应类型的空白文件。新建后可以双击该文件，打开并编辑文件内容。如果需要将一些文件分类整理在一个文件夹中以便日后管理，就需要新建文件夹。

微课：新建文件和文件夹

新建“公司简介.txt”文件和“公司员工名单.xlsx”文件，具体操作如下。

（1）双击桌面上的“此电脑”图标，打开“此电脑”窗口，双击G盘图标，打开G盘目录。

（2）在“主页”/“新建”组中单击“新建项目”按钮，在打开的列表中选择“文本文档”选项，或在右侧窗格的空白处单击鼠标右键，在弹出的快捷菜单中选择“新建”/“文本文档”命令，如图4-2所示。

（3）系统在文件夹中新建一个名为“新建文本文档”的文件，且文件名呈可编辑状态，切换到中文输入法输入“公司简介”，单击空白处或按“Enter”键即可为文件命名，新建的文档效果如图4-3所示。

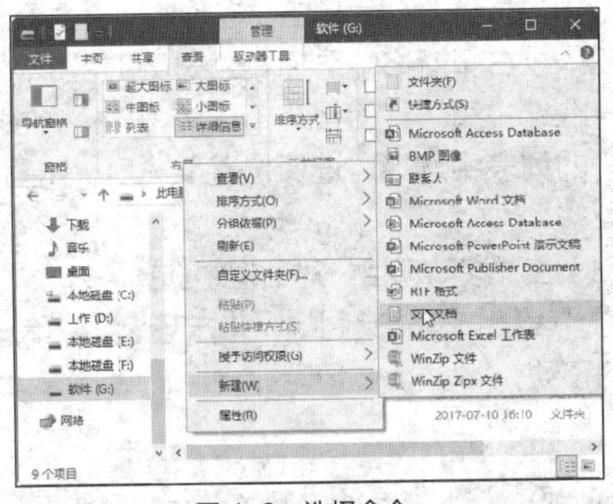

图4-2　选择命令

图4-3　命名文件

（4）在“主页”/“新建”组中单击“新建项目”按钮，在打开的列表中选择“Microsoft Excel工作表”选项，或在右侧窗格的空白处单击鼠标右键，在弹出的快捷菜单中选择“新建”/“Microsoft Excel工作表”命令，新建一个Excel文件，输入文件名“公司员工名单”，按“Enter”键，效果如图4-4所示。

（5）在“主页”/“新建”组中单击“新建文件夹”按钮，或在右侧窗格的空白处单击鼠标右键，在弹出的快捷菜单中选择“新建”/“文件夹”命令，新建一个文件夹，且文件夹名称呈可编辑状态，输入“办公”，按“Enter”键，完成文件夹的新建，如图 4-5 所示。

（6）双击新建的“办公”文件夹图标，在“主页”/“新建”组中单击“新建项目”按钮，在打开的列表中选择“文件夹”选项，输入子文件夹名称“表格”后按“Enter”键，再新建一个名为“文档”的子文件夹，如图 4-6 所示。

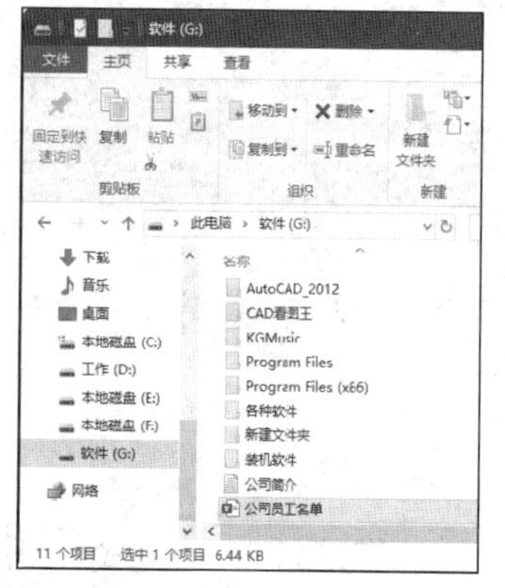
图 4-4　新建 Excel 文件

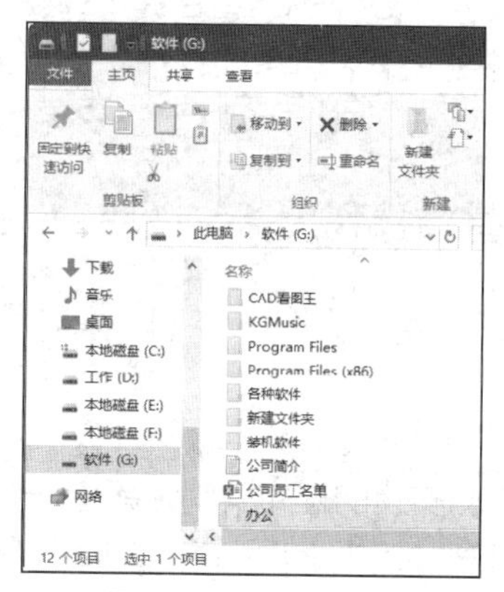
图 4-5　新建文件夹

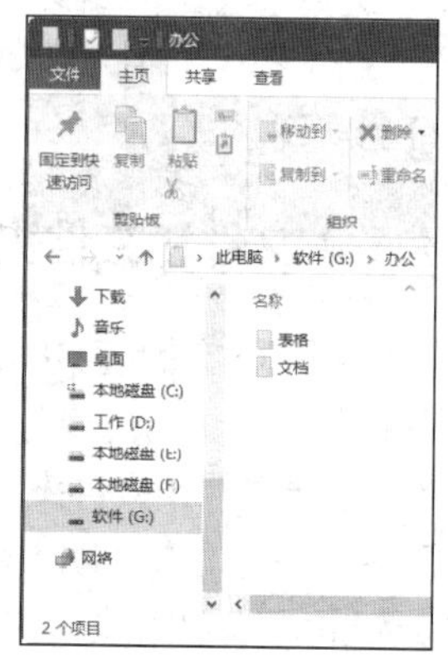
图 4-6　新建子文件夹

（7）单击地址栏左侧的←按钮，返回上一级窗口。

2. 移动、复制、重命名文件和文件夹

移动文件是将文件移动到另一个文件夹中，复制文件相当于文件备份，即原文件夹下的文件仍然存在。重命名文件名，即为文件更换一个新的名称。移动、复制、重命名的操作也适用于文件夹。

微课：移动、复制、重命名文件和文件夹

移动“公司员工名单.xlsx”文件，复制“公司简介.txt”文件，并将复制的文件重命名为“招聘信息”，具体操作如下。

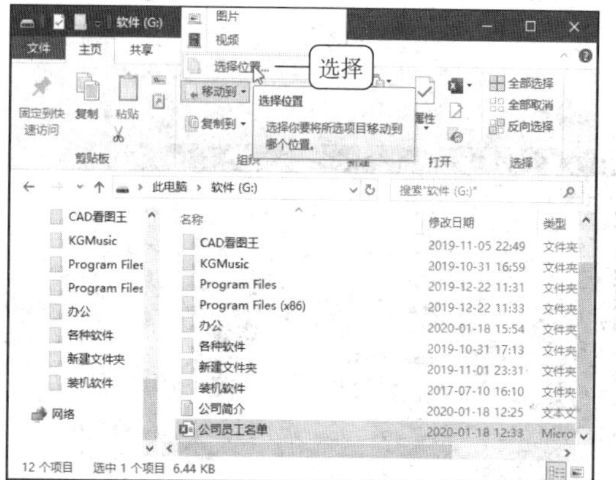

图 4-7　选择移动位置选项

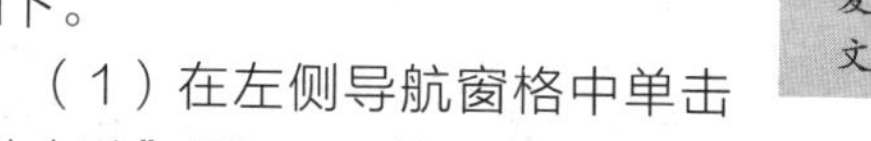
（1）在左侧导航窗格中单击“此电脑”图标，然后单击“软件(G:)”图标。

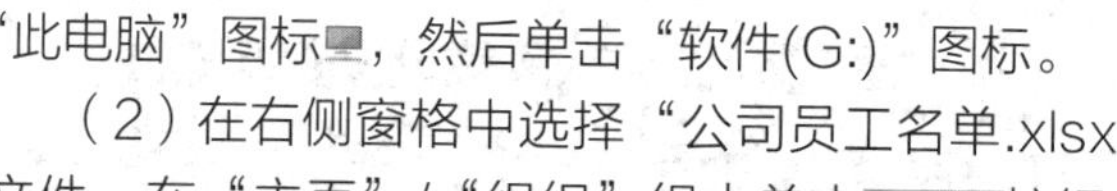
（2）在右侧窗格中选择“公司员工名单.xlsx”文件，在“主页”/“组织”组中单击“移动到”按钮，在打开的列表中选择“选择位置”选项，如图 4-7 所示。

（3）在“移动项目”对话框中选择“办公”文件夹中的“表格”文件夹图标，单击“移动(M)”按钮，完成文件的移动，如图 4-8 所示。

提示　选择文件后，在其上单击鼠标右键，在弹出的快捷菜单中选择“剪切”命令，或直接按“Ctrl+X”组合键，将选择的文件剪切到剪贴板中，此时文件呈灰色透明状；在导航窗格中单击展开相应的文件夹，再双击需要移动到的文件夹图标，在右侧的窗格中单击鼠标右键，在弹出的快捷菜单中选择“粘贴”命令，或直接按“Ctrl+V”组合键，即可将剪切到剪贴板中的文件粘贴到当前文件夹中。

（4）单击地址栏左侧的←按钮，返回上一级窗口，可看到窗口中已没有“公司员工名单.xlsx”文件。

（5）选择“公司简介.txt”文件，在“主页”/“组织”组中单击复制到按钮，在打开的列表中选择“选择位置”选项，如图 4-9 所示。

（6）在“复制项目”对话框中单击“办公”文件夹中的“文档”文件夹图标，单击复制(C)按钮，完成文件的复制操作，如图 4-10 所示。

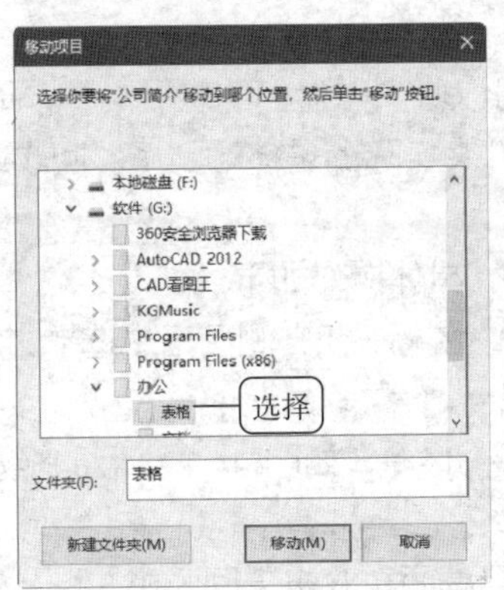

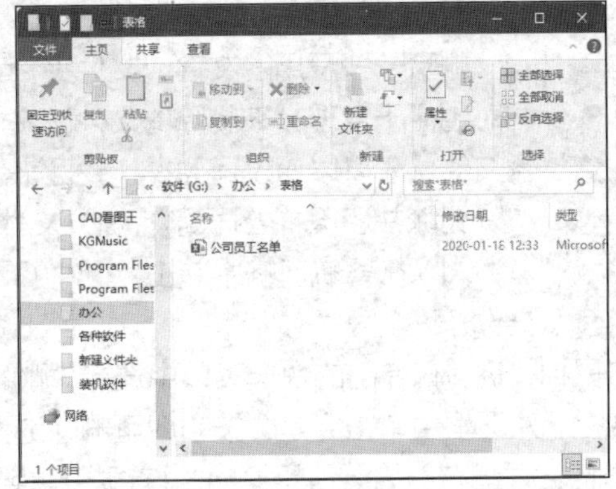

图 4-8　选择移动到的位置及移动文件后的效果

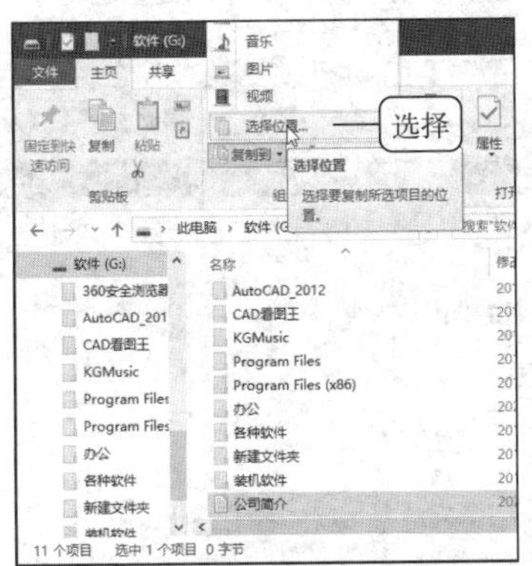

图 4-9　选择复制位置选项

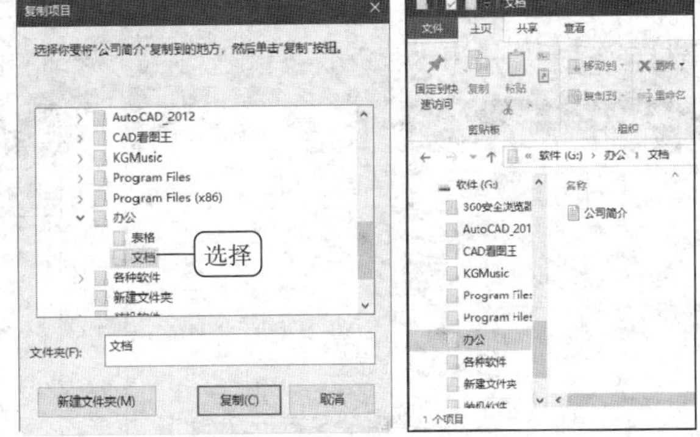

图 4-10　选择复制到的位置及复制文件后的效果

提示　选择文件后，单击鼠标右键，在弹出的快捷菜单中选择“复制”命令，或直接按“Ctrl+C”组合键，将选择的文件复制到剪贴板中，此时窗口中的文件不会发生任何变化。在左侧导航窗格中单击文件要复制到的文件夹图标，在右侧窗格中单击鼠标右键，在弹出的快捷菜单中选择“粘贴”命令，或直接按“Ctrl+V”组合键，即可将复制到剪贴板中的文件粘贴到指定文件夹中，完成文件的复制。

（7）选择复制后的“公司简介.txt”文件，在其上单击鼠标右键，在弹出的快捷菜单中选择“重命名”命令，此时“公司简介.txt”的文件名部分呈可编辑状态，在其中输入新的名称“招聘信息”后按“Enter”键。

注意　重命名文件名时，注意不要修改文件的扩展名，一旦修改可能导致文件无法正常打开，若误修改，可将扩展名重新修改为正确的扩展名。此外，文件名可以包含字母、数字和空格等，但不能有?、*、/、\、<、>、:等符号。

（8）在导航窗格中单击“软件(G:)”图标，可看到源位置的“公司简介.txt”文件仍然存在。

提示 将选择的文件或文件夹拖动到同一磁盘分区下的其他文件夹中或拖动到左侧导航窗格中的某个文件夹选项上，可移动文件或文件夹，在拖动过程中按住“Ctrl”键，可复制文件或文件夹。

3. 删除并还原文件和文件夹

微课：删除并还原文件和文件夹

删除一些没用的文件或文件夹，可以减少磁盘上的垃圾文件，释放磁盘空间，同时也便于管理。被删除的文件或文件夹实际上是移动到了“回收站”中，若误删文件，还可以通过还原操作找回来。

删除并还原“公司简介.txt”文件，具体操作如下。

（1）在导航窗格中单击“软件(G:)”图标，在右侧窗格中选择“公司简介.txt”文件。

（2）单击鼠标右键，在弹出的快捷菜单中选择“删除”命令，如图 4-11 所示，或按“Delete”键，在弹出的提示对话框中单击“是”按钮即可删除选择的“公司简介.txt”文件。

（3）单击任务栏最右侧的“显示桌面”按钮，切换至桌面，双击“回收站”图标，在打开的窗口中可以查看最近删除的文件和文件夹等对象。在要还原的“公司简介.txt”文件上单击鼠标右键，在弹出的快捷菜单中选择“还原”命令，如图 4-12 所示，或在“回收站工具”/“还原”组中单击“还原选定的项目”按钮，即可将其还原到被删除前的位置。

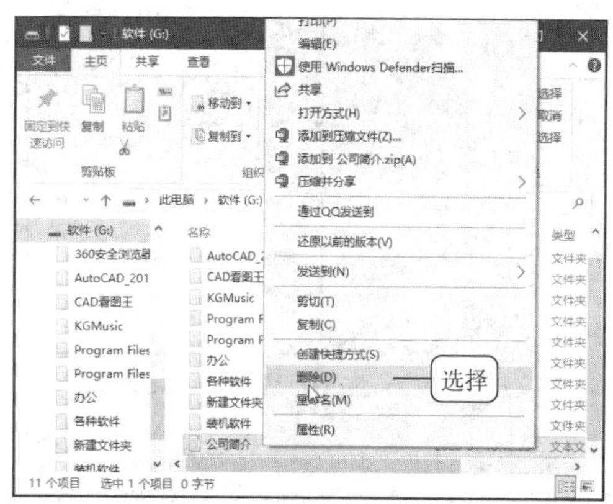

图 4-11　选择“删除”命令

图 4-12　还原被删除的文件

提示 在“回收站”窗口的“回收站工具”/“管理”组中单击“回收站属性”按钮，打开“回收站属性”对话框，在其中单击“不将文件移到回收站中。移除文件后立即将其删除”单选按钮，再执行删除文件的操作时，将直接删除文件，而不会将其放入回收站；勾选“显示删除确认对话框”复选框，则在删除文件时，将打开提示框提示用户是否将文件删除到回收站。

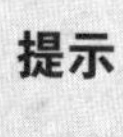

提示 选择文件后，按“Shift+Delete”组合键可以直接将文件从计算机中彻底删除。通常情况下，将文件放入回收站后，文件仍然会占用磁盘空间。在“回收站”窗口中单击工具栏中的“清空回收站”按钮，也可以彻底删除回收站中的全部文件。

4. 搜索文件或文件夹

微课：搜索文件或文件夹

如果用户不知道文件或文件夹在磁盘中的具体位置，可以使用 Windows 10 的搜索功能进行搜索。搜索时如果不记得文件的名称，可以使用模糊搜索功能，其方法是：用通配符“*”来代替任意数量的任意字符，用“？”来代表某一位置上的任意字母或数字，如“*.mp3”表示搜索当前位置下所有“.mp3”格式的文件，而“pin?.mp3”则表示搜索当前位置下前 3 个字母为“pin”、第 4 位是任意字符的.mp3 格式的文件。

搜索 E 盘中的“.jpg”的图片，具体操作如下。

（1）在文件资源管理器中打开需要搜索的位置。如需在所有磁盘中查找，则打开“此电脑”窗口，如需在某个磁盘分区或文件夹中查找，则打开具体的磁盘分区或文件夹窗口，这里打开 E 盘窗口。

（2）在窗口地址栏后面的搜索框中输入要搜索的文件信息，这里输入“*.jpg”，Windows 10 会自动在当前位置内搜索所有符合文件信息的对象，并在文件显示区中显示搜索结果。

（3）根据需要，还可在“搜索”/“优化”组中选择“修改日期”“大小”“类型”“其他属性”选项来设置搜索条件，缩小搜索范围；搜索完成后在功能区单击“关闭搜索”按钮✕即可退出搜索，如图 4-13 所示。

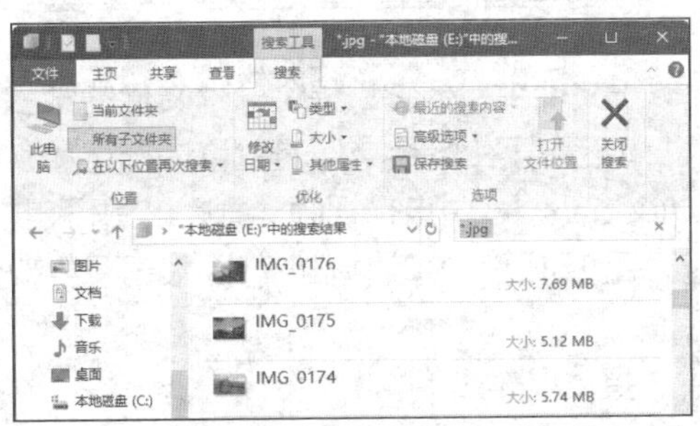

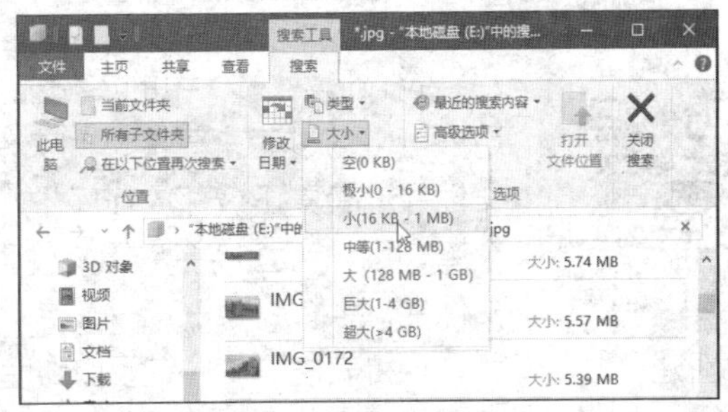

图 4-13　搜索 E 盘中的“.jpg”格式图片

（二）设置文件和文件夹的属性

微课：设置文件和文件夹的属性

文件属性主要包括隐藏属性、只读属性和归档属性 3 种。用户在查看磁盘文件的名称时，系统一般不会显示具有隐藏属性的文件，具有隐藏属性的文件不能被删除、复制和重命名，隐藏属性可以对文件起到保护作用。对于具有只读属性的文件，用户可以查看和复制，但不能修改和删除，只读属性可以避免用户意外删除和修改文件；文件被创建之后，系统会自动将其设置成归档属性，即可以随时查看、编辑和保存。

更改“公司员工名单.xlsx”文件的属性，具体操作如下。

（1）打开“此电脑”窗口，依次展开“G:\办公\表格”目录，在“公司员工名单.xlsx”文件上单击鼠标右键，在弹出的快捷菜单中选择“属性”命令，或在“主页”/“打开”组中单击“属性”按钮☑，打开文件对应的属性对话框。

（2）在“常规”选项卡下的“属性”栏中勾选“只读”复选框，如图 4-14 所示。

（3）单击 应用(A) 按钮，单击 确定 按钮，将文件的属性设置为“只读”。如果要修改文件夹的属性，应用设置后还将打开图 4-15 所示的“确认属性更改”对话框，用户根据需要选择应用方式后单击 确定 按钮，即可设置相应的文件夹属性。

图 4-14　文件属性设置对话框

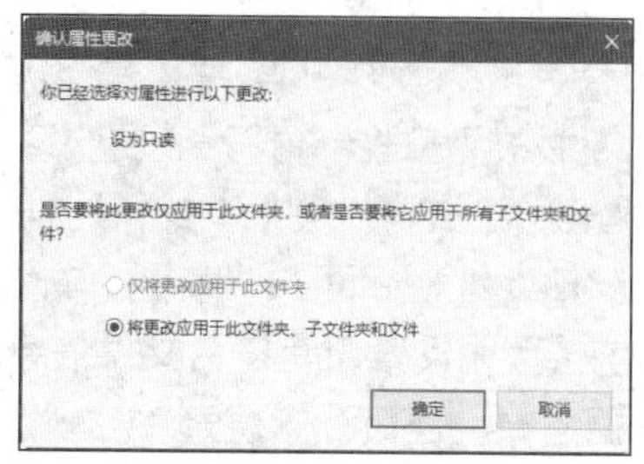

图 4-15　选择文件夹属性的应用方式

（三）使用库

Windows 10 中的库功能类似于文件夹，但它只提供管理文件的索引，即用户可以通过库来直接访问文件，而不需要在保存文件的位置进行查找，所以文件并没有真正被存放在库中。Windows 10 中自带视频、图片、音乐和文档 4 个库，用户可直接将常用文件资源添加到相应的库中，也可以根据需要新建库文件夹。

新建“办公”库，将“表格”文件夹添加到库中，具体操作如下。

（1）打开“此电脑”窗口，在“查看”/“窗格”组中单击“导航窗格”按钮，在打开的列表中选择“显示库”选项，即可在导航窗格中显示库文件，如图 4-16 所示。

（2）在导航窗格中单击“库”图标，打开“库”文件夹，右侧窗格中将显示所有库，双击各个库文件夹图标便可打开查看，如图 4-17 所示。

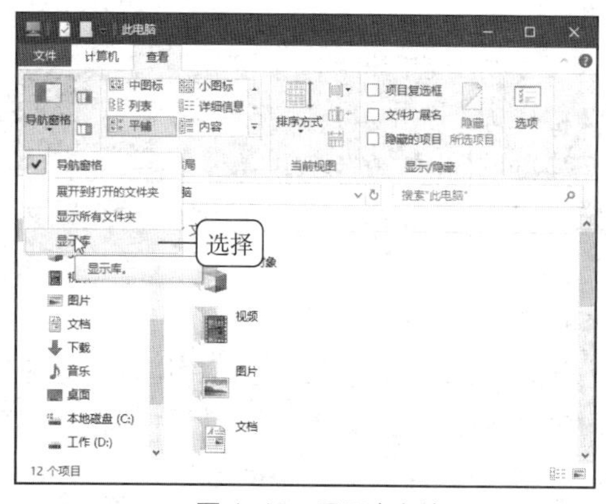

图 4-16　显示库文件

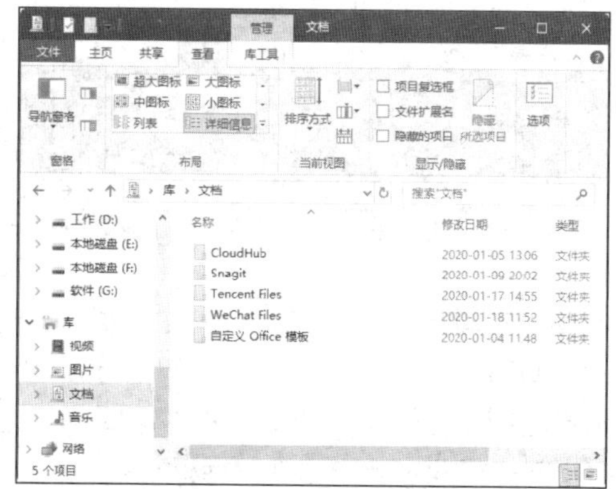

图 4-17　查看库文件

（3）返回库面板，在“主页”/“新建”组中单击“新建项目”按钮，在打开的列表中选择“库”选项，即可新建一个名称可编辑的库，输入库的名称“办公”，按“Enter”键即可，如图 4-18 所示。

（4）在导航窗格中打开“G:\办公”目录，选择要添加到库中的“表格”文件夹，单击鼠标右键，在弹出的快捷菜单中选择"包含到库中"/"办公"命令，打开"Windows 库"提示框，单击 确定 按钮即可将所选择的文件夹添加到新建的"办公"库中，并可通过"办公"库来查看文件夹，效果如图 4-19 所示。

> **提示** 当不再需要使用库中的文件时，可以将其删除，删除方法是：在要删除的库文件上单击鼠标右键，在弹出的快捷菜单中选择"删除"命令，或在"库工具"/"管理"组中单击"管理库"按钮，打开"办公库位置"对话框，在其中选择要删除的文件，单击 删除(R) 按钮。

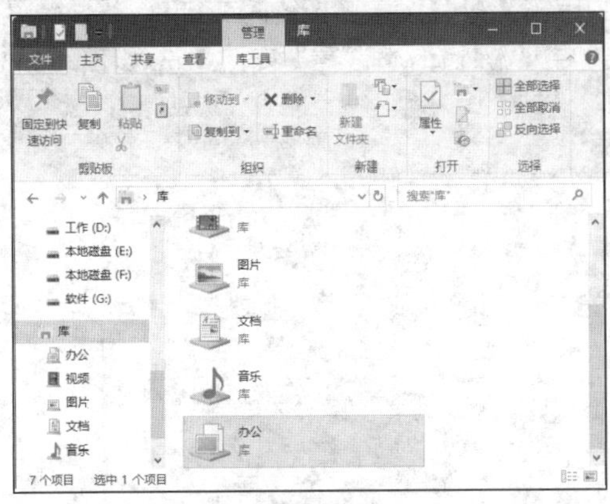

图 4-18 新建库

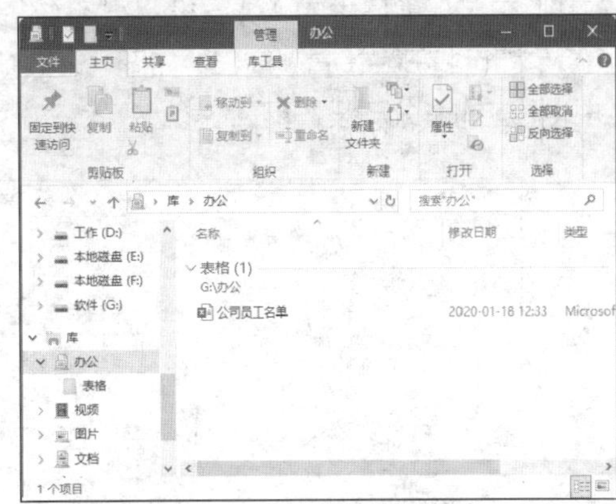

图 4-19 将文件夹添加到库中

（四）使用快速访问列表

Windows 10 提供了一种新的便于用户快速访问常用文件夹的方式，即快速访问列表，该列表位于导航窗格最上方，用户可将频繁使用的文件夹固定到"快速访问"列表中，以便快速找到并使用，主要可通过以下 4 种方法来实现。

- 通过"固定到快速访问"按钮实现。打开需要添加到快速访问列表的文件夹，在"主页"/"剪贴板"组中单击"固定到快速访问"按钮。
- 通过快捷命令实现。打开需要固定到快速访问列表的文件夹，在导航窗格上的"快速访问"栏上单击鼠标右键，在弹出的快捷菜单中选择"将当前文件夹固定到快速访问"命令。
- 通过文件夹快捷命令实现。在需要固定到快速访问列表的文件夹上单击鼠标右键，在弹出的快捷菜单中选择"固定到快速访问"命令。
- 通过导航窗格实现。在导航窗格中找到要固定到快速访问列表的文件夹，在其上单击鼠标右键，在弹出的快捷菜单中选择"固定到快速访问"命令。

任务二　管理程序和硬件资源

任务要求

张燕成功应聘上了一家单位的后勤岗位。到公司上班后，她才发现办公用的计算机中没有安装 Office 软件，也没有安装打印机、投影仪等硬件设备。这些软件和设备在工作中使用的频率很高，张燕打算自己动手来管理这台计算机中的程序和硬件等资源，同时也熟悉下计算机的相关操作方法。

本任务要求掌握安装和卸载应用程序的方法，了解打开和关闭 Windows 功能的方法，掌握安装打印机驱动程序、连接并设置投影仪、连接笔记本电脑到显示器、设置鼠标和键盘的方法，并学会使用 Windows 自带的画图、计算器和写字板等附件程序。

相关知识

（一）“设置”窗口

“Windows 设置”窗口中包含不同的设置工具，用户可以通过“Windows 设置”窗口设置 Windows 10。

在“此电脑”窗口中的“计算机”/“系统”组中单击“打开设置”按钮或选择“开始”/“设置”命令，即可打开“设置”窗口，如图 4-20 所示。在“Windows 设置”窗口中选择不同的选项，可以进入相应的子分类设置窗口。

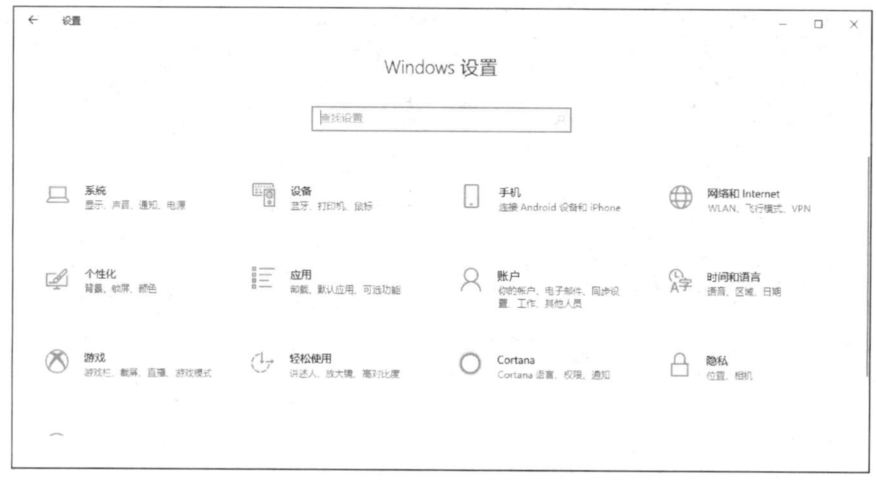

图 4-20 “Windows 设置”窗口

（二）计算机的软件安装

1. 获取软件

要在计算机上安装软件，应先获取软件的安装程序，获取安装程序主要有以下几种途径。

- 从网上下载安装程序。目前，许多软件都将其安装程序放在网络上，用户可以通过网络下载和使用所需的软件程序。
- 购买软件书时赠送的程序。一些软件方面的杂志或书籍常会以邮件或电子下载的形式为读者提供软件程序，供用户安装使用。
- 从软件管家中获取程序。目前，一些软件管家集成了部分软件的安装功能，通过软件管家可以直接搜索和安装需要的软件。这种方法操作简单快捷，适合计算机新手使用。

2. 安装软件

做好软件安装的准备工作后，即可开始安装软件。安装软件的一般方法及注意事项如下。

- 如果安装程序是从网上下载并存放在硬盘中的，则可在资源管理器中找到安装程序的存放位置，双击“setup.exe”或“install.exe”文件，根据提示进行操作。
- 软件一般安装在除系统盘之外的其他磁盘分区中，最好是专门用一个磁盘分区来安装程序。

杀毒软件和驱动程序等软件可安装在系统盘中。

- 很多软件在安装时要注意关闭其开机启动选项，否则它们会默认设置为开机自动启动，这不但影响计算机启动的速度，还会占用系统资源。
- 为确保安全，在网上下载的软件应事先进行杀毒处理，再运行安装。

（三）计算机的硬件安装

硬件设备通常可分为即插即用型和非即插即用型两种。

通常将可以直接连接到计算机中使用的硬件设备称为即插即用型硬件，如U盘和移动硬盘等可移动存储设备，该类硬件不需要手动安装驱动程序，与计算机接口相连后系统可以自动识别，从而在系统中直接使用。

非即插即用型硬件是指连接到计算机后，需要用户自行安装驱动程序的计算机硬件设备，如打印机、扫描仪等。要安装这类硬件，需要准备与之配套的驱动程序，一般在购买硬件设备时由厂商提供。

任务实现

（一）掌握安装和卸载应用程序的方法

微课：安装和卸载应用程序

准备好软件的安装程序后便可以开始安装软件；安装后的软件将会显示在“开始”菜单中的“所有程序”列表中，部分软件还会自动在桌面上创建快捷启动图标。

通过网络下载安装程序，安装搜狗五笔输入法；从应用商店安装百度网盘，再卸载计算机中不需要使用的软件。具体操作如下。

（1）利用 Microsoft Edge 浏览器下载搜狗五笔输入法的安装程序，打开安装程序所在的文件夹，找到并双击“sogou_wubi_31a.exe”安装文件。

（2）根据安装向导的提示进行安装，这里单击下一步(N) >按钮，如图4-21所示。

（3）认真阅读“许可证协议”界面中的条款内容，单击我接受(I)按钮，如图4-22所示。

图4-21　安装向导

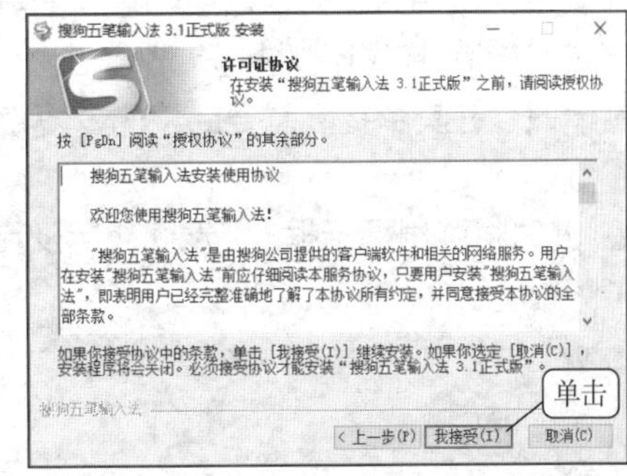

图4-22　“许可证协议”界面

（4）在“选择安装位置”界面中保持默认设置，单击下一步(N) >按钮，如图4-23所示。如果想更改软件的安装路径，可单击浏览(B)...按钮，在打开的“浏览文件夹”对话框中自定义搜狗五笔输入法的安装位置。

（5）单击安装(I)按钮即可开始安装软件，如图4-24所示。稍后，搜狗五笔输入法将成功安装到Windows 10中。

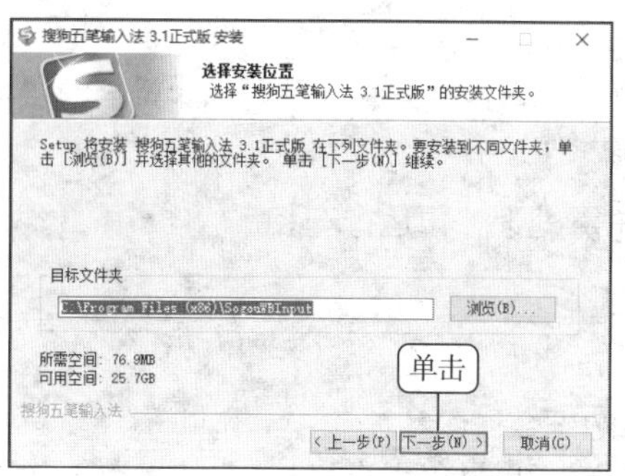

图 4-23　保持默认安装路径

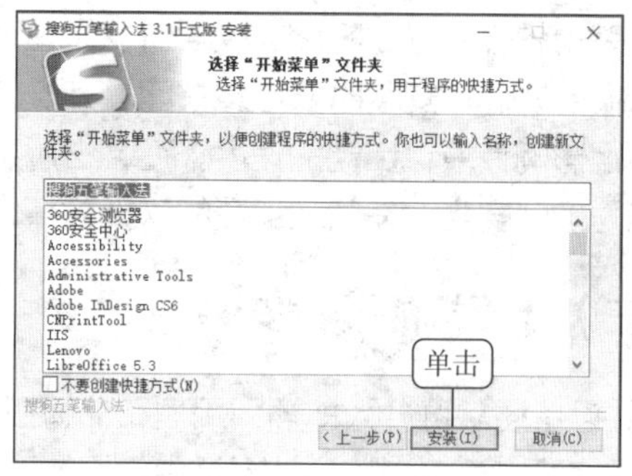

图 4-24　开始安装软件

（6）打开“开始”菜单，在右侧的磁贴区单击“Microsoft Store”图标，启动应用商店，在打开的界面中的搜索框中输入“百度网盘 Win 10”，如图 4-25 所示，搜索应用，在打开的界面中选择需要的应用选项。

（7）在打开的界面中单击获取按钮，将开始下载相应的应用程序，如图 4-26 所示。下载完成后将自动安装，并显示安装进度。

图 4-25　搜索应用

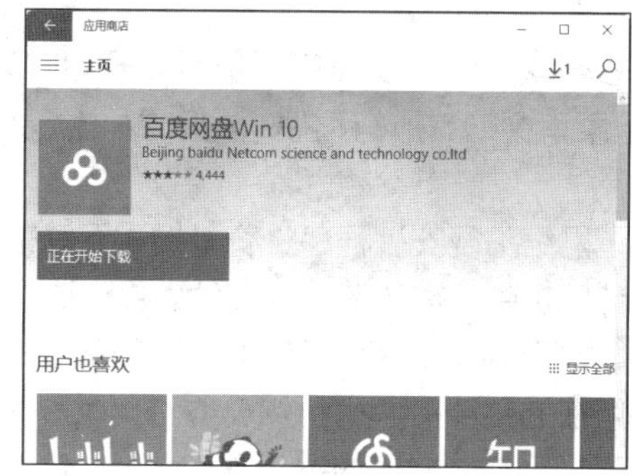

图 4-26　下载应用

（8）安装完成后将打开“百度网盘”的登录界面，输入账户和密码即可登录百度网盘。

（9）按“Win+I”组合键打开“Windows 设置”窗口，在其中选择“应用”选项，打开应用和功能设置窗口，在其中找到需要卸载的“爱奇艺万能播放器”应用程序并单击，在展开的面板中单击卸载按钮。

（10）此时将弹出提示框，提示此应用及其相关的信息将被卸载，单击卸载按钮即可卸载程序，如图 4-27 所示。

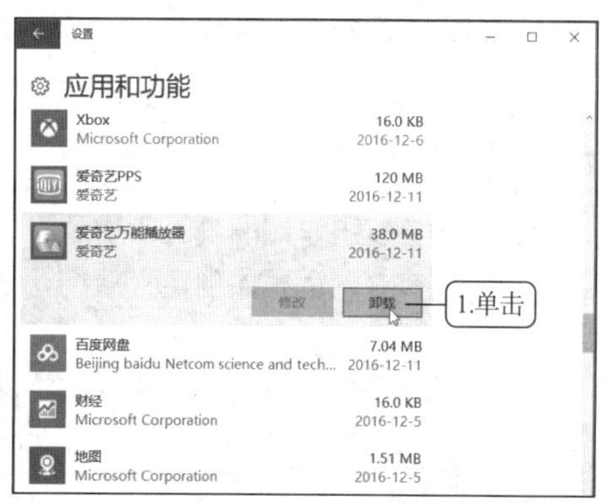

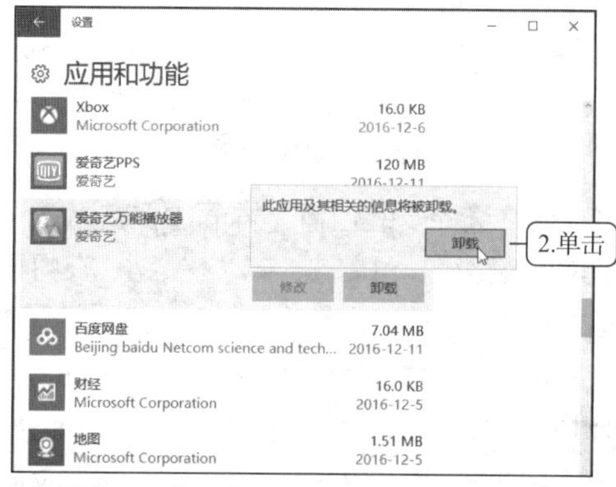

图 4-27　通过应用和功能设置窗口卸载程序

提示 如果软件自身提供了卸载功能，通过“开始”菜单也可以完成卸载操作，其方法是：单击“开始”按钮，在“所有程序”列表中展开程序文件夹，然后选择“卸载”或“卸载程序”等相关命令（若没有类似命令则通过控制面板进行卸载），再根据提示进行操作便可完成软件的卸载。有些软件在卸载后，会提示重启计算机以彻底删除该软件的安装文件。

（二）了解打开和关闭 Windows 功能的方法

Windows 10 自带了许多功能，默认情况下并没有将所有的功能开启，若用户需要，可手动将其开启或关闭。

微课：打开和关闭 Windows 功能

安装 IIS 服务器系统功能，关闭 IE 功能，具体操作如下。

（1）在任务栏中的 cortana 搜索框中输入“功能”文本，在打开的界面中选择“启用或关闭 Windows 功能”选项，打开“Windows 功能”窗口。

（2）在其中展开“Internet Information Services”选项，勾选相关的复选框，如图 4-28 所示。

（3）在下方选择“万维网服务”选项并将其展开，在其中勾选相应的复选框，完成后单击确定按钮，此时，打开的界面中将显示安装进度。

（4）在界面提示安装请求已完成后单击关闭按钮即可。

（5）打开应用和功能设置窗口，在右侧单击“管理可选功能”超链接，打开“管理可选功能”界面，在其中找到“Internet Explorer 11”应用程序并单击，在展开的面板中单击卸载按钮，即可将程序卸载，如图 4-29 所示。

图 4-28　设置 IIS 选项

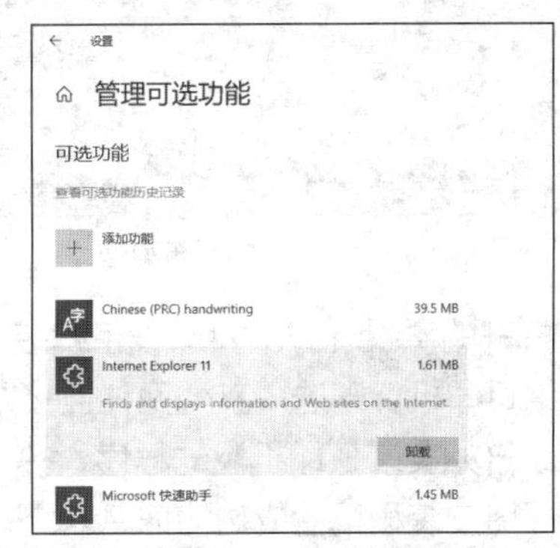

图 4-29　卸载 IE 功能

提示 用户也可直接在“Windows 功能”窗口中取消勾选需要关闭功能的程序前的复选框，在打开的提示框中直接单击是(Y)按钮将其关闭。

（三）掌握安装打印机驱动程序的方法

在安装打印机前，应先将设备与计算机主机连接，再安装打印机的驱动程序。在安装计算机其他外部设备时，也可参考此方法进行安装。

微课：安装打印机驱动程序

安装 Lenovo M7216NWA 型号打印机，先连接打印机，然后安装打印机的驱动程序。

（1）不同的打印机有不同类型的端口，常见的有 USB、LPT 和 COM 端口，可参见打印机的使用说明书，将数据线的一端插入计算机主机机箱后面相应的接口中，再将另一端与打印机背面接口相连，如图 4-30 所示，接通打印机的电源。

（2）在“此电脑”窗口中，找到下载的打印机驱动程序所在的文件夹，双击运行“.exe”可执行文件，在打开的对话框中选择打印机型号，如图 4-31 所示。

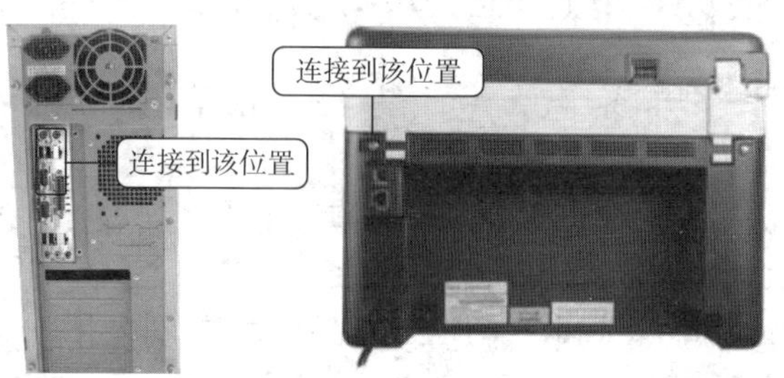

图 4-30　连接打印机

（3）单击“安装程序”按钮，打开“安装软件”界面，其中提供了几种安装方式，选择“安装多功能套装软件”选项，如图 4-32 所示。

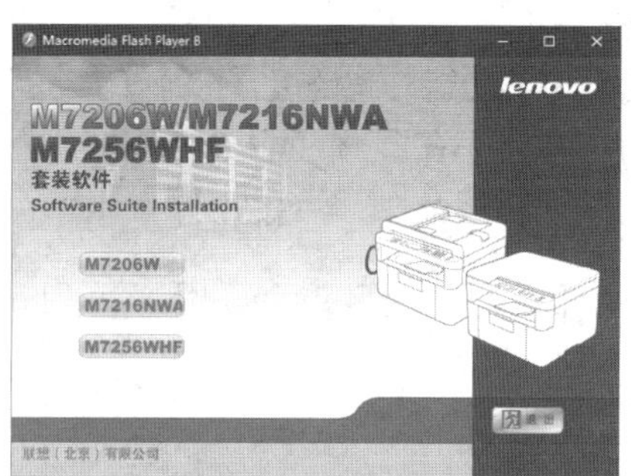

图 4-31　选择打印机型号

图 4-32　选择安装方式

（4）在打开的“Lenovo 打印设备安装”对话框中单击“本地连接（USB）”单选按钮，如果安装的是网络打印机，则选择其他两种连接方式，单击下一步(N) >按钮，如图 4-33 所示。

（5）系统开始安装打印机驱动程序，并显示安装进度，如图 4-34 所示。稍等片刻后，将提示打印机驱动程序安装和配置成功的信息。

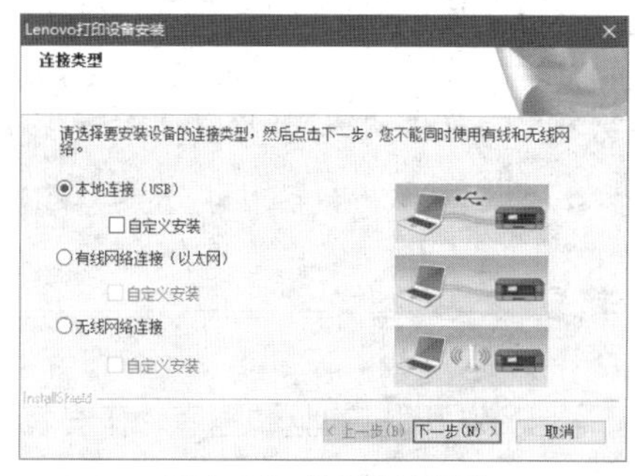

图 4-33　选择连接类型

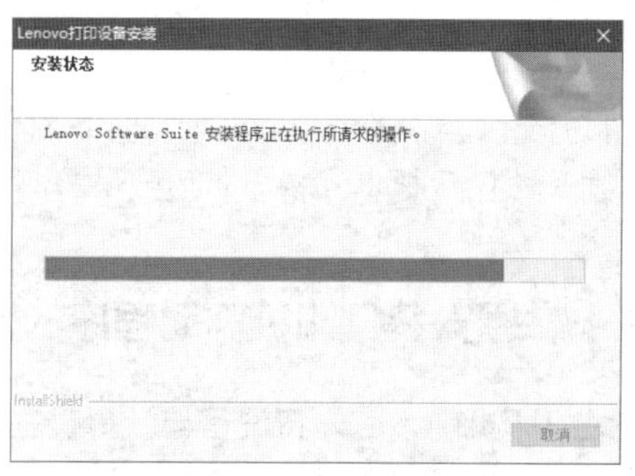

图 4-34　安装进度

（四）掌握连接并设置投影仪的方法

使用投影仪前需要先连接投影仪，再对投影仪进行设置，下面以明基MP625P投影仪为例进行介绍。

微课：连接投影仪

1. 连接投影仪

当连接信号源至投影仪时，须确认以下3点。

- 进行连接前关闭所有设备。
- 为每个信号来源使用正确的信号线缆。
- 确保电缆牢固插入。

2. 设置投影仪

连接好投影仪后，就可以启动并设置投影仪了，具体操作如下。

（1）将电源线插入投影仪和电源插座，如图4-35所示，打开电源插座开关，接通电源后，检查投影仪上的电源指示灯是否亮起。

（2）取下镜头盖，如图4-36所示，如果镜头盖一直保持关闭，可能会因为投影灯泡产生的热量而变形。

（3）按投影仪或遥控器上的“Power”键启动投影仪。当投影仪电源打开时，电源指示灯会先闪烁，然后常亮绿灯，如图4-37所示。启动过程约需30秒。启动后稍等片刻，将显示启动标志。

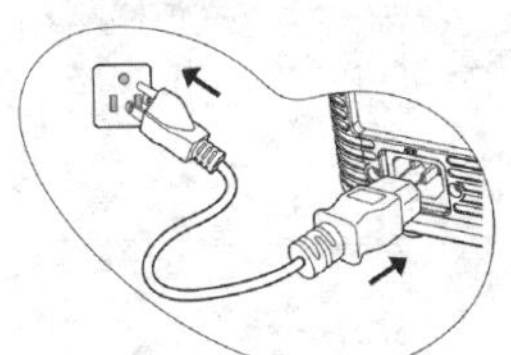
图4-35 接通电源

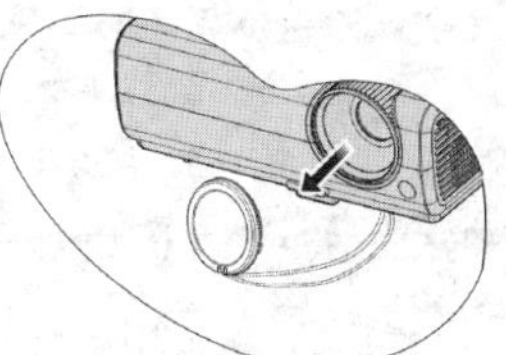
图4-36 取下镜头盖

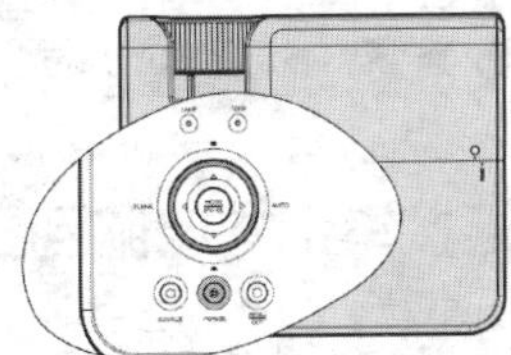
图4-37 启动投影仪

（4）如果投影仪是初次使用，需按照屏幕上的说明选择语言，如图4-38所示。

（5）接通所有连接的设备，投影仪开始搜索输入信号。 屏幕左上角显示当前扫描的输入信号。如果投影仪未检测到有效信号，屏幕上将一直显示“无信号”信息，直至检测到输入信号。

（6）也可手动选择可用的输入信号，按投影仪或遥控器上的“Source”键，显示信号源选择栏，重复按方向键直到选中所需信号，然后按“Mode/Enter”键，如图4-39所示。

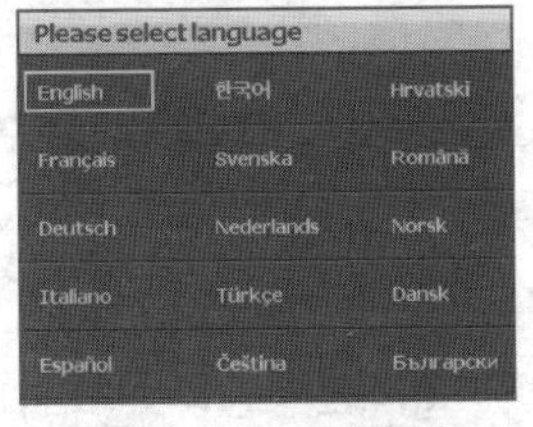

图4-38 选择语言

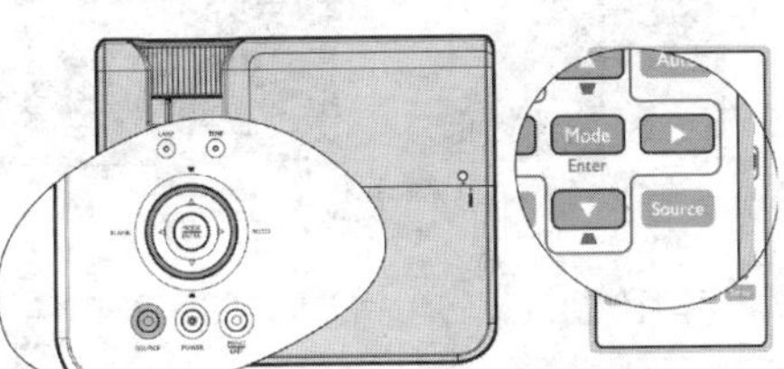

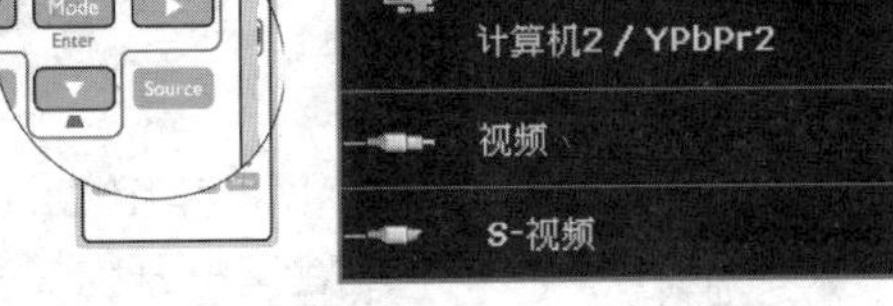

图4-39 设置输入信号

（7）按快速装拆按钮并将投影仪的前部抬高，调整好图像之后，释放快速装拆按钮，并将支脚锁定到位，旋转后调节支脚，对水平角度进行微调，如图4-40所示。若要收回支脚，可抬起投影仪并按住快速装拆按钮，慢慢将投影仪向下压，接着反方向旋转后调节支脚。

（8）按投影仪或遥控器上的“Auto”键，在3秒内，内置的智能自动调整功能将重新调整频率和脉冲的值以提供最佳图像质量，如图 4-41 所示。

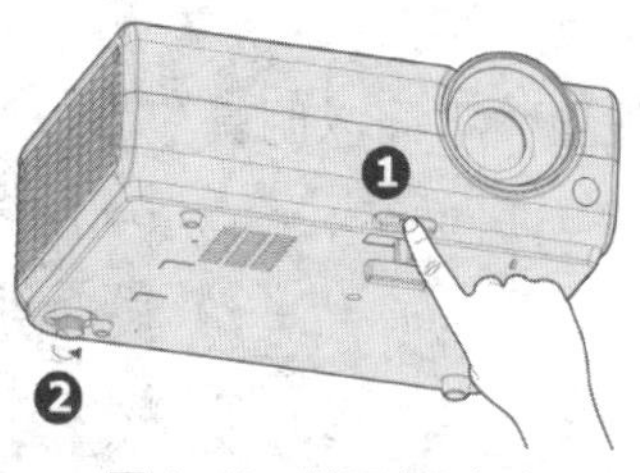

图 4-40 微调水平角度

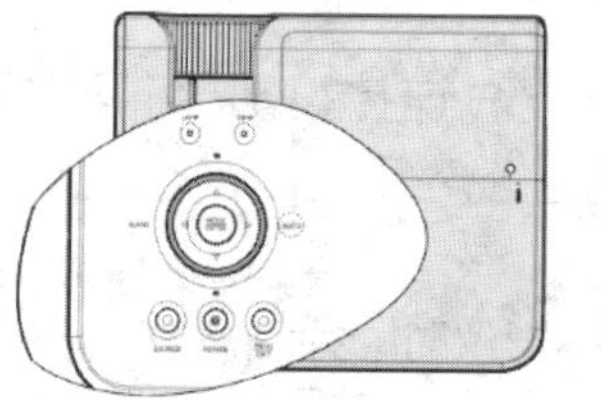

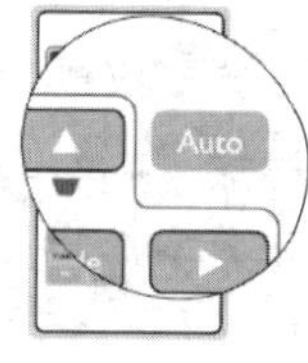

图 4-41 自动调整图像

（9）使用变焦环将投影图像调整至所需的尺寸，如图 4-42 所示。

（10）旋动调焦圈微调清晰度，如图 4-43 所示，然后就可以使用投影仪播放视频和图像了。

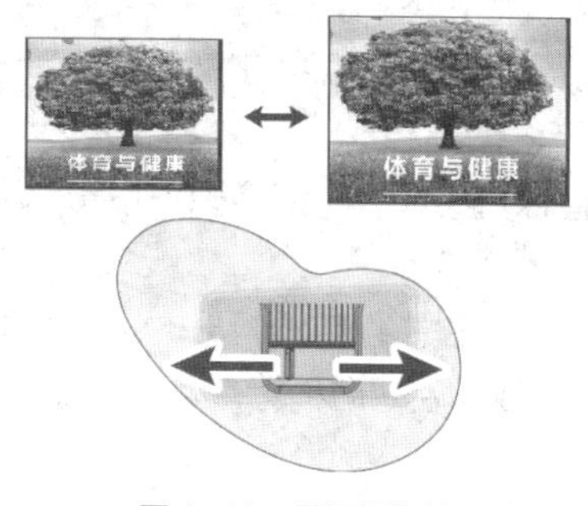

图 4-42 微调图像的尺寸

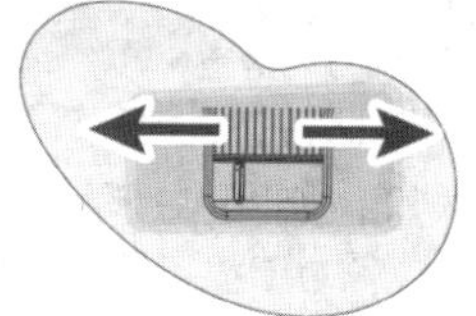

图 4-43 微调清晰度

（五）掌握连接笔记本电脑到显示器的方法

微课：连接笔记本电脑到显示器

笔记本电脑小巧轻便，很多商务人士喜欢使用笔记本电脑办公。在某些特殊场合，可以将笔记本电脑连接到显示器上，方便用户通过显示器查看笔记本电脑中的内容。

将笔记本电脑连接到显示器，具体操作如下。

（1）准备一根 VGA 接口的视频线，在笔记本电脑的一侧找到 VGA 接口，如图 4-44 所示。

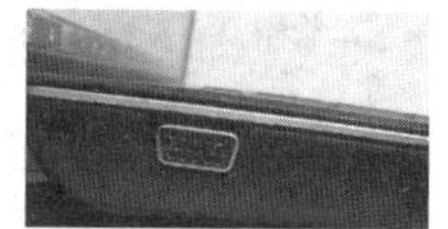

图 4-44 找到 VGA 接口

（2）将视频线一头插入笔记本电脑的 VGA 接口中，如图 4-45 所示，将另外一头与显示器连接。

（3）按“Win+P”组合键打开图 4-46 所示的切换面板，选择“仅投影仪”选项，即可在计算机显示器上显示笔记本电脑中的内容。

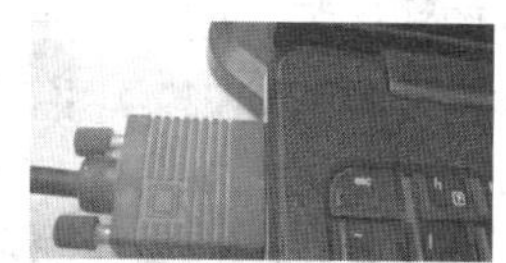

图 4-45 连接笔记本电脑

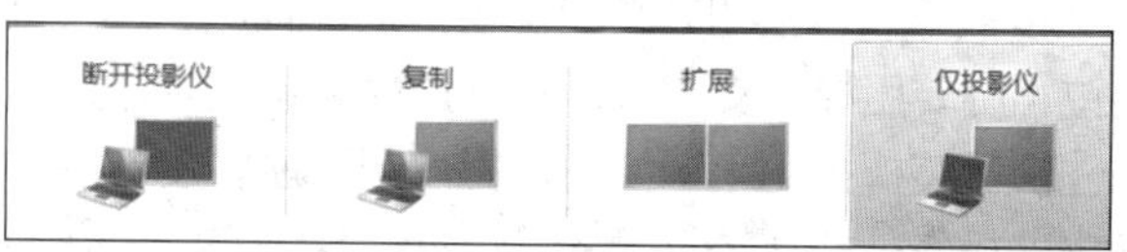

图 4-46 设置显示器显示方法

（六）掌握设置鼠标和键盘的方法

鼠标和键盘是计算机中重要的输入设备，用户可以根据需要设置其参数。

1. 设置鼠标

设置鼠标主要包括调整双击鼠标的速度、更换鼠标指针样式、设置鼠标指针选项等。

微课：设置鼠标

设置鼠标指针样式的方案为“Windows 标准（大）（系统方案）”，调节鼠标的双击速度和移动速度，并设置移动鼠标指针时产生“移动轨迹”效果，具体操作如下。

（1）打开“Windows 设置”窗口，在其中选择“设备”选项，打开设备设置窗口，在左侧选择“鼠标”选项，在右侧的“选择主按钮”下拉列表中选择“左”选项，在“滚动鼠标滚轮即可滚动”下拉列表中选择“一次多行”选项，单击“当我悬停在非活动窗口上方时对其进行滚动”按钮，使其处于“开”状态，如图 4-47 所示。

（2）在“相关设置”栏中单击“其他鼠标选项”超链接，打开“鼠标 属性”对话框，在“双击速度”栏中拖动“速度”滑块进行设置，如图 4-48 所示。

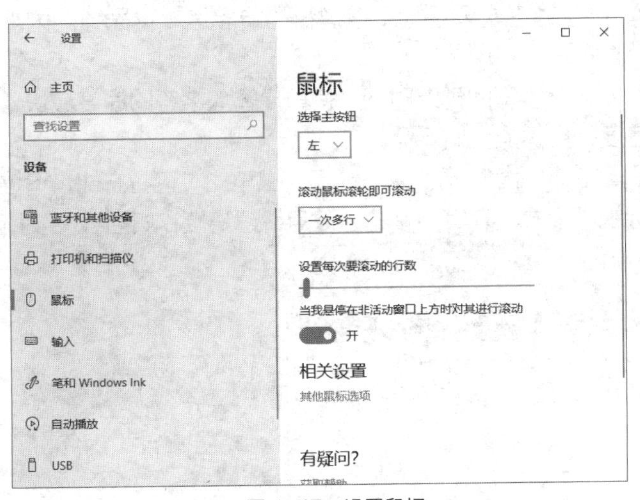

图 4-47 设置鼠标

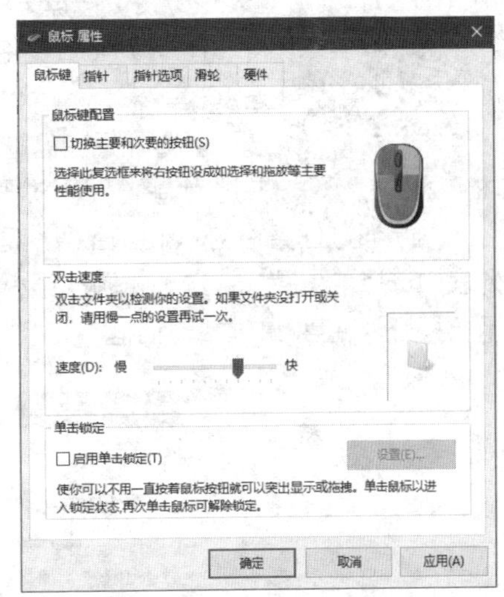

图 4-48 调整鼠标双击速度

（3）单击“指针”选项卡，在“方案”下拉列表中选择“Windows 标准（大）（系统方案）”选项，如图 4-49 所示。

（4）在“自定义”列表框中选择“正常选择”选项，单击 浏览(B)... 按钮，打开“浏览”对话框，在其中选择需要的鼠标指针样式，单击 打开(O) 按钮。

（5）单击“指针选项”选项卡，在“移动”栏中拖动滑块调整鼠标指针的移动速度；在“可见性”栏中勾选“显示指针轨迹”和“在打字时隐藏指针”复选框，完成后单击 确定 按钮，如图 4-50 所示。

提示 习惯使用左手的用户，可以在“鼠标 属性”对话框的“鼠标键”选项卡中勾选“切换主要和次要的按钮”复选框，在其中设置交换鼠标左、右键的功能，从而方便用户使用左手进行操作。

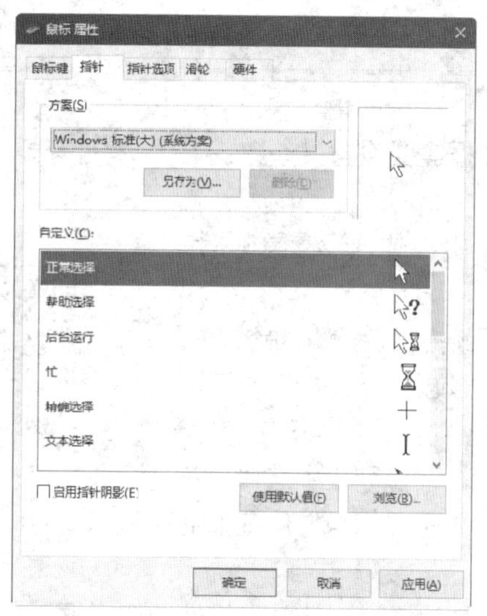

图 4-49　选择鼠标指针样式

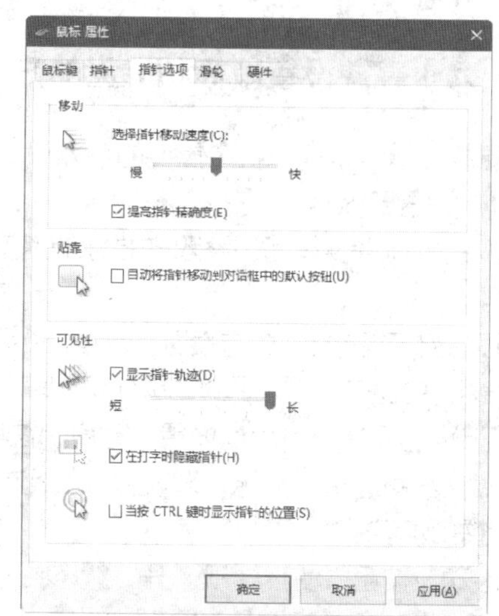

图 4-50　设置鼠标指针选项

微课：设置键盘

2. 设置键盘

在 Windows 10 中，设置键盘主要是指调整键盘的响应速度及光标的闪烁速度。

设置降低键盘重复输入一个字符的延迟时间，使重复输入字符的速度最快，并适当调整光标的闪烁速度，具体操作如下。

（1）通过任务栏的 cortana 搜索框打开“控制面板”窗口，在窗口右上角的“查看方式”下拉列表中选择“小图标”选项，切换至小图标视图模式，在其中单击“键盘”超链接，如图 4-51 所示，打开“键盘 属性”对话框。

图 4-51　单击“键盘”超链接

（2）单击“速度”选项卡，在“字符重复”栏中向右拖动“重复延迟”滑块，缩短键盘重复输入一个字符的延迟时间；向右拖动“重复速度”滑块，加快重复输入字符的速度。

（3）在“光标闪烁速度”栏中拖动滑块，改变光标在文本编辑软件（如记事本）中的闪烁速度，这里向左拖动滑块设置为中等速度，单击 确定 按钮完成设置，如图 4-52 所示。

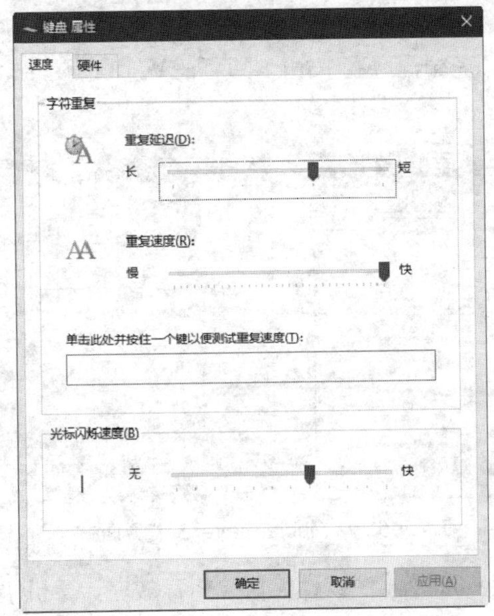

图 4-52　设置键盘属性

（七）学会使用附件工具

Windows 10 提供了一系列的实用工具，包括媒体播放器和画图程序等。下面简单介绍它们的使用方法。

1. 使用 Windows Media Player

Windows Media Player 是 Windows 10 自带的一款多媒体播放器，使用它可以播放各种格式的音频文件和视频文件，还可以播放 VCD 和 DVD 影片。只需选择“开始”/“Windows 附件”/“Windows Media Player”命令，即可启动媒体播放器，其工作界面如图 4-53 所示。

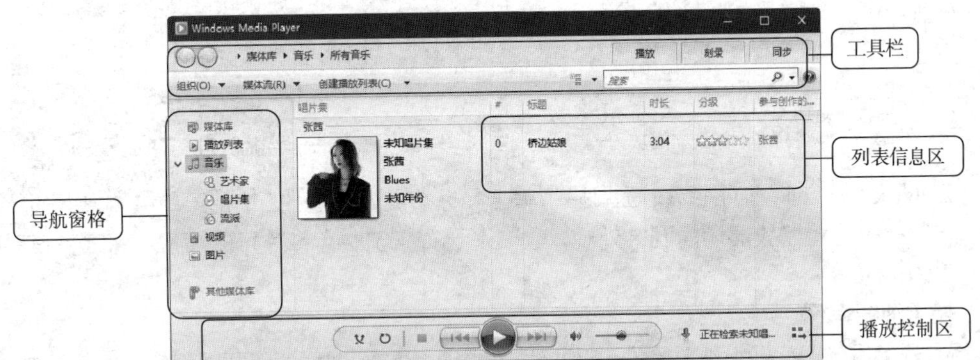

图 4-53　Windows Media Player 工作界面

使用 Windows Media Player 播放音乐或视频文件的方法主要有以下几种。

- Windows Media Player 可以直接播放光盘中的多媒体文件，其方法是：将光盘放入光驱中，然后在 Windows Media Player 窗口的工具栏上单击鼠标右键，在弹出的快捷菜单中选择“播放”/“播放/DVD、VCD 或 CD 音频”命令。
- 在 Windows Media Player 工作界面的工具栏上单击鼠标右键，在弹出的快捷菜单中选择

“文件”/“打开”命令或按“Ctrl+O”组合键，打开“打开”对话框，在其中选择需要播放的音乐或视频文件后，单击打开(O)按钮，即可在 Windows Media Player 中进行播放，如图 4-54 所示。

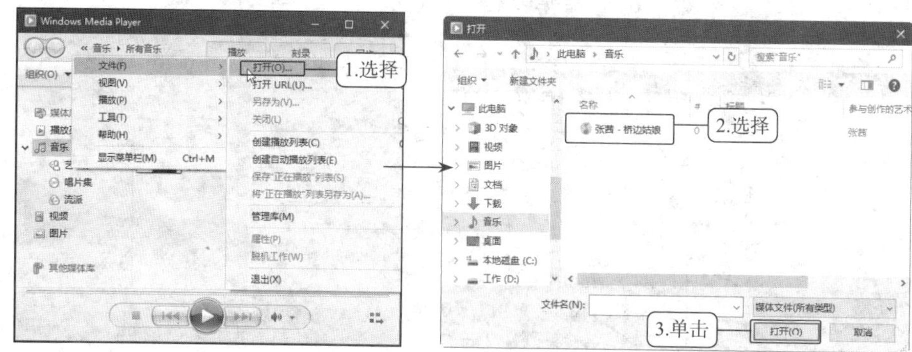

图 4-54　在 Windows Media Player 操作界面中打开媒体文件

- 使用 Windows Media Player 的媒体库可以将存放在计算机中不同位置的媒体文件统一集合在一起，通过媒体库，用户可以快速找到并播放相应的多媒体文件。其方法是：单击工具栏中的创建播放列表(C)按钮，在导航窗格的“播放列表”目录下新建一个播放列表，输入播放列表名称后按“Enter”键确认创建，单击导航窗格中的“音乐”图标，在显示区将需要的音乐拖动到新建的播放列表中，如图 4-55 所示，添加后双击该列表图标即可播放列表中的所有音乐，如图 4-56 所示。

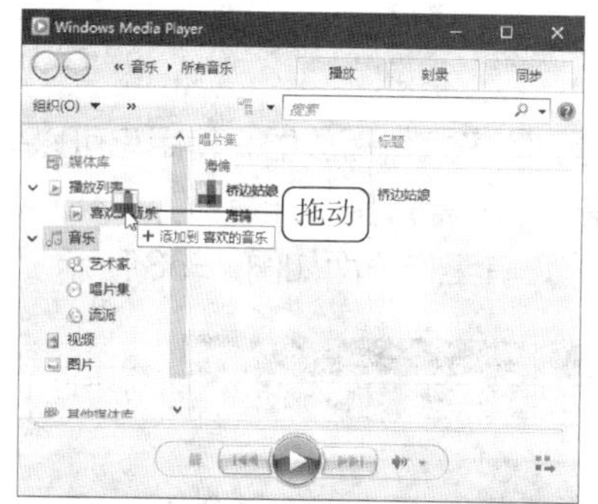

图 4-55　将音乐添加到“播放列表”

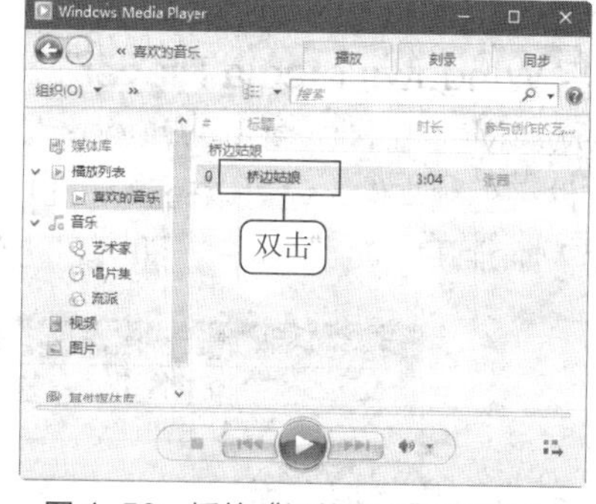

图 4-56　播放“播放列表”中的音乐

- 在 Windows Media Player 工具栏中单击鼠标右键，在弹出的快捷菜单中选择“视图”/“外观”命令，将播放器切换到“外观”模式，选择“文件”/“打开”命令，即可打开并播放媒体文件。

2．使用画图程序

选择“开始”/“Windows 附件”/“画图”命令，启动画图程序。画图程序中所有绘制工具及编辑命令都集合在“主页”选项卡中，因此画图程序所需的大部分操作都可以在功能区中完成。利用画图程序可以绘制各种简单的形状和图形，也可以打开计算机中已有的图像文件进行编辑。

- 绘制图形。单击“形状”组中的按钮，在“颜色”组中选择一种颜色，移动鼠标指针到绘图区，按住鼠标左键并拖动鼠标指针，便可以绘制出相应形状的图形。绘制好图形后单击“工具”组中的“用颜色填充”按钮，在“颜色”组中选择一种颜色，在绘制的图形内部单击，即可填充图形，如图 4-57 所示。

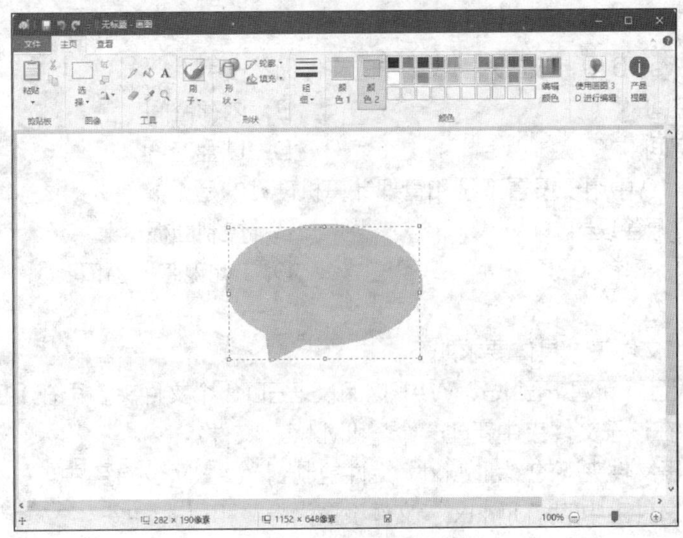

图 4-57　绘制和填充图形

- 打开和编辑图像文件。启动画图程序后选择“文件”/“打开”命令或按“Ctrl+O”组合键，在打开的“打开”对话框中找到并选择图像，单击 打开(O) 按钮打开图像。打开图像后单击“图像”组中的 旋转 按钮，在打开的下拉列表中选择需要旋转的方向和角度，旋转图像。单击“图像”下拉列表中的 选择 按钮，在打开的下拉列表中选择“矩形选择”选项，在图像中按住鼠标左键不放并拖动鼠标指针，可以选择局部图像区域；选择图像后按住鼠标左键并拖动鼠标指针可以移动图像。若单击“图像”下拉列表中的 裁剪 按钮，将自动裁剪掉图像的多余部分，只留下被框选的部分，如图 4-58 所示。

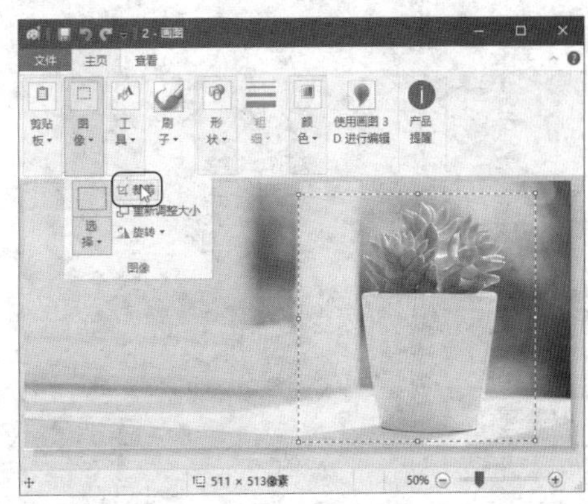

图 4-58　旋转图像和裁剪图像

课后练习

1. 选择题

（1）在 Windows 10 中，选择多个连续的文件或文件夹，应首先选择第一个文件或文件夹，其次按住（　　）键不放，最后单击最后一个文件或文件夹。

A. “Tab”　　　　B. “Alt”

C. “Shift”　　　　D. “Ctrl”

（2）在 Windows 10 中，被放入回收站中的文件仍然占用（　　）。

A．硬盘空间　　B．内存空间
C．软件空间　　D．U 盘空间

（3）Windows 10 中用于设置系统和管理计算机硬件的是（　　）。

A．文件资源管理器　　B．控制面板
C．“开始”菜单　　D．“此电脑”窗口

2．操作题

（1）管理文件和文件夹，具体要求如下。

① 在计算机 D 盘下新建 FENG、WARM 和 SEED 3 个文件夹，再在 FENG 文件夹下新建 WANG 子文件夹，在该子文件夹中新建一个“JIM.txt”文件。

② 将 WANG 子文件夹下的“JIM.txt”文件复制到 WARM 文件夹中。

③ 将 WARM 文件夹中的“JIM.txt”文件设置为隐藏和只读。

④ 将 WARM 文件夹下的“JIM.txt”文件删除。

（2）利用画图程序绘制一个粉红色的心形，最后命名为“心形”并保存到桌面。

（3）从网上下载 Office 2019 的安装程序并进行安装。

项目五

制作并编辑Word文档

Word 是微软公司推出的 Office 办公软件的核心组件之一，它是一个功能强大的文字处理软件。使用 Word 不仅可以进行简单的文字处理、制作出图文并茂的文档，还能进行长文档的排版和特殊版式的编排。本项目将通过 3 个典型任务，介绍 Word 2019 的基本操作，包括启动和退出 Word 2019、自定义编号格式、自定义项目符号样式、绘制形状等。

课堂学习目标

- 输入并编辑学习计划文本。
- 设置招聘启事文档格式。
- 设计并美化公司简介。

任务一　输入并编辑学习计划文本

任务要求

小赵是一名大学生，开学第一天，辅导老师要求大家对大学学业生涯制作一份电子版的学习计划。接到任务后，小赵先思考了自己的大学学习计划，制订了大纲，然后利用 Word 2019 完成了学习计划文档的编辑，完成后的效果如图 5-1 所示。小赵在编辑学习计划文档时，大致进行了以下操作。

查看“学习计划”相关知识

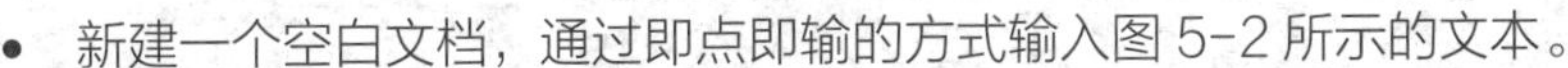

- 新建一个空白文档，通过即点即输的方式输入图 5-2 所示的文本。

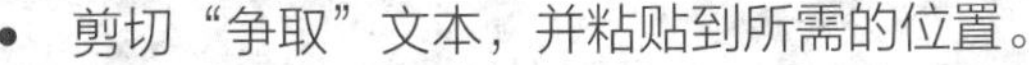

- 剪切“争取”文本，并粘贴到所需的位置。

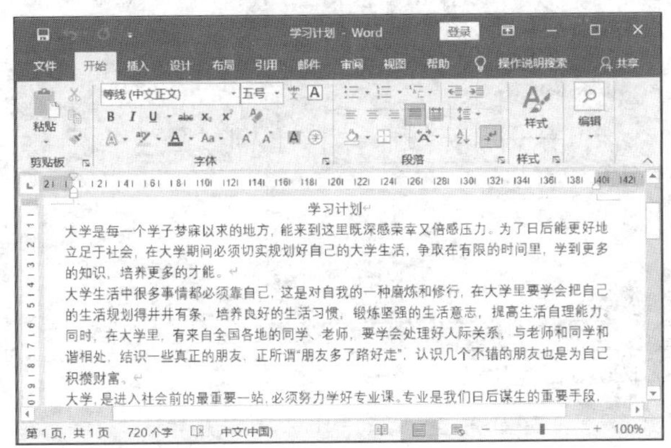

图 5-1 “学习计划”文档

学习计划.txt - 记事本

文件(F) 编辑(E) 格式(O) 查看(V) 帮助(H)

学习计划
大学是每一个学子梦寐以求的地方，能来到这里既深感荣幸又倍感压力。为了日后能更好地立足于社会，在大学期间必须切实规划好自己的大学生活，在有限的时间里，争取学到更多的知识，培养更多的才能。
大学生活中很多事情都必须靠自己，这是对自我的一种磨炼和修行，在大学里要学会把自己的生活规划得井井有条，养成良好的生活习惯，锻炼坚强的生活意志，提高生活自理能力。同时，在大学里，有来自全国各地的同学、老师，要学会处理好人际关系，与老师和同学和谐相处，结识一些真正的朋友，正所谓“朋友多了路好走”，认识几个不错的朋友也是为自己积攒财富。
大学，是进入社会前的最重要一站，必须努力学好专业课。专业是我们日后谋生的重要手段，在今后的学习中我会加强与老师、同学的交流，平日里认真学习，从各个渠道获取最新的技能知识，在大学这4年的学习中学到一身好本领，为步入社会寻找工作增加筹码。同时我也要学好文化课，例如英语，英语是当下必备技能之一，它能够提高自身素养和语言能力，同时也能够扩大交流范围，是立足于社会的重要因素，所以努力学好英语，提高口语能力，争取顺利通过英语四六级考试，突破语言难关，是我大一最主要的任务。除了学好英语，我还要学好基础课，养成各种兴趣和爱好，积极参加各种社团活动。
关于考研，我准备从大一开始，时刻把考研作为目标，到大三时，放下一切，全力以赴投入到考研的准备中。

图 5-2 “学习计划”文档文本

- 查找“养成”文本并将其替换为“培养”文本。
- 删除正文第一行中的“生活”文本，然后撤销和恢复所做的修改。
- 将文档以“学习计划.docx”为名进行保存，完成后关闭文档并退出 Word。

相关知识

（一）启动和退出 Word 2019

在计算机中安装 Office 2019 后，便可启动相应的组件，其中主要包括 Word 2019、Excel 2019 和 PowerPoint 2019，各个组件的启动方法相同。下面以启动 Word 2019 为例进行讲解。

1. 启动 Word 2019

Word 2019 的启动方法很简单，与其他常见应用软件的启动方法相似，主要有以下 3 种方法。

- 单击“开始”按钮，在打开的“开始”菜单中选择“Word”命令。
- 创建 Word 2019 的桌面快捷方式，双击桌面上的快捷方式图标。
- 在任务栏中的“快速启动区”单击 Word 2019 图标。

2. 退出 Word 2019

退出 Word 2019 主要有以下 4 种方法。

- 选择“文件”/“关闭”命令。
- 单击 Word 2019 窗口右上角的“关闭”按钮。
- 按“Alt+F4”组合键。
- 在 Word 2019 的标题栏上单击鼠标右键，在弹出的快捷菜单中选择“关闭”命令。

（二）Word 2019 的工作界面

启动 Word 2019 后，将进入其工作界面，如图 5-3 所示。下面介绍 Word 2019 工作界面的主要组成部分。

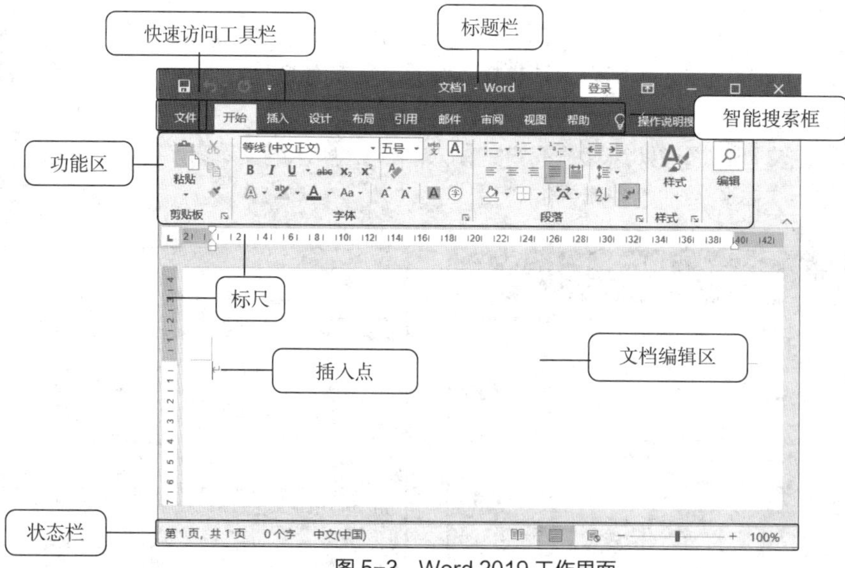

图 5-3 Word 2019 工作界面

1. 标题栏

标题栏位于 Word 2019 工作界面的最顶端，包括文档名称、“登录”按钮 登录 （用于登录 Office

账户）、“功能区显示选项”按钮（可对功能区进行显示和隐藏操作）和“窗口控制”按钮组（包含“最小化”按钮、“最大化”按钮和“关闭”按钮，可最小化、最大化和关闭窗口）。

2. 快速访问工具栏

快速访问工具栏中显示了一些常用的工具按钮，默认按钮有“保存”按钮、“撤销”按钮、“恢复”按钮。用户可以自定义快速访问工具栏，只需单击该工具栏右侧的“自定义快速访问工具栏”按钮，在打开的下拉列表中选择相应选项即可。

3. 功能区

Word 2019 的功能区默认包含“文件”“开始”“插入”“设计”“布局”“引用”“邮件”“审阅”“视图”“帮助”多个功能选项卡，单击任一功能选项卡即可切换到相应的功能区。每个功能区对相应的功能集合进行了分组，每个组中又包含了相应的按钮、菜单命令等。如在“开始”/“字体”组中单击“加粗”按钮B可加粗文档字体，在“字体”下拉列表中可选择相应的选项应用所需的字体样式等。

4. 智能搜索框

智能搜索框可以让用户轻松找到相关的操作说明，例如，当需要在文档中插入目录时，可以直接在搜索框中输入“目录”，此时会显示一些关于目录的信息，将鼠标指针定位至“目录”选项上，在打开的子列表中就可以快速选择自己想要插入的目录样式。

5. 标尺

标尺主要用于定位文档内容，位于文档编辑区上方的标尺为水平标尺，位于文档编辑区左侧的标尺为垂直标尺，拖动水平标尺中的“缩进”滑块可快速调节段落的缩进和文档的边距。

6. 文档编辑区

文档编辑区是输入与编辑文本的区域，对文本进行的各种操作及其结果都会显示在该区域中。新建一篇空白文档后，文档编辑区的左上角将显示一个闪烁的光标，该光标被称为插入点，光标所在位置便是文本的起始输入位置。

7. 状态栏

状态栏位于工作界面的最下端，主要用于显示当前文档的工作状态，包括当前页数、字数、输入状态等，右侧依次是“视图切换”按钮和“显示比例”调节滑块。

提示

用户也可通过“视图”/“显示比例”组设置文档的显示比例。单击“显示比例”按钮，即可打开“显示比例”对话框，调整缩放比例；单击“100%”单选按钮，可将文档的显示比例设置为100%。

任务实现

（一）新建空白文档

启动 Word 2019 后系统将自动新建一个空白文档，用户也可手动创建符合要求的文档，其具体操作如下。

（1）单击“开始”按钮，在打开的“开始”菜单中选择“Word”命令，启动 Word 2019。

（2）在打开的界面中选择“空白文档”选项，如图 5-4 所示，或直接按“Ctrl+N”组合键，即可新建一个空白文档，如图 5-5 所示。

微课：新建空白文档

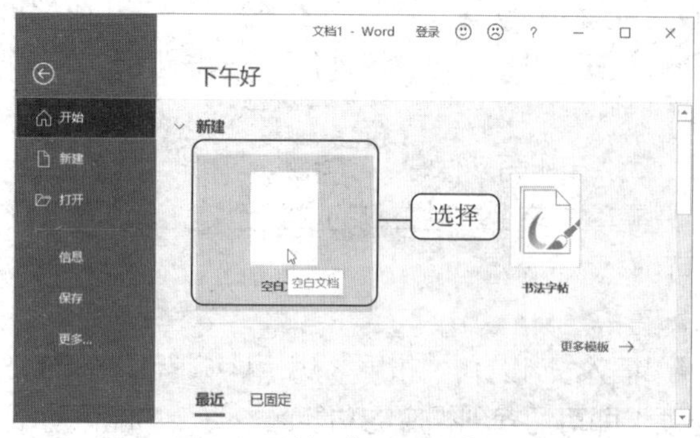

图 5-4 选择“空白文档”选项

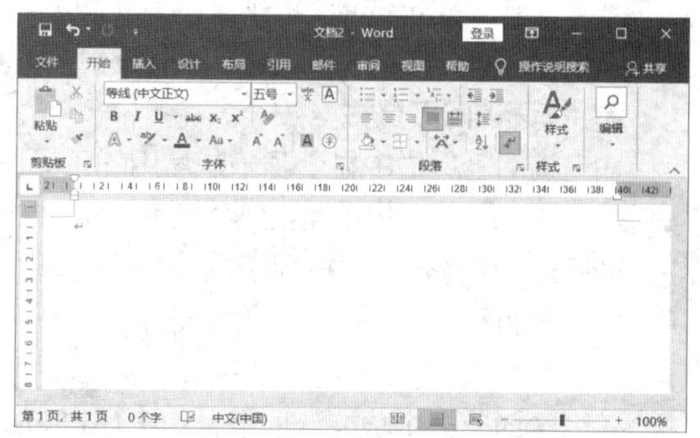

图 5-5 新建空白文档

提示 选择“文件”/“新建”命令，在打开的“新建”界面右侧选择一个模板选项，在打开的提示对话框中单击“创建”按钮，Word 2019 将自动从网络中下载所选的模板，稍后将根据所选模板创建一个新的 Word 文档，且模板中包含已设置好的内容和样式。也可在“新建”界面的搜索框中输入模板关键字搜索所需的模板。

（二）输入文档文本

新建文档后可以在文档中输入文本，运用 Word 2019 的即点即输功能轻松地在文档中的不同位置输入需要的文本，具体操作如下。

微课：输入文档文本

（1）将鼠标指针移至文档上方的中间位置，当鼠标指针变成I形状时双击，将插入点定位到文档的中间位置。

（2）将输入法切换至中文输入法，输入文档标题“学习计划”文本。

（3）将鼠标指针移至文档标题下方左侧需要输入文本的位置，此时鼠标指针变成I≡形状，如图 5-6 所示，双击将插入点定位到此处。

（4）输入正文文本，按“Enter”键换行（参考素材文件“学习计划.txt”），效果如图 5-7 所示。

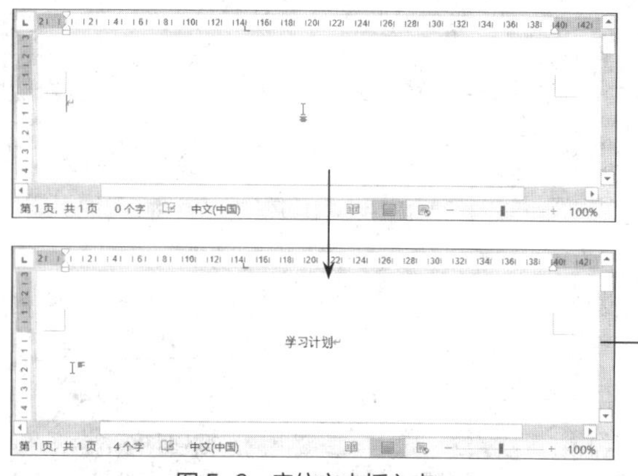

图 5-6 定位文本插入点

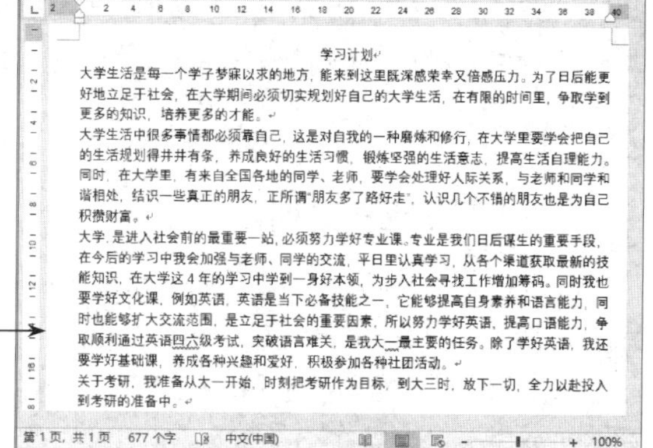
学习计划

大学生活是每一个学子梦寐以求的地方，能来到这里既深感荣幸又倍感压力。为了日后能更好地立足于社会，在大学期间必须切实规划好自己的大学生活，在有限的时间里，争取学到更多的知识，培养更多的才能。

大学生活中很多事情都必须靠自己，这是对自我的一种磨炼和修行，在大学里要学会把自己的生活规划得井井有条，养成良好的生活习惯，锻炼坚强的生活意志，提高生活自理能力。同时，在大学里，有来自全国各地的同学、老师，要学会处理好人际关系，与老师和同学和谐相处，结识一些真正的朋友，正所谓“朋友多了路好走”，认识几个不错的朋友也是为自己积攒财富。

大学，是进入社会前的最重要一站，必须努力学好专业课。专业是我们日后谋生的重要手段，在今后的学习中我会加强与老师、同学的交流，平日里认真学习，从各个渠道获取最新的技能知识，在大学这 4 年的学习中学到一身好本领，为步入社会寻找工作增加筹码。同时我也要学好文化课，例如英语，英语是当下必备技能之一，它能够提高自身素养和语言能力，同时也能够扩大交流范围，是立足于社会的重要因素，所以努力学好英语，提高口语能力，争取顺利通过英语四六级考试，突破语言难关，是我大一最主要的任务。除了学好英语，我还要学好基础课，养成各种兴趣和爱好，积极参加各种社团活动。

关于考研，我准备从大一开始，时刻把考研作为目标，到大三时，放下一切，全力以赴投入到考研的准备中。

第 1 页，共 1 页 677 个字 中文(中国) 100%

图 5-7 输入正文文本

（三）复制和移动文本

若要输入与文档中已有内容相同的文本，可进行复制操作；若要将所需的文本内容从一个位置移动到另一个位置，可进行移动操作。

1. 复制文本

复制文本是指在目标位置为原位置的文本创建一个副本，复制文本后，原位置和目标位置都将存在相应文本。复制文本的方法主要有以下几种。

- 选择所需文本后，在“开始”/“剪贴板”组中单击“复制”按钮，复制文本，将插入点定位到目标位置，在“开始”/“剪贴板”组中单击“粘贴”按钮，粘贴文本。
- 选择所需文本后，单击鼠标右键，在弹出的快捷菜单中选择“复制”命令，将插入点定位到目标位置，单击鼠标右键，在弹出的快捷菜单中选择“粘贴”命令，粘贴文本。
- 选择所需文本后，按“Ctrl+C”组合键复制文本，将插入点定位到目标位置，按“Ctrl+V”组合键粘贴文本。
- 选择所需文本后，在按住“Ctrl”键的同时按住鼠标左键拖动鼠标指针，将文本拖动到目标位置释放鼠标左键即可。

2. 移动文本

移动文本是指将文本从文档中原来的位置移动到文档中的其他位置，具体操作如下。

微课：移动文本

（1）选择正文第二行中的“争取”文本，在“开始”/“剪贴板”组中单击“剪切”按钮，如图 5-8 所示，或按“Ctrl+X”组合键。

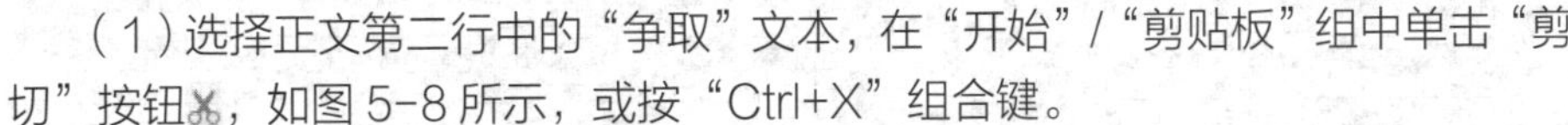

（2）在“在有限的时间里”文本前单击定位插入点，在“开始”/“剪贴板”组中单击“粘贴”按钮，如图 5-9 所示，或按“Ctrl+V”组合键，即可移动文本。

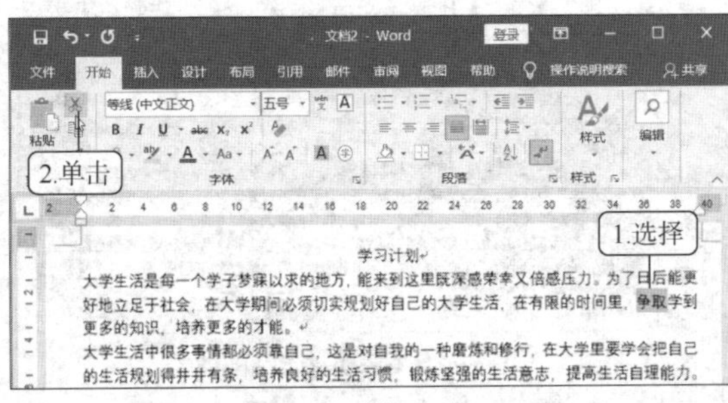

图 5-8　剪切文本

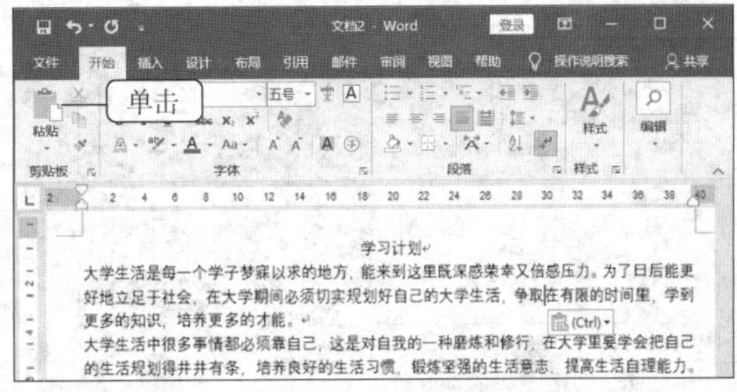

图 5-9　粘贴文本

（四）查找和替换文本

当文档中某个多次使用的文字或短句出现错误时，可使用查找与替换功能来检查和修改错误部分，以节省时间并避免遗漏，具体操作如下。

微课：查找和替换文本

（1）将插入点定位到文档开始处，在“开始”/“编辑”组中单击替换按钮，如图 5-10 所示，或按“Ctrl+H”组合键，打开“查找和替换”对话框。

（2）分别在“查找内容”和“替换为”文本框中输入“养成”和“培养”文本，单击查找下一处(F)按钮，如图 5-11 所示。

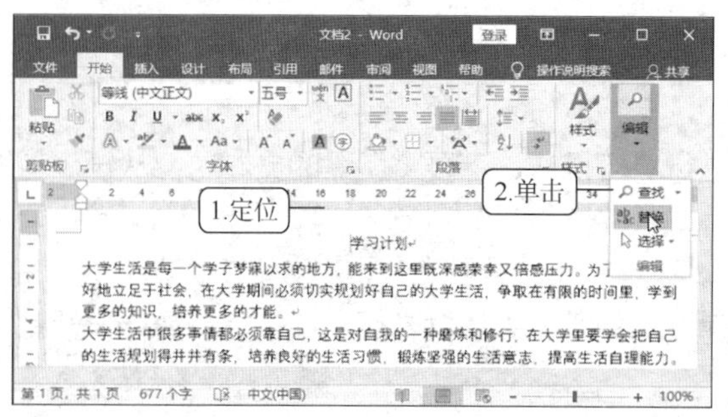

图 5-10　单击“替换”按钮

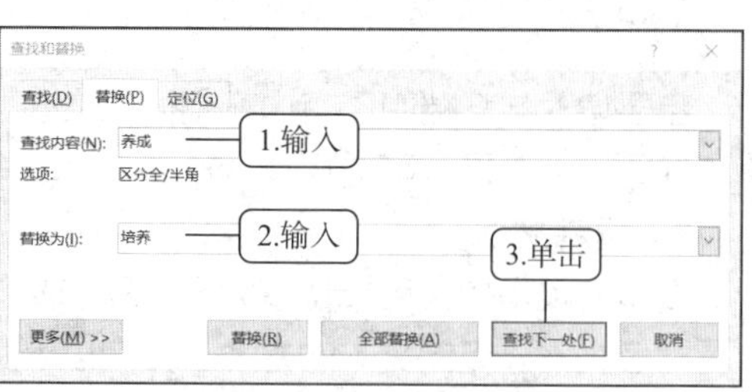

图 5-11　查找文本

（3）在文档中可看到查找到的第一个“养成”文本呈被选择状态，继续单击“查找下一处(F)”按钮，直至出现提示对话框，提示已完成文档的搜索，单击“是(Y)”按钮，如图 5-12 所示，返回“查找和替换”对话框。

（4）单击“全部替换(A)”按钮，出现提示对话框，提示完成替换的次数，单击“确定”按钮完成替换，如图 5-13 所示。

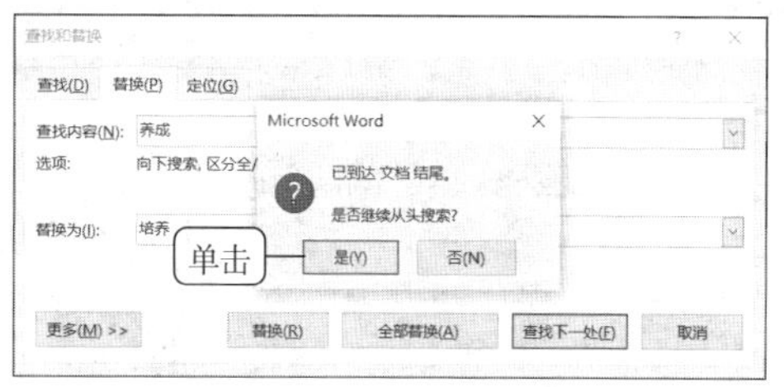

图 5-12　提示从头搜索

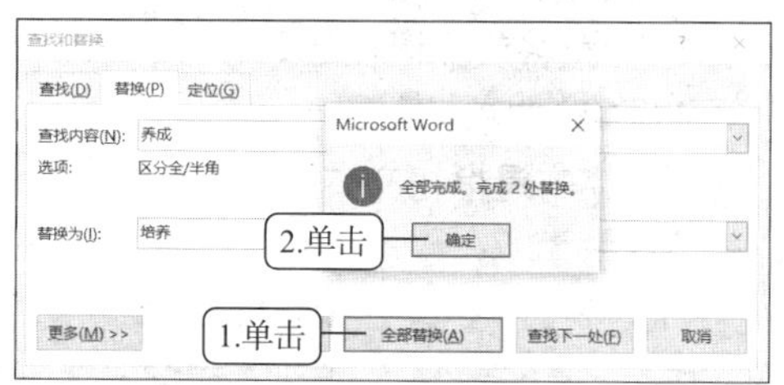

图 5-13　提示完成替换

（5）单击“关闭”按钮，关闭“查找和替换”对话框，如图 5-14 所示，此时在文档中可看到“养成”文本已全部替换为“培养”文本，如图 5-15 所示。

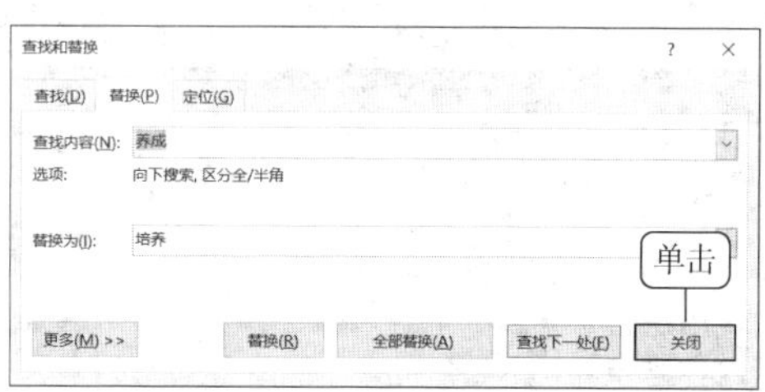

图 5-14　关闭对话框

的知识，培养更多的才能。
大学生活中很多事情都必须靠自己，这是对自我的一种磨炼和修行，在大学里要学会把自己的生活规划得井井有条，培养良好的生活习惯，锻炼坚强的生活意志，提高生活自理能力。同时，在大学里，有来自全国各地的同学、老师，要学会处理好人际关系，与老师和同学和谐相处，结识一些真正的朋友，正所谓"朋友多了路好走"，认识几个不错的朋友也是为自己积攒财富。
大学，是进入社会前的最重要一站，必须努力学好专业课。专业是我们日后谋生的重要手段，在今后的学习中我会加强与老师、同学的交流，平日里认真学习，从各个渠道获取最新的技能知识，在大学这 4 年的学习中学到一身好本领，为步入社会寻找工作增加筹码。同时我也要学好文化课，例如英语，英语是当下必备技能之一，它能够提高自身素养和语言能力，同时也能够扩大交流范围，是立足于社会的重要因素，所以努力学好英语，提高口语能力，争取顺利通过英语四六级考试，突破语言难关，是我大一最主要的任务。除了学好英语，我还要学好基础课，培养各种兴趣和爱好，积极参加各种社团活动。

图 5-15　替换文本后的效果

（五）撤销与恢复操作

Word 2019 有自动记录功能，在编辑文档时执行了错误操作，可撤销，也可恢复被撤销的操作，具体操作如下。

（1）选择文档第一行中的“生活”文本，如图 5-16 所示，按“BackSpace”键或“Delete”键，删除“生活”文本。

（2）若需撤销删除操作恢复到修改前的文档效果，可单击“快速访问工具栏”中的“撤销”按钮，如图 5-17 所示，或按“Ctrl+Z”组合键。

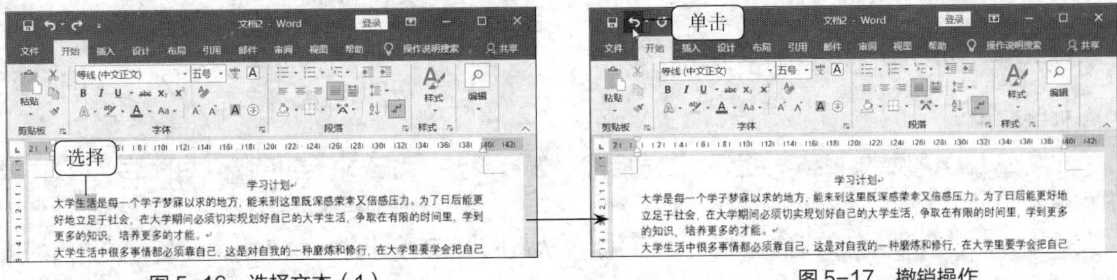

图 5-16　选择文本（1）　　图 5-17　撤销操作

（3）单击“恢复”按钮，如图 5-18 所示，或按“Ctrl+Y”组合键，可将文档恢复到“撤销”操作前的效果，如图 5-19 所示。

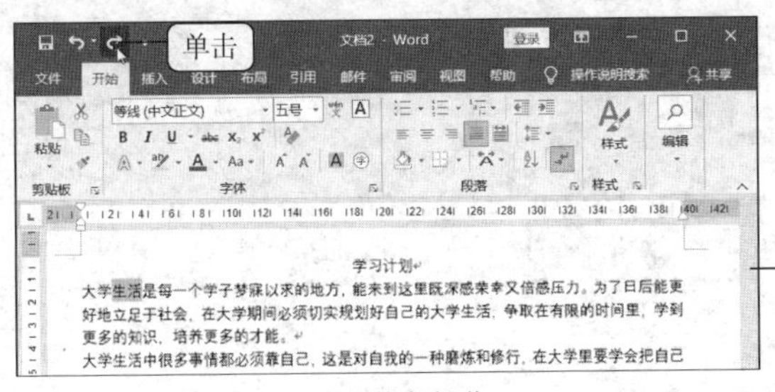

图 5-18　恢复操作

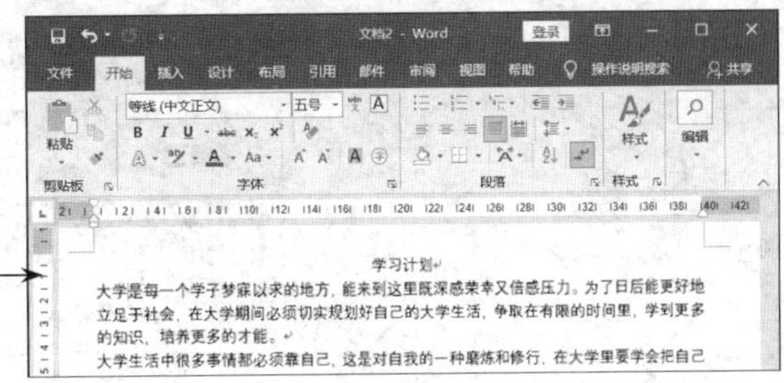

图 5-19　恢复后的效果

（六）保存“学习计划”文档

为了方便以后查看和编辑文档，应将创建的文档保存到计算机中。若需对已保存过的文档进行编辑，但又不想影响原来文档中的内容，则可将编辑后的文档另存到其他位置或以不同的名称进行保存。保存文档的具体操作如下。

微课：保存“学习计划”文档

（1）选择“文件”/“保存”命令，打开的“另存为”界面左侧列表中提供了“最近”“OneDrive”“这台电脑”“添加位置”“浏览”5 个选项，这里选择“浏览”选项，如图 5-20 所示。

（2）在打开的“另存为”对话框的“地址栏”下拉列表中选择文档的保存路径，在“文件名”文本框中输入文档的保存名称，单击 保存(S) 按钮，如图 5-21 所示。完成后在工作界面的标题栏上可以看到文档名称发生了变化，另外，在计算机中相应的位置也可找到保存的文档。

图 5-20　选择“浏览”选项

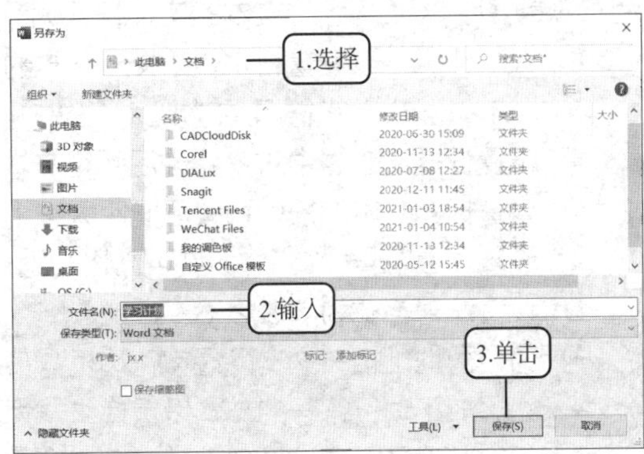

图 5-21　保存文档

（3）完成文档的编辑后，在标题栏右侧单击“关闭”按钮关闭文档，并退出 Word 2019。

任务二 设置招聘启事文档格式

任务要求

小李在人力资源部门工作。最近，公司因业务发展需要，需要向社会招聘相关的人才。公司要求小李制作一份美观大方的招聘启事，用于在人才市场中进行现场招聘。接到任务后，小李找到相关负责人确认了招聘岗位的相关事宜，然后利用 Word 2019 设计并制作了招聘启事，完成后的效果如图 5-22 所示。

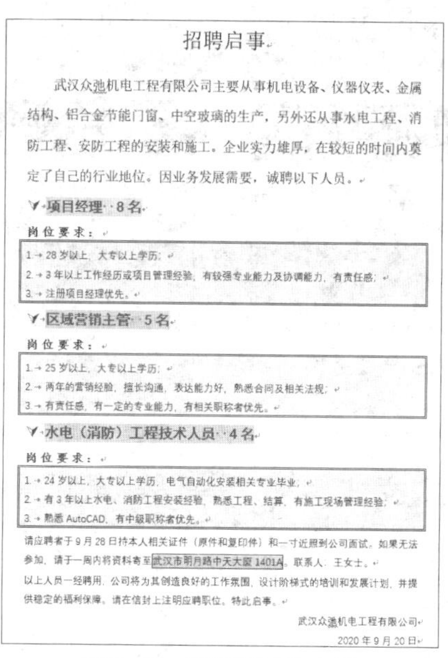

招聘启事

武汉众弛机电工程有限公司主要从事机电设备、仪器仪表、金属结构、铝合金节能门窗、中空玻璃的生产，另外还从事水电工程、消防工程、安防工程的安装和施工。企业实力雄厚，在较短的时间内奠定了自己的行业地位。因业务发展需要，诚聘以下人员。

➤ 项目经理 8 名

岗位要求：

1. 28 岁以上，大专以上学历；
2. 3 年以上工作经历或项目管理经验，有较强专业能力及协调能力，有责任感；
3. 注册项目经理优先。

➤ 区域营销主管 5 名

岗位要求：

1. 25 岁以上，大专以上学历；
2. 两年的营销经验，擅长沟通，表达能力好，熟悉合同及相关法规；
3. 有责任感，有一定的专业能力，有相关职称者优先。

➤ 水电（消防）工程技术人员 4 名

岗位要求：

1. 24 岁以上，大专以上学历，电气自动化安装相关专业毕业；
2. 有 3 年以上水电、消防工程安装经验，熟悉工程、结算，有施工现场管理经验；
3. 熟悉 AutoCAD，有中级职称者优先。

请应聘者于 9 月 28 日持本人相关证件（原件和复印件）和一寸近照到公司面试。如果无法参加，请于一周内将资料寄至武汉市明月路中天大厦 1401A，联系人：王女士。

以上人员一经聘用，公司将为其创造良好的工作氛围，设计阶梯式的培训和发展计划，并提供稳定的福利保障。请在信封上注明应聘职位。特此启事。

武汉众弛机电工程有限公司

2020 年 9 月 20 日

图 5-22 “招聘启事”文档

制作招聘启事的相关要求如下。

- 选择“文件”/“打开”命令，打开素材文档。
- 设置标题文本的字体格式为“宋体、二号”，第一段文本的字体格式为“宋体、四号”。
- 设置“项目经理 8 名”“区域营销主管 5 名”“水电（消防）工程技术人员 4 名”文本的字体格式为“黑体、小三、加粗”，字体颜色为“红色”。
- 设置“岗位要求:”文本的字体格式为“仿宋、加粗、小四”，字体缩放“120%”，字符间距“加宽、1 磅”。
- 设置标题文本居中对齐，最后两行文本右对齐，第一个段落首行缩进两个字符。
- 设置标题文本的段前和段后间距为“1 行”，设置其他文本的行间距为“最小值、20 磅”。
- 设置项目符号为“➤”，其字体格式为“小二、深红色”。
- 设置编号格式为“1. 2. 3.”。
- 为公司地址相关文本设置字符边框与底纹。
- 为添加了项目符号的文本设置底纹，为添加了编号的段落应用样式为“方框、双线条”的边框，并设置其底纹颜色为“白色，背景 1，深色 5%”。
- 为文档加密，设置密码为“123456”。

相关知识

（一）自定义编号格式

Word 2019 的编号格式库中内置有多种编号格式，用户也可以根据需要自定义编号格式。首先选择需要定义编号格式的段落，在“开始”/“段落”组中单击“编号”按钮右侧的下拉按钮，在打开的下拉列表中选择“定义新编号格式”选项，打开图 5-23 所示的对话框，选择所需的编号样式和对齐方式，在“编号格式”文本框默认的序号后输入所需的符号，若需设置编号的字体，可单击 字体(F)... 按钮，打开“字体”对话框进行设置，完成后依次单击 确定 按钮。图 5-24 所示为设置“1.”为编号格式后的效果。

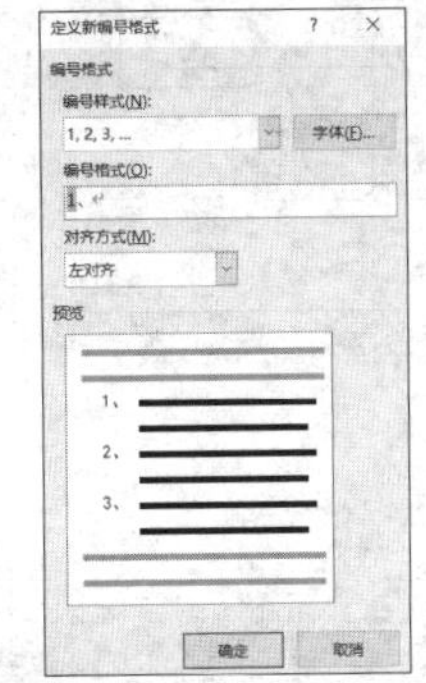

图 5-23　定义新的编号格式

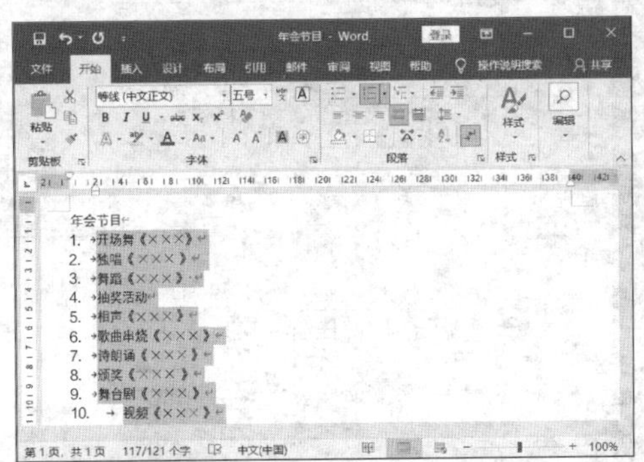

图 5-24　设置编号格式后的效果

提示　选择应用了编号的段落，在其上单击鼠标右键，在弹出的快捷菜单中选择“设置编号值”命令，在打开的对话框中输入新编号列表的起始值或选择继续编号，即可重新进行编号。

（二）自定义项目符号样式

Word 2019 提供了一些项目符号样式，若要使用其他符号或计算机中的图片文件作为项目符号，可在“开始”/“段落”组中单击“项目符号”按钮右侧的下拉按钮，在打开的下拉列表中选择“定义新项目符号”选项。然后在打开的图 5-25 所示的对话框中单击 符号(S)... 按钮，打开“符号”对话框，选择需要的符号选项；或单击 图片(P)... 按钮，在打开的对话框中选择“从文件　浏览”选项，再在打开的图 5-26 所示的对话框中选择计算机中的图片文件，单击 插入(S) 按钮，即可使用计算机中的图片文件作为项目符号。图 5-27 所示为设置“ ”图片为项目符号后的效果。

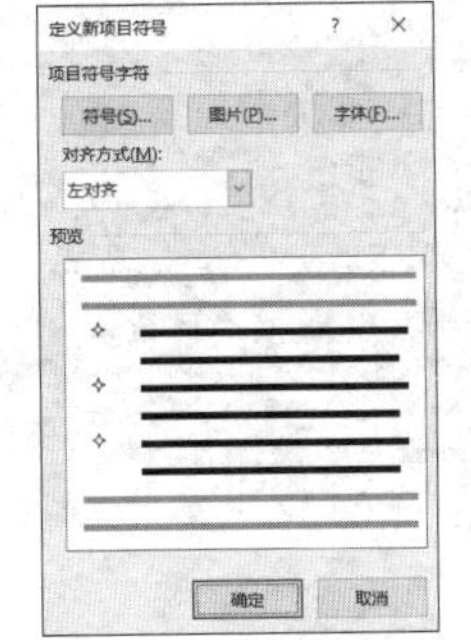

图 5-25　定义新项目符号

图 5-26　选择图片文件

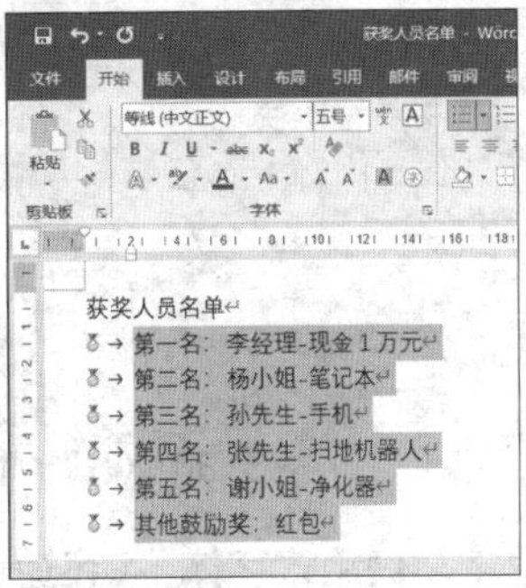

图 5-27　设置图片为项目符号后的效果

任务实现

（一）打开文档

微课：打开文档

要查看或编辑保存在计算机中的文档，必须先打开相应文档。下面介绍打开“招聘启事”文档的方法，具体操作如下。

（1）选择“文件”/“打开”命令，或按“Ctrl+O”组合键。

（2）在“打开”界面中选择“浏览”选项，如图 5-28 所示，在打开的“打开”对话框的“地址栏”中选择文件路径，选择“招聘启事”文档，单击 打开(O) 按钮打开该文档，如图 5-29 所示。

图 5-28　选择“浏览”选项

图 5-29　选择文件路径与文件

（二）设置字体格式

在 Word 文档中，文本内容包括中文、字母、数字和符号等。设置字体格式包括更改文本的字体、字号和颜色等，这些设置可以使文档更加美观。

1．使用浮动工具栏设置

微课：使用浮动工具栏设置

在 Word 2019 中选择文本时，会出现一个半透明的工具栏，即浮动工具栏，在浮动工具栏中可快速设置字体、字号、字形、对齐方式、文本颜色和缩进级别等，具体操作如下。

（1）打开“招聘启事.docx”文档，选择文本中的标题“招聘启事”文本，在浮动工具栏的“字体”下拉列表中选择“宋体”选项，如图 5-30 所示。

（2）在“字号”下拉列表中选择“二号”选项，如图 5-31 所示。

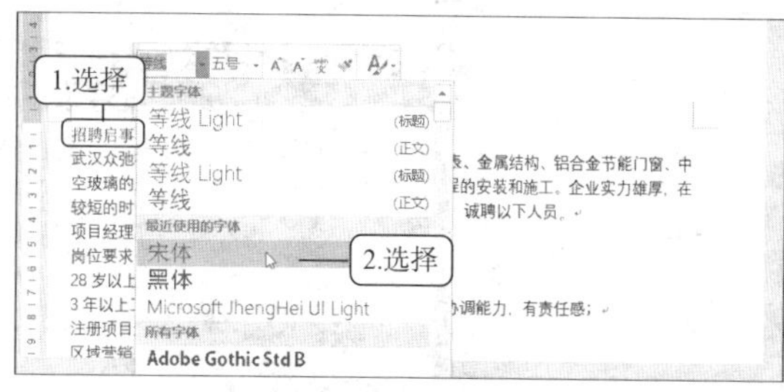

图 5-30　设置字体（1）

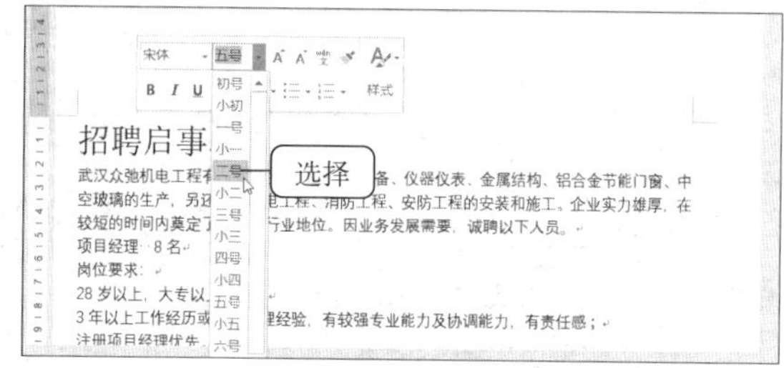

图 5-31　设置字号（1）

2．使用“字体”组设置

“字体”组的使用方法与浮动工具栏的相似，都是选择文本后在其中单击相应的按钮，或在相应

微课：使用“字体”组设置

的下拉列表中选择所需的选项，具体操作如下。

（1）选择第一段文本，在“开始”/“字体”组的“字体”下拉列表中选择“宋体”选项，如图 5-32 所示。

（2）保持文本的选中状态，在“开始”/“字体”组中“字号”下拉列表中选择“四号”选项，如图 5-33 所示。

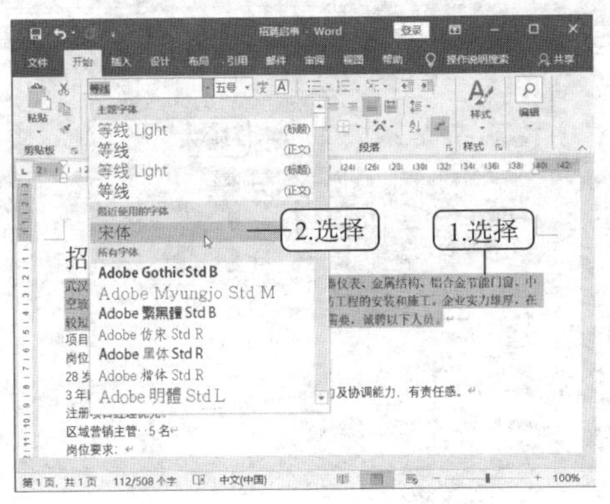

图 5-32　设置字体（2）

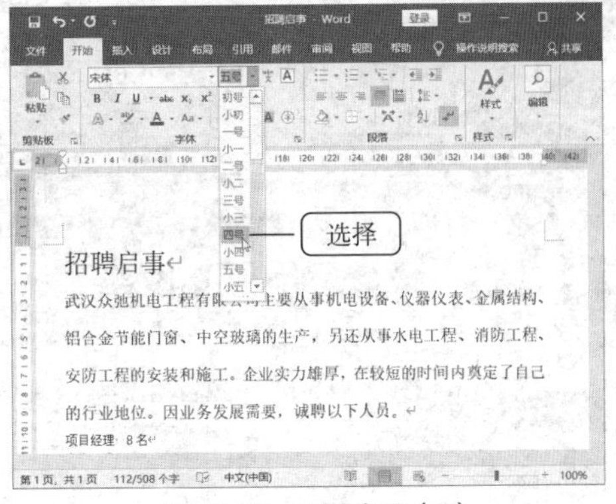

图 5-33　设置字号（2）

提示　在“开始”/“字体”组中单击“删除线”按钮 abc，可为选择的文本添加删除线效果；单击“下标”按钮 x_2 或“上标”按钮 x^2，可将选择的文本设置为下标或上标；单击“增大字号”按钮 A 或“缩小字号”按钮 A，可增大或缩小所选择文本的字号。

（3）选择“项目经理 8 名”文本，将其字体设置为“黑体”，字号设置为“小三”，在“开始”/“字体”组中单击“加粗”按钮 B，为文本添加加粗效果，如图 5-34 所示。

（4）保持文本的选中状态，在“开始”/“字体”组中单击“字体颜色”按钮 A 右侧的下拉按钮 ▾，在打开的下拉列表中选择“红色”选项，为文本设置颜色，如图 5-35 所示。依次设置“区域营销主管　5 名”“水电（消防）工程技术人员　4 名”文本的字体格式。

图 5-34　设置字体、字号、加粗

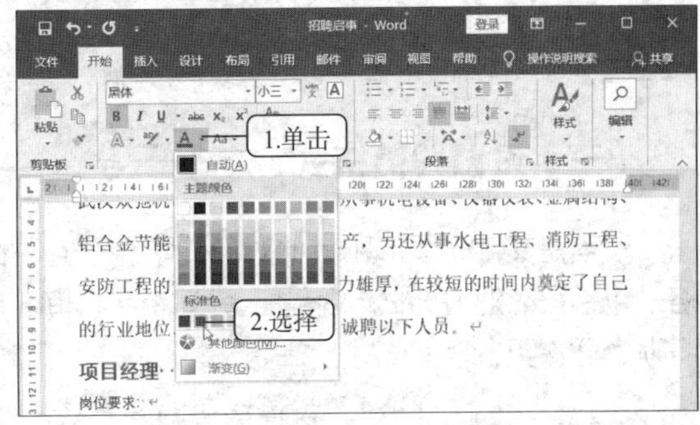

图 5-35　设置字体颜色

3. 使用“字体”对话框设置

微课：使用“字体”对话框设置

在“开始”/“字体”组的右下角有一个“对话框启动器”按钮 ⧉，单击该按钮可打开“字体”对话框，其中提供了更多选项，如间距和缩放等，具体操作如下。

（1）选择“岗位要求：”文本，单击“开始”/“字体”组右下角的“对话框启动器”按钮 ⧉。

（2）在打开的“字体”对话框的“字体”选项卡的“中文字体”下拉列表中

选择“仿宋”选项，在“字形”列表中选择“加粗”选项，在“字号”列表中选择“小四”选项，如图 5-36 所示。

（3）单击“高级”选项卡，在“缩放”下拉列表中输入数据“120%”，在“间距”下拉列表中选择“加宽”选项，其后的“磅值”数值框将自动显示为“1 磅”，单击 确定 按钮，如图 5-37 所示。完成后依次设置其他两个“岗位要求：”文本的格式。

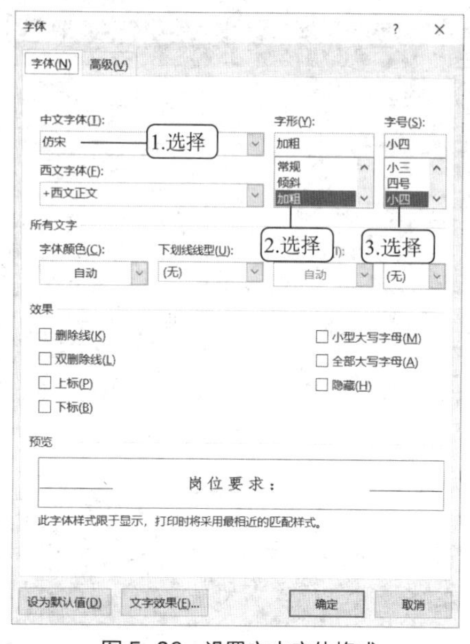

图 5-36　设置文本字体格式

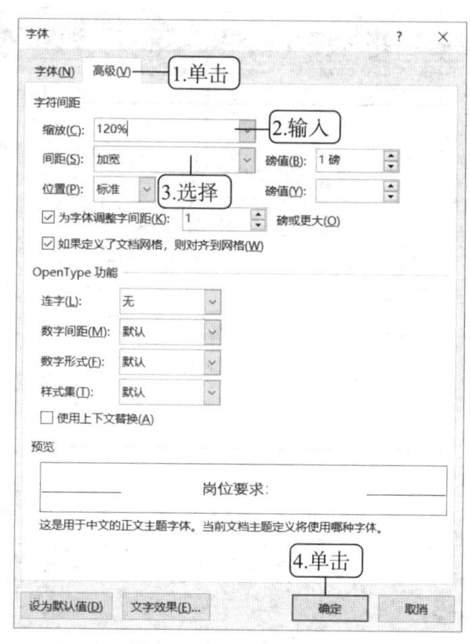

图 5-37　设置字符间距

提示　当需要将文档中已设置好的字体格式和段落格式应用到更多文本时，可使用格式刷来完成，选择已设置好格式的文字或段落，在“开始”/“剪贴板”组中单击 格式刷 按钮，此时鼠标指针变成 形状，选择需要应用格式的文本或段落即可应用相应的格式。当需要多次使用格式刷对多个地方应用格式时，可双击 格式刷 按钮，依次选择需要应用格式的文本或段落，完成后单击 格式刷 按钮或按“Esc”键即可退出格式刷的应用。

（三）设置段落格式

段落是文字、图形和其他对象的集合。回车符“↵”是段落的结束标记。Word 2019 中的段落格式包括段落对齐方式、缩进、段间距和行间距等，通过对段落格式进行设置可以使文档的结构更清晰、层次更分明。

微课：设置段落对齐方式

1. 设置段落对齐方式

Word 2019 中的段落对齐方式包括左对齐、居中对齐、右对齐、两端对齐（默认对齐方式）和分散对齐 5 种，在浮动工具栏和“开始”/“段落”组中单击相应的对齐方式按钮，可设置不同的段落对齐方式，具体操作如下。

（1）选择标题文本，在“开始”/“段落”组中单击“居中”按钮≡，如图 5-38 所示。

（2）选择招聘启事文档的最后两行文本，在“开始”/“段落”组中单击“右对齐”按钮≡，如图 5-39 所示。

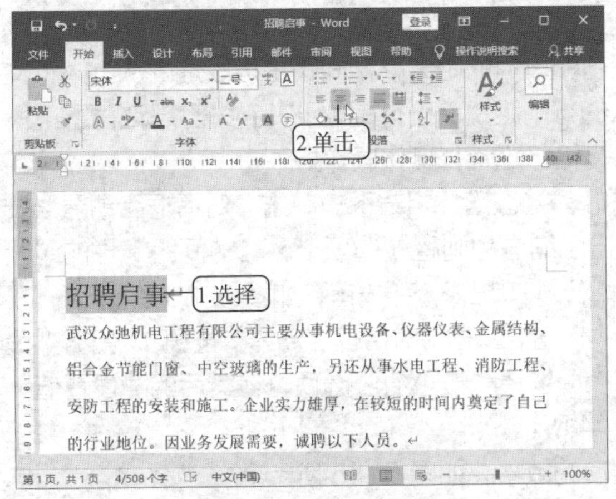

图 5-38　设置居中对齐

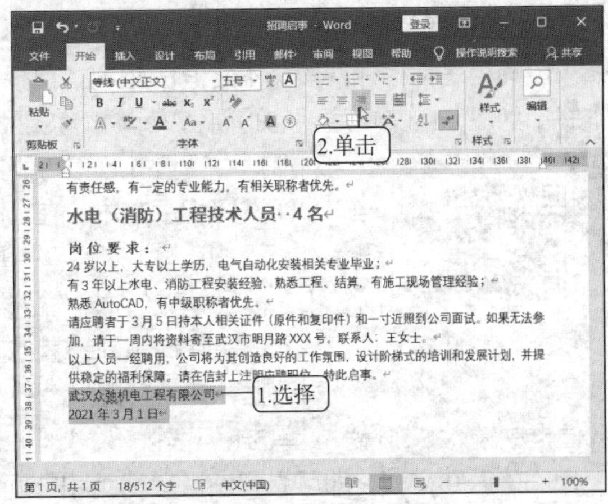

图 5-39　设置右对齐

2. 设置段落缩进

段落缩进是指设定段落左右两边的文本与页边距之间的距离。段落缩进包括左缩进、右缩进、首行缩进和悬挂缩进。通过“段落”对话框可以精确地设置各种缩进，具体操作如下。

（1）将插入点定位到第一个段落的任意位置，单击“开始”/“段落”组右下角的“对话框启动器”按钮，如图 5-40 所示。

（2）在打开的“段落”对话框中单击“缩进和间距”选项卡，在“缩进”栏的“特殊格式”下拉列表中选择“首行缩进”选项，其后的“缩进值”数值框中将自动显示为“2 字符”，单击 确定 按钮，如图 5-41 所示。

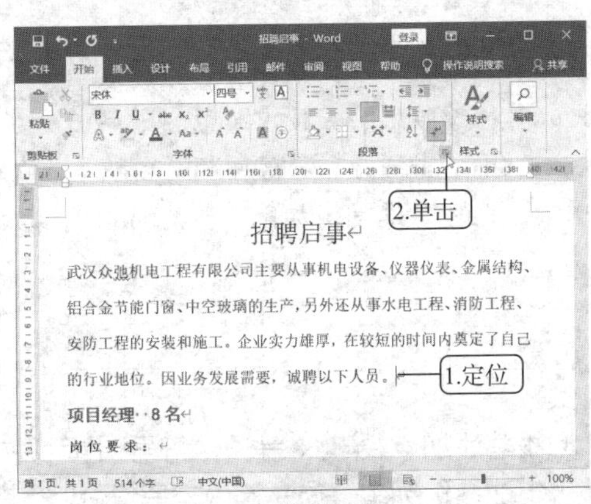

图 5-40　选择段落

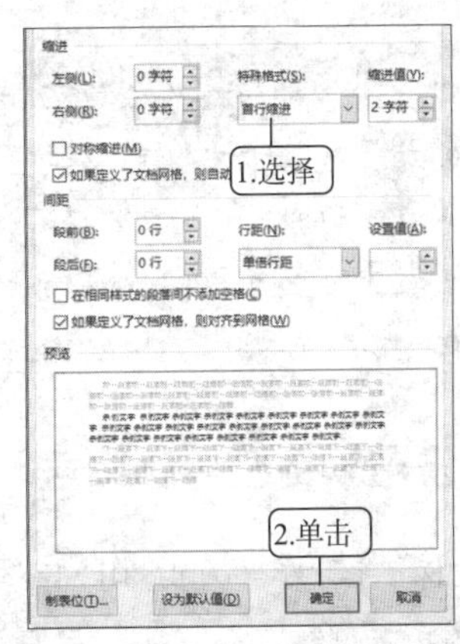

图 5-41　设置段落缩进

（3）返回文档，即可查看设置首行缩进后的效果，如图 5-42 所示。

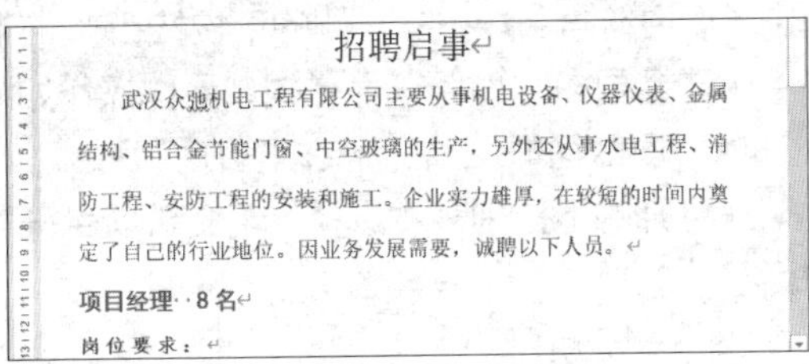

图 5-42　查看首行缩进效果

3. 设置段间距和行间距

段间距是指相邻两段文本之间的距离，包括段前和段后的距离；行间距是指段落中从上一行文本底部到下一行文本底部的距离。Word 2019 默认的行间距是单倍行距，用户可根据实际需要在“段落”对话框中设置 1.5 倍行距或 2 倍行距等，具体操作如下。

微课：设置段间距和行间距

（1）选择标题文本，在“开始”/“段落”组右下角单击“对话框启动器”按钮，打开“段落”对话框，单击“缩进和间距”选项卡，在“间距”栏的“段前”和“段后”数值框中输入“1 行”，单击确定按钮，如图 5-43 所示。

（2）选择除标题外的其他文本内容，单击“对话框启动器”按钮，打开“段落”对话框，在“行距”下拉列表中选择“最小值”选项，在其后的“设置值”数值框中输入“20 磅”，单击确定按钮，如图 5-44 所示。

（3）返回文档，即可看到设置段间距和行间距后的效果，如图 5-45 所示。

图 5-43　设置段间距

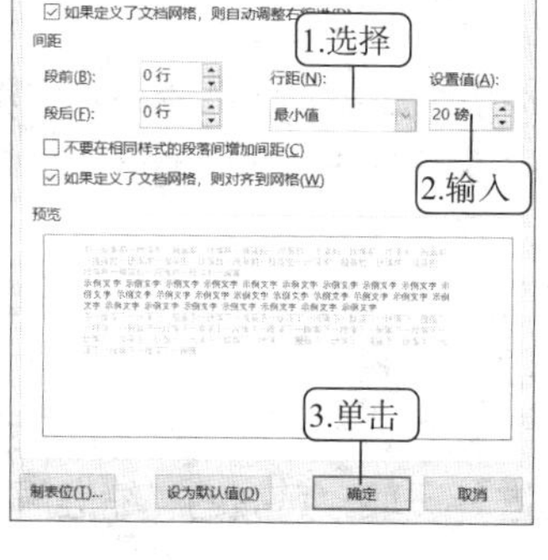

图 5-44　设置行间距

招聘启事

武汉众驰机电工程有限公司主要从事机电设备、仪器仪表、金属结构、铝合金节能门窗、中空玻璃的生产，另外还从事水电工程、消防工程、安防工程的安装和施工。企业实力雄厚，在较短的时间内奠定了自己的行业地位。因业务发展需要，诚聘以下人员。

项目经理 8 名

岗位要求：

28 岁以上，大专以上学历；

3 年以上工作经历或项目管理经验，有较强专业能力及协调能力，有责任感；

注册项目经理优先。

图 5-45　设置段间距和行间距后的效果

提示　在“段落”对话框的“换行和分页”选项卡中，可以设置分页、行号和断字等；在“中文版式”选项卡中，可以设置中文文稿的特殊版式，如按中文习惯控制首尾字符、允许标点溢出边界等。在“开始”/“段落”组中单击“行和段落间距”按钮，在打开的下拉列表中可选择“1.5”等行距倍数选项，也可以设置增加段落前的间距或增加段落后的间距。

（四）设置项目符号和编号

使用项目符号与编号功能，可为并列关系的段落添加●、★、◆等项目符号，也可添加“1. 2. 3.”或“A. B. C.”等编号，还可组成多级列表，使文档内容层次分明、条理清晰。

微课：设置项目符号

1. 设置项目符号

在“开始”/“段落”组中单击“项目符号”按钮，可添加默认样式的项目符号；单击“项目符号”按钮右侧的下拉按钮，在打开的下拉列表的“项目符号库”栏中可选择更多的项目符号样式，具体操作如下。

（1）选择“项目经理 8 名”文本，在“开始”/“段落”组中单击“项目符号”按钮右侧的下拉按钮，在打开的下拉列表中选择“定义新项目符号”选项，如图 5-46 所示，打开“定义新项目符号”对话框。

（2）单击符号(S)...按钮，如图 5-47 所示。

（3）打开“符号”对话框，在“字体”下拉列表中选择“Wingdings”选项，在下面的列表框中选择一种项目符号，如➤，单击确定按钮，如图 5-48 所示，返回“定义新项目符号”对话框。

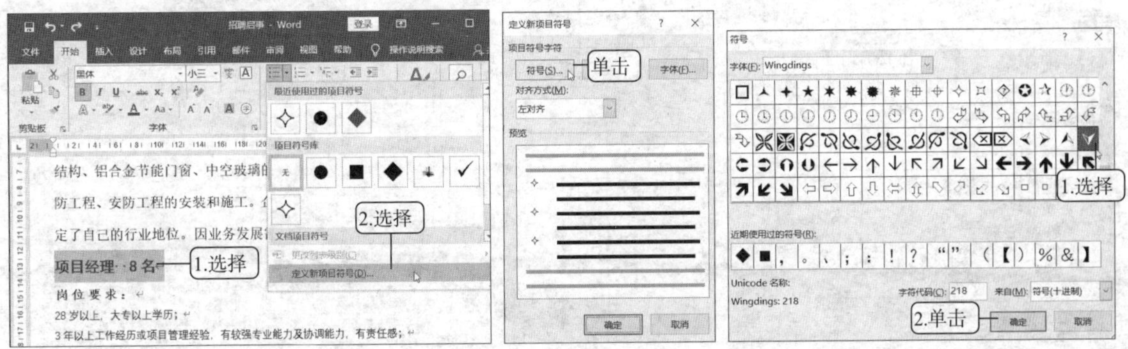

图 5-46　选择文本（2）　　图 5-47　单击“符号”按钮　　图 5-48　设置项目符号

（4）单击字体(F)...按钮，打开“字体”对话框，在“字号”列表框中选择“小二”选项，在“字体颜色”下拉列表中选择“深红色”选项，单击确定按钮，如图 5-49 所示，返回“定义新项目符号”对话框，单击确定按钮。

（5）返回文档可以查看添加项目符号后的效果，用同样的方法为其他岗位名称文本设置项目符号，效果如图 5-50 所示。

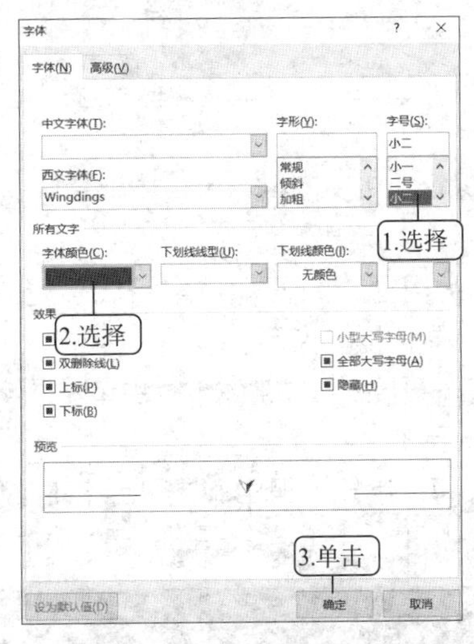

图 5-49　设置项目符号字体格式

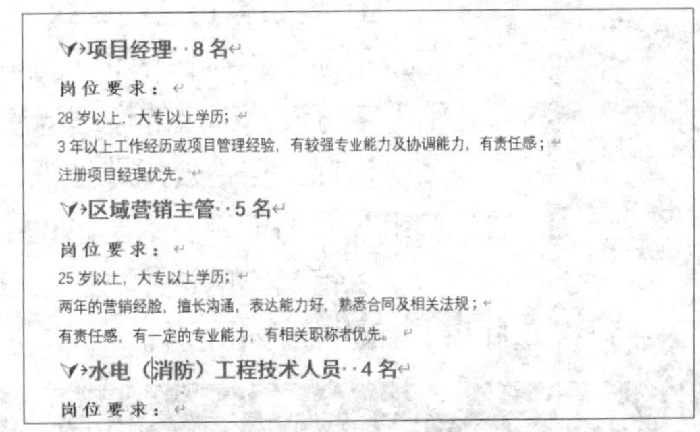

图 5-50　设置项目符号后的效果

2. 设置编号

编号主要用于设置按一定顺序排列的项目，如操作步骤或合同条款等。设置编号的方法与设置项目符号相似，即在“开始”/“段落”组中单击“编号”按钮或单击该按钮右侧的下拉按钮，在打开的下拉列表中选择所需的编号样式，具体操作如下。

（1）选择第一个“岗位要求：”文本下面的 3 行文本，在“开始”/“段落”组中单击“编号”按钮右侧的下拉按钮，在打开的下拉列表中选择“1. 2. 3.”选项，如图 5-51 所示。

（2）返回文档即可查看设置的编号效果。使用相同的方法在文档中依次设置其他位置的文本所需要的编号样式，如图 5-52 所示。

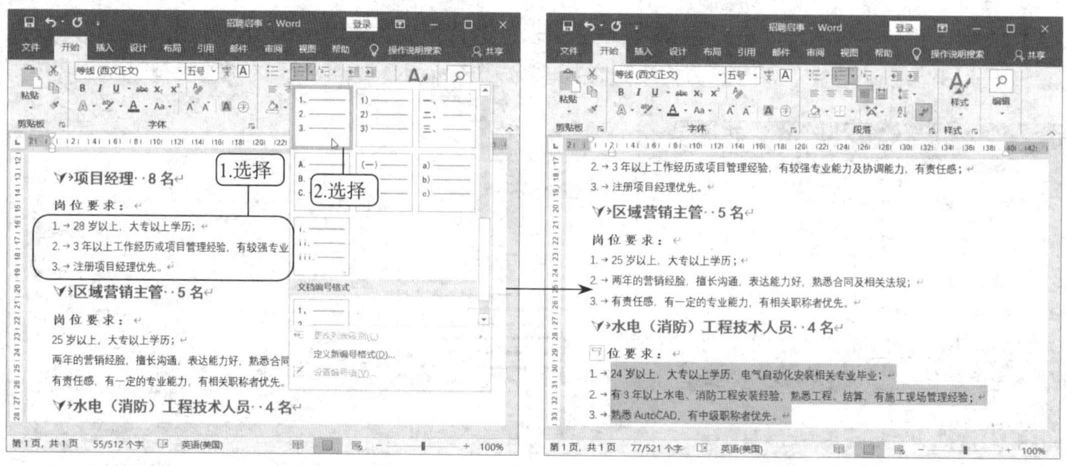

图 5-51　设置编号　　图 5-52　编号效果

提示　使用项目符号与编号功能时，还可以组成多级列表，使文档层次分明、条理清晰。它常用于长文档中。设置多级列表的方法为：选择要应用多级列表的文本，在“开始”/“段落”组中单击“多级列表”按钮，在打开的下拉列表的“列表库”栏中选择多级列表样式。

（五）设置边框与底纹

在 Word 2019 中不仅可以为字符设置默认的边框和底纹，还可以为段落设置边框与底纹。

微课：为字符设置边框与底纹

1. 为字符设置边框与底纹

在“开始”/“字体”组中分别单击“字符边框”按钮和“字符底纹”按钮，可分别为字符设置相应的边框与底纹效果，具体操作如下。

（1）选择文档中公司地址相关文本，在“开始”/“字体”组中单击“字符边框”按钮，设置字符边框，如图 5-53 所示。

（2）保持文本的选中状态，在“开始”/“字体”组中单击“字符底纹”按钮，为字符设置底纹，如图 5-54 所示。

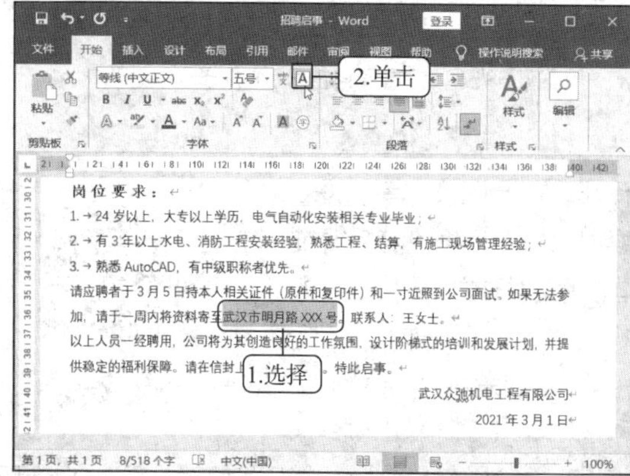

图 5-53　为字符设置边框

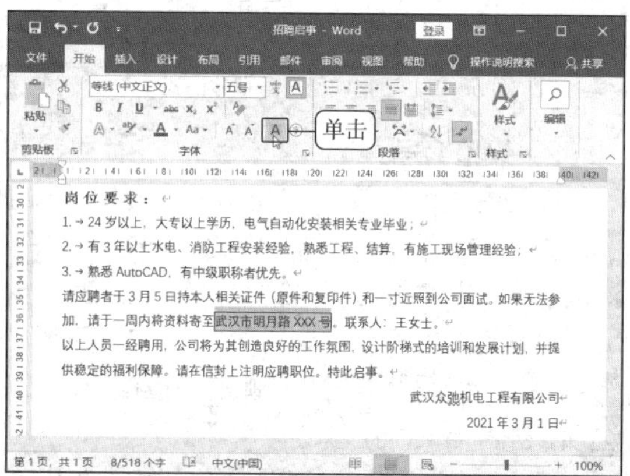

图 5-54　为字符设置底纹

2. 为段落设置边框与底纹

在“开始”/“段落”组中单击“底纹”按钮右侧的下拉按钮，在打开的下拉列表中可设置不同颜色的底纹样式。单击“边框”按钮右侧的下拉按钮，在打开的下拉列表中可设置不同类型的框线，若选择了该下拉列表中的“边框和底纹”选项，可在打开的对话框中详细设置边框与底纹样式，具体操作如下。

微课：为段落设置边框与底纹

（1）选择“项目经理　8 名”文本，在“开始”/“段落”组中单击“底纹”按钮右侧的下拉按钮，在打开的下拉列表中选择“浅灰色，背景 2”选项，如图 5-55 所示。

（2）选择第一个“岗位要求：”下的 3 行文本，在“开始”/“段落”组中单击“边框”按钮右侧的下拉按钮，在打开的下拉列表中选择“边框和底纹”选项，如图 5-56 所示。

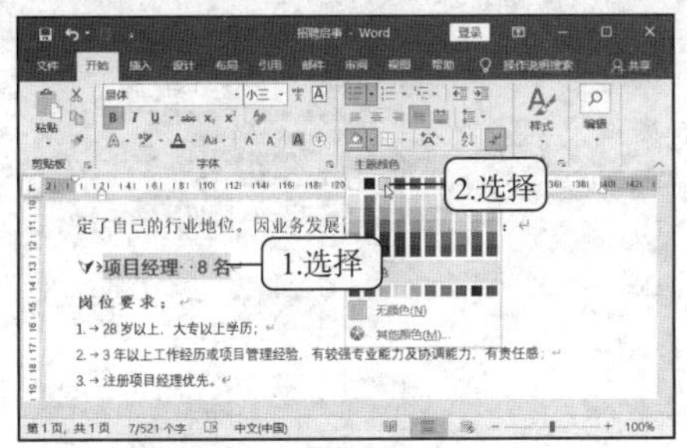

图 5-55　设置底纹

图 5-56　选择“边框和底纹”选项

（3）在打开的“边框和底纹”对话框中的“边框”选项卡的“设置”栏中选择“方框”选项，在“样式”列表框中选择“————”选项，如图 5-57 所示。

（4）单击“底纹”选项卡，在“填充”下拉列表中选择“白色，背景 1，深色 5%”选项，单击 确定 按钮，为文本设置底纹，如图 5-58 所示。完成后用相同的方法为其他段落设置边框与底纹样式，如图 5-59 所示。

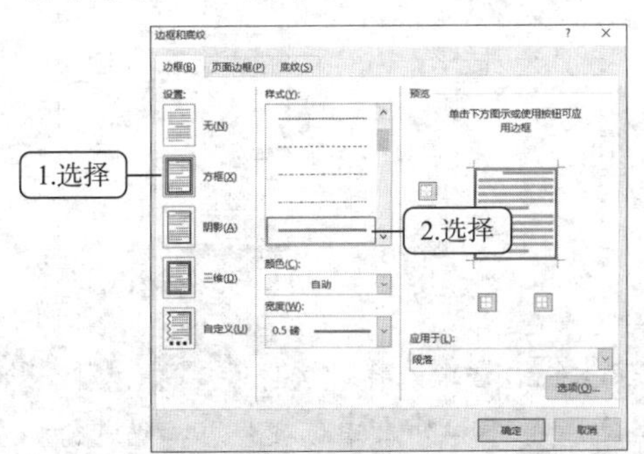

图 5-57　通过对话框设置边框

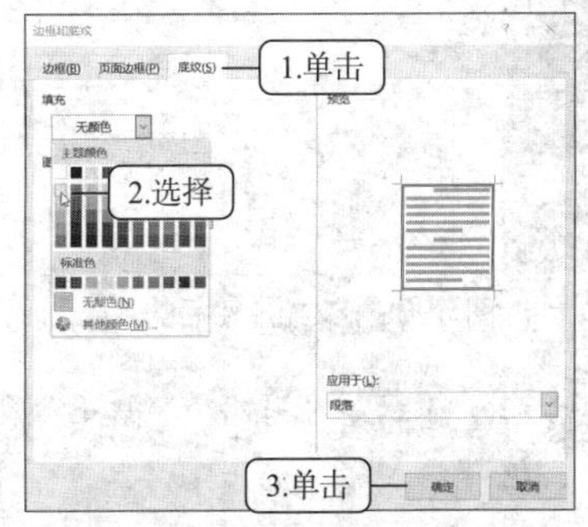

图 5-58　通过对话框设置底纹

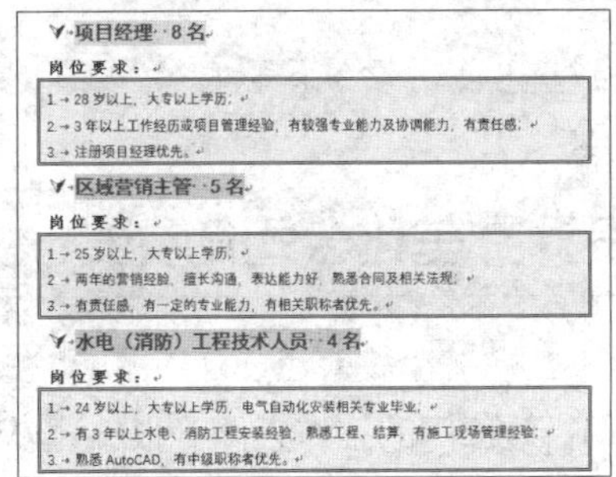

图 5-59　设置边框与底纹后的效果

（六）保护文档

为了防止他人随意查看文档内容，可以对 Word 文档进行加密，以保护文档，具体操作如下。

微课：保护文档

（1）选择“文件”/“信息”命令，在界面中间位置单击“保护文档”按钮，在打开的下拉列表中选择“用密码进行加密”选项，如图 5-60 所示。

（2）在打开的“加密文档”对话框的“密码”文本框中输入密码“123456”，单击确定按钮。在打开的“确认密码”对话框的“重新输入密码”文本框中重新输入密码“123456”，单击确定按钮，如图 5-61 所示。

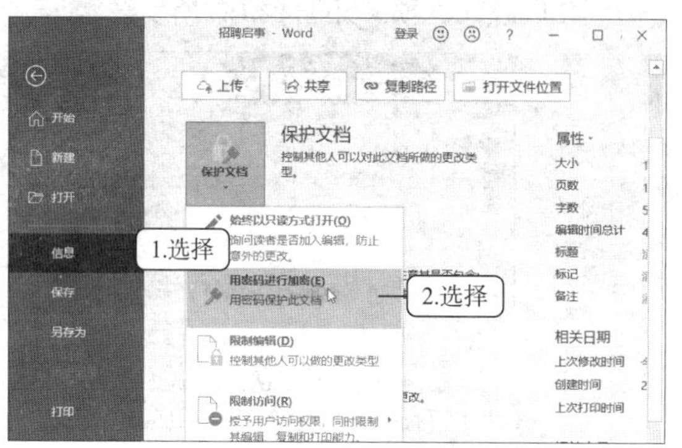

图 5-60 选择“用密码进行加密”选项

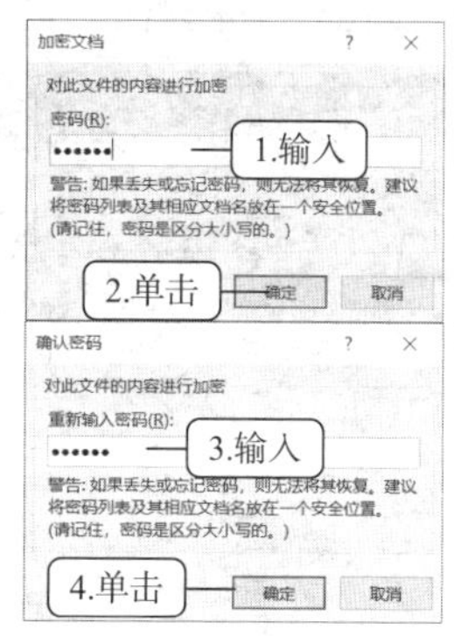

图 5-61 输入密码与确认密码

（3）文档加密后的效果如图 5-62 所示，单击按钮返回工作界面，单击“保存”按钮保存设置。完成后关闭文档，当再次打开该文档时，将打开“密码”对话框，在文本框中输入正确的密码，单击确定按钮，即可打开该文档，如图 5-63 所示。

图 5-62 文档加密后的效果

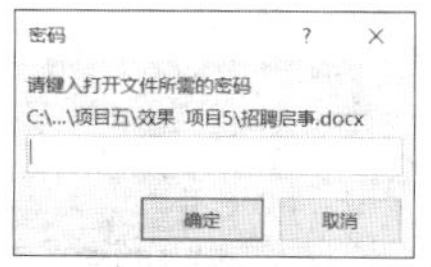

图 5-63 输入密码

提示 若要取消文档的密码保护，可在设置了密码保护的文档中选择“文件”/“信息”命令，在界面中间位置单击“保护文档”按钮，在打开的下拉列表中选择“用密码进行加密”选项，在打开的“加密文档”对话框的“密码”文本框中删除密码，单击确定按钮并保存文档即可。

查看“公司简介”相关知识

任务三 设计并美化公司简介

任务要求

小李是公司行政部门的工作人员。张总让小李整理一份公司简介，在公司内部刊物上使用，要求通过公司简介让员工了解公司的企业理念、组织结构和经营项目等。接到任务后，小李查阅相关资料拟订了公司简介草稿，并利用 Word 2019，对公司简介进行了设计制作，完成后的效果如图 5-64 所示。具体操作要求如下。

- 创建并保存“公司简介.docx”文档，在其中插入文本框并输入文本。
- 插入文档背景图片和宣传图片，设置图片的排列方式为“衬于文字下方”，将创建的文本框移动到相应位置，并为宣传图片设置“柔化边缘椭圆”效果。
- 插入艺术字，输入公司宣传用语，并设置艺术字背景效果。
- 在“二、公司组织结构”对应段落的第 3 行下面插入一个组织结构图，并在对应的位置输入文本。更改组织结构图的布局类型为“标准”，更改颜色为“彩色范围-个性色 4 至 5”。
- 插入一个“镶边”封面，在“文档标题”处输入“公司简介”文本，在“公司名称”处输入“成都德胜科技有限公司”文本，删除多余的文本框。

图 5-64 “公司简介”文档

相关知识

形状是指具有某种规则的图形，如线条、正方形、椭圆、箭头和星形等，当需要在文档中绘制图形或为图片等添加形状标注时，可使用 Word 2019 的形状功能进行形状的绘制、编辑和美化，具体操作如下。

（1）在“插入”/“插图”组中单击“形状”按钮，在打开的下拉列表中选择需要的形状，文档中的鼠标指针将变成+形状，按住鼠标左键并向右下角拖动鼠标指针，释放鼠标左键，即可绘制出所需的形状。

（2）保持形状的选中状态，在“绘图工具-格式”/“形状样式”组中单击“其他”按钮，在打开的下拉列表中可选择一种样式，在“绘图工具-格式”/“排列”组中可调整形状的层次排列关系。

（3）将鼠标指针移动到形状边框的控制点上，此时鼠标指针变成形状，按住鼠标左键并向左拖动可旋转形状。

任务实现

（一）插入并编辑文本框

利用文本框可以制作出特殊的文档版式，在文本框中可以输入文本，也可以插入图片。在文档中插入文本框时，可以使用 Word 2019 自带的文本框样式，也可以自己手动绘制横排或竖排文本框，具体操作如下。

微课：插入并编辑文本框

（1）创建并保存“公司简介.docx”文档，将插入点定位到文档开始位置，在“插入”/“文本”组中单击“文本框”按钮，在打开的下拉列表中选择“简单文本框”选项，如图 5-65 所示。

（2）在文档中插入一个文本框，拖动文本框周围的控制点调整文本框大小，然后在其中输入公司简介的文本内容，并删除不需要的部分，设置文本的字体格式为“黑体、小四”。选择文本框，在“绘图工具-格式”/“形状样式”组中单击“形状填充”按钮旁的下拉按钮，在打开的下拉列表中选择“无填充”选项，为文本框设置无填充效果，如图 5-66 所示。

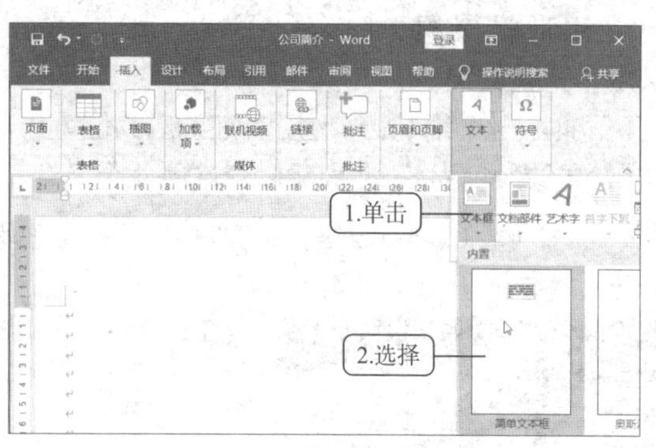

图 5-65　选择插入的文本框类型

选择

图 5-66　设置填充样式

（3）在“绘图工具-格式”/“形状样式”组中单击“形状轮廓”按钮旁的按钮，在弹出的下拉列表中选择“无轮廓”选项，为文本框设置无轮廓效果。

（4）在“绘图工具-格式”/“排列”组中单击“环绕文字”按钮，在打开的下拉列表中选择“浮于文字上方”选项，设置文本框的排列方式，如图 5-67 所示。

（5）用同样的方法创建两个文本框，分别输入“成都德胜科技有限公司”和“公司简介”文本，并分别设置其字体格式为“方正大黑简体、小一、黑色”和“等线、小初、蓝色”，如图 5-68 所示。

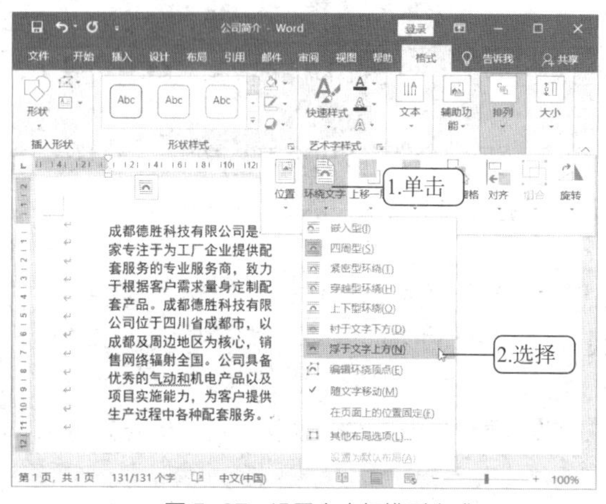

图 5-67　设置文本框排列方式

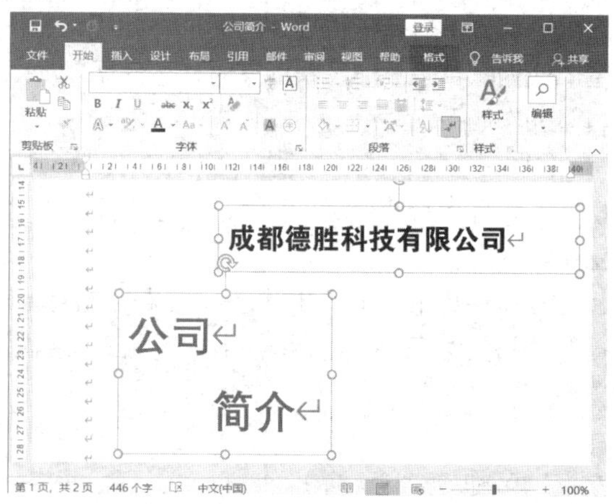

图 5-68　创建其他文本框

（二）插入图片

微课：插入图片

在 Word 2019 中，用户可根据需要将图片插入文档中，使文档更加美观。下面介绍在“公司简介.docx”文档中插入图片的方法，具体操作如下。

（1）将插入点定位到标题文本的左侧，在“插入”/“插图”组中单击“图片”按钮，在打开的下拉列表中选择“此设备”选项，如图 5-69 所示。

（2）在打开的“插入图片”对话框的“地址栏”中选择图片的保存位置，选择要插入的图片，这里选择“图片 1”，单击 插入(S) 按钮，如图 5-70 所示。

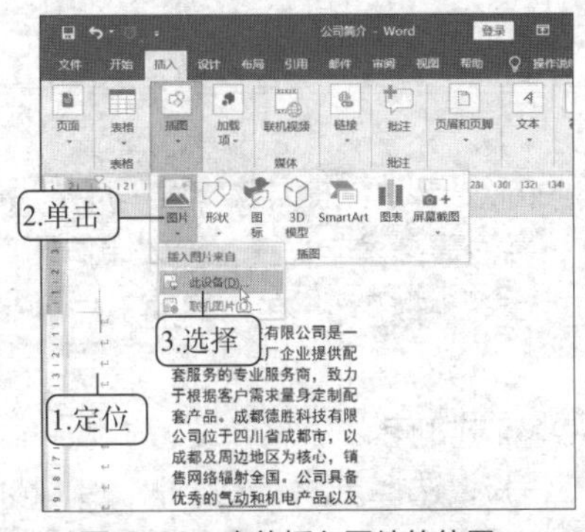

图 5-69　定位插入图片的位置

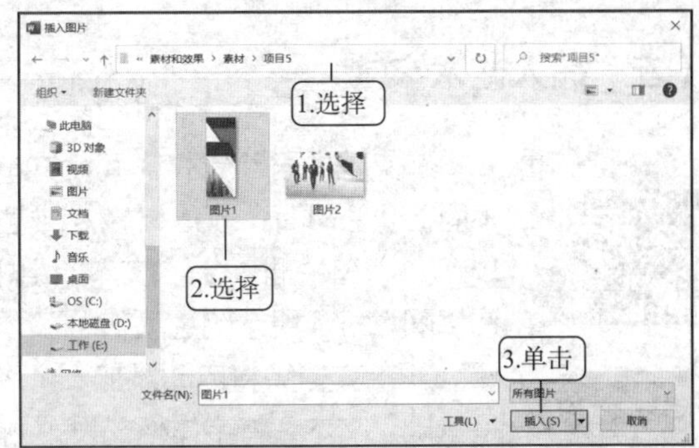

图 5-70　选择插入的图片

（3）选择插入的图片，在“图片工具-格式”/“排列”组中单击“环绕文字”按钮，在打开的下拉列表中选择“衬于文字下方”选项，如图 5-71 所示。

（4）移动图片将图片的顶角与页面顶角对齐，拖动四周的控制点调整图片大小，将图片调整到和文档页面一样的大小，如图 5-72 所示。

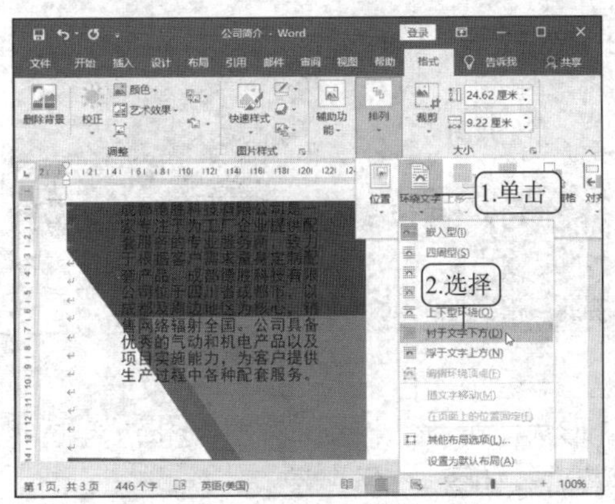

图 5-71　设置图片排列方式

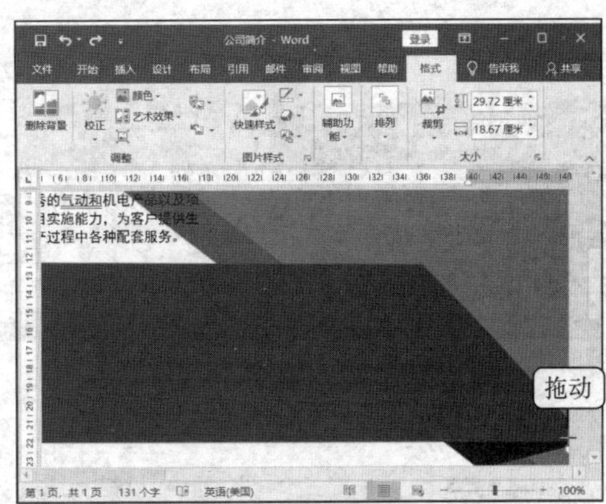

图 5-72　调整图片大小

（5）将创建的文本框拖动到文档中相应的位置，并设置右上角公司名称文本颜色为白色，如图 5-73 所示。

（6）在文档中插入“图片 2”图片，调整其大小和位置，并设置其排列方式为“衬于文字下方”。选择图片，在“图片工具-格式”/“图片样式”组的“快速样式”下拉列表中选择“柔化边缘椭圆”选项，设置图片显示效果，如图 5-74 所示。

图 5-73　调整文本框位置并设置文本颜色

图 5-74　设置图片样式

（三）插入艺术字

在文档中插入艺术字，可使文本呈现出不同的效果，达到提升文本美观度的目的。下面在“公司简介.docx”文档中插入艺术字，并设置艺术字样式，具体操作如下。

（1）在“插入”/“文本”组中单击“艺术字”按钮，在打开的下拉列表中选择图 5-75 所示的选项。

（2）文档中将自动添加一个带有默认文本样式的艺术字文本框，输入“服务是基础”文本，将字体格式设置为“黑体、二号”。选择艺术字文本框，将鼠标指针移至边框上，当鼠标指针变为形状时，按住鼠标左键不放，将其拖动到文档中相应的位置，如图 5-76 所示。

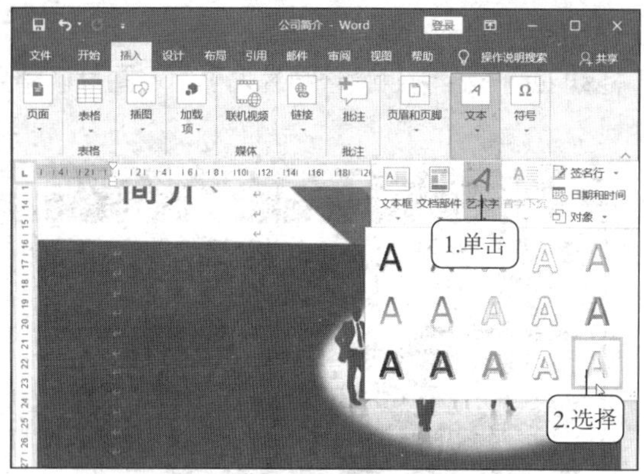

图 5-75　选择艺术字样式

图 5-76　输入艺术字文本

（3）选择艺术字文本框，在“绘图工具-格式”/“形状样式”组中的列表框中选择“半透明-蓝色，强调颜色 1，无轮廓”选项，为艺术字设置形状样式，如图 5-77 所示。

（4）用同样的方式再插入两个艺术字文本框，分别输入“专业是核心”和“品质是保障”文本，设置字体格式为“黑体、二号”，并分别设置形状样式为“半透明-绿色，强调颜色 6，无轮廓”和“半透明-橙色，强调颜色 2，无轮廓”，如图 5-78 所示。

图 5-77　设置艺术字形状样式

图 5-78　插入其他艺术字并设置形状样式

（四）插入 SmartArt 图形

SmartArt 图形主要用于在文档中制作流程图、结构图或关系图等图示内容，它具有结构清晰、样式美观等特点。下面介绍在“公司简介.docx”文档中插入 SmartArt 图形的方法，具体操作如下。

微课：插入 SmartArt 图形

（1）在文档第二页中插入“图片 3”图片，并设置其与页面一样大，在其中输入公司经营项目和公司组织结构等文本。将插入点定位到“二、公司组织结构”对应段落第 3 行下，在“插入”/“插图”组中单击“SmartArt”按钮，如图 5-79 所示。

（2）在打开的“选择 SmartArt 图形”对话框中选择“层次结构”选项，在右侧选择“组织结构图”选项，单击 确定 按钮，如图 5-80 所示。

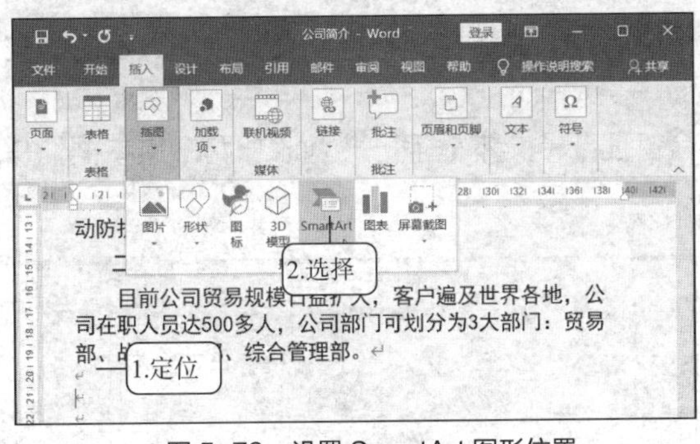

图 5-79　设置 SmartArt 图形位置

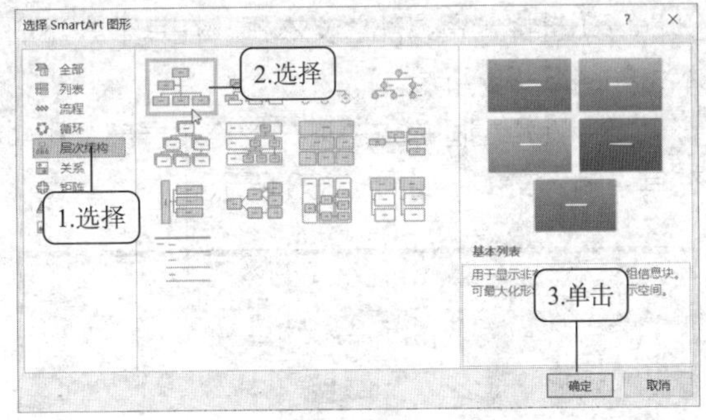

图 5-80　选择 SmartArt 图形类型

（3）插入 SmartArt 图形后，在左侧的 3 个文本框中分别输入“董事会”“监事会”“总经理”文本。按住“Ctrl”键，同时选择其他两个文本框，在“SmartArt 工具-设计”/“创建图形”组中单击 降级 按钮，如图 5-81 所示。

（4）两个文本框将被调整到“总经理”文本框下方，选择其中一个文本框，在“SmartArt 工具-设计”/“创建图形”组中单击 添加形状 按钮旁的下拉按钮，在打开的下拉列表中选择“在后面添加形状”选项，如图 5-82 所示。

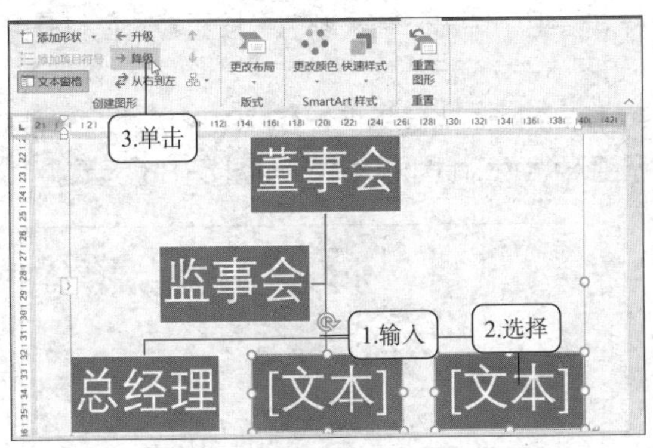

图 5-81　输入文本并降级文本框

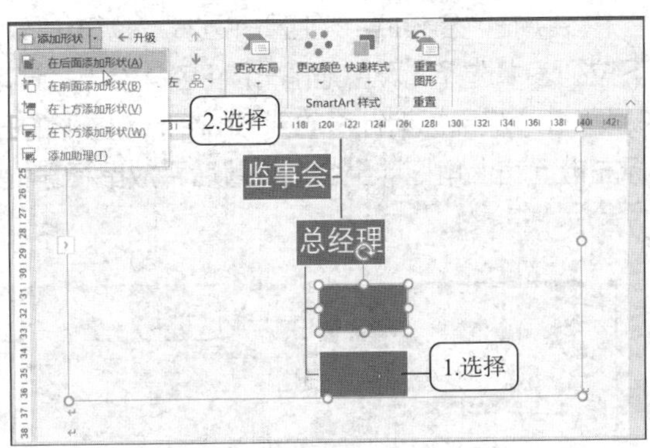

图 5-82　更改组织结构图布局

（5）选择“总经理”文本框，在“SmartArt 工具-设计”/“创建图形”组中单击“布局”按钮，在打开的下拉列表中选择“标准”选项，如图 5-83 所示。

（6）将 3 个文本框以水平方式排列，在文本框中单击鼠标右键，在弹出的快捷菜单中选择“编辑文字”命令，分别在其中输入“贸易部”“战略发展部”“综合管理部”文本，如图 5-84 所示。

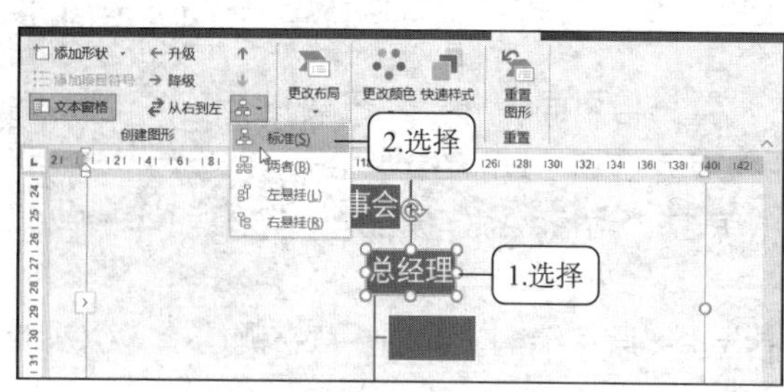

图 5-83　更改组织结构图布局

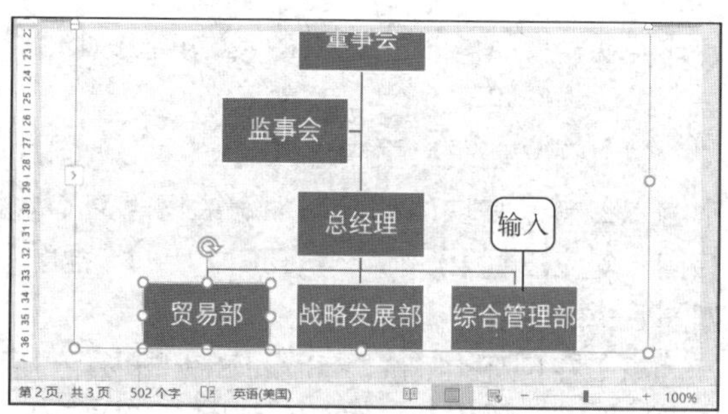

图 5-84　输入文本

（7）选择“贸易部”文本框，在其下方添加 4 个文本框，并调整其布局，在其中输入相应的文本，如图 5-85 所示。

（8）使用相同的方法在“战略发展部”和“综合管理部”文本框下方分别添加两个文本框，并在其中输入文本，如图 5-86 所示。

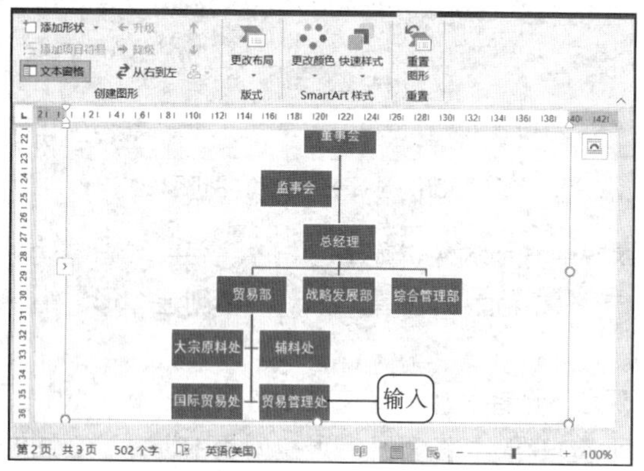

图 5-85　添加文本框并调整布局

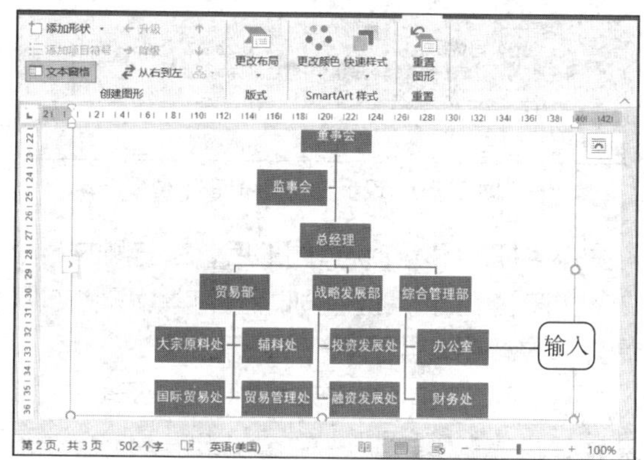

图 5-86　添加其他文本框并调整布局

（9）在“SmartArt 工具-设计”/“SmartArt 样式”组中单击“更改颜色”按钮，在打开的下拉列表中选择“彩色范围-个性色 4 至 5”选项，如图 5-87 所示。

（10）将鼠标指针移动到 SmartArt 图形的右下角控制点上，当鼠标指针变成形状时，按住鼠标左键向左上角拖动至合适位置后释放鼠标左键，调整 SmartArt 图形大小，如图 5-88 所示。

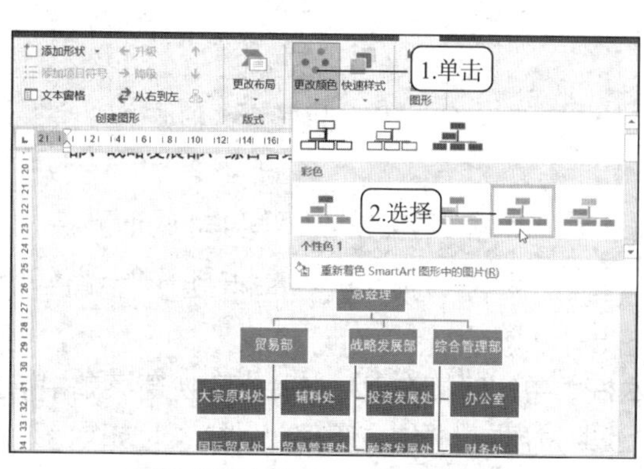

图 5-87　更改 SmartArt 图形颜色

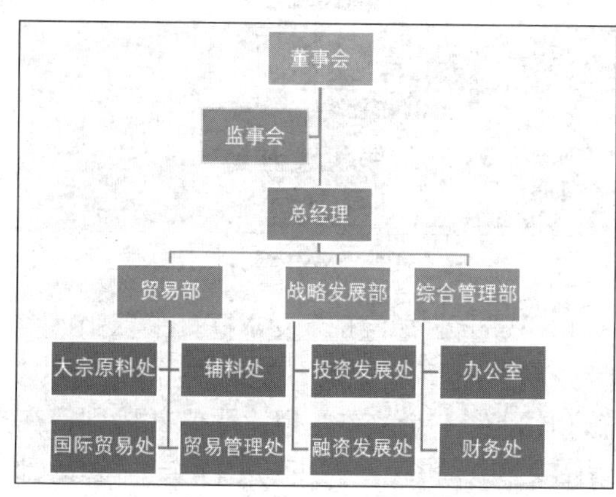

图 5-88　调整 SmartArt 图形大小

（五）添加封面

公司简介通常会设置封面，在 Word 2019 中为“公司简介.docx”设置封面，具体操作如下。

（1）在“插入”/“页面”组中单击“封面”按钮，在打开的下拉列表中选择“镶边”选项，如图 5-89 所示。

（2）在“文档标题”文本框处单击，输入“公司简介”文本，在“公司简介”文本框处输入“成都德胜科技有限公司”文本，如图 5-90 所示。

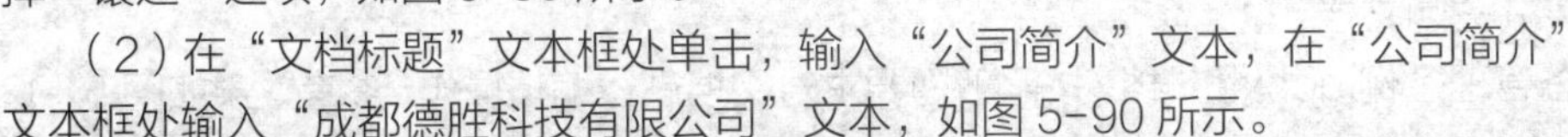

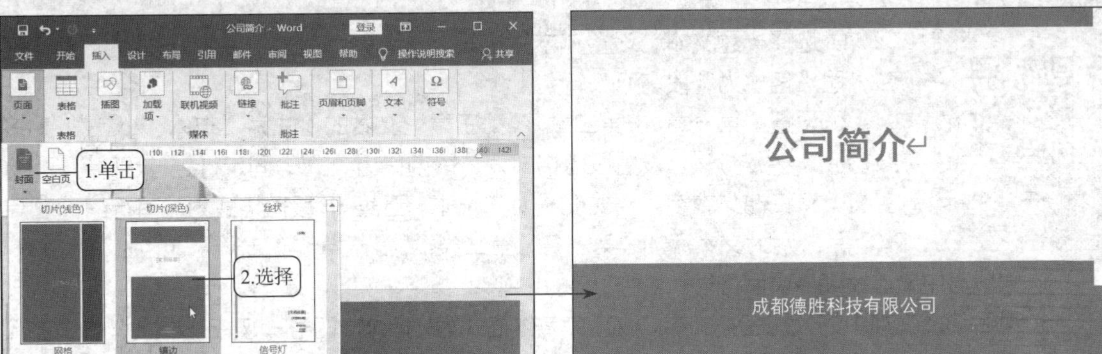

图 5-89　选择封面样式　　　　图 5-90　输入标题和副标题

（3）选择其他文本框，单击鼠标右键，在弹出的快捷菜单中选择“删除行”命令。使用相同方法删除不需要的文本框。

（4）保存文档。

课后练习

操作题

（1）启动 Word 2019，按照下列要求对文档进行操作，参考效果如图 5-91 所示。

图 5-91　“1 周年庆典”文档

制作“1周年庆典”

① 新建空白文档，将其以“1 周年庆典.docx”为名进行保存，在文档中插入“1 周年庆典.jpg”图片，设置图片环绕方式为“衬于文字下方”，并将图片大小调整为与文档页面大小一致。

② 插入艺术字，设置其样式为“渐变填充-蓝色，主题 5：映像”，在其中输入“周年巨惠 巅峰让利”，设置其字体格式为“方正大黑简体、48、红色”。

③ 插入文本框并输入文本，设置文本字体格式为“方正兰亭黑、一号、红色”。

④ 完成后保存并关闭文档。

（2）打开“设备管理条例.docx”文档，按照下列要求对文档进行编辑操作，参考效果如图 5-92 所示。

制作“设备管理条例”的方法

① 选择标题文本，设置其字体格式为“黑体、二号”，对齐方式为“居中对齐”，段落格式为“段前 0.5 行”。

② 设置“第一章”“第二章”“第三章”文本的格式为“宋体、小二”，对齐方式为“居中对齐”。设置段落格式为“段前段后 1 行、固定行距 25 磅”。

③ 将其他文本字体格式设置为“宋体、五号”，段落格式为“首行缩进 2 字符”，并分别为文本添加“第一条，第二条”“第一类，第二类”“1.2.3.”等编号。

④ 为段落中文本添加◆项目符号。

⑤ 最后选择文档中的公司名称文本，设置其字体格式为“黑体，四号”，对齐方式为“右对齐”。

公司办公设备管理条例

第一章 总则

第一条 为规范公司办公设备的计划、购买、领用、维护、报废等管理，特制定本办法。

第二条 本办法自下发之日起实施，原《办公设备管理办法》（泰晋商字[2002]009 号）作废。

第三条 本办法适用于商用空调公司各部门。管理部是公司办公设备的管理部门，负责审批及监控各部门办公设备的申购及使用情况，负责办公设备的验收、发放和管理等工作；财务部负责办公设备费用的监控。

第四条 使用部门和个人负责办公设备的日常保养、维护及管理。

第五条 本办法所指以下办公设备（电脑、打印机及其耗材不适用于本办法）。

1. **耐设备**

第一类： 办公家具，如各类办公桌、办公椅、会议椅、档案柜、沙发、茶几、电脑桌、保险箱及室内非电器类较大型的办公陈设等。

第二类： 办公设备类，如电话、传真机、复印机、碎纸机、摄像机、幻灯机、（数码）照相机、电视机、电风扇、电子消毒碗柜、音响器材及相应耗材（机器耗材、复印纸）等。

2. **低值易耗品**

第一类： 办公文具类，如铅笔、胶水、单（双）面胶、图钉、回形针、笔记本、信封、便笺、订书钉、复写纸、荧光笔、涂改液、剪刀、签字笔、白板笔、大头针、纸类印刷品等。

第二类： 生活设备，如面巾纸、布碎、纸球、茶具等。

第二章 办公设备的费用控制及领用流程

办公设备申购实行费用预算制度，各部门本着实事求是，节约经营成本的原则，于每年年初编制本部门本年度办公设备费用预算并报管理部审批，每月办公设备的购置应严格按照审批的部门办公设备费用预算编制月度领用计划，具体流程如下。

◆ **耐用办公设备：** 填写“办公设备购置需求表”→部门负责人审核→管理部门→财务部→总经理审批→购置使用。

◆ **低值易耗品办公设备：** 填写“办公/生活设备领用计划表”（各部门，每月 2 日前）→部门负责人审核→管理部门审批→汇总（管理部，每月 4 日前）→财务部审核→管理部门审批→营运发展部行政→领取发放（每月 10 日后）。

第三章 办公设备的使用、保养、维修和报废

第一条 各类办公设备应爱惜使用、厉行节约，打印或复印资料时纸张要双面使用；回形针、大头针应重复使用，不得随意丢弃；圆珠笔应更换笔芯使用。

第二条 各类办公设备的保养，主要由各部门自行负责，管理部门将进行不定期检查。

第三条 各部门办公设备在日常使用中，发现有故障或损坏，应及时通知管理部门安排维修（主指第一、二类办公设备）。

第四条 价值低于 1000 元的办公设备（主指第二、二类）的报废流程如下。

a) 填写“办公设备报废单”→部门负责人审核→专业维修人员鉴定→管理部门复核→总经理审批→废品公司回收。

四川东晟科技有限责任公司

图 5-92 “设备管理条例”文档

项目六 排版文档

06

Word 2019 不仅可以实现简单的图文编辑，还能实现长文档的编辑和版式设计。本项目将通过 3 个典型任务，介绍使用 Word 2019 对文档进行排版的方法，包括在文档中插入与编辑表格内容、使用样式控制文档格式、页面设置、排版和打印设置等。

课堂学习目标

- 制作用人需求申请表。
- 排版工作简报。
- 排版和打印员工手册。

任务一 制作用人需求申请表

任务要求

小李所在的技术部需要扩充人员，要制作一份用人需求申请表，填写申请表后经过领导审批才能进行人员招聘。领导安排小李制作用人需求申请表。参考效果如图 6-1 所示。制作用人需求申请表的要求如下。

- 输入标题“用人需求申请表”文本，设置字体格式为“宋体、二号、居中对齐”。
- 创建一个 5 列 14 行的表格，将鼠标指针移动到表格右下角的控制点上，拖动鼠标指针调整表格高度。
- 对相应的行、列单元格进行合并。
- 在表格对应的位置输入图 6-1 所示的文本，然后设置对齐方式为“水平居中对齐”，并设置签字行单元格中文本对齐方式为“靠下居中对齐”。
- 设置表格外边框为 1.5 磅的“单实线”。

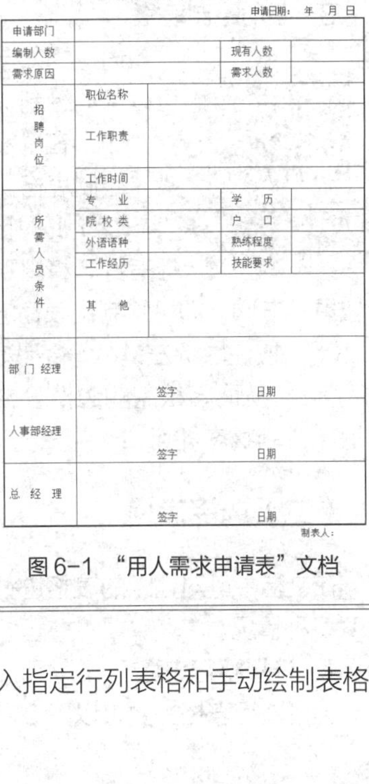

用人需求申请表

申请日期： 年 月 日

申请部门				
编制人数			现有人数	
需求原因			需求人数	
招聘岗位	职位名称			
	工作职责			
	工作时间			
所需人员条件	专　业		学　历	
	院 校 类		户　口	
	外语语种		熟练程度	
	工作经历		技能要求	
	其　他			
部 门 经理	签字		日期	
人事部经理	签字		日期	
总 经 理	签字		日期	

制表人：

图 6-1 “用人需求申请表”文档

相关知识

（一）插入表格的几种方式

在 Word 2019 中插入表格的方式主要有插入自动表格、插入指定行列表格和手动绘制表格 3 种，下面分别介绍。

1. 插入自动表格

微课：插入自动表格

插入自动表格的具体操作如下。

（1）将插入点定位到需要插入表格的位置，在“插入”/“表格”组中单击“表格”按钮。

（2）在打开的下拉列表中将鼠标指针移动到“插入表格”栏的某个单元格上，此时呈红色边框显示的单元格为将要插入的单元格，如图 6-2 所示。

（3）单击即可完成插入表格操作。

2. 插入指定行列表格

插入指定行列表格的具体操作如下。

微课：插入指定行列表格

（1）将插入点定位到需要插入表格的位置，在“插入”/“表格”组中单击“表格”按钮，在打开的下拉列表中选择“插入表格”选项，打开“插入表格”对话框。

（2）在该对话框中可以自定义插入表格的列数和行数，单击确定按钮即可创建表格，如图 6-3 所示。

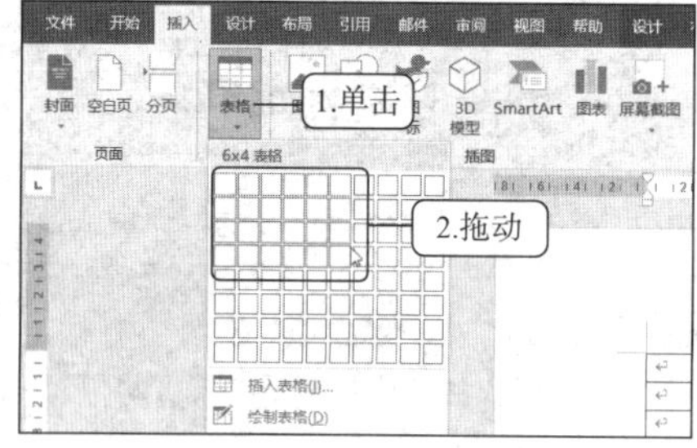

图 6-2　插入自动表格

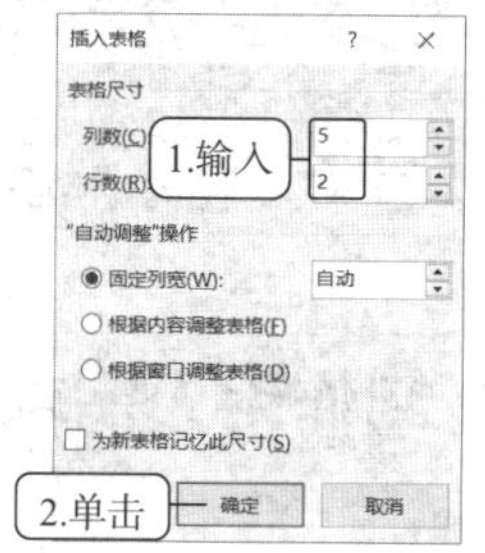

图 6-3　插入指定行列表格

3. 手动绘制表格

微课：手动绘制表格

通过插入自动表格的方式只能插入比较规则的表格，对于一些较复杂的表格，可以手动绘制，具体操作如下。

（1）在“插入”/“表格”组中单击“表格”按钮，在打开的下拉列表中选择“绘制表格”选项。

（2）此时鼠标指针呈✎形状，在需要插入表格的地方按住鼠标左键并拖动鼠标指针，将出现一个虚线框显示的表格，拖动鼠标指针调整虚线框到适当大小后释放鼠标左键，即可绘制出表格的边框。

（3）按住鼠标左键从一条线的起点拖动至终点，释放鼠标左键，即可在表格中画出横线、竖线和斜线，从而将绘制的边框分成若干单元格，并形成各种样式的表格，表格绘制完成后，按“Esc”键退出绘制状态即可。

（二）选择表格

在文档中可对插入的表格进行调整，调整表格前需先选择表格。在 Word 2019 中选择表格有以下 3 种情况。

1. 选择整行表格

选择整行表格主要有以下 2 种方法。

- 将鼠标指针移至表格左侧，当鼠标指针呈↗形状时，单击可以选择整行。如果按住鼠标左键并向上或向下拖动鼠标指针，则可以选择多行表格。
- 在需要选择的行列中单击任意单元格，在“表格工具-布局”/“表”组中单击“选择”按钮，在打开的下拉列表中选择“选择行”选项即可选择相应行。

2. 选择整列表格

选择整列表格主要有以下 2 种方法。

- 将鼠标指针移动到表格顶端，当鼠标指针呈⬇形状时，单击可选择整列。如果按住鼠标左键并向左或向右拖动鼠标指针，则可选择多列表格。
- 在需要选择的行列中单击任意单元格，在“表格工具-布局”/“表”组中单击“选择”按钮，在打开的下拉列表中选择“选择列”选项即可选择相应列。

3. 选择整个表格

选择整个表格主要有以下 3 种方法。

- 将鼠标指针移动到表格边框线上，单击表格左上角的“全选”按钮⊞，可选择整个表格。
- 在表格内部拖动鼠标指针选择整个表格。
- 在表格内单击任意单元格，在“表格工具-布局”/“表”组中单击“选择”按钮，在打开的下拉列表中选择“选择表格”选项即可选择整个表格。

（三）将表格转换为文本

微课：将表格转换为文本

将表格转换为文本的具体操作如下。

（1）单击表格左上角的“全选”按钮⊞，选择整个表格，在“表格工具-布局”/“数据”组中单击“转换为文本”按钮。

（2）打开“表格转换成文本”对话框，在其中选择合适的文字分隔符，单击确定按钮，即可将表格转换为文本。

（四）将文本转换为表格

微课：将文本转换为表格

将文本转换为表格的具体操作如下。

（1）拖动鼠标指针选择需要转换为表格的文本，在“插入”/“表格”组中单击“表格”按钮，在打开的下拉列表中选择“文本转换成表格”选项。

（2）在打开的“将文字转换成表格”对话框中根据需要设置表格尺寸和文本分隔符位置，完成后单击确定按钮，即可将文本转换为表格。

任务实现

（一）绘制用人需求申请表框架

微课：绘制用人需求申请表框架

在使用 Word 2019 制作表格时，最好先在纸上绘制出表格的草图，规划好行列数，再在 Word 2019 中绘制表格框架，具体操作如下。

（1）新建文档并将其保存为“用人需求申请表.docx”，在文档第一行输入“用人需求申请表”文本，并将字体格式设置为“宋体、二号、居中对齐”，在第二行中输入“申请日期： 年 月 日”文本，将其字体格式设置为“宋体、五号、右对齐”。

（2）将插入点定位到第三行中，在“插入”/“表格”组中单击“表格”按钮，在打开的下拉列表中选择“插入表格”选项，如图 6-4 所示，打开“插入表格”对话框。

（3）分别在“列数”和“行数”数值框中输入“5”和“14”，单击 确定 按钮，如图 6-5 所示。

（4）返回文档即可查看插入的表格效果，通过右下角的控制点调整表格高度，如图 6-6 所示。

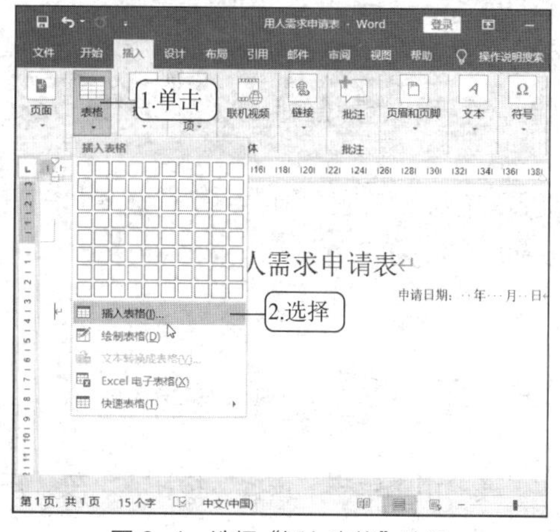

图 6-4　选择“插入表格”选项

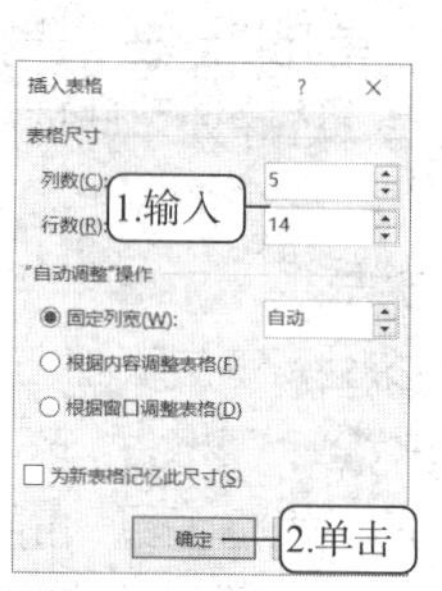

图 6-5　设置表格行列数

图 6-6　插入的表格效果

（二）编辑用人需求申请表

微课：编辑用人需求申请表

在制作表格的时候，通常需要在指定位置插入行和列，或将多余的表格合并或拆分等，以满足实际需要，具体操作如下。

（1）拖动鼠标指针，选择表格第 1 行中的第 2～5 列单元格，在“表格工具-布局”/“合并”组中单击“合并单元格”按钮，如图 6-7 所示。

（2）返回文档可以看到选择的单元格已合并，用相同的方法分别合并第 2、3 行中的第 2 列和第 3 列单元格，第 4、5、6 行的第 3～5 列单元格，如图 6-8 所示。

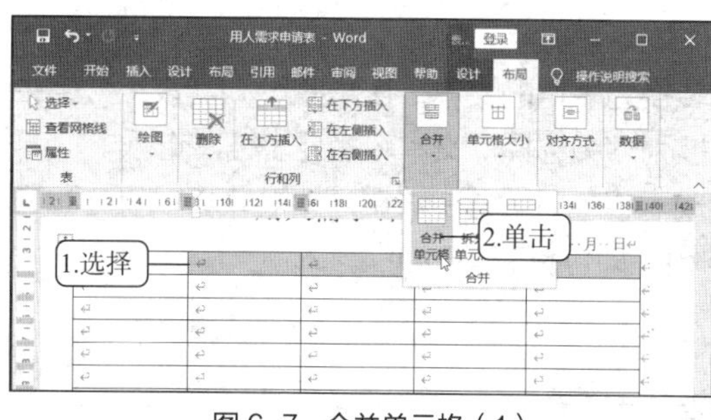

图 6-7　合并单元格（1）

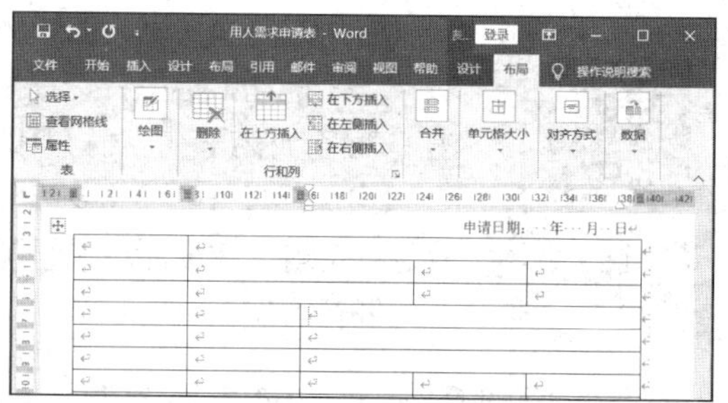
图 6-8　合并单元格（2）

（3）分别合并第 11 行的第 3～5 列单元格，第 12～14 行的第 2～5 列单元格，如图 6-9 所示。

（4）分别合并第 1 列的第 4～6 行单元格，和第 1 列的第 7～11 行单元格，如图 6-10 所示。

（5）将鼠标指针移动到第 1 行左侧，当其变为形状时，选择该行单元格，在“表格工具-布局”/“单元格大小”组中的“高度”数值框中输入“0.8 厘米”，如图 6-11 所示。

（6）用同样的方法分别选择第 5 行单元格和第 11～14 行单元格的高度为 2.4 厘米，其他行单元格高度为 0.8 厘米，如图 6-12 所示。

图 6-9　合并单元格（3）

用人需求申请表

申请日期：年月日

图 6-10　合并单元格（4）

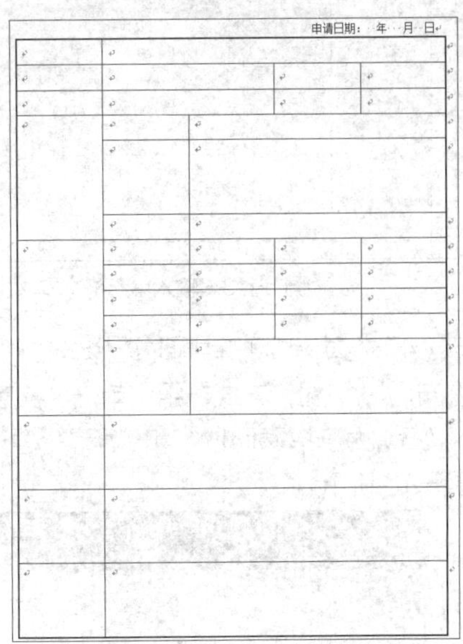

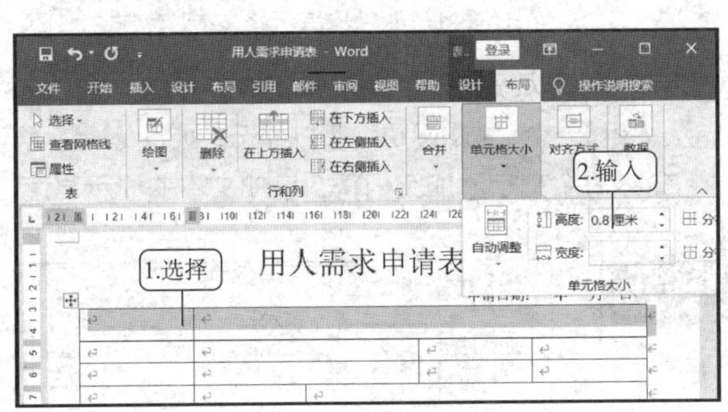

图 6-11　选择行单元格

图 6-12　设置单元格高度

提示　选择整行或整列单元格，单击鼠标右键，在弹出的快捷菜单中选择相应的命令，也可实现单元格的插入、删除和合并等操作，如选择“插入”/“在左侧插入列”命令，可以在选择列的左侧插入一列空白单元格；将鼠标指针移动到两行单元格之间，当出现⊕按钮时单击，即可在下方插入一行单元格。

（三）输入并编辑表格内容

将表格框架编辑好后，就可以在表格中输入相关的表格内容，并设置对应的格式，具体操作如下。

微课：输入与编辑表格内容

（1）在表格中对应的单元格中输入相关的文本内容。

（2）拖动鼠标指针选择表格中所有的单元格，在“表格工具-布局”/“对齐方式”组中单击“水平居中”按钮，将单元格中的文本全部设置为水平居中对齐显示，效果如图 6-13 所示。

（3）拖动鼠标指针同时选择第 12～14 行单元格中的签字行，在“表格工具-布局”/“对齐方式”组中单击“靠下居中对齐”按钮，将选择文本全部设置为靠下居中对齐显示，如图 6-14 所示。

申请日期：年 月 日				
申请部门				
编制人数			现有人数	
需求原因			需求人数	
招聘岗位	职位名称			
	工作职责			
	工作时间			
所需人员条件	专业		学历	
	院校类		户口	
	外语语种		熟练程度	
	工作经历		技能要求	
	其他			
部门经理	签字 日期			
人事部经理	签字 日期			

图 6-13 输入单元格文本

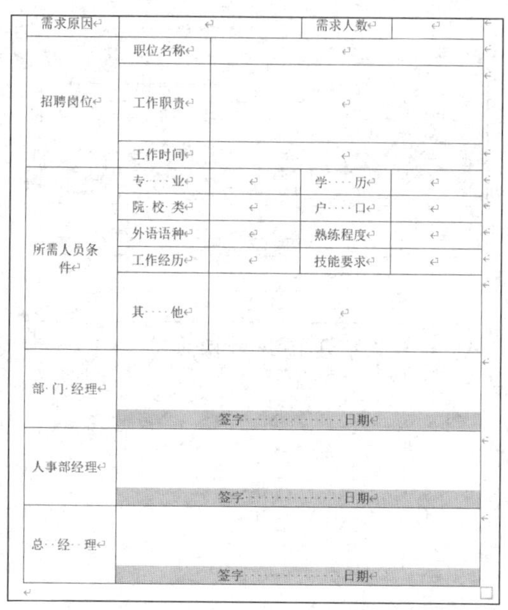

需求原因			需求人数	
招聘岗位	职位名称			
	工作职责			
	工作时间			
所需人员条件	专业		学历	
	院校类		户口	
	外语语种		熟练程度	
	工作经历		技能要求	
	其他			
部门经理	签字 日期			
人事部经理	签字 日期			
总经理	签字 日期			

图 6-14 设置单元格文本对齐方式

（4）拖动鼠标指针同时选择“招聘岗位”和“所需人员条件”两个单元格的文本，在“表格工具-布局”/“对齐方式”组中单击“文字方向”按钮，将文本设置为竖排显示，如图 6-15 所示。

（5）为“招聘岗位”和“所需人员条件”文本每个文字添加空格符，增加文本的显示高度，如图 6-16 所示。

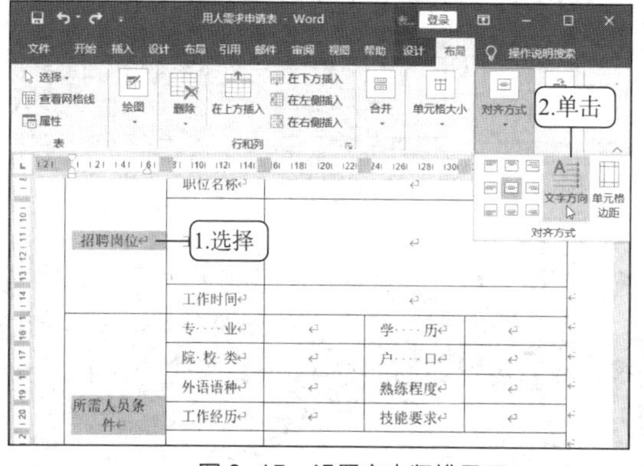

图 6-15 设置文本竖排显示

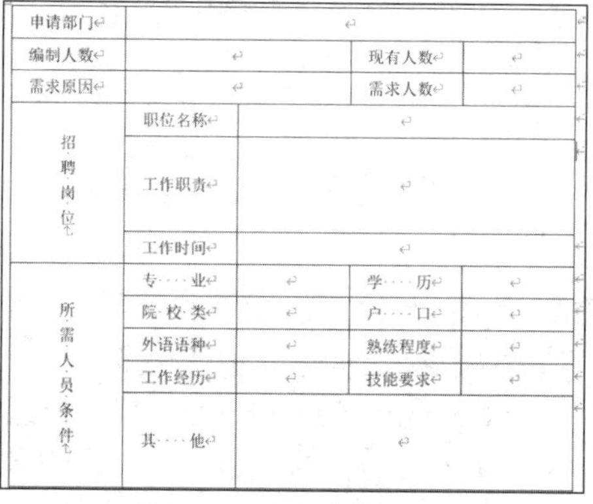

申请部门				
编制人数			现有人数	
需求原因			需求人数	
招聘岗位	职位名称			
	工作职责			
	工作时间			
所需人员条件	专业		学历	
	院校类		户口	
	外语语种		熟练程度	
	工作经历		技能要求	
	其他			

图 6-16 添加空格符后效果

（四）设置与美化表格

完成对表格内容的编辑后，还可以设置表格的边框和填充颜色，以美化表格，具体操作如下。

（1）选择整个表格，在“表格工具-设计”/“边框”组中单击“边框”按钮，在打开的下拉列表中选择“边框和底纹”选项，如图 6-17 所示。

（2）打开“边框和底纹”对话框，在“设置”栏中选择“虚框”选项，在“样式”列表框中选择“═══”选项，设置“宽度”为“1.5 磅”，单击“确定”按钮，如图 6-18 所示。

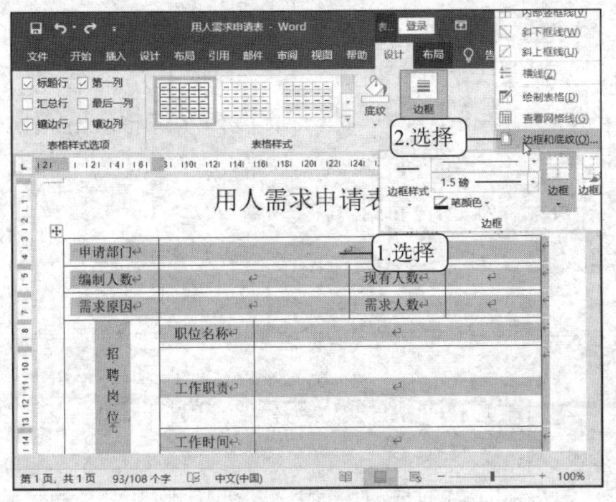

图 6-17　选择表格

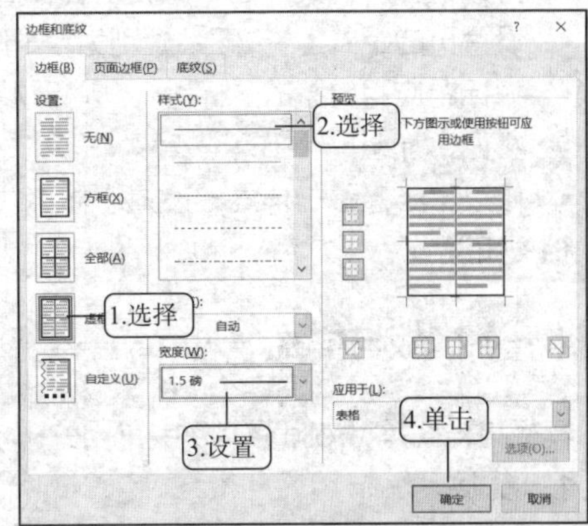

图 6-18　设置边框宽度

（3）返回文档可以查看到边框设置的效果，如图 6-19 所示。

（4）在表格下面输入“制表人”文本，将其对齐方式设置为“右对齐”，完成表格的制作，如图 6-20 所示。

申请部门				
编制人数			现有人数	
需求原因			需求人数	
招聘岗位	职位名称			
	工作职责			
	工作时间			
所需人员条件	专业		学历	
	院校类		户口	
	外语语种		熟练程度	
	工作经历		技能要求	
	其他			

图 6-19　外边框设置的效果

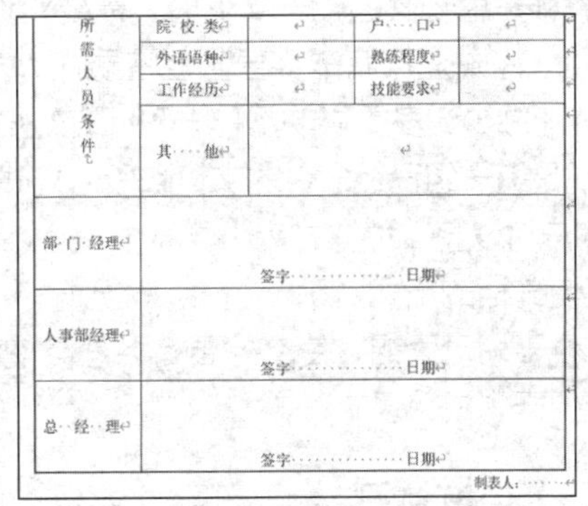

所需人员条件	院校类		户口	
	外语语种		熟练程度	
	工作经历		技能要求	
	其他			
部门经理	签字…………日期			
人事部经理	签字…………日期			
总经理	签字…………日期			

制表人：

图 6-20　表格最终效果

任务二　排版工作简报

任务要求

小李在某企业的行政部门工作，公司每一期的工作简报都由小李负责编辑和排版。小李准备好工作简报的文字内容后，利用 Word 2019 对工作简报进行重新设计制作，完成后的参考效果如图 6-21 所示，具体操作要求如下。

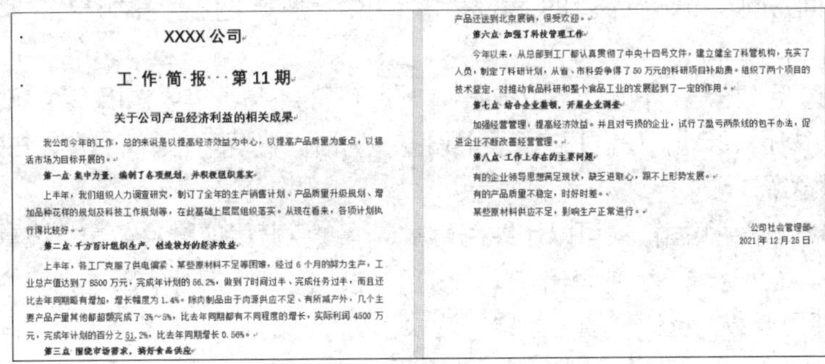

XXXX 公司

工作简报　第 11 期

关于公司产品经济利益的相关成果

我公司今年的工作，总的来说是以提高经济效益为中心，以提高产品质量为重点，以搞活市场为目标开展的。

第一点 集中力量，编制了各项规划，并积极组织落实

上半年，我们组织人力调查研究，制订了全年的生产销售计划、产品质量升级规划、增加品种花样的规划及科技工作规划等，在此基础上层层组织落实。从现在看来，各项计划执行得比较好。

第二点 千方百计组织生产，创造较好的经济效益

上半年，各工厂克服了供电偏紧、某些原材料不足等困难，经过 6 个月的努力生产，工业总产值达到了 8500 万元，完成年计划的 56.2%，做到了时间过半、完成任务过半，而且还比去年同期略有增加，增长幅度为 1.4%。除肉制品由于肉源供应不足、有所减产外，几个主要产品产量其他都超额完成了 3%～5%，比去年同期都有不同程度的增长，实际利润 4500 万元，完成年计划的百分之 51.2%，比去年同期增长 0.56%。

第三点 围绕市场需求，搞好食品供应

产品还送到北京展销，很受欢迎。

第六点 加强了科技管理工作

今年以来，从总部到工厂都认真贯彻了中央十四号文件，建立健全了科管机构，充实了人员，制定了科研计划，从省、市科委争得了 50 万元的科研项目补助费。组织了两个项目的技术鉴定，对推动食品科研和整个食品工业的发展起到了一定的作用。

第七点 结合企业整顿，开展企业调查

加强经营管理，提高经济效益。并且对亏损的企业，试行了盈亏两条线的包干办法，促进企业不断改善经营管理。

第八点 工作上存在的主要问题

有的企业领导思想满足现状，缺乏进取心，跟不上形势发展。

有的产品质量不稳定，时好时差。

某些原材料供应不足，影响生产正常进行。

公司社会管理部
2021 年 12 月 25 日

图 6-21 “工作简报”文档

- 打开文档，将页面的“宽度”和“高度”分别设置为“20 厘米”和“28 厘米”。
- 设置页边距“上”“下”分别为“1 厘米”，设置页边距“左”“右”分别为“1.5 厘米”。
- 为标题应用内置的“标题”“副标题”样式，新建“小标题”样式，设置字体格式为“黑体、小四、加粗”。
- 修改“小标题”样式，设置字体格式为“仿宋、小四、加粗”。

相关知识

（一）模板与样式

模板与样式是 Word 2019 中常用的排版工具，下面分别介绍模板与样式的相关知识。

1. 模板

Word 2019 的模板是一种固定样式的框架，包含相应的文字和样式。新建模板的方法是打开想要作为模板使用的 Word 文档，打开“另存为”对话框，设置好文件名后，在“保存类型”下拉列表中选择“Word 模板（*.dotx）”选项，单击保存(S)按钮即可。

2. 样式

在编排一篇长文档或一本书时，需要对许多文字和段落进行相同的排版工作，如果只利用字体格式和段落格式进行编排，费时且容易让人产生厌烦情绪，更重要的是很难使文档格式保持一致。使用样式能减少许多重复的操作，确保在短时间内编排出高质量的文档。

样式是指一组已经命名的字符和段落格式。它设定了文档中标题、题注及正文等各个文档元素的格式。用户可以将一种样式应用于某个段落，或段落中选择的字符。样式应用于文档主要有以下作用。

- 使文档的格式更统一。
- 便于构筑大纲，使文档更有条理，使编辑和修改更简单。
- 便于生成目录。

（二）页面版式

设置文档页面版式包括设置页面大小、页面方向和页边距，设置页面背景，添加水印，设置主题等，这些设置将应用于文档的所有页面。

1. 设置页面大小、页面方向和页边距

Word 2019 中默认的“页面大小”为“A4”（21 厘米×29.7 厘米），“页面方向”为“纵向”，“页边距”为“普通”，在“布局”/“页面设置”组中单击相应的按钮便可进行修改。

- 单击“纸张大小”按钮下方的下拉按钮，在打开的下拉列表中选择一种页面大小选项，或选择“其他页面大小”选项，在打开的“页面设置”对话框中设置文档的宽度和高度。
- 单击“页面方向”按钮下方的下拉按钮，在打开的下拉列表中选择“横向”选项，可将页面设置为横向。
- 单击“页边距”按钮下方的下拉按钮，在打开的下拉列表中选择一种页边距选项，或选择“自定义页边距”选项，在打开的“页面设置”对话框中设置上、下、左、右的页边距的值。

2. 设置页面背景

在 Word 2019 中，页面背景可以是纯色背景、渐变色背景或图片背景。设置页面背景的方法是：在“设计”/“页面背景”组中单击“页面颜色”按钮，在打开的下拉列表中选择一种页面背景颜色，可设置纯色背景；选择“填充效果”选项，在打开的“填充效果”对话框中单击“渐变”“图片”等选项卡，可设置渐变色背景和图片背景等。

3. 添加水印

制作办公文档时，可为文档添加水印背景，如添加“机密”水印等。添加水印的方法是：在“设计”/“页面背景”组中单击“水印”按钮，在打开的下拉列表中选择一种水印效果。

4. 设置主题

应用主题可快速更改文档整体效果，统一文档风格。设置主题的方法是：在“设计”/“文档格式”组中单击“主题”按钮，在打开的下拉列表中选择一种主题样式，文档的颜色和字体等将发生变化。

任务实现

（一）设置页面大小和页边距

在 Word 2019 中，页面大小是默认设置的，常规使用的是 A4 版面（宽度 21 厘米，高度 29.7 厘米）。使用时可根据文档内容自定义页面大小和页边距，具体操作如下。

微课：设置页面大小和页边距

（1）打开“工作简报.docx”文档，在“布局”/“页面设置”组中单击“对话框启动器”按钮，如图 6-22 所示。

（2）打开“页面设置”对话框，单击“纸张”选项卡，在“纸张大小”下拉列表中选择“自定义大小”选项，分别在“宽度”和“高度”数值框中输入“20 厘米”和“28 厘米”，如图 6-23 所示。

（3）单击“页边距”选项卡，在“页边距”栏中的“上”“下”数值框中分别输入“1 厘米”，在“左”“右”数值框中分别输入“1.5 厘米”，单击确定按钮，如图 6-24 所示。

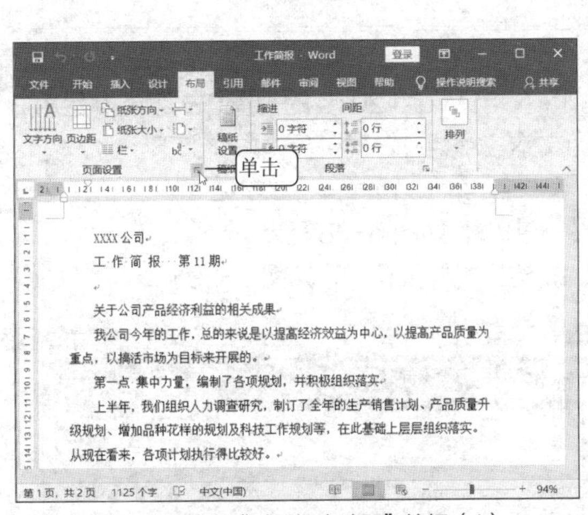

图 6-22　单击“对话框启动器”按钮（1）

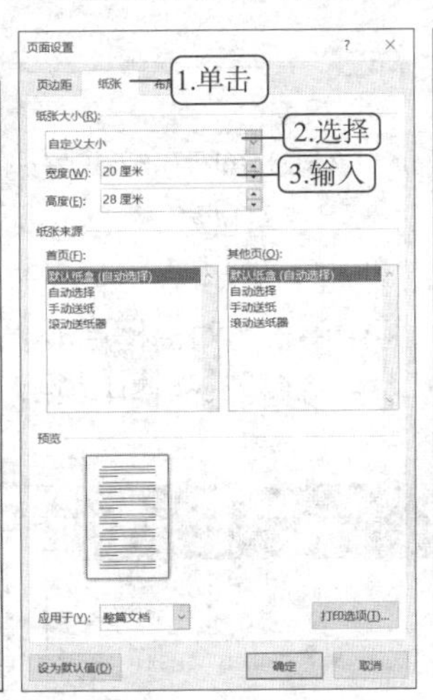

图 6-23　设置页面大小

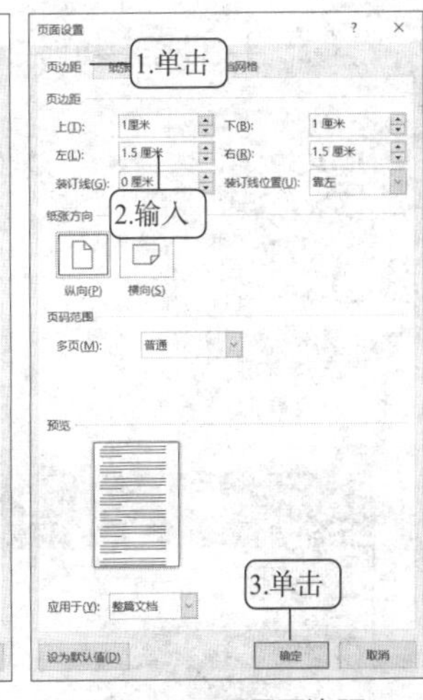

图 6-24　设置页边距

（4）返回文档编辑区，可查看设置页面大小和页边距后的效果，如图 6-25 所示。

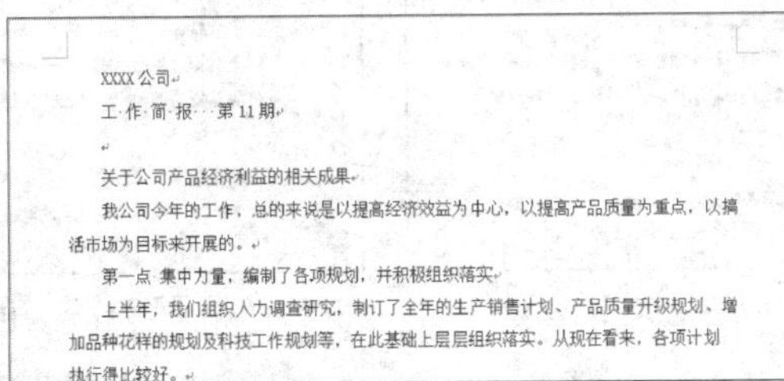

XXXX 公司

工 作 简 报　第 11 期

关于公司产品经济利益的相关成果

我公司今年的工作，总的来说是以提高经济效益为中心，以提高产品质量为重点，以搞活市场为目标来开展的。

第一点 集中力量，编制了各项规划，并积极组织落实

上半年，我们组织人力调查研究，制订了全年的生产销售计划、产品质量升级规划、增加品种花样的规划及科技工作规划等，在此基础上层层组织落实。从现在看来，各项计划执行得比较好。

图 6-25　设置后的效果

（二）套用内置样式

微课：套用内置样式

内置样式是指 Word 2019 自带的样式，下面为“工作简报.docx”文档套用内置样式，具体操作如下。

（1）选择文档中前两行文本，在“开始”/“样式”组的下拉列表中选择“标题 1”选项，如图 6-26 所示。

（2）将文本的对齐方式设置为居中对齐，用同样的方法选择第 3 行文本，将其样式设置为“副标题”。返回文档编辑区，查看设置样式后的文档效果，如图 6-27 所示。

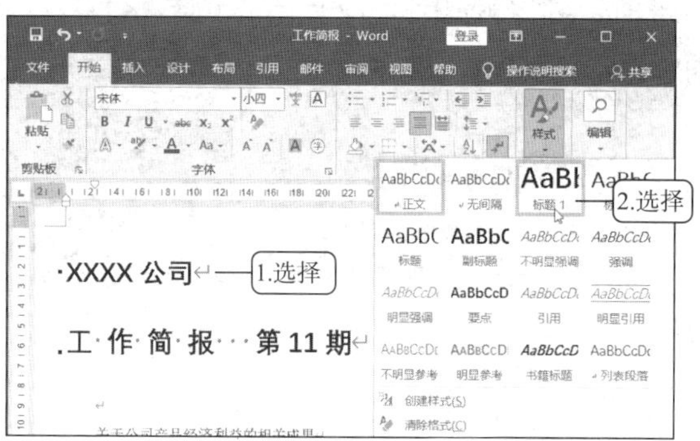

图 6-26　选择样式

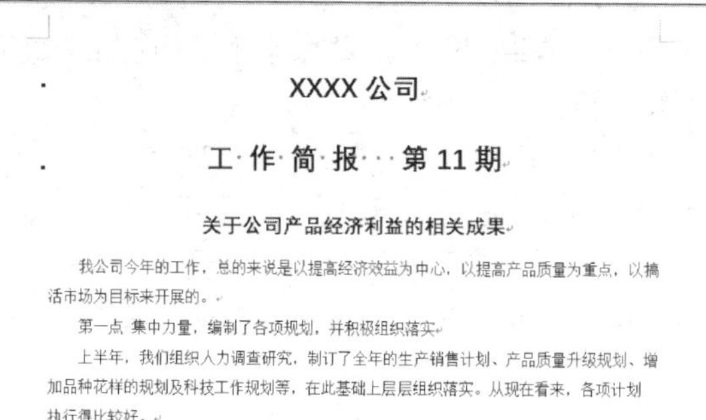

图 6-27　查看设置样式后的文档效果

（三）创建和应用样式

微课：创建和应用样式

Word 2019 的内置样式是有限的，当 Word 2019 的内置样式不能满足用户的需要时，用户可创建样式，并为文本应用相应样式，具体操作如下。

（1）将插入点定位到第二段“第一点 集中力量……”文本右侧，在“开始”/“样式”组中单击“对话框启动器”按钮，如图 6-28 所示。

（2）在“样式”窗格中单击“新建样式”按钮，如图 6-29 所示。

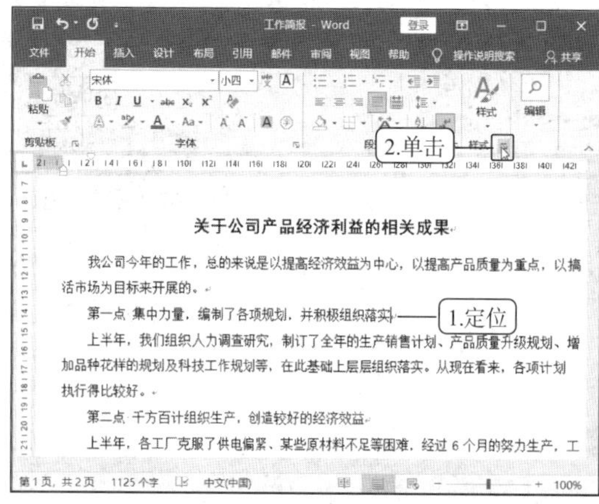

图 6-28　单击“对话框启动器”按钮（2）

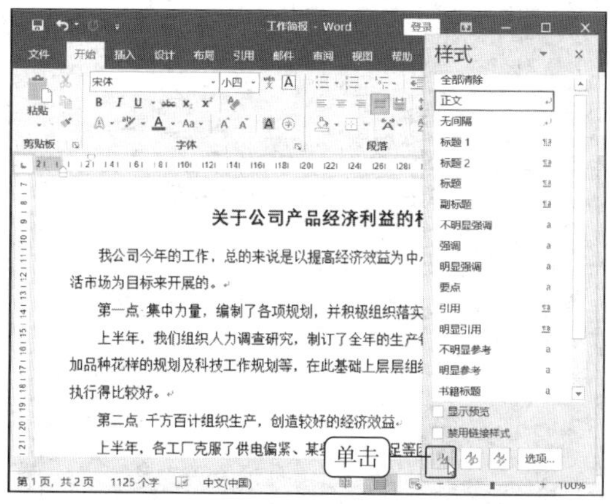

图 6-29　单击“新建样式”按钮

（3）在打开的“根据格式化创建新样式”对话框的“名称”文本框中输入“小标题”，在“格式”栏中将格式设置为“黑体、小四”，单击“加粗”按钮 B，单击 格式(O) 按钮，在打开的下拉列表中选择“段落”选项，如图 6-30 所示。

（4）打开“段落”对话框，在“间距”栏的“行距”下拉列表中选择“1.5 倍行距”选项，单击 确定 按钮，如图 6-31 所示。

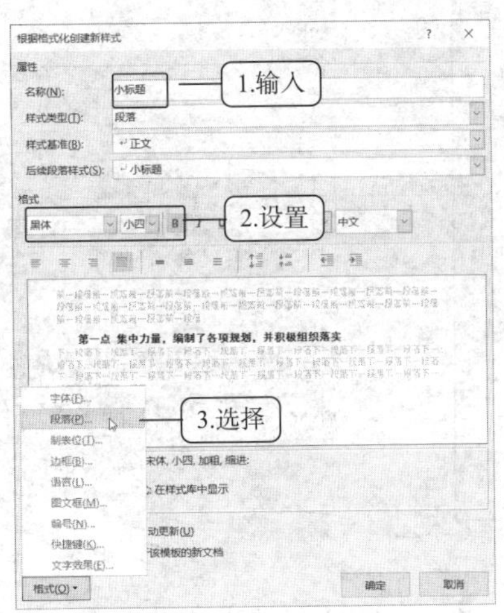

图 6-30　设置“小标题”格式

图 6-31　设置行距

（5）返回文档可以查看到“第一点 集中力量……”一行文本已经设置了样式效果。将插入点定位到“第二点 千方百计组织生产……”一行文本中，在“样式”窗格中选择“小标题”选项，即可为该文本应用创建的样式，如图 6-32 所示。

（6）用同样的方法，将插入点定位到其他小标题文本行中，为文本应用创建的“小标题”样式，如图 6-33 所示。

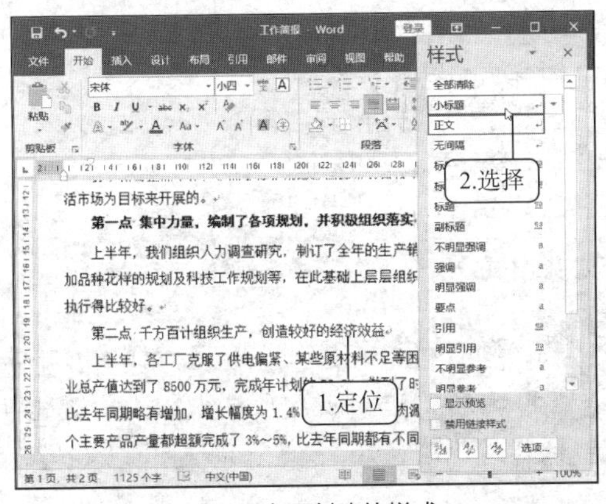

图 6-32　应用创建的样式

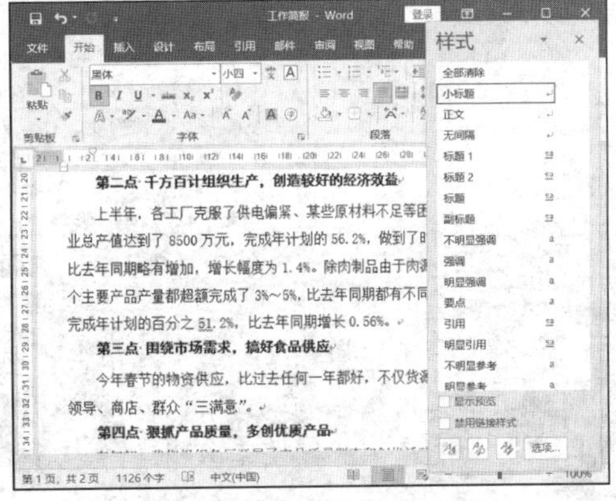

图 6-33　查看应用样式后的文档

（四）修改样式

创建新样式后，如果用户对创建的样式不满意，可通过“修改”选项对其进行修改，具体操作如下。

微课：修改样式

（1）在“样式”窗格中选择创建的“小标题”样式，单击右侧的下拉按钮，在打开的下拉列表中选择“修改”选项，如图 6-34 所示。

（2）打开“修改样式”对话框，在“格式”栏中将字体格式修改为“仿宋、小四、加粗”，单击[确定]按钮，如图 6-35 所示。

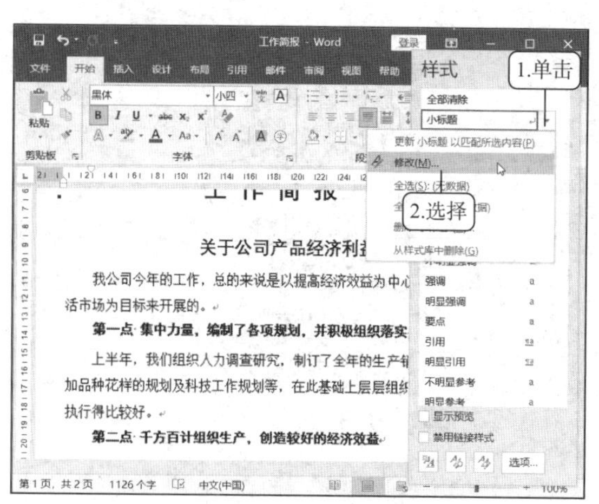

图 6-34　选择“修改”选项

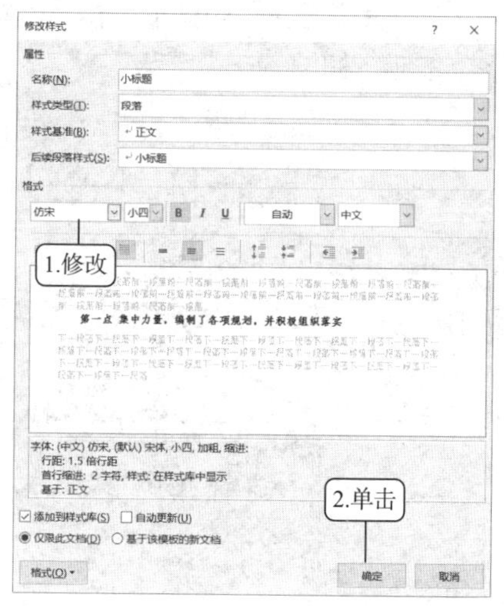

图 6-35　修改字体格式

（3）返回文档即可看到应用了“小标题”样式的文本字体全部进行了修改，如图 6-36 所示，单击“保存”按钮，保存修改完成的文档。

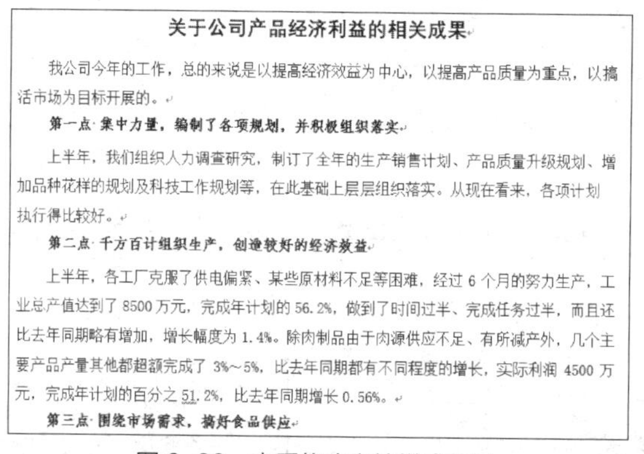

关于公司产品经济利益的相关成果

我公司今年的工作，总的来说是以提高经济效益为中心，以提高产品质量为重点，以搞活市场为目标开展的。

第一点 集中力量，编制了各项规划，并积极组织落实

上半年，我们组织人力调查研究，制订了全年的生产销售计划、产品质量升级规划、增加品种花样的规划及科技工作规划等，在此基础上层层组织落实。从现在看来，各项计划执行得比较好。

第二点 千方百计组织生产，创造较好的经济效益

上半年，各工厂克服了供电偏紧、某些原材料不足等困难，经过 6 个月的努力生产，工业总产值达到了 8500 万元，完成年计划的 56.2%，做到了时间过半、完成任务过半，而且还比去年同期略有增加，增长幅度为 1.4%。除肉制品由于肉源供应不足、有所减产外，几个主要产品产量其他都超额完成了 3%～5%，比去年同期都有不同程度的增长，实际利润 4500 万元，完成年计划的百分之 51.2%，比去年同期增长 0.56%。

第三点 围绕市场需求，搞好食品供应

图 6-36　查看修改文档样式效果

提示　如果文档中的样式没有全部应用，可以在“样式”窗格中选择“小标题”样式，单击右侧的下拉按钮，在打开的下拉列表中选择“更新小标题 以匹配所选内容”选项进行更新，而选择“从样式库中删除”选项可以将该样式删除。

任务三　排版和打印员工手册

任务要求

人力资源部门给小雪分配了制作公司员工手册的任务，她按照公司制度，完成了员工手册内容的收集和整理。接下来，她需要使用 Word 2019 对员工手册进行排版和打印，完成排版后的效果如图 6-37 所示，相关要求如下。

- 利用 Word 的内置样式为各级标题应用相应的样式。
- 使用大纲视图查看文档结构，在“序”部分后插入分页符。
- 添加“边线型”样式的页眉和页脚，并在页眉的文本框中输入“XX 科技有限责任公司 员工手册”文本。
- 提取目录。设置“制表符前导符”为第 2 个选项，格式为“来自模板”，显示级别为“7”。
- 选择“文件”/“打印”命令，预览并打印文档。

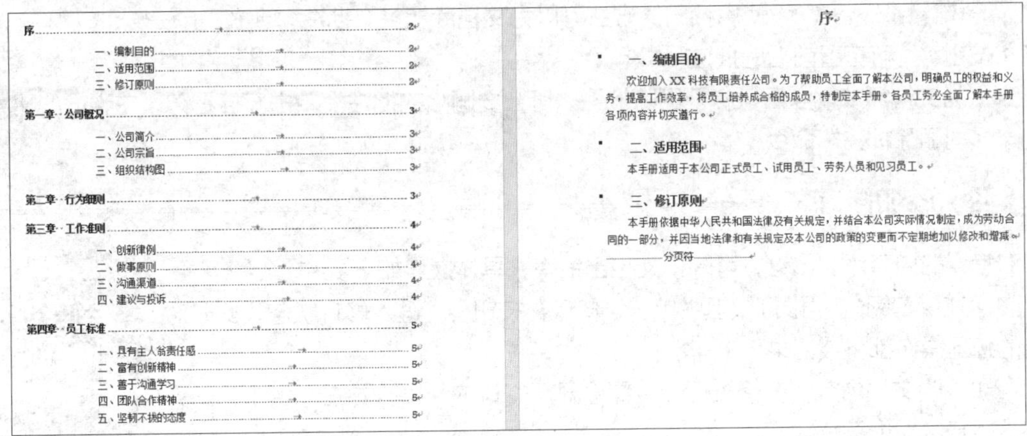

序……2
一、编制目的……2
二、适用范围……2
三、修订原则……2
第一章 公司概况……3
一、公司简介……3
二、公司宗旨……3
三、组织结构图……3
第二章 行为细则……3
第三章 工作准则……4
一、创新律例……4
二、做事原则……4
三、沟通渠道……4
四、建议与投诉……4
第四章 员工标准……5
一、具有主人翁责任感……5
二、富有创新精神……5
三、善于沟通学习……5
四、团队合作精神……5
五、坚韧不拔的态度……5

序

一、编制目的

欢迎加入 XX 科技有限责任公司。为了帮助员工全面了解本公司，明确员工的权益和义务，提高工作效率，将员工培养成合格的成员，特制定本手册。各员工务必全面了解本手册各项内容并切实遵行。

二、适用范围

本手册适用于本公司正式员工、试用员工、劳务人员和见习员工。

三、修订原则

本手册依据中华人民共和国法律及有关规定，并结合本公司实际情况制定，成为劳动合同的一部分，并因当地法律和有关规定及本公司的政策的变更而不定期地加以修改和增减。

分页符

图 6-37 “员工手册”文档

相关知识

（一）添加题注

题注通常用于对文档中的图片或表格进行自动编号，从而节约手动编号的时间，具体操作如下。

（1）在“引用”/“题注”组中单击“插入题注”按钮，打开“题注”对话框。

（2）在“选项”栏的“标签”下拉列表中选择需要设置的标签，也可以单击新建标签(N)...按钮，打开“新建标签”对话框，在“标签”文本框中输入自定义的标签名称。

（3）单击确定按钮返回“题注”对话框，即可查看添加的新标签，单击确定按钮可返回文档，查看添加的题注。

（二）创建交叉引用

交叉引用可以为文档中的图片、表格创建与正文相关的说明文字对应的关系，从而实现自动更新，具体操作如下。

（1）将插入点定位到需要使用交叉引用的位置，在“引用”/“题注”组中单击“交叉引用”按钮，打开“交叉引用”对话框。

（2）在“引用类型”下拉列表中选择需要引用的类型，这里选择“书签”选项，在“引用哪一个书签”列表框中选择需要引用的选项，单击插入(I)按钮即可创建交叉引用。在选择插入的文本时，插入的交叉引用的内容将显示为灰色底纹，若修改被引用的内容，返回引用时按“F9”键即可更新。

（三）插入批注

微课：插入批注

批注用于在阅读时对文档中的内容添加评语和注解，具体操作如下。

（1）选择要插入批注的文本，在“审阅”/“批注”组中单击“新建批注”按钮，此时选择的文本处将出现一条引至文档右侧的引线。

（2）在批注文本框中输入批注内容即可添加批注。

（3）使用相同的方法可以为文档添加多个批注，单击“上一条”按钮或“下一条”按钮，可查看前后的批注。

（4）为文档添加批注后，若要删除批注，可在要删除的批注上单击鼠标右键，在弹出的快捷菜单中选择“删除批注”命令。

（四）添加修订

对错误的内容添加修订，可降低文档出错率，具体操作如下。

（1）在“审阅”/“修订”组中单击“修订”按钮，进入修订状态，此时对文档的任何操作都将被记录下来。

微课：添加修订

（2）修改文档内容，在修改后原位置会显示修订的结果，并在左侧出现一条竖线，表示该处进行了修订。

（3）在“审阅”/“修订”组中单击显示标记按钮右侧的下拉按钮，在打开的下拉列表中选择“批注框”/“在批注框中显示修订”选项。

（4）修订结束后，单击“修订”按钮退出修订状态，否则文档中的任何操作都会被视为修订操作。

（五）接受与拒绝修订

微课：接受与拒绝修订

对于文档中的修订，用户可根据需要选择接受或拒绝，具体操作如下。

（1）在“审阅”/“更改”组中单击“接受”按钮接受修订，或单击“拒绝”按钮拒绝修订。

（2）单击“接受”按钮下方的下拉按钮，在打开的下拉列表中选择“接受所有修订”选项，可一次性接受文档的所有修订。

任务实现

（一）长文档应用样式

员工手册在初步完成后需要对其应用相应的样式，使其结构分明。具体操作如下。

（1）打开“员工手册.docx”文档，将插入点定位到文档第一行“序”文本旁，在“开始”/“样式”组中选择“标题”选项，为文本应用该样式，如图 6-38 所示。

（2）用同样的方法为其他标题应用样式，效果如图 6-39 所示。

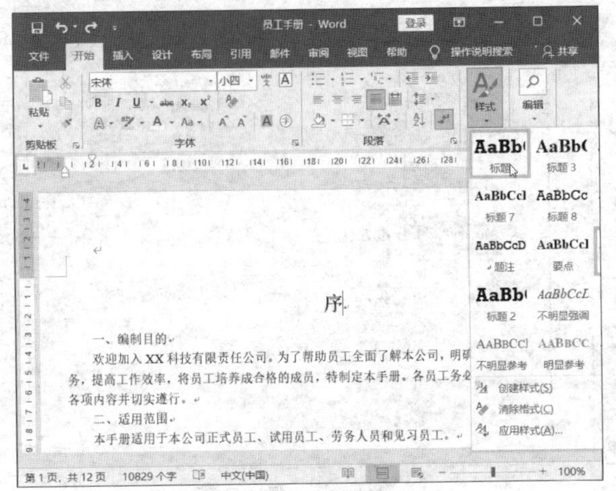

图 6-38　长文档应用样式

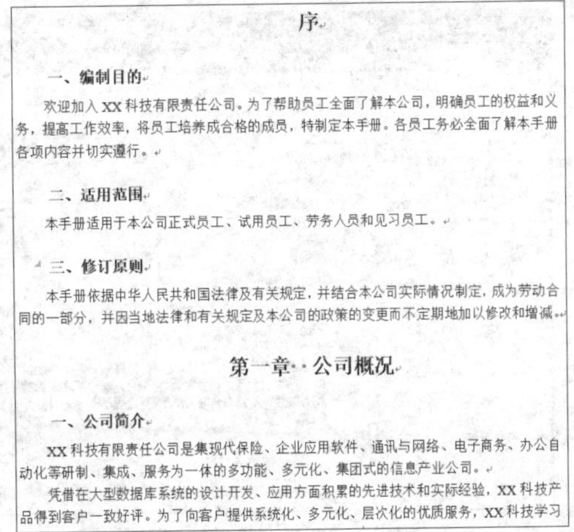

序

一、编制目的

欢迎加入 XX 科技有限责任公司。为了帮助员工全面了解本公司，明确员工的权益和义务，提高工作效率，将员工培养成合格的成员，特制定本手册。各员工务必全面了解本手册各项内容并切实遵行。

二、适用范围

本手册适用于本公司正式员工、试用员工、劳务人员和见习员工。

三、修订原则

本手册依据中华人民共和国法律及有关规定，并结合本公司实际情况制定，成为劳动合同的一部分，并因当地法律和有关规定及本公司的政策的变更而不定期地加以修改和增减。

第一章　公司概况

一、公司简介

XX 科技有限责任公司是集现代保险、企业应用软件、通讯与网络、电子商务、办公自动化等研制、集成、服务为一体的多功能、多元化、集团式的信息产业公司。

凭借在大型数据库系统的设计开发、应用方面积累的先进技术和实际经验，XX 科技产品得到客户一致好评。为了向客户提供系统化、多元化、层次化的优质服务，XX 科技学习

图 6-39　长文档应用样式后的效果

（二）使用大纲视图

大纲视图就是将文档的标题进行缩进，以不同的级别展示标题在文档中的结构的一种视图模式。当一篇文档过长时，可使用 Word 提供的大纲视图来帮助组织并管理长文档。下面在文档中使用大纲视图查看并编辑文档，具体操作如下。

微课：使用大纲视图

（1）在“视图”/“视图”组中单击“大纲视图”按钮，将视图模式切换到大纲视图，如图 6-40 所示。

（2）在文档中选择以“一、”“二、”“三、”……编号开头的文本。在“大纲显示”/“大纲工具”组的“大纲级别”下拉列表中选择需要的选项，如“2 级”，可以重新设置标题的大纲级别，如图 6-41 所示。

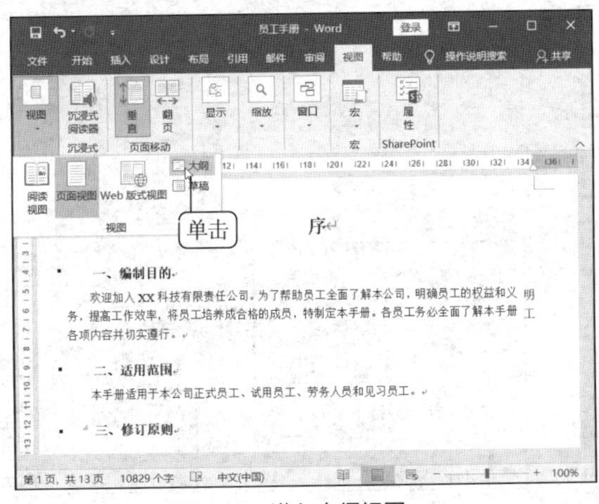

图 6-40　进入大纲视图

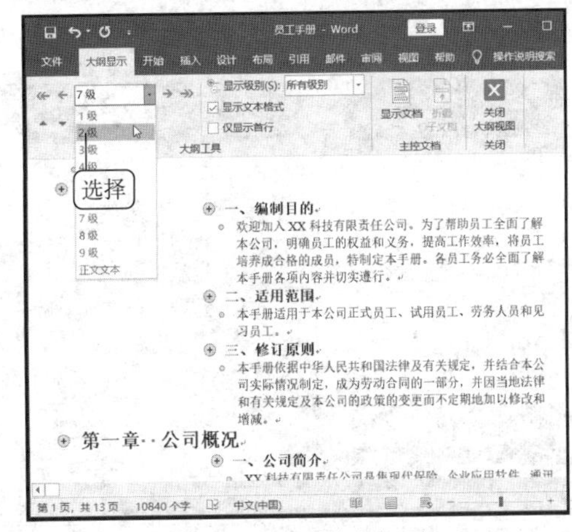

图 6-41　设置大纲级别

（3）在“大纲显示”/“大纲工具”组的“显示级别”下拉列表中选择需要的选项，如“2 级”，可以在界面中只显示文档中该级别的内容，如图 6-42 所示。

（4）设置完成后，在“大纲显示”/“关闭”组中单击“关闭大纲视图”按钮，可返回页面视图模式，如图 6-43 所示。

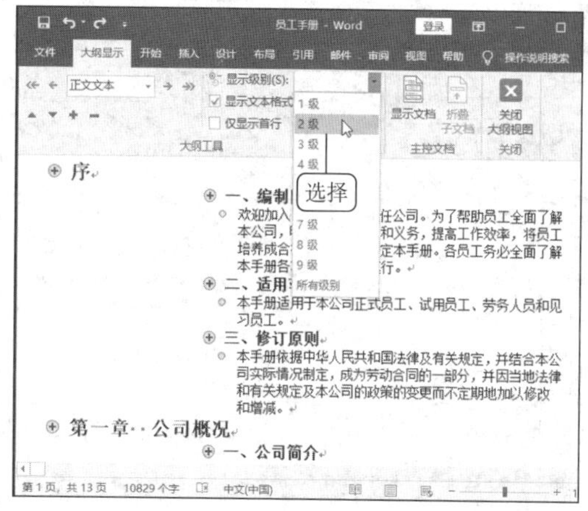

图 6-42　设置大纲显示级别

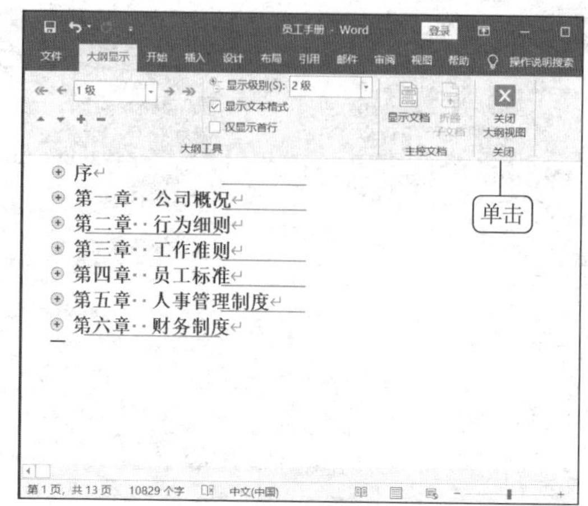

图 6-43　退出大纲视图

（三）创建题注和交叉引用

微课：创建题注和交叉引用

为了使长文档中的文本内容更有层次、更易管理，可以在文档中创建题注和交叉引用。下面在“员工手册.docx”文档中创建题注和交叉引用，具体操作如下。

（1）将插入点定位到组织结构图后，按“Enter”键换行，并设置第二行的对齐方式为居中对齐，在“引用”/“题注”组中单击“插入题注”按钮，如图 6-44 所示。

（2）在“题注”对话框的“标签”下拉列表中选择最能恰当地描述该对象的标签，如图表、表格、公式，这里没有合适的标签，单击 新建标签(N)... 按钮，如图 6-45 所示。

（3）在打开的“新建标签”对话框的文本框中输入“图”文本，单击 确定 按钮，如图 6-46 所示。

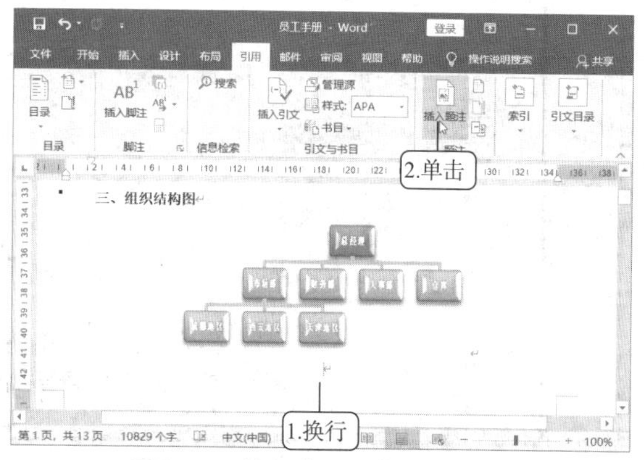

图 6-44　单击“插入题注”按钮

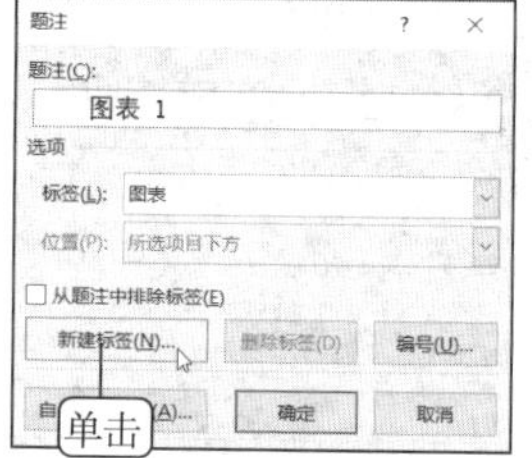

图 6-45　新建标签

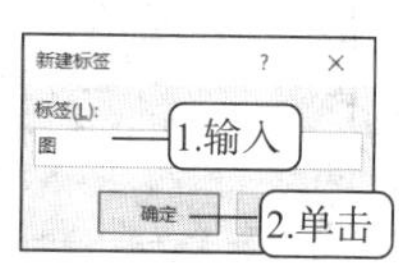

图 6-46　输入标签

（4）返回“题注”对话框，在“题注”文本框中输入要显示在标签之后的任意文本，这里保持默认设置，单击 确定 按钮插入题注，如图 6-47 所示。

（5）在文档中的“《招聘员工申请表》《职位说明书》”文本后输入“（请参阅）”，将插入点定位到“请参阅”文本后，在“引用”/“题注”组中单击“交叉引用”按钮，如图 6-48 所示。

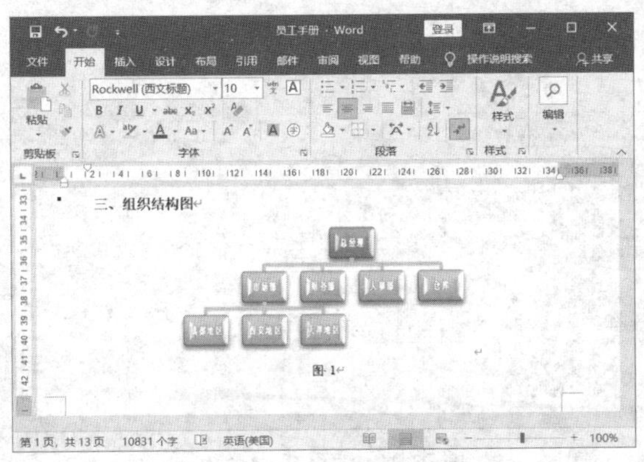

图 6-47　插入题注

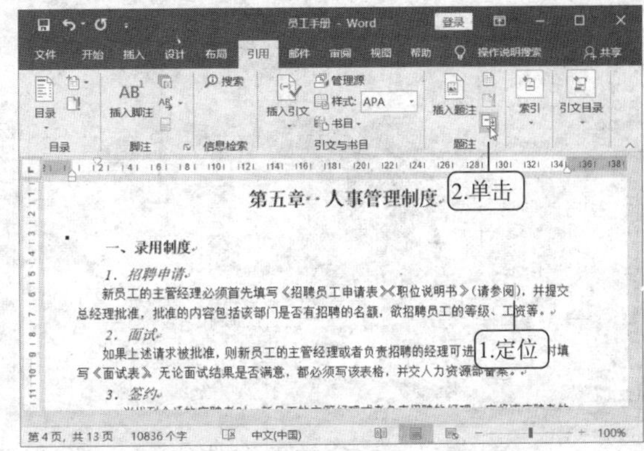

图 6-48　插入交叉引用

（6）在“交叉引用”对话框的“引用类型”下拉列表中选择“标题”选项，在“引用内容”下拉列表中选择“标题文字”选项，在“引用哪一个标题”列表框中选择“附件”选项，单击 插入(I) 按钮插入交叉引用，如图 6-49 所示，完成后单击 关闭 按钮关闭“交叉引用”对话框。

（7）将鼠标指针移到创建的交叉引用上，将提示“按住 Ctrl 并单击可访问链接”内容，如图 6-50 所示，即按住“Ctrl”键在文档中单击该链接可快速切换到附件所在页。

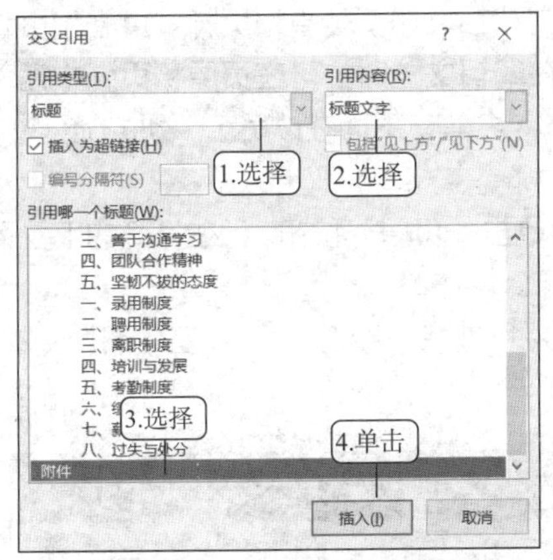

图 6-49　设置引用内容

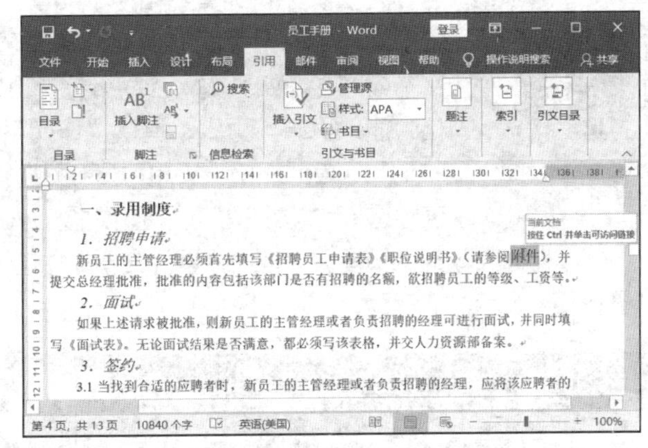

图 6-50　查看引用效果

（四）插入分页符与分节符

默认情况下在输入完一页文本内容后，Word 2019 将自动分页，但在一些特殊文档中，需要在指定位置处分页或分节，此时就需插入分页符或分节符。插入分页符与插入分节符的方法相同。下面在“员工手册.docx”文档中插入分页符，具体操作如下。

微课：插入分页符与分节符

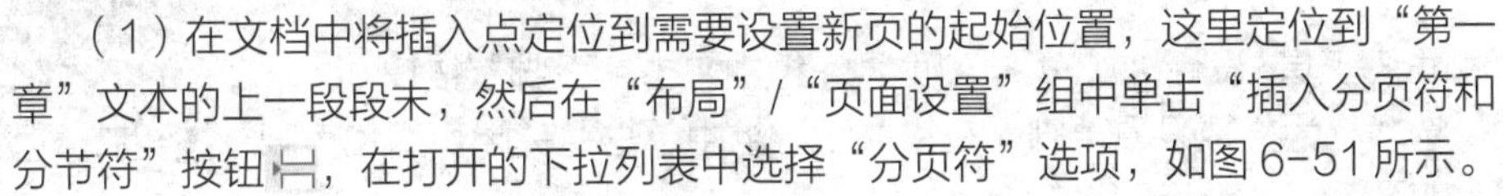

（1）在文档中将插入点定位到需要设置新页的起始位置，这里定位到“第一章”文本的上一段段末，然后在“布局”/“页面设置”组中单击“插入分页符和分节符”按钮，在打开的下拉列表中选择“分页符”选项，如图 6-51 所示。

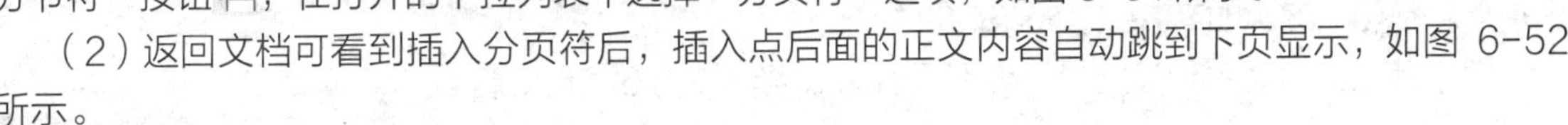

（2）返回文档可看到插入分页符后，插入点后面的正文内容自动跳到下页显示，如图 6-52 所示。

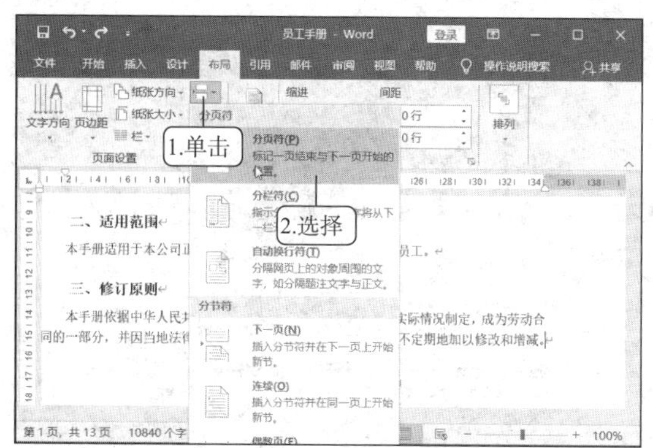

图 6-51　选择“分页符”选项

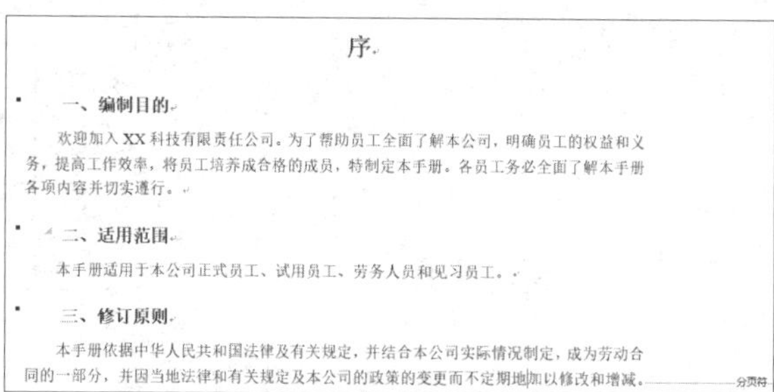

图 6-52　查看分页符效果

提示　要删除插入的分页符或分节符，可将文本插入点定位到上一页或上一节的末尾处，按“Delete”键，或将插入点定位到下一页或下一节的开始处，按“BackSpace”键。

（五）设置页眉页脚

微课：设置页眉页脚

为了使页面更美观和便于阅读，许多文档都添加了页眉和页脚。页眉和页脚位于文档中每个页面的顶部和底部区域。在编辑文档时，可在页眉和页脚中插入文本或图形，如页码、公司徽标、日期、作者名等。下面在“员工手册.docx”文档中插入页眉与页脚，具体操作如下。

（1）在“插入”/“页眉和页脚”组中单击“页眉”按钮，在打开的下拉列表中选择“边线型”选项，如图 6-53 所示。

（2）光标自动插入页眉区，在“标题”文本框中输入“XX 科技有限责任公司 员工手册”文本，如图 6-54 所示。

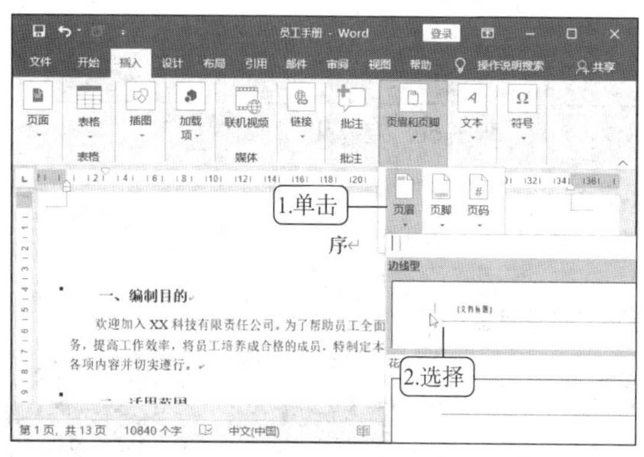

图 6-53　选择页眉样式

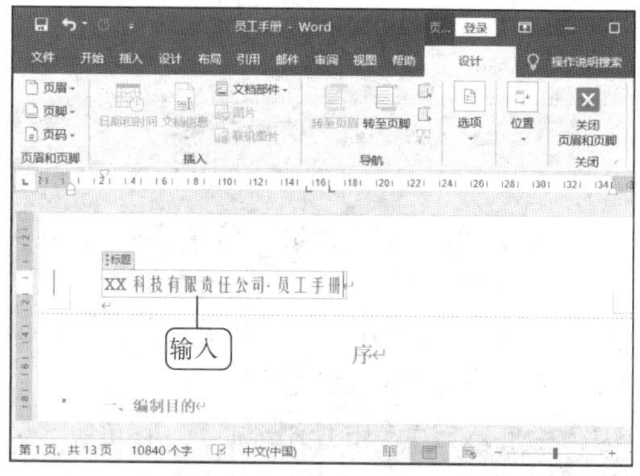

图 6-54　输入页眉内容

（3）在“页眉和页脚工具-设计”/“页眉和页脚”组中单击“页脚”按钮，在打开的下拉列表中选择“边线型”选项，为文档设置页脚，在“关闭”组中单击“关闭页眉和页脚”按钮，退出页眉和页脚视图，如图 6-55 所示。

（4）返回文档可看到页眉和页脚设置后的效果，如图 6-56 所示。

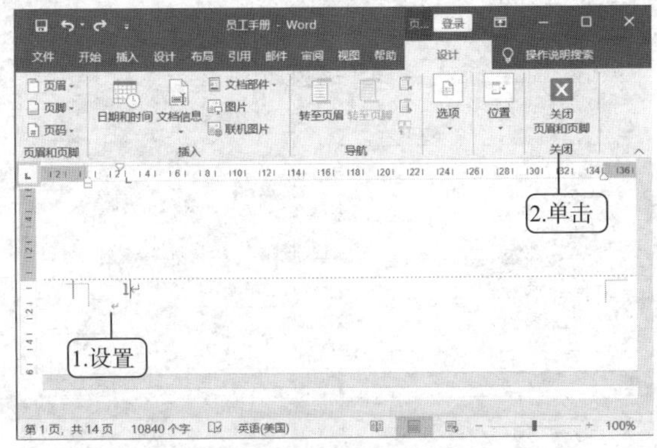

图 6-55　设置页脚并退出

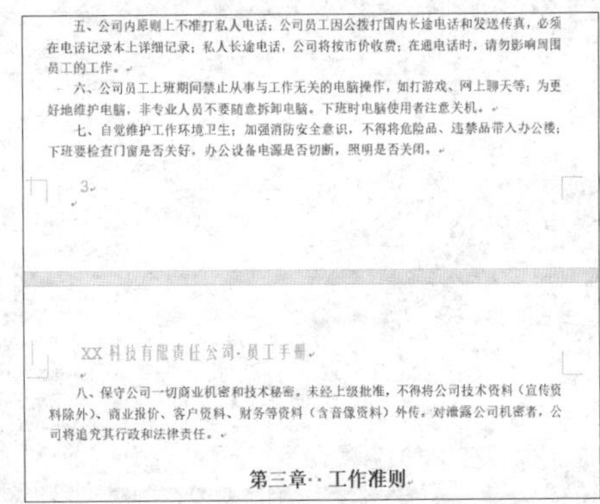

五、公司内原则上不准打私人电话；公司员工因公拨打国内长途电话和发送传真，必须在电话记录本上详细记录；私人长途电话，公司将按市价收费；在通电话时，请勿影响周围员工的工作。

六、公司员工上班期间禁止从事与工作无关的电脑操作，如打游戏、网上聊天等；为更好地维护电脑，非专业人员不要随意拆卸电脑。下班时电脑使用者注意关机。

七、自觉维护工作环境卫生；加强消防安全意识，不得将危险品、违禁品带入办公楼；下班要检查门窗是否关好，办公设备电源是否切断，照明是否关闭。

3

XX 科技有限责任公司·员工手册

八、保守公司一切商业机密和技术秘密。未经上级批准，不得将公司技术资料（宣传资料除外）、商业报价、客户资料、财务等资料（含音像资料）外传。对泄露公司机密者，公司将追究其行政和法律责任。

第三章　工作准则

图 6-56　设置页眉和页脚后的效果

（六）创建目录

为了方便在长文档中查询某一部分的内容，可通过创建目录纵览全文结构和管理文档内容。Word 2019 提供了一个具有多种目录样式的样式库，且各目录中均包含标题和页码。在创建目录之前，首先需标记目录项，这样选择所需的目录样式后，系统将自动根据所标记的标题创建目录。下面在“员工手册.docx”文档中创建目录，具体操作如下。

微课：创建目录

（1）将插入点定位到“序”文本的左侧，在“引用”/“目录”组中单击“目录”按钮，在打开的下拉列表中选择“自定义目录”选项，如图 6-57 所示，打开“目录”对话框。

（2）单击“目录”选项卡，在“制表符前导符”下拉列表中选择第 2 个选项，在“格式”下拉列表中选择“来自模板”选项，在“显示级别”数值框中输入“7”，单击确定按钮，如图 6-58 所示。

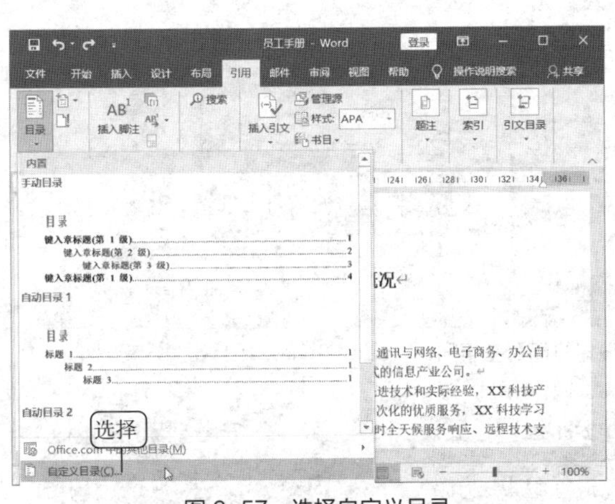

图 6-57　选择自定义目录

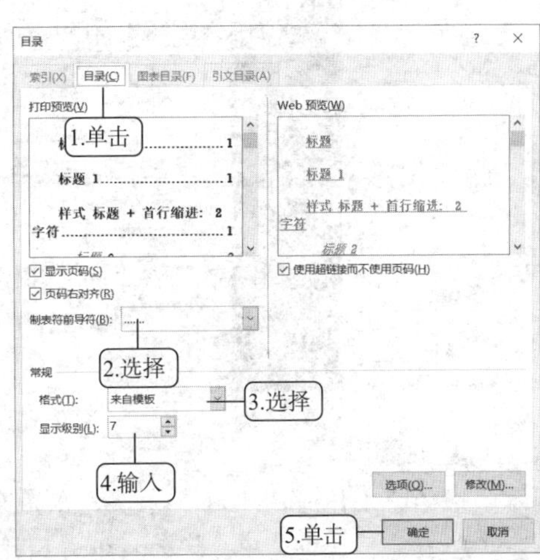

图 6-58　设置目录样式

（3）返回文档编辑区即可查看插入的目录效果，如图 6-59 所示。完成后在目录末尾处插入一个分页符，将插入点后面的文本分隔到下一页。

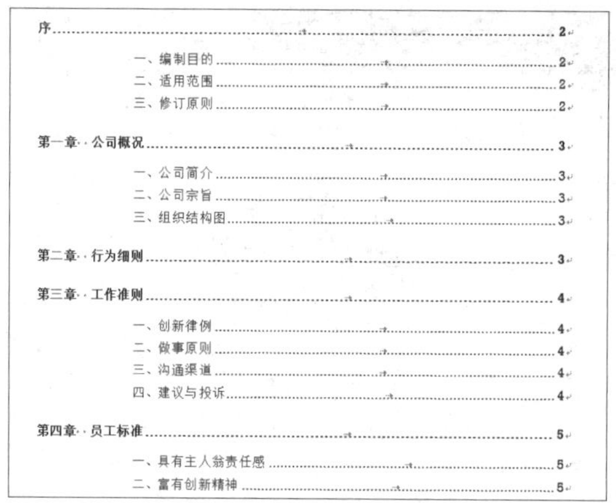

序……2
一、编制目的……2
二、适用范围……2
三、修订原则……2
第一章 公司概况……3
一、公司简介……3
二、公司宗旨……3
三、组织结构图……3
第二章 行为细则……3
第三章 工作准则……4
一、创新律例……4
二、做事原则……4
三、沟通渠道……4
四、建议与投诉……4
第四章 员工标准……5
一、具有主人翁责任感……5
二、富有创新精神……5

图 6-59　创建目录效果

（七）预览并打印文档

微课：预览并打印文档

文档中的文本内容编辑完成后可将其打印出来，即把制作好的文档内容输出到纸张上。但是为了使输出的文档效果更佳，及时发现文档中隐藏的排版问题，可在打印文档之前预览打印效果，具体操作如下。

（1）选择“文件”/“打印”命令，在界面右侧预览打印效果。

（2）预览文档打印效果，确定无问题后，在“打印”栏的“份数”数值框中设置打印份数，这里输入“2”，单击“打印”按钮即可开始打印，如图 6-60 所示。

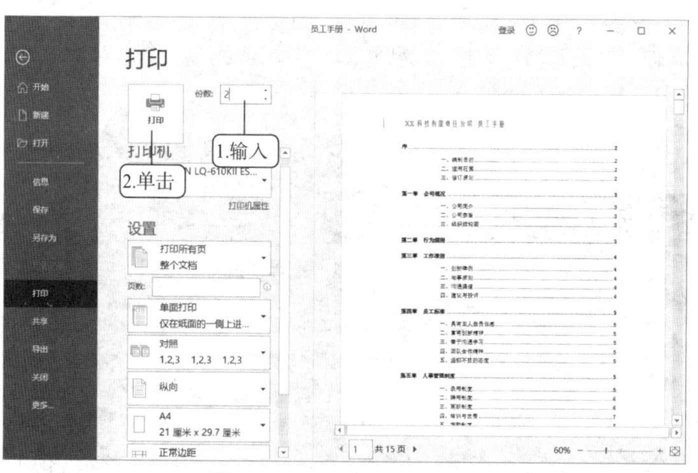

图 6-60　设置打印员工手册

提示　选择“文件”/“打印”命令，在界面中间的“设置”栏中的第 1 个下拉列表中选择“打印当前页面”选项，将只打印文本插入点所在的页面；若选择“自定义打印范围”选项，再在其下的“页数”文本框中输入起始页码或页面范围（连续页码可以使用英文半角连字符“-”分隔，不连续的页码可以使用英文半角逗号“,”分隔），则可打印指定范围内的页面。

课后练习

操作题

（1）新建一个空白文档，将其命名为“员工档案表.docx”并保存，按照下列要求对文档进行操作，效果如图 6-61 所示。

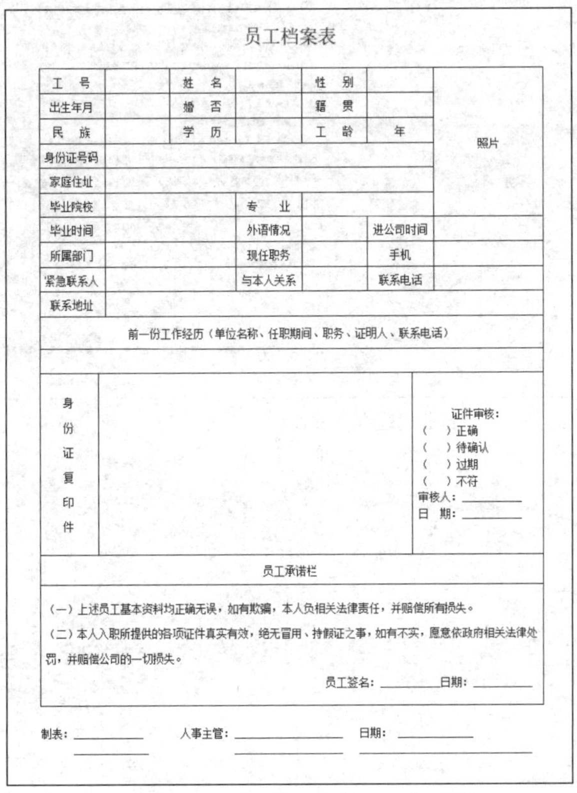

员工档案表

工 号		姓 名		性 别		照片
出生年月		婚 否		籍 贯		
民 族		学 历		工 龄	年	
身份证号码						
家庭住址						
毕业院校		专 业				
毕业时间		外语情况		进公司时间		
所属部门		现任职务		手机		
紧急联系人		与本人关系		联系电话		
联系地址						
前一份工作经历（单位名称、任职期间、职务、证明人、联系电话）						
身份证复印件		证件审核： （ ）正确 （ ）待确认 （ ）过期 （ ）不符 审核人：________ 日 期：________				
员工承诺栏						
（一）上述员工基本资料均正确无误，如有欺骗，本人负相关法律责任，并赔偿所有损失。 （二）本人入职所提供的各项证件真实有效，绝无冒用、持假证之事，如有不实，愿意依政府相关法律处罚，并赔偿公司的一切损失。 员工签名：________日期：________						

制表：________ 人事主管：________ 日期：________

图 6-61 “员工档案表.docx”文档

制作“员工档案表”

① 输入标题文本，设置字体格式为“宋体、小二、居中”，间距为“1.5 倍行距”。

② 插入一个 7 列 15 行的表格。

③ 对表格中各行列单元格进行合并。

④ 分别设置第 13 和 15 行的单元格高度为 6 厘米和 4 厘米。

⑤ 在单元格中输入文本，并设置字体格式和对齐方式，然后设置竖排文字显示效果。

⑥ 为表格设置外边框为 1.5 磅的边框效果。

（2）创建“行业代理协议书.docx”文档，在其中输入并编排文档内容，完成后的效果如图 6-62 所示。

① 创建“行业代理协议书.docx”文档，输入文本内容，为相应的标题应用样式，并使用大纲视图设置文档 2 级级别。

② 插入“边线型”页眉，自定义页脚的文本内容包含“地址:”和“电话:”，完成后再插入目录，并在需要换页显示的位置插入分页符。

③ 在“销售目标”文本下的第一段段末创建交叉引用标题“附件一:”，完成后在附件一的表格下插入题注。

制作“行业代理协议书”

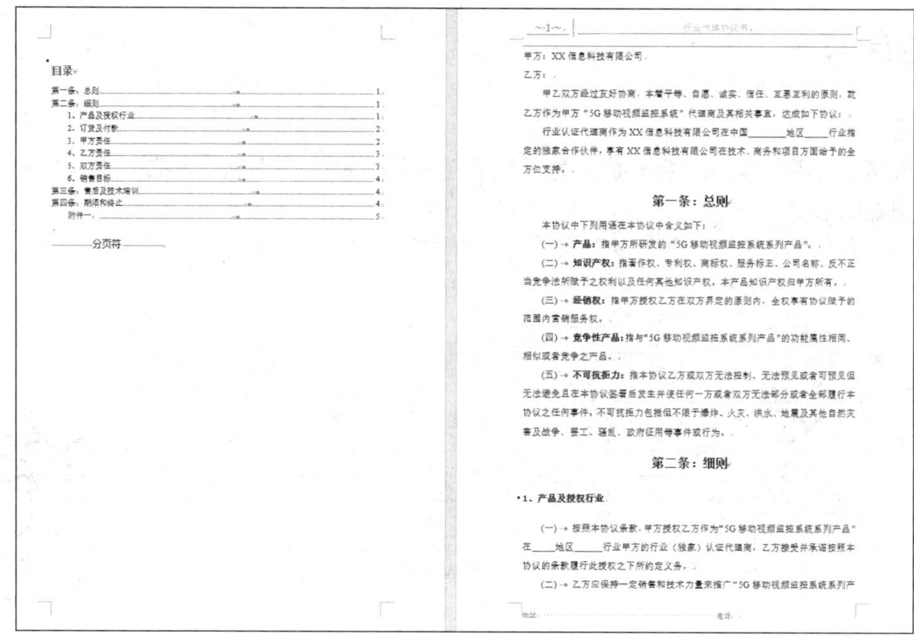

图 6-62 “行业代理协议书.docx”文档

项目七

制作Excel表格

Excel 2019 是一款功能强大的电子表格处理软件，主要用于将庞大的数据转换为比较直观的表格或图表。本项目将通过 2 个任务，介绍 Excel 2019 的使用方法，包括新建并保存工作簿、输入工作表数据、设置单元格格式、设置边框和底纹，打印表格等。

课堂学习目标

- 创建和编辑客户来访登记表。
- 美化员工考勤表。

任务一 创建和编辑客户来访登记表

任务要求

单位外来人员进出需要进行登记，行政部领导让晓雪利用 Excel 2019 制作一份客户来访登记表。晓雪在了解表格需要登记的内容后，便开始利用 Excel 2019 制作表格，参考效果如图 7-1 所示。相关要求如下。

- 新建一个空白工作簿，将其以“客户来访登记表.xlsx”为名保存。
- 将“Sheet1”工作表重命名为“2021 年 1 月”，在 A1 单元格中输入“客户来访登记表”文本，在 A2:I2 单元格区域中输入相关文本内容。
- 在 A3:H12 单元格区域中输入相关数据。
- 选择 A3 单元格，使用拖动鼠标指针的方法在 A3:A12 单元格区域中填充数据。
- 合并 A1:I1 单元格区域，设置单元格格式为“黑体、16”。
- 选择 A2:I2 单元格区域，设置单元格格式为“宋体、12、加粗”。
- 选择 B3:B12 单元格区域，为其设置“2012-03-14”类型的数据格式。
- 拖动 D 列单元格的间隔线，调整 D 列的列宽，并设置第 2～12 行的行高为“16”。
- 设置 A2:I12 单元格区域中的数据对齐方式为“居中对齐”。

客户来访登记表

序号	日期	姓名	来访人单位	来访时间	事由	来访部门	离去时间	备注
1	2021-01-13	王强	XX电力工程有限公司	09.27	办事	合同部	11:10	
2	2021-01-13	李云国	XX实业有限公司	09:40	送货	库房	11:23	
3	2021-01-14	张玉贵	顺德有限公司	11:20	送货	库房	13:10	
4	2021-01-14	孙林	腾达实业有限公司	10:10	技术咨询	技术部	13:27	
5	2021-01-15	刘安辉	新XX科技公司	13:27	技术咨询	技术部	15:05	
6	2021-01-16	马红梅	XX科技有限公司	14:05	质量检验	工程部	17:18	
7	2021-01-16	陈富贵	XX科技公司	09:18	技术培训	技术部	11:20	
8	2021-01-17	郑玉	XX有限公司	16:20	设备维护	工程部	17:19	
9	2021-01-17	刘波	XX股份有限公司	10:19	技术培训	技术部	14:28	
10	2021-01-18	王天水	XXX科技公司	14:28	咨询	技术部	16:20	

2021年1月

图 7-1 “客户来访登记表”工作簿

查看“客户来访登记表”相关知识

相关知识

（一）Excel 2019 工作界面

图 7-2　Excel 2019 工作界面

Excel 2019 的工作界面与 Word 2019 的工作界面十分相似，由快速访问工具栏、标题栏、功能区、编辑栏、工作表编辑区和状态栏等部分组成，如图 7-2 所示。下面介绍 Excel 2019 中的编辑栏和工作表编辑区的作用。

1. 编辑栏

编辑栏用来显示和编辑当前活动的单元格中的数据或公式。在默认情况下，编辑栏中包括名称框、“插入函数”按钮 和编辑框，在单元格中输入数据或插入公式与函数时，编辑栏中的“取消”按钮 和“输入”按钮 也将显示出来。

- 名称框。名称框用来显示当前单元格的地址或函数名称，如在名称框中输入“A3”，按“Enter”键则会选择 A3 单元格。
- “取消”按钮 。单击该按钮表示取消输入的内容。
- “输入”按钮 。单击该按钮表示确定并完成输入。
- “插入函数”按钮 。单击该按钮，将打开“插入函数”对话框，在其中可选择相应的函数插入表格。
- 编辑框。编辑框用于显示在单元格中输入或编辑的内容，也可直接在其中输入和编辑。

2. 工作表编辑区

工作表编辑区是 Excel 2019 编辑数据的主要场所，它包括行号与列标、单元格地址和工作表标签等。

- 行号与列标、单元格地址。行号用“1、2、3”等阿拉伯数字标识，列标用“A、B、C”等大写英文字母标识。一般情况下，单元格地址表示为“列标+行号”，如位于 A 列 1 行的单元格可表示为 A1。
- 工作表标签。它用来显示工作表的名称，Excel 2019 默认只包含一张工作表，当工作簿中包含多张工作表后，便可单击任意一个工作表标签进行工作表之间的切换操作。

（二）工作簿、工作表、单元格

工作簿、工作表和单元格是构成 Excel 2019 的框架，同时它们之间也存在包含与被包含的关系。了解其概念和相互之间的关系，有助于在 Excel 2019 中执行相应的操作。

1. 工作簿、工作表和单元格的概念

下面先介绍工作簿、工作表和单元格的概念。

- 工作簿。工作簿即 Excel 文件，是用来存储和处理数据的主要文档，也被称为电子表格。默认情况下，新建的工作簿会被系统命名为“工作簿 1”，若继续新建工作簿则命名为“工作簿 2”“工作簿 3”……，且工作簿的名称将显示在标题栏的文档名处。
- 工作表。工作表是用来显示和分析数据的，它存储在工作簿中。默认情况下，一张工作簿中只包含 1 个工作表，且命名为“Sheet1”，若继续新建工作表则命名为“Sheet2”

"Sheet3"……。

- 单元格。单元格是最基本的存储数据单元，它通过对应的行号和列标进行命名和引用。单个单元格地址可表示为"列标+行号"，而多个连续的单元格称为单元格区域，其地址表示为"单元格:单元格"，如 A2 单元格与 C5 单元格之间连续的单元格可表示为 A2:C5 单元格区域。

2. 工作簿、工作表、单元格的关系

工作簿中包含了一张或多张工作表，工作表又是由排列成行和列的单元格组成的。在计算机中，工作簿以文件的形式独立存在。Excel 2019 创建的文件的扩展名为".xlsx"，而工作表依附在工作簿中，单元格依附在工作表中，它们的关系是包含与被包含的关系。

（三）工作表的操作

在工作簿中可以对工作表进行选择、隐藏与显示、插入与删除、移动与复制操作。

- 选择工作表：单击工作表标签，即可选择对应的单张工作表；单击第一张工作表，按住"Shift"键不放，继续单击其他工作表，可以连续选择多张工作表；单击第一张工作表，按住"Ctrl"键不放，继续单击其他工作表，可以选择不连续的多张工作表；在任意工作表上单击鼠标右键，在弹出的快捷菜单中选择"选定全部工作表"命令，可以选择全部工作表。
- 隐藏与显示工作表：在工作表标签上单击鼠标右键，在弹出的快捷菜单中选择"隐藏"命令，即可隐藏对应的工作表；在工作簿的任意工作表标签上单击鼠标右键，在弹出的快捷菜单中选择"取消隐藏"命令，在打开的"取消隐藏"对话框的列表框中选择需显示的工作表，单击确定按钮即可将隐藏的工作表显示出来。
- 插入与删除工作表：在工作表标签后单击"新工作表"按钮⊕，即可插入新的工作表；在工作表标签上单击鼠标右键，在弹出的快捷菜单中选择"删除"命令，即可删除相应工作表。
- 移动与复制工作表：将鼠标指针移动到需移动或复制的工作表标签上，按住鼠标左键不放，此时鼠标指针变成形状，将其拖动到目标工作表位置之后释放鼠标左键，就可将该工作表移动到目标位置；而在按住"Ctrl"键的同时按住鼠标左键拖动鼠标指针，则可以复制工作表到目标位置。

（四）选择单元格

要在表格中输入数据，应先选择输入数据的单元格。在工作表中选择单元格的方法有以下 6 种。

- 选择单个单元格。单击单元格，或在名称框中输入单元格地址后按"Enter"键即可选择对应的单元格。
- 选择所有单元格。单击行号和列标左上角交叉处的"全选"按钮，或按"Ctrl+A"组合键即可选择工作表中的所有单元格。
- 选择相邻的多个单元格。选择起始单元格后，按住鼠标左键并拖动鼠标指针到目标单元格，或在按住"Shift"键的同时选择目标单元格，即可选择相邻的多个单元格。
- 选择不相邻的多个单元格。在按住"Ctrl"键的同时依次单击需要选择的单元格，即可选择不相邻的多个单元格。
- 选择整行。将鼠标指针移动到需要选择行的行号上，当鼠标指针变成➡形状时，单击即可选择相应行。
- 选择整列。将鼠标指针移动到需要选择列的列标上，当鼠标指针变成⬇形状时，单击即可选择相应列。

（五）合并与拆分单元格

当默认的单元格样式不能满足实际需要时，可通过合并与拆分单元格的方法来设置表格。

1. 合并单元格

在编辑表格的过程中，为了使表格结构看起来更美观、层次更清晰，有时需要合并某些单元格区域。选择需要合并的多个单元格，在“开始”/“对齐方式”组中单击“合并后居中”按钮即可合并单元格，并使其内容居中显示。除此之外，单击“合并后居中”按钮右侧的下拉按钮，还可在打开的下拉列表中选择“跨越合并”“合并单元格”“取消单元格合并”等选项。

2. 拆分单元格

拆分单元格的方法与合并单元格的方法完全相反，在拆分时需先选择合并后的单元格，然后单击合并后居中按钮，或打开“设置单元格格式”对话框，在“对齐方式”选项卡下取消勾选“合并单元格”复选框，即可拆分已合并的单元格。

（六）插入与删除单元格

在表格中可插入和删除单个单元格，也可插入或删除一行或一列单元格。

微课：插入单元格

1. 插入单元格

插入单元格的具体操作为：选择单元格，在“开始”/“单元格”组中单击“插入”按钮右侧的下拉按钮，在打开的下拉列表中选择“插入工作表行”或“插入工作表列”选项，即可插入整行或整列单元格；选择“插入单元格”选项，打开“插入”对话框，单击“活动单元格右移”或“活动单元格下移”单选按钮后，单击确定按钮，即可在选择单元格的左侧或上侧插入单元格。

2. 删除单元格

删除单元格的具体操作为：选择要删除的单元格，单击“开始”/“单元格”组中的“删除”按钮右侧的下拉按钮，在打开的下拉列表中选择“删除工作表行”或“删除工作表列”选项，即可删除整行或整列单元格；选择“删除单元格”选项，打开“删除”对话框，单击相应单选按钮后，单击确定按钮即可删除所选单元格，并使不同位置的单元格代替所选单元格。

微课：删除单元格

任务实现

（一）新建并保存工作簿

启动 Excel 2019 后，系统将自动新建名为“工作簿 1”的空白工作簿。为了满足需要，用户还可新建更多的空白工作簿，具体操作如下。

微课：新建并保存工作簿

（1）单击桌面左下角的“开始”图标，在打开的界面中单击“Excel”图标，启动 Excel 2019；选择“文件”/“新建”命令，在界面中选择“空白工作簿”选项。

（2）系统将新建名为“工作簿 1”的空白工作簿。

（3）选择“文件”/“保存”命令，在打开的“另存为”界面中选择“浏览”选项，在打开的“另存为”对话框中选择文件保存路径，在“文件名”文本框中输入“客户来访登记表”文本，单击保存(S)按钮。

提示 按“Ctrl+N”组合键可快速新建空白工作簿，在桌面或文件夹的空白处单击鼠标右键，在弹出的快捷菜单中选择“新建”/“Microsoft Excel 工作表”命令也可以新建空白工作簿。

（二）输入工作表数据

微课：输入工作表数据

输入数据是制作表格的基础，Excel 2019 支持各种类型数据的输入，如文本和数字等，具体操作如下。

（1）双击“Sheet1”工作表标签，当其变为可编辑状态时，输入“2021 年 1 月”文本，单击工作表任意空白位置，即可完成工作表的重命名操作。选择 A1 单元格，在其中输入“客户来访登记表”文本，如图 7-3 所示。

（2）在 A2:I2 单元格区域中分别输入“序号”“日期”“姓名”等文本，如图 7-4 所示。

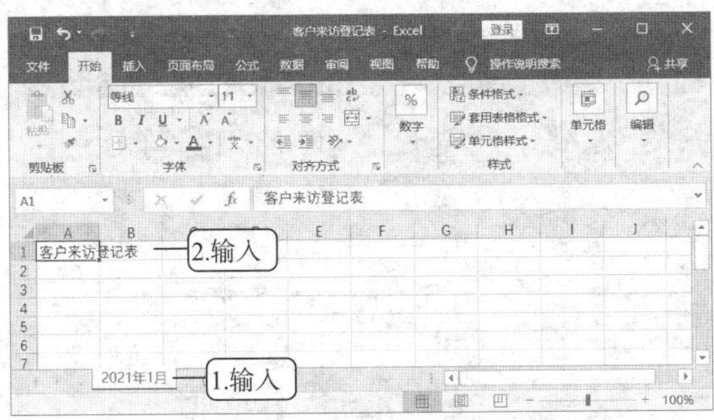

图 7-3　重命名工作表标签并输入数据

图 7-4　输入数据（1）

（3）在 A3: H12 单元格区域中输入来访客户的相关数据，如图 7-5 所示。

（4）选择 A3 单元格，将鼠标指针移动到该单元格右下角，在出现✚形状的控制柄时，按住鼠标左键并拖动控制柄至 A12 单元格，如图 7-6 所示。

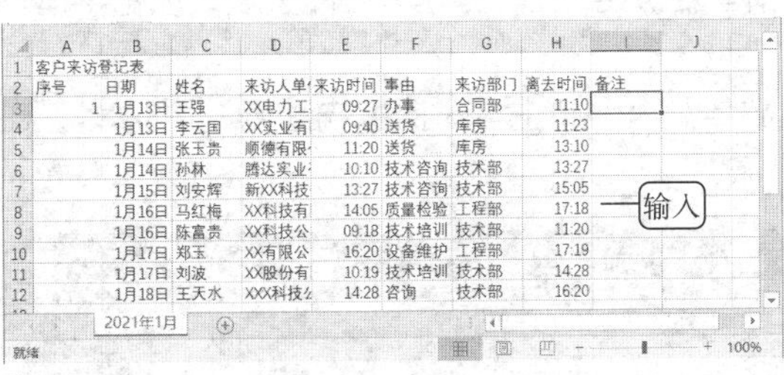

图 7-5　输入数据（2）

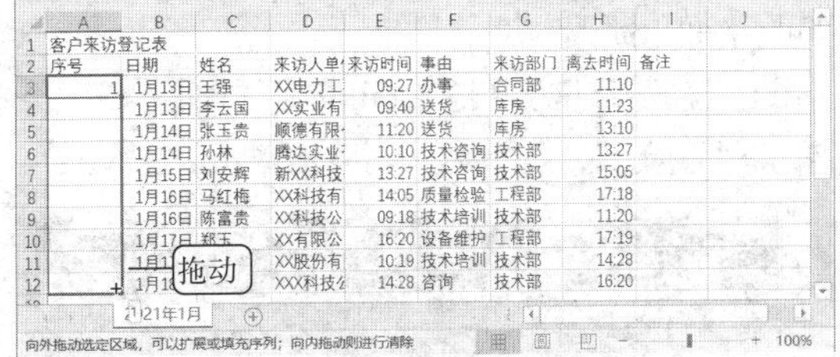

图 7-6　拖动控制柄

（5）释放鼠标左键，在 A3:A12 单元格区域的右下角单击“自动填充选项”按钮，在打开的下拉列表中单击“填充序列”单选按钮，如图 7-7 所示。单元格区域中的数字将按照从小到大的序列自动进行填充，效果如图 7-8 所示。

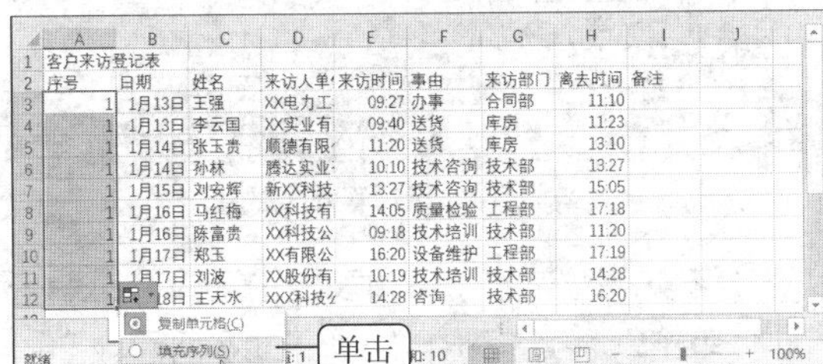

图 7-7　选择填充选项

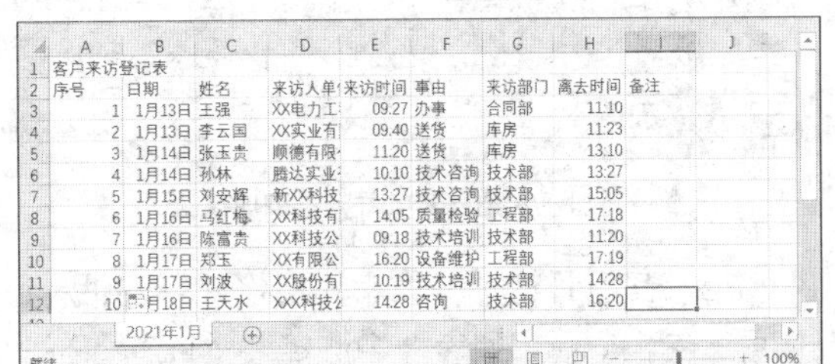

图 7-8　自动填充数据

（三）设置单元格格式和数据格式

微课：设置单元格格式和数据格式

在 Excel 2019 中设置单元格格式，主要包括设置所选单元格区域的字体、字号、字体颜色等。Excel 2019 中的数据格式包括“货币”“数值”“会计专用”“日期”“百分比”“分数”等类型，用户可根据需要设置所需的数据格式。下面在“客户来访登记表.xlsx”工作簿中设置单元格格式和数据格式，具体操作如下。

（1）选择 A1:I1 单元格区域，在“开始”/“对齐方式”组中单击“合并后居中”按钮右侧的下拉按钮，在打开的下拉列表中选择“合并后居中”选项，如图 7-9 所示。

（2）返回工作表可看到选择的单元格区域已合并为一个单元格，且其中的文本自动居中显示。保持单元格的选择状态，在“开始”/“字体”组的“字体”下拉列表中选择“黑体”选项，在“字号”下拉列表中选择“16”选项，如图 7-10 所示。

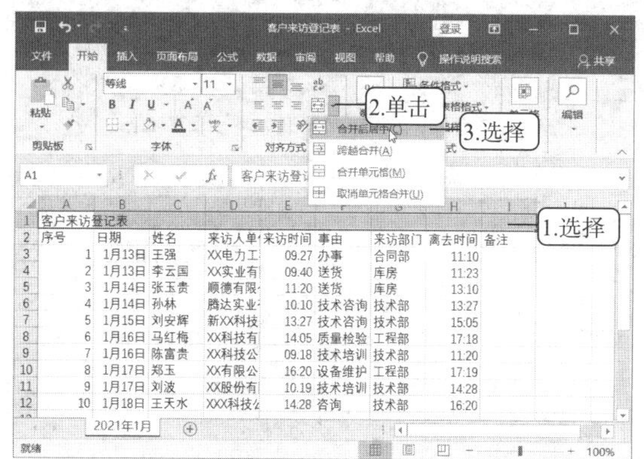

图 7-9　合并单元格

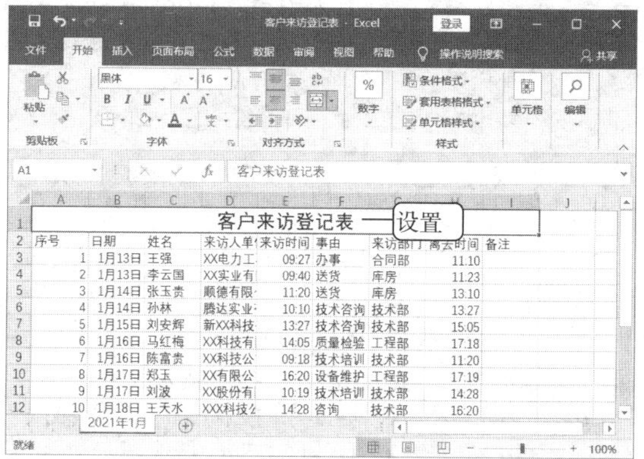

图 7-10　设置字体和字号

（3）选择 A2:I2 单元格区域，设置其字体为“宋体”，字号为“12”，单击 **B** 按钮，加粗字体，如图 7-11 所示。

（4）选择 B3:B12 单元格区域，在“开始”/“数字”组中单击“对话框启动器”按钮，如图 7-12 所示。

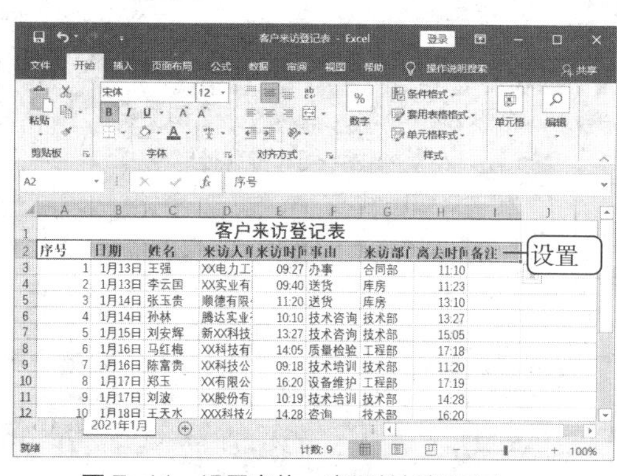

图 7-11　设置字体、字号并加粗显示

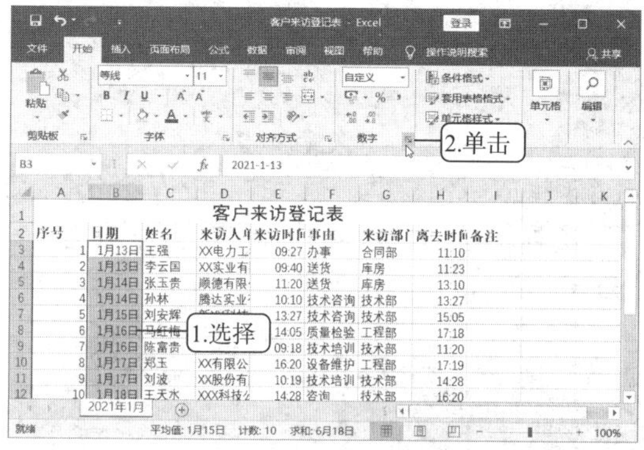

图 7-12　选择单元格区域

（5）在打开的“设置单元格格式”对话框的“数字”选项卡的“分类”列表框中选择“日期”选项，在“类型”列表框中选择“2012-03-14”选项，单击 确定 按钮，如图 7-13 所示。

（6）返回工作表可以看到所选区域的数据显示为日期格式，如图 7-14 所示。

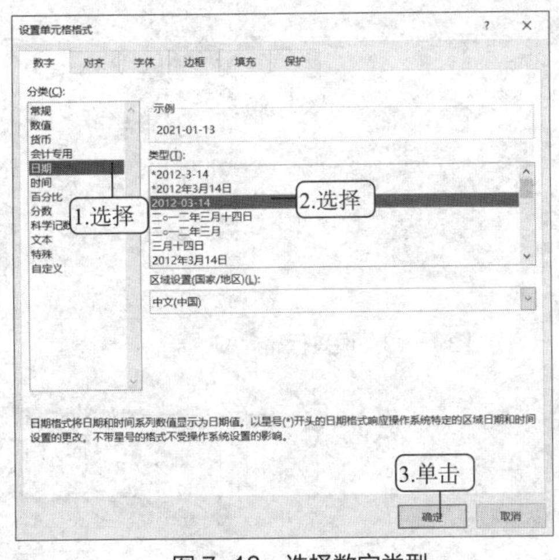

图 7-13　选择数字类型

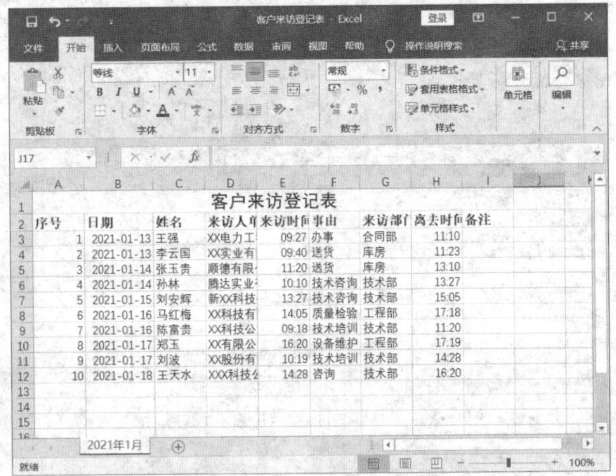

图 7-14　设置数据类型效果

提示　在“开始”/“数字”组的“常规”下拉列表中选择“数字”“会计专用”“时间”“文本”等选项可快速设置所需的数据格式，单击按钮或单击该按钮右侧的下拉按钮，可设置货币样式；单击%按钮可设置百分比；单击,按钮可设置千位分隔样式；单击或按钮可增加或减少小数位数。

（四）调整行高与列宽

在默认状态下，单元格的行高和列宽是固定不变的，但当单元格中的数据太多，不能完全显示时，可调整单元格的行高或列宽，使其内容能完整显示，具体操作如下。

微课：调整行高与列宽

（1）将鼠标指针移到 D 列与 E 列的间隔线上，当鼠标指针变为形状时，按住鼠标左键并向右拖动，此时鼠标指针右侧将显示具体的列宽数据，待拖动至合适的距离后释放鼠标左键，如图 7-15 所示。

（2）选择第 2～12 行单元格，在“开始”/“单元格”组中单击“格式”按钮，在打开的下拉列表中选择“行高”选项，如图 7-16 所示。

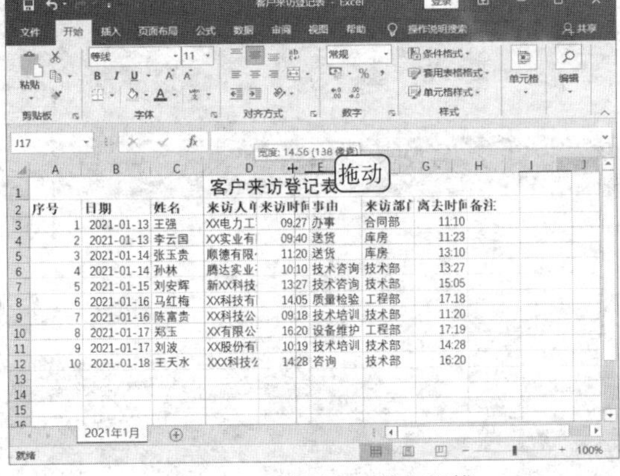

图 7-15　拖动单元格间隔线

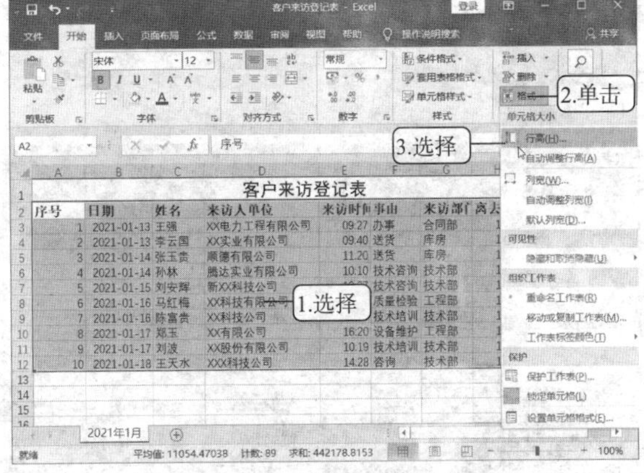

图 7-16　选择“行高”选项

（3）在打开的“行高”对话框的数值框中输入“16”，单击 确定 按钮，如图 7-17 所示。

（4）此时在工作表中可看到调整行高后的效果，如图 7-18 所示。

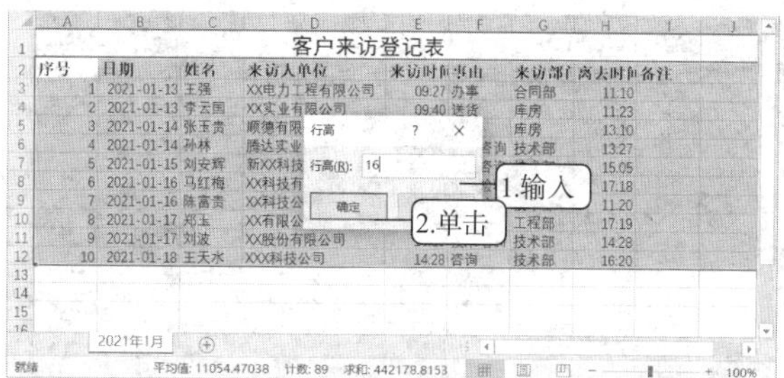

图 7-17 输入行高

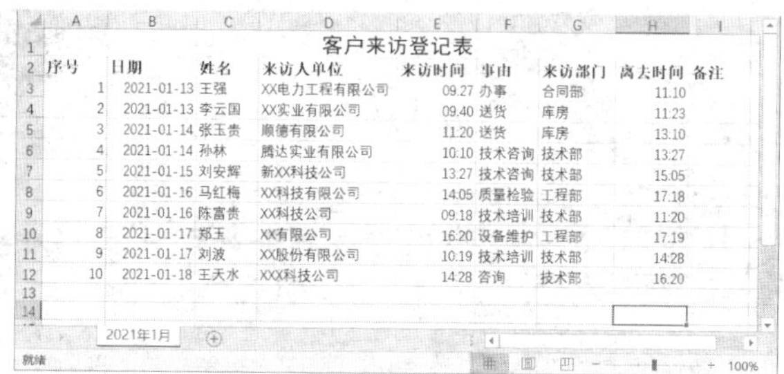
图 7-18 设置行高后的效果

提示 选择某一行或某一列单元格，在“开始”/“单元格”组中单击“格式”按钮，在打开的下拉列表中选择“自动调整行高”或“自动调整列宽”选项，Excel 2019 会根据单元格中的数据自动调整行高或列宽。

（五）设置对齐方式

微课：设置对齐方式

默认情况下，Excel 2019 表格中的文本为左对齐，数字为右对齐。为了使工作表中的数据更整齐，可以设置数据的对齐方式，如左对齐、居中对齐、右对齐等。下面在“客户来访登记表.xlsx”工作簿中设置数据的对齐方式，具体操作如下。

选择 A2:I12 单元格区域，在“开始”/“对齐方式”组中单击“居中”按钮，如图 7-19 所示。A2:I12 单元格区域中的数据将在单元格中居中显示，如图 7-20 所示。

提示 在“开始”/“对齐方式”组中单击“方向”按钮，在打开的下拉列表中可选择旋转方向；单击“减少缩进量”按钮或“增加缩进量”按钮可以改变文本在单元格中的缩进量。在该组右下角单击“对话框启动器”按钮，在打开的“设置单元格格式”对话框的“对齐”选项卡的“文本对齐方式”栏中可设置数据的水平对齐、垂直对齐、缩进方式；在“文本控制”栏中勾选相应的复选框，可改变单元格中数据的显示状态；在“方向”栏中可调整文本的显示角度。

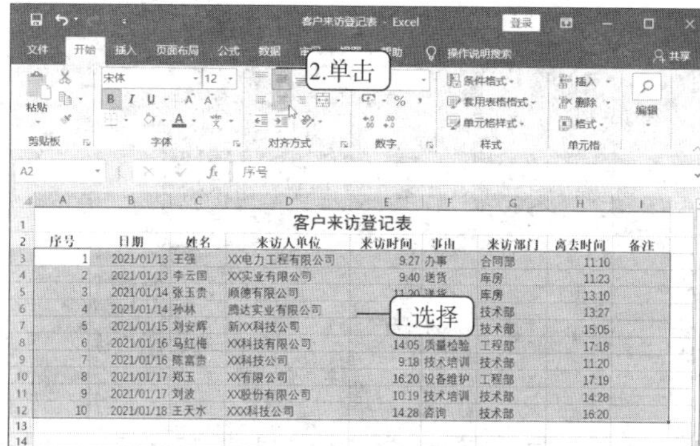

图 7-19 设置对齐方式

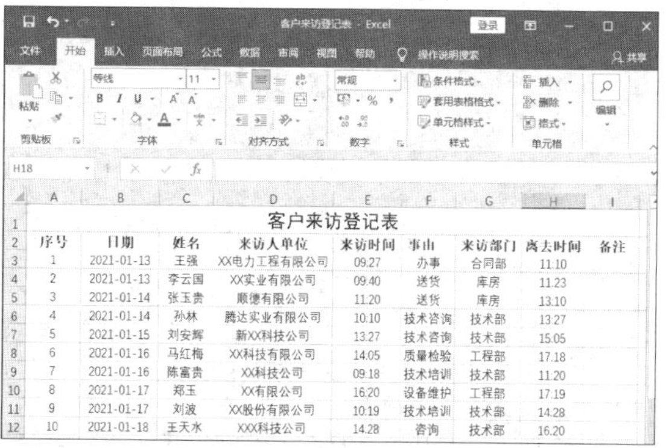
图 7-20 居中对齐效果

任务二　美化员工考勤表

任务要求

人力资源部同事觉得小李制作的员工考勤表不够美观，于是请小李对制作的表格进行美化。小李利用 Excel 2019 完成了员工考勤表的美化，完成后效果如图 7-21 所示，相关要求如下。

查看“员工考勤表”相关知识

- 打开素材工作簿，选择 A2:J18 单元格区域，设置外边框为粗实线，内边框为细实线的边框效果。
- 选择 A2:J12 单元格区域，为其设置单元格底纹。
- 在工作表中插入“公司标志”图片，并调整其大小和位置。
- 将“背景图片”设置为工作表背景。
- 制作完表格后进行预览和打印。

1	XX实业有限责任公司员工考勤表									
2	员工编号	员工姓名	职务	迟到	事假	病假	全勤奖	迟到扣款	事假扣款	病假扣款
3	1	王慧	总经理	0	0	0	¥200.00	¥0.00	¥0.00	¥0.00
4	2	萧峰	副总经理	0	1	0	¥0.00	¥0.00	¥50.00	¥0.00
5	3	许小明	经理	0	0	0	¥200.00	¥0.00	¥0.00	¥0.00
6	4	张大山	经理	1	0	0	¥0.00	¥20.00	¥0.00	¥0.00
7	5	贺平	经理	0	0	0	¥200.00	¥0.00	¥0.00	¥0.00
8	6	杨小丽	副经理	0	0	0	¥200.00	¥0.00	¥0.00	¥0.00
9	7	石鹏	副经理	2	0	0	¥0.00	¥40.00	¥0.00	¥0.00
10	8	李满玉	副经理	1	0	0	¥0.00	¥20.00	¥0.00	¥0.00
11	9	江涛	会计	0	2	0	¥0.00	¥0.00	¥100.00	¥0.00
12	10	孙开成	出纳	0	0	0	¥200.00	¥0.00	¥0.00	¥0.00
13	11	王军	员工	0	0	0	¥200.00	¥0.00	¥0.00	¥0.00
14	12	陈一江	员工	3	0	0	¥0.00	¥60.00	¥0.00	¥0.00
15	13	邢萍	员工	0	0	1	¥0.00	¥0.00	¥0.00	¥25.00
16	14	李名	员工	0	0	0	¥200.00	¥0.00	¥0.00	¥0.00
17	15	张中之	员工	0	0	0	¥200.00	¥0.00	¥0.00	¥0.00
18	16	袁源	员工	0	3	0	¥0.00	¥0.00	¥150.00	¥0.00

图 7-21　“员工考勤表”工作簿

相关知识

（一）拆分工作表

微课：拆分工作表

在 Excel 2019 中，用户可以使用拆分工作表的功能将工作表拆分为多个窗格，在每个窗格中都可以进行单独的操作，这样有利于在数据量比较大的工作表中查看数据的前后对照关系。在工作表中选择拆分中心的单元格，在“视图”/“窗口”组中单击“拆分”按钮▭。此时工作表将以所选单元格为中心拆分为 4 个窗格，在任意一个窗格中选择单元格，滚动鼠标滚轮，即可显示出工作表中的其他数据。

（二）冻结窗格

在数据量比较大的工作表中，为了方便查看表头与数据的对应关系，用户可通过冻结工作表窗格查看工作表中的其他内容而不移动表头所在的行或列。选择工作表中作为冻结中心的单元格，然后在“视图”/“窗口”组中单击 冻结窗格 按钮，在打开的下拉列表中选择“冻结窗格”选项。返回工作表中，拖动水平滚动条或垂直滚动条，即可在保持所选单元格左侧的列或上方的行位置不变的情况下，查看工作表中的其他列或行。

微课：冻结窗格

（三）套用表格格式

如果用户希望工作表更美观，但又不想花费太多的时间来设置工作表格式，可以直接套用系统

微课：套用表格格式

中已设置好的表格格式，具体操作为：选择需要套用表格格式的单元格区域，在“开始”/“样式”组中单击“套用表格格式”按钮，在打开的下拉列表中选择一种表格样式选项，在打开的“套用表格格式”对话框中单击 确定 按钮即可，如图 7-22 所示。套用表格格式后，将激活“表格工具-设计”选项卡，在其中可重新设置表格样式。

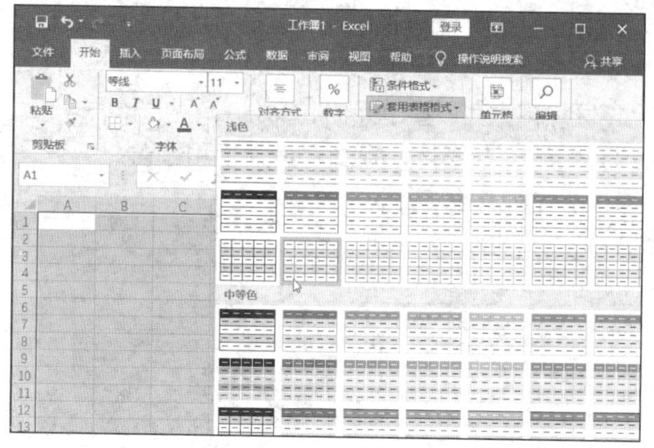

图 7-22　套用表格格式

任务实现

（一）设置边框与底纹

微课：设置边框与底纹

为使制作的表格轮廓更加清晰，更具层次感，可设置单元格的边框与底纹。下面在“员工考勤表.xlsx”工作簿中设置边框与底纹，具体操作如下。

（1）打开“员工考勤表.xlsx”，选择 A2:J18 单元格区域，在“开始”/“字体”组中单击“边框”按钮右侧的下拉按钮，在打开的下拉列表中选择“其他边框”选项，如图 7-23 所示。

（2）在打开的“设置单元格格式”对话框中单击“边框”选项卡，在“样式”列表框中选择“粗实线”选项，在“预置”栏中单击“外边框”按钮，继续在“样式”列表框中选择“细实线”选项，在“预置”栏中单击“内部”按钮，完成后单击 确定 按钮，如图 7-24 所示。

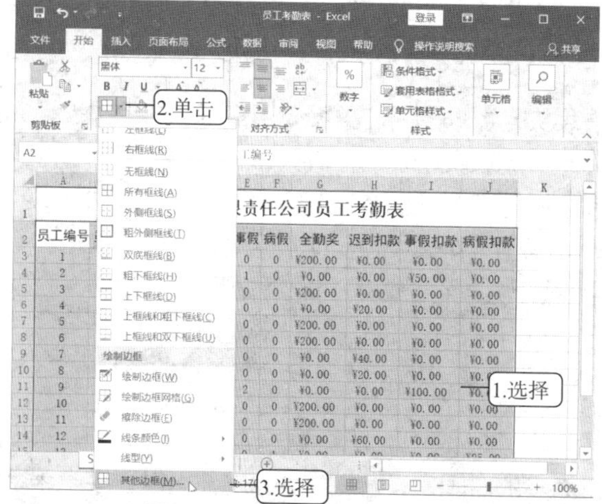

图 7-23　选择“其他边框”选项

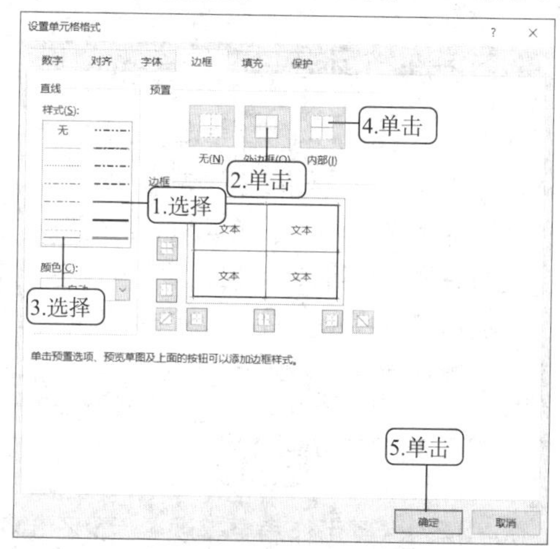

图 7-24　设置外边框和内边框样式

（3）选择 A2:J2 单元格区域，在“开始”/“字体”组中单击“填充颜色”按钮右侧的下拉按钮，在打开的下拉列表中选择“白色 1，背景 1，深色 15%”选项，如图 7-25 所示。返回工作表可以看到设置边框与底纹后的效果，如图 7-26 所示。

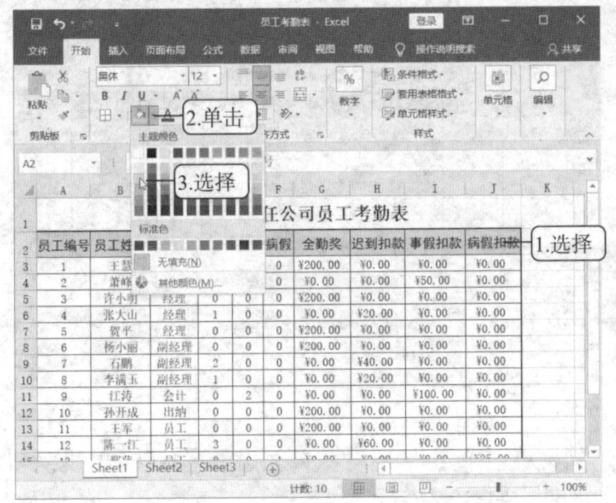

图 7-25　选择底纹颜色

图 7-26　设置边框与底纹后的效果

（二）插入图片

在工作表中也可以插入一些其他元素，如图片，对工作表进行美化。下面在“员工考勤表.xlsx”工作簿中插入“公司标志”图片并进行设置，具体操作如下。

（1）单击“插入”/“插图”组中的“图片”按钮，在打开的下拉列表中选择“此设备”选项，如图 7-27 所示，打开“插入图片”对话框。

（2）在其中选择需要插入的图片，这里选择“公司标志”，单击插入(S)按钮，如图 7-28 所示。

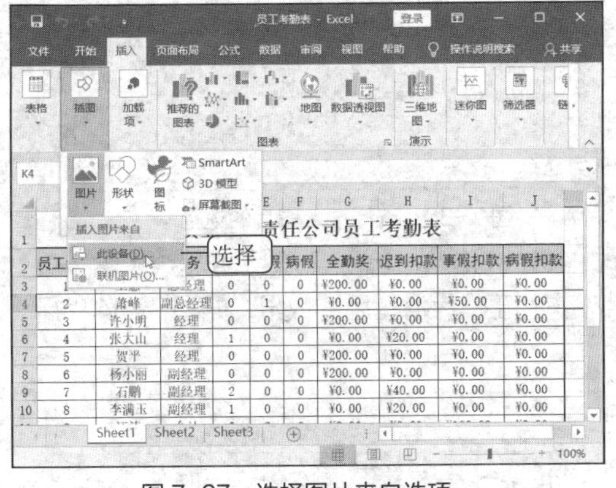

图 7-27　选择图片来自选项

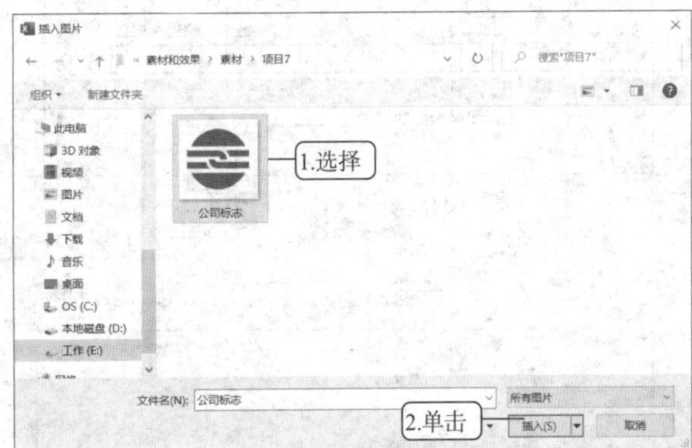

图 7-28　选择插入的图片

（3）工作表中将插入该图片，将鼠标指针移动到图片右下角的控制点上，当鼠标指针变成形状时，按住鼠标左键向左上角拖动，调整图片的大小，到适当的位置后释放鼠标左键，如图 7-29 所示。

（4）将鼠标指针移动到图片上，当鼠标指针变成形状时，按住鼠标左键将图片拖动到 A1 单元格中左侧空白的位置后释放鼠标左键，调整图片的位置，如图 7-30 所示。

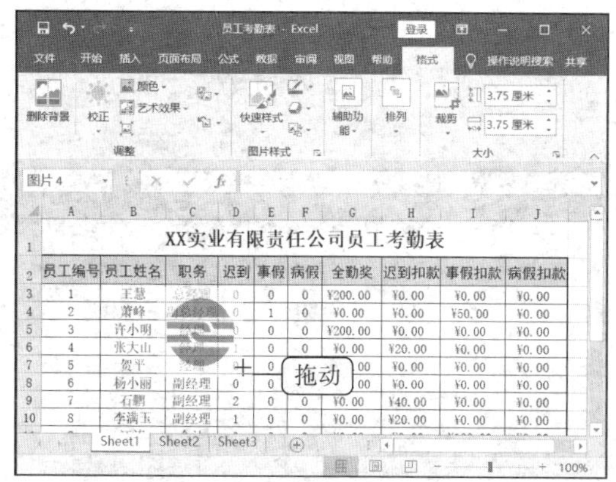

图 7-29　调整图片大小

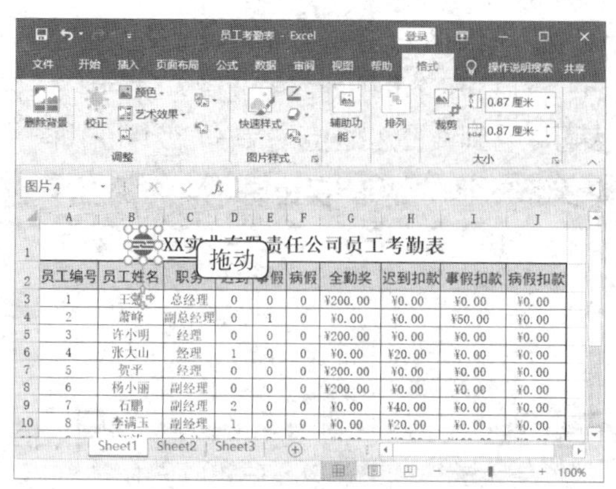

图 7-30　调整图片位置

（三）设置工作表背景

微课：设置工作表背景

为了使工作表更加美观，还可以为整个工作表设置背景。下面在“员工考勤表.xlsx”工作簿中为工作表设置背景，具体操作如下。

（1）在工作表中单击任意单元格，在“页面布局”/“页面设置”组中单击背景按钮，如图 7-31 所示。

（2）在“插入图片”对话框中选择“从文件”选项，如图 7-32 所示。

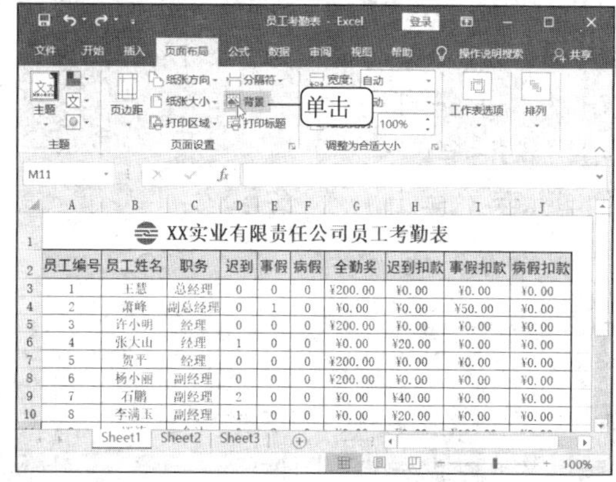

图 7-31　单击“背景”按钮

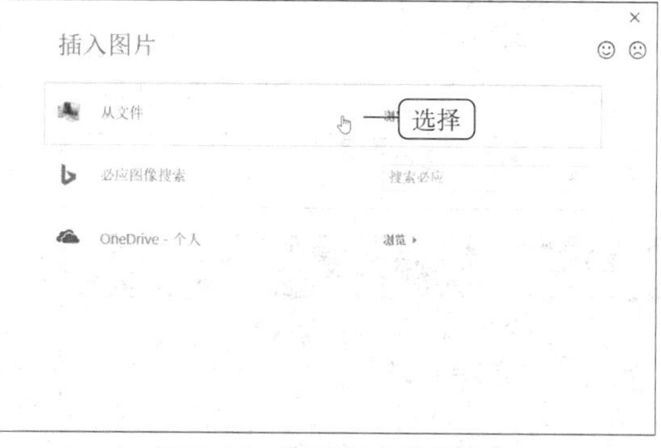

图 7-32　选择插入图片的途径

（3）打开“工作表背景”对话框，选择背景图片的保存路径，选择“背景图片”图片，单击插入(S)按钮，如图 7-33 所示。返回工作表，即可看到将图片设置为工作表背景后的效果，如图 7-34 所示。

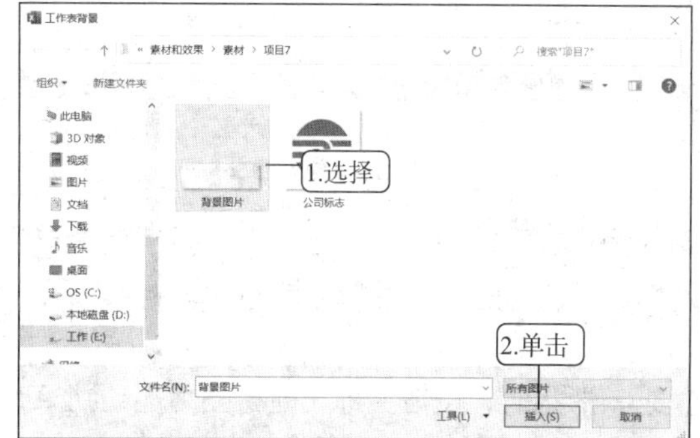

图 7-33　选择背景图片

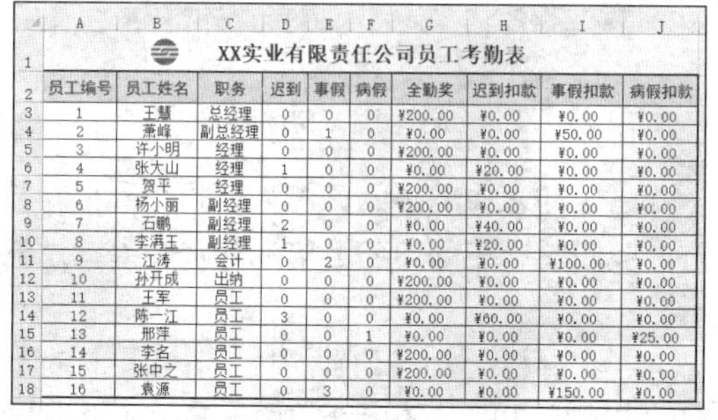

XX实业有限责任公司员工考勤表

员工编号	员工姓名	职务	迟到	事假	病假	全勤奖	迟到扣款	事假扣款	病假扣款
1	王慧	总经理	0	0	0	¥200.00	¥0.00	¥0.00	¥0.00
2	萧峰	副总经理	0	1	0	¥0.00	¥0.00	¥50.00	¥0.00
3	许小明	经理	0	0	0	¥200.00	¥0.00	¥0.00	¥0.00
4	张大山	经理	1	0	0	¥0.00	¥20.00	¥0.00	¥0.00
5	贺平	经理	0	0	0	¥200.00	¥0.00	¥0.00	¥0.00
6	杨小丽	副经理	0	0	0	¥200.00	¥0.00	¥0.00	¥0.00
7	石鹏	副经理	2	0	0	¥0.00	¥40.00	¥0.00	¥0.00
8	李满玉	副经理	1	0	0	¥0.00	¥20.00	¥0.00	¥0.00
9	江涛	会计	0	2	0	¥0.00	¥0.00	¥100.00	¥0.00
10	孙开成	出纳	0	0	0	¥200.00	¥0.00	¥0.00	¥0.00
11	王军	员工	0	0	0	¥200.00	¥0.00	¥0.00	¥0.00
12	陈一江	员工	3	0	0	¥0.00	¥60.00	¥0.00	¥0.00
13	邢萍	员工	0	0	1	¥0.00	¥0.00	¥0.00	¥25.00
14	李名	员工	0	0	0	¥200.00	¥0.00	¥0.00	¥0.00
15	张中之	员工	0	0	0	¥200.00	¥0.00	¥0.00	¥0.00
16	袁源	员工	0	3	0	¥0.00	¥0.00	¥150.00	¥0.00

图 7-34　查看工作表背景效果

（四）预览并打印表格数据

在打印表格之前需要先预览打印效果，对表格效果的设置满意后再开始打印。在 Excel 2019 中，根据打印内容的不同，可分为两种情况：一是打印整个工作表；二是打印区域数据。

1．设置打印参数

选择需要打印的工作表，预览其打印效果后，若对表格内容和页面设置不满意，可重新设置，如设置纸张方向和页面页边距等，直至设置满意后再打印。下面介绍如何在“员工考勤表.xlsx”工作簿中预览并打印工作表，具体操作如下。

微课：设置打印参数

（1）选择“文件”/“打印”命令，在界面右侧预览工作表的打印效果，在界面中间列表框的“设置”栏中把“纵向”改成“横向”选项，在界面中间列表的下方单击“页面设置”超链接，如图 7-35 所示。

（2）在打开的“页面设置”对话框中单击“页边距”选项卡，在“居中方式”栏中勾选“水平”和“垂直”复选框，单击确定按钮，如图 7-36 所示。

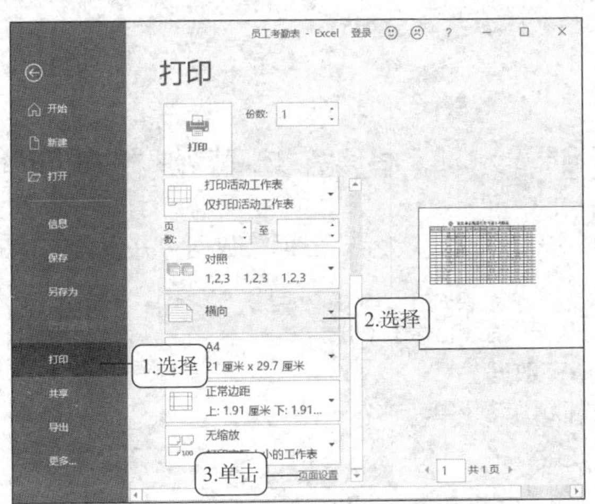

图 7-35　预览打印效果并设置纸张方向

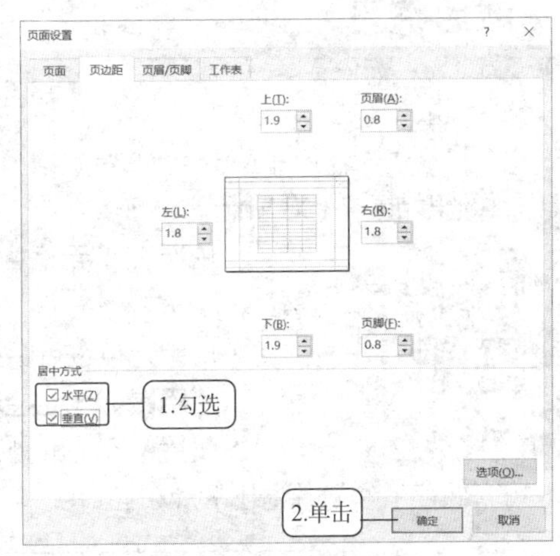

图 7-36　设置居中方式

（3）返回“打印”界面，在界面中间的“打印”栏的“份数”数值框中设置打印份数，这里输入“5”，设置完成后单击“打印”按钮打印表格。

2．设置打印区域数据

当只需打印表格中的部分数据时，可设置工作表的打印区域进行打印。下面介绍在“员工考勤表.xlsx”工作簿中设置打印的区域为 A1:J14 单元格区域，具体操作如下。

微课：设置打印区域数据

（1）选择 A1:J14 单元格区域，在“页面布局”/“页面设置”组中单击“打印区域”按钮，在打开的下拉列表中选择“设置打印区域”选项，所选区域四周将出现虚线框，表示该区域将被打印，如图 7-37 所示。

（2）选择“文件”/“打印”命令，在打开的界面中单击“打印”按钮即可。

提示　若对设置的打印区域不满意，可在“页面布局”/“页面设置”组中再次单击打印区域按钮，在打开的下拉列表中选择“取消打印区域”选项，取消已设置的打印区域。

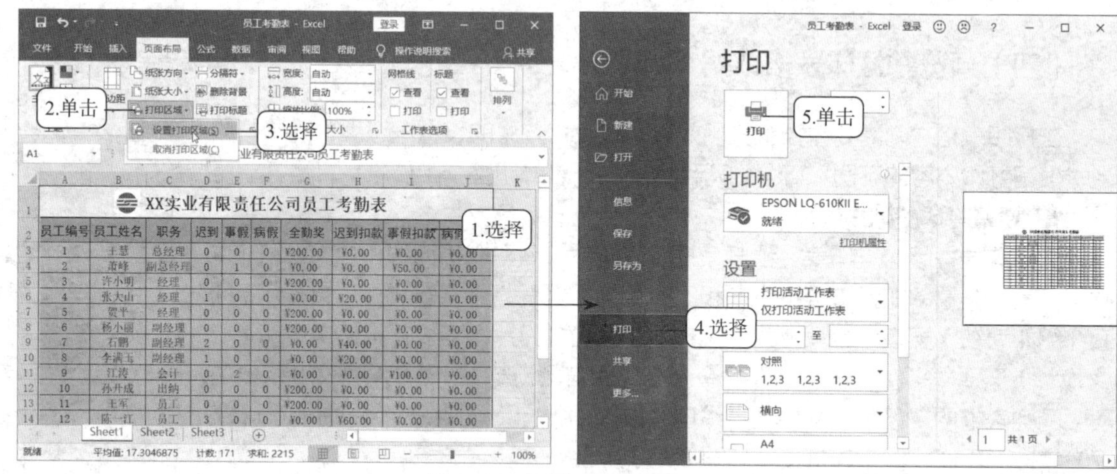

图 7-37　设置打印区域数据

课后练习

操作题

（1）新建一个空白工作簿，并将其以“值班记录表.xlsx”为名保存，按照下列要求对表格进行操作，效果如图 7-38 所示。

制作“值班记录表”

① 依次在单元格中输入相关的文本、数字、日期等数据，并设置文本的格式。

② 对单元格进行合并居中，并调整行高和列宽。

③ 使用鼠标拖动控制柄填充数据。

④ 设置单元格的外边框和内边框效果。

⑤ 保存工作簿并退出 Excel 2019。

值班记录表

序号	班次	时间	内容	处理情况	值班人
001	早班	2021年1月2日	-	-	范涛
002	晚班	2021年1月2日	凌晨3点，厂房后门出现异样响动	监视器中无异常，应该为猫狗之类的小动物	何忠明
003	早班	2021年1月3日	-	-	黄伟
004	晚班	2021年1月3日	-	-	刘明亮
005	早班	2021年1月4日	-	-	方小波
006	晚班	2021年1月4日	-	-	周立军
007	早班	2021年1月5日	-	-	范涛
008	晚班	2021年1月5日	-	-	何忠明
009	早班	2021年1月6日	-	-	黄伟
010	晚班	2021年1月6日	凌晨1点王主任返回厂房	在陪同下取回工作用的文件包	刘明亮
011	早班	2021年1月7日	-	-	黄伟
012	晚班	2021年1月7日	-	-	刘明亮
013	早班	2021年1月8日	-	-	方小波
014	晚班	2021年1月8日	-	-	周立军
015	早班	2021年1月9日	-	-	范涛
016	晚班	2021年1月9日	陈德明于12点返回厂房	在其办公室过夜	何忠明

图 7-38　“值班记录表”工作簿

（2）新建一个空白工作簿，按照下列要求对表格进行操作，效果如图 7-39 所示。

制作“绩效评比表”

① 打开 Excel 2019 并新建工作簿，重命名工作簿和工作表，并输入绩效评比表内容。

② 调整行高和列宽，合并单元格并为单元格设置边框。

③ 设置单元格中的文本格式，包括字体、字号，再设置底纹、对齐方式。

④ 设置打印参数，并打印工作表。

绩效评比表

编号	姓名	职位	绩效评比				绩效奖
			加分	原因	扣分	原因	
MJ001	张丽	员工	2	提供开源节流有效方案	0.5	未按要求着装、违反服务要求	
MJ002	赵明明	员工	0.5	团结友爱、乐于助人等			
MJ003	陈冲	员工	1	超出工作职责做出的贡献			
MJ004	刘晓宇	员工			0.5	迟到、早退等缺勤情况	
MJ005	万涛	员工			1	日报填写敷衍了事	
MJ006	柯志伟	主管	0.5	团结友爱、乐于助人等			
MJ007	蒋晓庆	员工			0.5	未按要求着装、违反服务要求	
MJ008	郭旭	员工	2	提出有效改进建议			
MJ009	卢文琦	主管	2	提供业绩增长方案			
MJ010	李娟	员工	1	超出工作职责做出的贡献			
MJ011	王晓华	员工			0.5	未按要求着装、违反服务要求	
MJ012	刘佳	员工			2	与客户、主管发生争吵	

绩效评比规则

加分原则：

1、提出有效改进建议

2、提供业绩增长方案

3、提供开源节流有效方案

4、超出工作职责做出的贡献

5、团结友爱、乐于助人等

扣分原则：

1、未交日报表

2、日报填写敷衍了事

3、迟到、早退等缺勤情况

4、未按要求着装、违反服务要求

5、工作状态欠佳、未完成工作

6、与客户、主管发生争吵

图 7-39 “绩效评比表”工作簿

（3）新建名为“报销申请单.xlsx”的工作簿，按照下列要求对工作簿进行操作，效果如图 7-40 所示。

① 输入文本并设置文本字体格式。

② 对单元格进行合并操作，设置文本的对齐方式。

③ 设置单元格的行高和列宽。

④ 设置单元格的外边框和内边框。

⑤ 设置打印区域并进行打印。

制作“报销申请单”

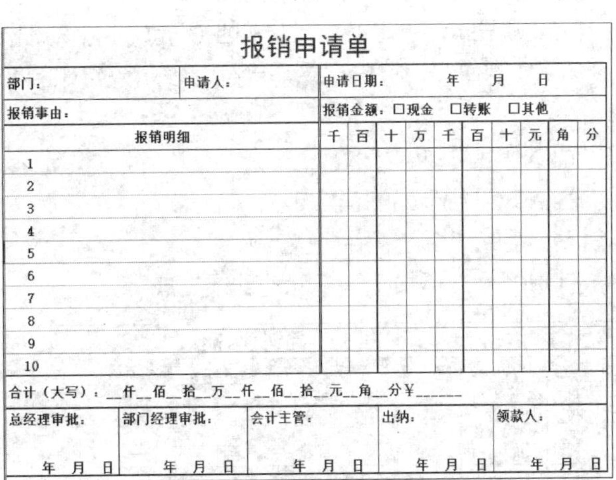

报销申请单

部门：	申请人：	申请日期：　　年　　月　　日
报销事由：		报销金额：□现金　□转账　□其他

报销明细	千	百	十	万	千	百	十	元	角	分
1										
2										
3										
4										
5										
6										
7										
8										
9										
10										

合计（大写）：__仟__佰__拾__万__仟__佰__拾__元__角__分￥______

总经理审批： 年　月　日	部门经理审批： 年　月　日	会计主管： 年　月　日	出纳： 年　月　日	领款人： 年　月　日

图 7-40 “报销申请单”工作簿

项目八 计算和分析Excel数据

Excel 2019 具有强大的数据处理功能，主要体现在计算数据和分析数据上。本项目将通过 3 个典型任务，介绍在 Excel 2019 中计算和分析数据的方法，包括公式与函数的使用、数据排序、数据筛选、数据分类汇总、使用数据透视图和数据透视表分析数据、创建图表分析数据等。

课堂学习目标

- 制作产品销售统计表。
- 统计分析员工绩效考核表。
- 制作工资对比图表。

任务一　制作产品销售统计表

任务要求

公司需要总结每个月产品和业务员的销售业绩情况，领导让销售经理小刘统计各产品一月份的销售额，并在统计后制作一份“产品销售统计表”，以便了解各产品和业务员的销售业绩情况，据此计算出各业务员的业绩提成。小刘根据领导提出的要求，利用 Excel 2019 制作了一月份产品销售统计表，效果如图 8-1 所示，相关操作如下。

查看“产品销售统计表”相关知识

- 使用公式计算各产品销售金额。
- 使用 RANK.EQ()函数计算各产品的销售排名。
- 使用 SUM()函数计算产品的销售总量和销售总额。
- 使用 IF()嵌套函数计算各个业务员销售产品的业绩提成。

公司一月份产品销售统计表

产品编号	产品名称	单价（元）	数量	金额（元）	业务员	销量排名	业绩提成
DQ301	洗涤干燥机	¥ 7,380.00	32	¥ 236,160.00	柯红	2	¥11,808.00
DQ302	吸尘器	¥ 1,299.00	56	¥ 72,744.00	刘杉	8	¥ 2,182.32
DQ303	空气清净机	¥ 4,700.00	23	¥ 108,100.00	胡一霞	5	¥ 3,243.00
DQ304	电水壶	¥ 186.00	122	¥ 22,692.00	王开利	10	¥ 680.76
DQ305	餐具干洗机	¥ 2,358.00	44	¥ 103,752.00	程小平	7	¥ 3,112.56
DQ306	电暖器	¥ 1,580.00	67	¥ 105,860.00	卢红	6	¥ 3,175.80
DQ307	除湿机	¥ 2,520.00	87	¥ 219,240.00	杜乐月	3	¥10,962.00
DQ308	排气扇	¥ 450.00	242	¥ 108,900.00	唐艳菊	4	¥ 3,267.00
DQ309	微波炉	¥ 670.00	95	¥ 63,650.00	彭燕	9	¥ 1,909.50
DQ310	洗衣机	¥ 5,600.00	78	¥ 436,800.00	张晓丽	1	¥21,840.00
合计			846	¥1,477,898.00			

图 8-1 “产品销售统计表”工作簿

相关知识

（一）公式运算符和语法

在 Excel 2019 中使用公式前，首先需要大致了解公式的运算符和公式的语法，下面分别对其进行简单介绍。

1. 运算符

运算符即公式中的运算符号，用于对公式中的元素进行特定计算。运算符主要用于连接数字并产生相应的计算结果。运算符有算术运算符（如加、减、乘、除）、比较运算符（如逻辑值 false 与 true）、文本运算符（如&）、引用运算符（如冒号与空格）和括号运算符 5 种。当一个公式中包含了这 5 种运算符时，应遵循从高到低的优先级进行计算；若公式中还包含括号运算符，则一定要注意每个左括号必须配一个右括号。

2. 语法

Excel 2019 中的公式是按照特定的顺序进行数值运算的，这一特定顺序即为语法。Excel 2019 中的公式遵循特定的语法：最前面是等号，后面是参与计算的元素和运算符。如果公式中同时用到了多个运算符，则需按照运算符的优先级进行运算，如果公式中包含相同优先级别的运算符，则先进行括号里面的运算，再从左到右依次计算。

（二）单元格引用和单元格引用分类

在使用公式计算数据前要了解单元格引用和单元格引用分类的相关知识。

1. 单元格引用

Excel 2019 是通过单元格地址来引用单元格的，单元格地址是指单元格的行号与列标的组合。例如“=193800+123140+146520+152300”中，数据“193800”位于 B3 单元格，其他数据依次位于 C3、D3 和 E3 单元格中，通过单元格引用，将公式输入为“=B3+C3+D3+E3”，同样可以获得这 4 个数据相加的计算结果。

2. 单元格引用分类

在计算数据表中的数据时，通常会通过复制或剪切公式来实现快速计算，因此会涉及不同的单元格引用方式。Excel 2019 中包括相对引用、绝对引用和混合引用 3 种引用方式。使用不同的引用方式得到的计算结果也不相同。

- 相对引用。相对引用是指输入公式时直接通过单元格地址来引用单元格。相对引用单元格后，如果复制或剪切公式到其他单元格，那么公式中引用的单元格地址会根据复制或剪切的位置发生相应改变。
- 绝对引用。绝对引用是指无论引用单元格的公式的位置如何改变，所引用的单元格均不会发生变化。绝对引用的形式是在单元格的行号和列标前加上符号“$”。
- 混合引用。混合引用包含相对引用和绝对引用。混合引用有两种形式：一种是行绝对、列相对，如“B$2”表示行不发生变化，但是列会随着新的位置发生变化；另一种是行相对、列绝对，如“$B2”表示列保持不变，但是行会随着新的位置而发生变化。

（三）使用公式计算数据

Excel 2019 中的公式是对工作表中的数据进行计算的等式，它以“=”开头，其后是公式的表达式。公式的表达式可包含运算符、常量数值、单元格引用和单元格区域引用。

1. 输入公式

在 Excel 2019 中输入公式的方法与输入数据的方法类似，只需将公式输入相应的单元格中，即可计算出结果。输入公式的方法为选择要输入公式的单元格，在单元格或编辑栏中输入"="，接着输入公式内容，完成后按"Enter"键或单击编辑栏上的"输入"按钮✓。

在单元格中输入公式后，按"Enter"键可在计算出公式结果的同时选择同列的下一个单元格；按"Tab"键可在计算出公式结果的同时选择同行的下一个单元格；按"Ctrl+Enter"组合键则可在计算出公式结果后保持当前单元格的选择状态。

2. 编辑公式

编辑公式与编辑数据的方法相同。选择含有公式的单元格，将插入点定位在编辑栏或单元格中需要修改的位置，按"BackSpace"键删除多余或错误的内容，再输入正确的内容。完成后按"Enter"键即可完成对公式的编辑，Excel 2019 会自动计算新公式。

3. 复制公式

在 Excel 2019 中复制公式是快速计算数据的好方法，因为在复制公式的过程中，Excel 2019 会自动改变引用单元格的地址，可避免手动输入公式的麻烦，提高工作效率。通常使用"开始"/"剪贴板"组或单击鼠标右键进行复制粘贴；也可以通过拖动控制柄进行复制；还可以选择添加了公式的单元格，按"Ctrl+C"组合键进行复制，然后再选择要粘贴的单元格，按"Ctrl+V"组合键进行粘贴完成对公式的复制。

（四）Excel 2019 中的函数

函数是 Excel 2019 预定义的特殊公式，它是一种在需要时直接调用的表达式，通过使用一些被称为参数的特定数值来按特定的顺序或结构进行计算。函数的结构为"=函数名(参数 1,参数 2,...)"，如"=SUM(H4:H24)"，其中函数名是指函数的名称，每个函数都有唯一的函数名，如 SUM 等；参数则是指函数中用来执行操作或计算的值，参数的类型与函数有关。Excel 2019 中提供了多种函数，每个函数的功能、语法结构及其参数的含义各不相同，除 SUM()函数和 AVERAGE()函数外，常用的函数还有 IF()函数、RANK()函数、MAX()/MIN()函数、COUNT()函数、SIN()函数、PMT()函数和 SUMIF()函数等。主要介绍以下几种。

- SUM()函数。SUM()函数的功能是对被选择的单元格或单元格区域进行求和计算。其语法结构为 SUM(number1,number2,...)，其中，number1、number2……表示若干个需要求和的参数。填写参数时，可以使用单元格地址（如 E6、E7、E8），也可以使用单元格区域（如 E6:E8），甚至可以混合使用。
- AVERAGE()函数。AVERAGE()函数的功能是求平均值，计算方法是：将选择的单元格或单元格区域中的数据先相加，再将相加总和除以单元格个数。其语法结构为 AVERAGE (number1, number2,...)，其中，number1、number2……表示需要计算平均值的若干个参数。
- IF()函数。IF()函数是一种常用的条件函数，它能判断真假值，并根据逻辑计算的真假值返回不同的结果。其语法结构为 IF(logical_test,value_if_true,value_if_false)。其中，logical_test 表示计算结果为 true 或 false 的任意值或表达式；value_if_true 表示 logical_test 为 true 时要返回的值，可以是任意数据；value_if_false 表示 logical_test 为 false 时要返回的值，也可以是任意数据。
- RANK()函数。RANK()函数是排名函数，RANK()函数最常用的情况是求某一个数值在某一区域内的排名。其语法结构为 RANK(number,ref,order)，其中，函数名后面的参数中

number 为需要找到排位的数字（单元格内必须为数字），ref 为数字列表数组或对数字列表的引用，order 指明排位的方式。order 的值为 0 和 1，默认不用输入，得到的就是从大到小的排名，若是想求倒数第几名，order 的值则应为 1。

任务实现

（一）计算销售金额

由于产品的销售金额=产品单价×销售数量，所以下面在“产品销售统计表.xlsx”工作簿中输入相应的公式计算销售金额，具体操作如下。

微课：计算销售金额

（1）打开“产品销售统计表.xlsx”工作簿，选择 E3 单元格，输入等号“=”，如图 8-2 所示。

（2）选择 C3 单元格引用其中的数据，并输入运算符“*”，将其作为公式表达式中的部分元素，选择 D3 单元格引用其中的数据，如图 8-3 所示。

公司一月份产品销售统计表

产品编号	产品名称	单价（元）	数量	金额（元）	业务员	销量排名
DQ301	洗涤干燥机	¥ 7,380.00	32	=	柯红	
DQ302	吸尘器	¥ 1,299.00	56		刘杉	
DQ303	空气清净机	¥ 4,700.00	23		胡一霞	
DQ304	电水壶	¥ 186.00	122		王开利	
DQ305	餐具干洗机	¥ 2,358.00	44		程小平	
DQ306	电暖器	¥ 1,580.00	67		卢红	
DQ307	除湿机	¥ 2,520.00	87		杜乐月	
DQ308	排气扇	¥ 450.00	242		唐艳菊	

图 8-2　输入等号

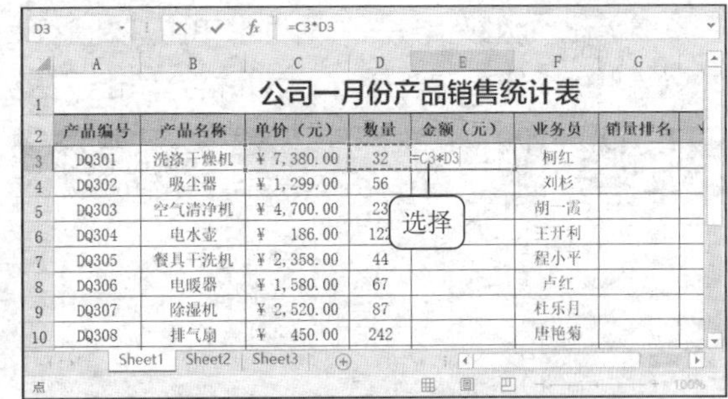
公司一月份产品销售统计表

产品编号	产品名称	单价（元）	数量	金额（元）	业务员	销量排名
DQ301	洗涤干燥机	¥ 7,380.00	32	=C3*D3	柯红	
DQ302	吸尘器	¥ 1,299.00	56		刘杉	
DQ303	空气清净机	¥ 4,700.00	23		胡一霞	
DQ304	电水壶	¥ 186.00	122		王开利	
DQ305	餐具干洗机	¥ 2,358.00	44		程小平	
DQ306	电暖器	¥ 1,580.00	67		卢红	
DQ307	除湿机	¥ 2,520.00	87		杜乐月	
DQ308	排气扇	¥ 450.00	242		唐艳菊	

图 8-3　选择参与计算的单元格并输入运算符

（3）按“Ctrl+Enter”组合键，在 E3 单元格中将显示公式的计算结果，在编辑栏中将显示公式的表达式。选择 E3 单元格，将鼠标指针移到该单元格右下角的控制柄上，当鼠标指针变成**+**形状时，按住鼠标左键不放，拖动鼠标指针到 E12 单元格，如图 8-4 所示。

（4）释放鼠标左键，E3:E12 单元格区域中将自动计算出结果，如图 8-5 所示。

DQ301	洗涤干燥机	¥ 7,380.00	32	¥ 236,160.00	柯红
DQ302	吸尘器	¥ 1,299.00	56		刘杉
DQ303	空气清净机	¥ 4,700.00	23		胡一霞
DQ304	电水壶	¥ 186.00	122		王开利
DQ305	餐具干洗机	¥ 2,358.00	44		程小平
DQ306	电暖器	¥ 1,580.00	67		卢红
DQ307	除湿机	¥ 2,520.00	87		杜乐月
DQ308	排气扇	¥ 450.00	242		唐艳菊
DQ309	微波炉	¥ 670.00	95		彭燕
DQ310	洗衣机	¥ 5,600.00	78		张晓丽
合计					

图 8-4　计算结果并拖动控制柄

DQ301	洗涤干燥机	¥ 7,380.00	32	¥ 236,160.00	柯红
DQ302	吸尘器	¥ 1,299.00	56	¥ 72,744.00	刘杉
DQ303	空气清净机	¥ 4,700.00	23	¥ 108,100.00	胡一霞
DQ304	电水壶	¥ 186.00	122	¥ 22,692.00	王开利
DQ305	餐具干洗机	¥ 2,358.00	44	¥ 103,752.00	程小平
DQ306	电暖器	¥ 1,580.00	67	¥ 105,860.00	卢红
DQ307	除湿机	¥ 2,520.00	87	¥ 219,240.00	杜乐月
DQ308	排气扇	¥ 450.00	242	¥ 108,900.00	唐艳菊
DQ309	微波炉	¥ 670.00	95	¥ 63,650.00	彭燕
DQ310	洗衣机	¥ 5,600.00	78	¥ 436,800.00	张晓丽
合计					

图 8-5　自动计算出结果

（二）使用函数计算销售排名

微课：使用函数计算销售排名

在工作表中，当对所使用的函数和参数类型都很熟悉时，可直接输入函数；当需要了解所需函数和参数的详细信息时，可通过“插入函数”对话框选择并插入所需函数。下面在“产品销售统计表.xlsx”工作簿中插入 RANK.EQ()函数计算销售排名，具体操作如下。

（1）选择 G3 单元格，在编辑栏中单击 *fx* 按钮，如图 8-6 所示。

（2）在打开的“插入函数”对话框的“或选择类别”下拉列表中选择“统计”选项，在“选择函数”列表框中选择“RANK.EQ”选项，单击 确定 按钮，如图 8-7 所示。

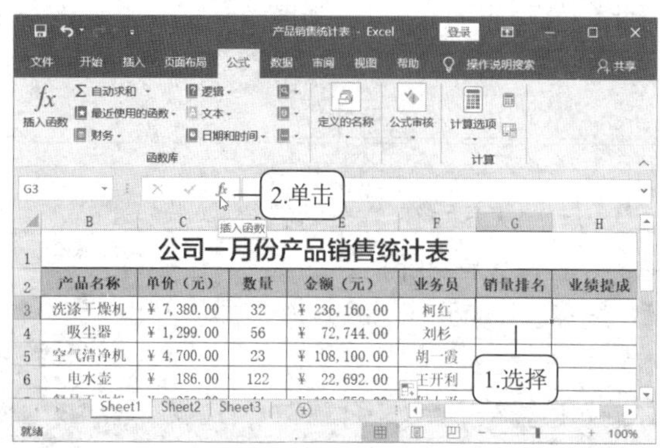

图 8-6 选择单元格

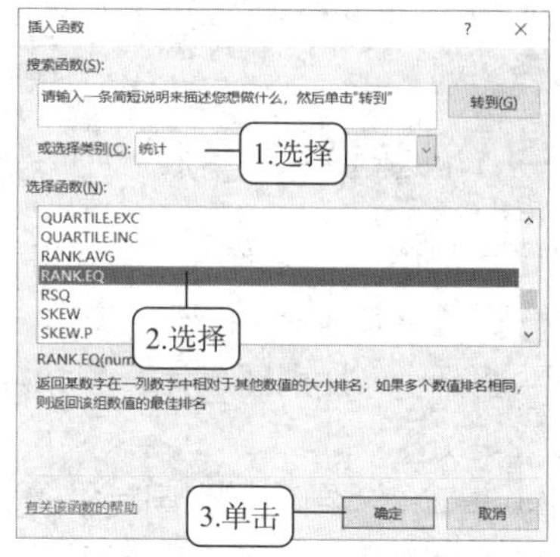

图 8-7 选择函数

（3）在“函数参数”对话框中单击“Number”参数框右侧的按钮，如图 8-8 所示。

（4）在工作表中选择 E3 单元格，单击“函数参数”对话框中的按钮，如图 8-9 所示。

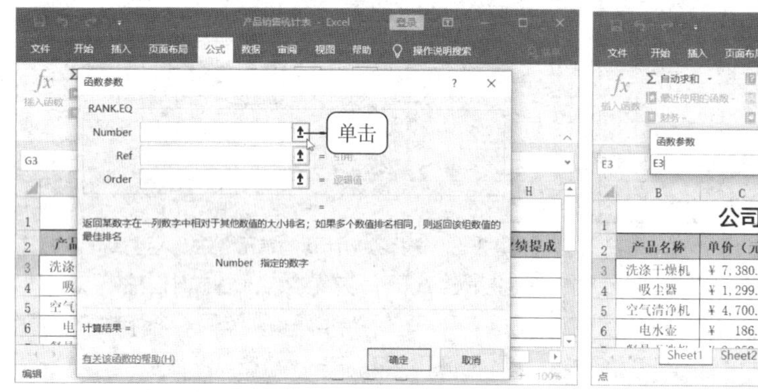

图 8-8 “函数参数”对话框

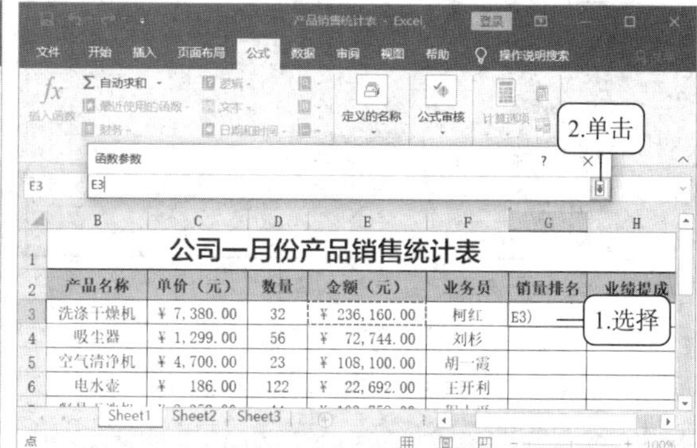

图 8-9 设置函数参数

（5）展开“函数参数”对话框，用同样的方法单击“Ref”参数框右侧的按钮，在工作表中选择 E3:E12 单元格区域，单击“函数参数”对话框中的按钮，展开“函数参数”对话框，分别将光标定位到“Ref”参数框 E3 和 E12 中，按“F4”键，将单元格的引用地址转换为绝对引用，单击 确定 按钮，如图 8-10 所示。

（6）返回工作表可看到 G3 单元格中已自动计算出对应产品的销售排名。将鼠标指针移动到 G3 单元格右下角，当其变为**+**形状时，按住鼠标左键并向下拖动鼠标指针，拖动至 G12 单元格时释放鼠标左键，计算出其他产品的销售排名，如图 8-11 所示。

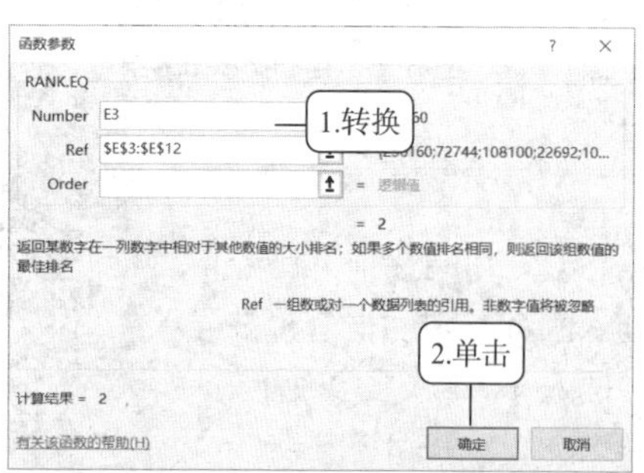

图 8-10 转换为绝对引用

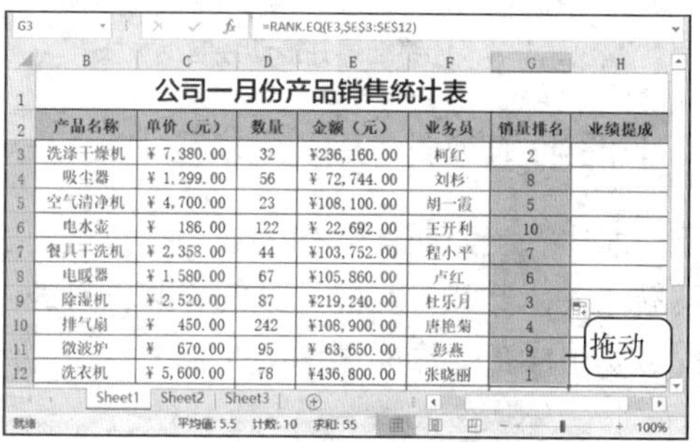

图 8-11 计算其他产品销售排名

（三）使用函数计算销售总量和销售总额

微课：使用函数计算销售总量和销售总额

自动求和是 Excel 2019 中常用的功能，它虽操作方便，但也有局限性。该功能只能对同一行或同一列中的数字进行求和，不能跨行、跨列或行列交错求和。下面在“产品销售统计表.xlsx”工作簿中使用自动求和功能快速计算销售总量和销售总额，具体操作如下。

（1）选择 D13:E13 单元格区域，在“公式”/“函数库”组中单击“自动求和”按钮Σ，如图 8-12 所示。

（2）系统将自动对 D13 和 E13 单元格对应的列中包含数值的单元格进行求和，如图 8-13 所示。

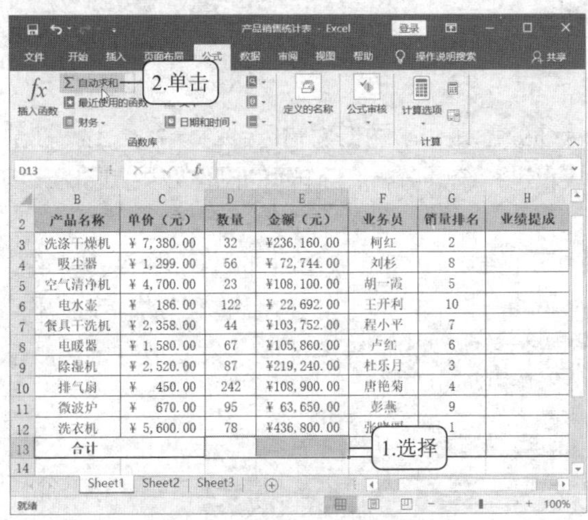

图 8-12　单击“自动求和”按钮

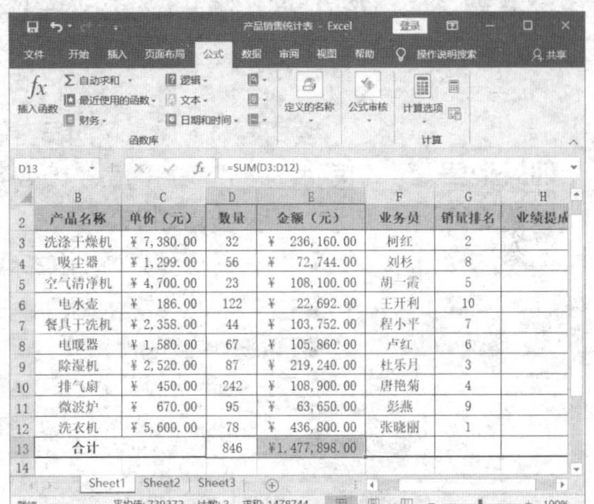

图 8-13　自动计算数值

（四）使用嵌套函数计算业绩提成

微课：使用嵌套函数计算业绩提成

在某些情况下，可能需要将某函数作为另一函数的参数使用，这就需要使用嵌套函数。由于 IF()函数可以进行多重嵌套，即 logical_test（条件）参数可以是另一个 IF()函数，从而实现多种情况的判断与选择。下面在“产品销售统计表.xlsx”工作簿中利用 IF()函数的嵌套功能编辑相应的函数进行业绩评定，具体操作如下。

（1）选择 H3 单元格，在编辑栏中输入嵌套函数“=E3*IF(E3>200000,5%,IF(200000>E3>100000,3%,IF(100000>E3,2%,0)))”，表示若 E3 单元格中的销售额大于 200000，则业绩提成为“销售额*5%”；若销售额大于 100000 小于 200000，则业绩提成为“销售额*3%”；若销售额小于 100000，则业绩提成为“销售额*2%”，如图 8-14 所示。

（2）按“Ctrl+Enter”组合键计算出对应业务员的业绩提成，拖动控制柄计算出其他业务员的业绩提成，如图 8-15 所示。

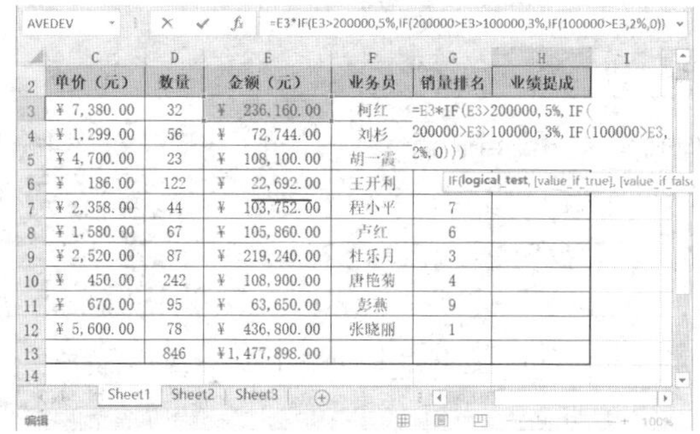

=E3*IF(E3>200000,5%,IF(200000>E3>100000,3%,IF(100000>E3,2%,0))

单价（元）	数量	金额（元）	业务员	销量排名	业绩提成
¥ 7,380.00	32	¥ 236,160.00	柯红	=E3*IF(E3>200000, 5%, IF(200000>E3>100000, 3%, IF(100000>E3, 2%, 0)))	
¥ 1,299.00	56	¥ 72,744.00	刘杉		
¥ 4,700.00	23	¥ 108,100.00	胡一霞		
¥ 186.00	122	¥ 22,692.00	王开利		
¥ 2,358.00	44	¥ 103,752.00	程小平	7	
¥ 1,580.00	67	¥ 105,860.00	卢红	6	
¥ 2,520.00	87	¥ 219,240.00	杜乐月	3	
¥ 450.00	242	¥ 108,900.00	唐艳菊	4	
¥ 670.00	95	¥ 63,650.00	彭燕	9	
¥ 5,600.00	78	¥ 436,800.00	张晓丽	1	
	846	¥1,477,898.00			

图 8-14　输入嵌套函数

=E3*IF(E3>200000,5%,IF(200000>E3>100000,3%,IF(100000>E3,2%,0))

单价（元）	数量	金额（元）	业务员	销量排名	业绩提成
¥ 7,380.00	32	¥ 236,160.00	柯红	2	¥11,808.00
¥ 1,299.00	56	¥ 72,744.00	刘杉	8	¥ 2,182.32
¥ 4,700.00	23	¥ 108,100.00	胡一霞	5	¥ 3,243.00
¥ 186.00	122	¥ 22,692.00	王开利	10	¥ 680.76
¥ 2,358.00	44	¥ 103,752.00	程小平	7	¥ 3,112.56
¥ 1,580.00	67	¥ 105,860.00	卢红	6	¥ 3,175.80
¥ 2,520.00	87	¥ 219,240.00	杜乐月	3	¥10,962.00
¥ 450.00	242	¥ 108,900.00	唐艳菊	4	¥ 3,267.00
¥ 670.00	95	¥ 63,650.00	彭燕	9	¥ 1,909.50
¥ 5,600.00	78	¥ 436,800.00	张晓丽	1	¥21,840.00
	846	¥1,477,898.00			

图 8-15　计算其他业务员的业绩提成

任务二　统计分析员工绩效考核表

任务要求

查看“员工绩效考核表”相关知识

公司要对下属工厂的员工进行绩效考评，小丽作为财务部的一名员工，被部长要求对工厂一月的员工绩效考核表进行统计分析，工作簿的制作效果如图 8-16 所示，相关要求如下。

- 打开已经创建并编辑完成的员工绩效考核表，对其中的数据进行快速排序。
- 对表中的数据按照不同的条件进行自动筛选、自定义筛选和高级筛选操作。
- 按照不同的设置字段，为表格中的数据创建分类汇总，然后查看分类汇总的数据。
- 创建数据透视表，然后创建数据透视图。

销售部员工1月绩效考核表

序号	姓名	部门	本月任务	本月销售额	任务完成率	评语	绩效奖金	奖金排名
1	柯红	销售1部	¥200,000.00	¥236,160.00	118%	优秀	¥25,977.60	2
3	胡一霞	销售1部	¥100,000.00	¥108,100.00	108%	优秀	¥11,891.00	5
5	程小平	销售1部	¥100,000.00	¥103,752.00	104%	合格	¥10,893.96	7
8	唐艳菊	销售1部	¥100,000.00	¥108,900.00	109%	优秀	¥11,979.00	4
4	王开利	销售2部	¥80,000.00	¥22,692.00	28%	差	¥2,269.20	10
6	卢红	销售2部	¥100,000.00	¥105,860.00	106%	优秀	¥11,644.60	6
9	彭燕	销售2部	¥70,000.00	¥63,650.00	91%	合格	¥6,683.25	9
2	刘杉	销售3部	¥80,000.00	¥72,744.00	91%	合格	¥7,638.12	8
7	杜乐月	销售3部	¥100,000.00	¥219,240.00	219%	优秀	¥24,116.40	3
10	张晓丽	销售3部	¥200,000.00	¥436,800.00	218%	优秀	¥48,048.00	1

销售部员工1月绩效考核表

序号	姓名	部门	本月任务	本月销售额	任务完成率	评语	绩效奖金	奖金排名
1	柯红	销售1部	¥200,000.00	¥236,160.00	118%	优秀	¥25,977.60	3
3	胡一霞	销售1部	¥100,000.00	¥108,100.00	108%	优秀	¥11,891.00	7
5	程小平	销售1部	¥100,000.00	¥103,752.00	104%	合格	¥10,893.96	9
8	唐艳菊	销售1部	¥100,000.00	¥108,900.00	109%	优秀	¥11,979.00	6
	销售1部 汇总			¥556,912.00			¥60,741.56	
4	王开利	销售2部	¥80,000.00	¥22,692.00	28%	差	¥2,269.20	12
6	卢红	销售2部	¥100,000.00	¥105,860.00	106%	优秀	¥11,644.60	8
9	彭燕	销售2部	¥70,000.00	¥63,650.00	91%	合格	¥6,683.25	11
	销售2部 汇总			¥192,202.00			¥20,597.05	
2	刘杉	销售3部	¥80,000.00	¥72,744.00	91%	合格	¥7,638.12	10
7	杜乐月	销售3部	¥100,000.00	¥219,240.00	219%	优秀	¥24,116.40	4
10	张晓丽	销售3部	¥200,000.00	¥436,800.00	218%	优秀	¥48,048.00	2
	销售3部 汇总			¥728,784.00			¥79,802.52	
	总计			¥1,477,898.00			¥161,141.13	

图 8-16　“员工绩效考核表”工作簿

相关知识

（一）设置条件格式

设置条件格式可以将不满足或满足条件的数据单独显示出来，具体操作如下。

微课：设置条件格式

（1）选择设置条件格式的单元格区域，在“开始”/“样式”组中单击“条件格式”按钮，在打开的下拉列表中选择“新建规则”选项，打开“新建格式规则”对话框。

（2）在“选择规则类型”列表框中选择规则的类型，如“只为包含以下内容的单元格设置格式”选项，在“编辑规则说明”栏下的第 2 个下拉列表中选择相应选项，如“小于”选项，并在右侧的数值框中输入数值，如“60”，如图 8-17 所示。

（3）单击 格式(F)... 按钮，打开“设置单元格格式”对话框，在“字体”选项卡中的“字形”和“字号”列表框中设置字形和字号，在“颜色”下拉列表中设置需要的颜色，如图 8-18 所示。依次单击确定按钮返回工作界面，即可查看设置完条件格式的工作表。

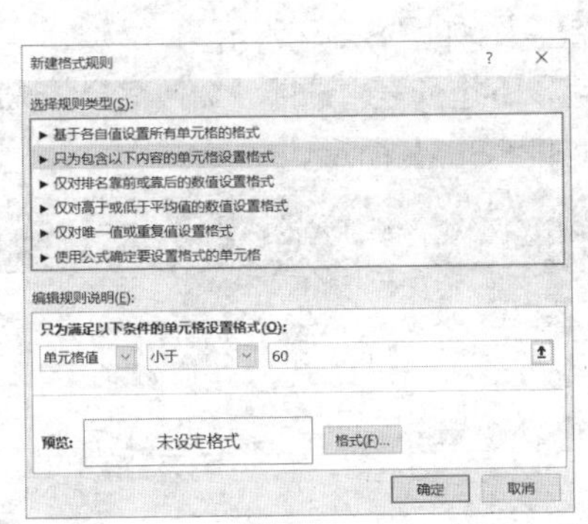

图 8-17 “新建格式规则”对话框

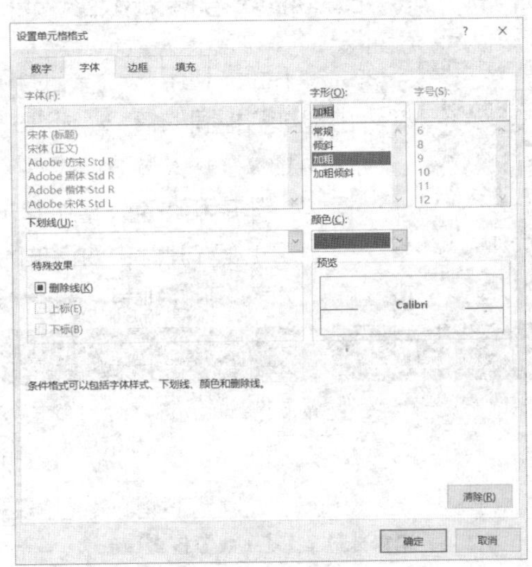

图 8-18 “设置单元格格式”对话框

（二）数据排序

数据排序是统计工作中的一项重要内容，在 Excel 2019 中可将数据按照指定的顺序规律进行排列。一般情况下，数据排序分为以下 3 种情况。

- 单列数据排序。单列数据排序是指在工作表中以一列单元格中的数据为依据，对工作表中的所有数据进行排序。
- 多列数据排序。在对多列数据进行排序时，需要按某个数据进行排列，该数据则称为“关键字”。以关键字进行排序，其他列中的单元格数据将随之发生变化。对多列数据进行排序时，首先要选择多列数据所对应的单元格区域，然后选择关键字，排序时就会自动以选定的关键字进行排列，未选择的单元格区域将不参与排序。
- 自定义排序。使用自定义排序可以通过设置多个关键字对数据进行排序，并可以通过其他关键字对相同的数据进行排序。

（三）数据筛选

数据筛选是对数据进行分析时常用的功能。数据筛选分为以下 3 种情况。

- 自动筛选。自动筛选数据即根据用户设定的筛选条件，自动将表格中符合条件的数据显示出来，而表格中的其他数据将被隐藏。
- 自定义筛选。自定义筛选是在自动筛选的基础上进行的，即在自动筛选后需单击自定义的字段名称右侧的下拉按钮，在打开的下拉列表中选择相应的选项确定筛选条件，然后在打开的“自定义筛选方式”对话框中进行相应的设置。
- 高级筛选。若需要根据自己设置的筛选条件对数据进行筛选，则需要使用高级筛选功能。高级筛选功能可以筛选出同时满足两个或两个以上条件的数据。

任务实现

（一）排序员工绩效考核表数据

微课：排序员工绩效考核表数据

下面先利用 Excel 2019 的简单排序方法按绩效奖金从小到大来排序，如果出现排名相同的情况，则进一步按任务完成率由高到低排序，具体操作步骤如下。

（1）打开“员工绩效考核表.xlsx”工作簿，选择 A2:I12 单元格区域，在“数据”/“排序和筛选”组中单击“排序”按钮，如图 8-19 所示。

（2）在“排序”对话框的“主要关键字”下拉列表中选择“绩效奖金”选项，在“次序”下拉列表中选择“升序”选项，如图 8-20 所示。

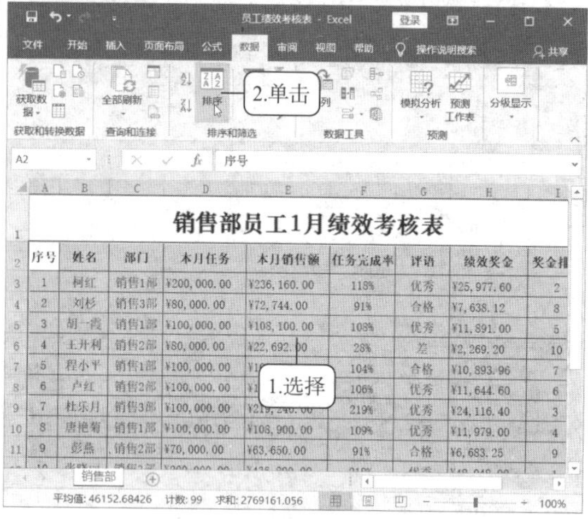

图 8-19　选择单元格区域（1）

图 8-20　设置主要排序条件

（3）单击添加条件(A)按钮，在“次要关键字”下拉列表中选择“任务完成率”选项，在对应的“次序”下拉列表中选择“降序”选项，单击确定按钮，如图 8-21 所示。此时，工作表先按照“绩效奖金”序列进行升序排列，对于“绩效奖金”列中相同的数据，则按照“任务完成率”序列进行降序排列（此例中没有“绩效奖金”相同的数据），效果如图 8-22 所示。

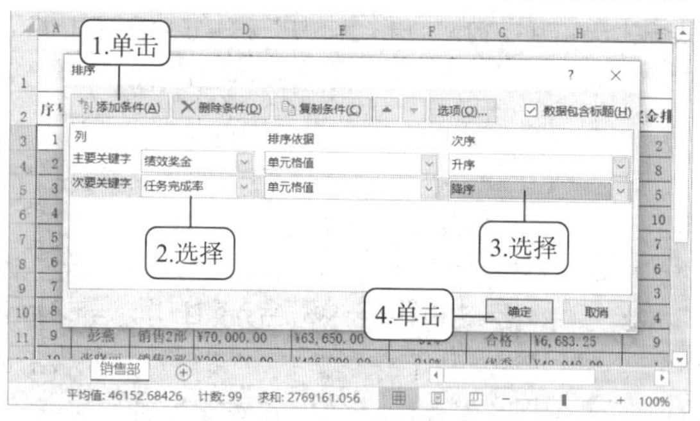

图 8-21　设置次要排序条件

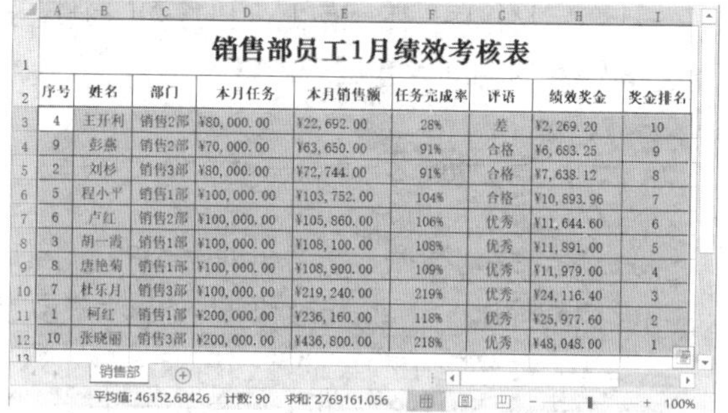

销售部员工1月绩效考核表

序号	姓名	部门	本月任务	本月销售额	任务完成率	评语	绩效奖金	奖金排名
4	王开利	销售2部	¥80,000.00	¥22,692.00	28%	差	¥2,269.20	10
9	彭燕	销售2部	¥70,000.00	¥63,650.00	91%	合格	¥6,683.25	9
2	刘杉	销售3部	¥80,000.00	¥72,744.00	91%	合格	¥7,638.12	8
5	程小平	销售1部	¥100,000.00	¥103,752.00	104%	合格	¥10,893.96	7
6	卢红	销售2部	¥100,000.00	¥105,860.00	106%	优秀	¥11,644.60	6
3	胡一尚	销售1部	¥100,000.00	¥108,100.00	108%	优秀	¥11,891.00	5
8	唐艳菊	销售1部	¥100,000.00	¥108,900.00	109%	优秀	¥11,979.00	4
7	杜乐月	销售3部	¥100,000.00	¥219,240.00	219%	优秀	¥24,116.40	3
1	柯红	销售1部	¥200,000.00	¥236,160.00	118%	优秀	¥25,977.60	2
10	张晓丽	销售3部	¥200,000.00	¥436,800.00	218%	优秀	¥48,048.00	1

图 8-22　查看排序结果

提示　对数据进行排序时，如果提示“此操作要求合并单元格都具有相同大小”，则表示当前数据表中包含合并的单元格，由于 Excel 2019 无法识别合并单元格数据并对其进行正确排序，因此用户需要手动选择规则的排序区域，再进行排序操作。

（二）筛选员工绩效考核表数据

Excel 2019 数据筛选功能可根据需要显示满足某一个或某几个条件的数据，而隐藏其他的数据。

1. 自动筛选

自动筛选功能可以在工作表中快速显示指定字段的记录并隐藏其他记录。下面在“员工绩效考核表.xlsx”工作簿中筛选出部门为“销售 3 部”的员工绩效数据，具体操作如下。

微课：自动筛选

（1）选择工作表中的任意单元格，在“数据”/“排序和筛选”组中单击“筛选”按钮，进入筛选状态，列标题单元格右侧显示出下拉按钮，如图 8-23 所示。

（2）在 C2 单元格中单击下拉按钮，在打开的下拉列表中取消勾选“销售 1 部”和“销售 2 部”复选框，单击确定按钮，如图 8-24 所示。

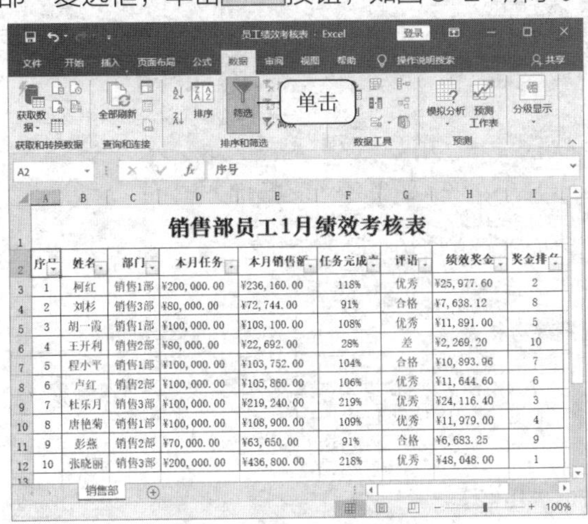

序号	姓名	部门	本月任务	本月销售额	任务完成率	评语	绩效奖金	奖金排名
1	柯红	销售1部	¥200,000.00	¥236,160.00	118%	优秀	¥25,977.60	2
2	刘杉	销售3部	¥80,000.00	¥72,744.00	91%	合格	¥7,638.12	8
3	胡一霞	销售1部	¥100,000.00	¥108,100.00	108%	优秀	¥11,891.00	5
4	王开利	销售2部	¥80,000.00	¥22,692.00	28%	差	¥2,269.20	10
5	程小平	销售1部	¥100,000.00	¥103,752.00	104%	合格	¥10,893.96	7
6	卢红	销售2部	¥100,000.00	¥105,860.00	106%	优秀	¥11,644.60	6
7	杜乐月	销售3部	¥100,000.00	¥219,240.00	219%	优秀	¥24,116.40	3
8	唐艳菊	销售1部	¥100,000.00	¥108,900.00	109%	优秀	¥11,979.00	4
9	彭燕	销售2部	¥70,000.00	¥63,650.00	91%	合格	¥6,683.25	9
10	张晓丽	销售3部	¥200,000.00	¥436,800.00	218%	优秀	¥48,048.00	1

图 8-23 单击“筛选”按钮

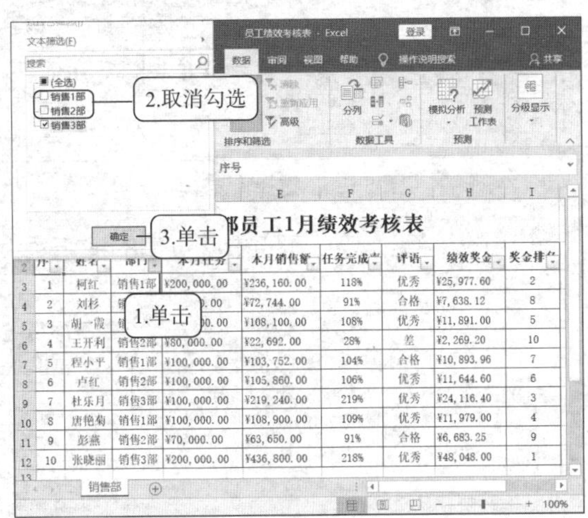

图 8-24 设置筛选条件（1）

（3）此时工作表中显示部门为“销售 3 部”的员工绩效数据，而其他部门员工的绩效数据则全部被隐藏，如图 8-25 所示。

销售部员工1月绩效考核表

序号	姓名	部门	本月任务	本月销售额	任务完成率	评语	绩效奖金	奖金排名
2	刘杉	销售3部	¥80,000.00	¥72,744.00	91%	合格	¥7,638.12	8
7	杜乐月	销售3部	¥100,000.00	¥219,240.00	219%	优秀	¥24,116.40	3
10	张晓丽	销售3部	¥200,000.00	¥436,800.00	218%	优秀	¥48,048.00	1

图 8-25 查看筛选结果（1）

提示 数据筛选功能可以同时筛选多个字段的数据。如筛选出销售 3 部的员工绩效数据后，还可以单击“评语”字段对应的下拉按钮，在打开的下拉列表中只勾选“优秀”复选框即可筛选出销售 3 部中评语为优秀的员工的绩效数据。

2. 自定义筛选

微课：自定义筛选

自定义筛选多用于筛选数值数据，设定筛选条件可以将满足指定条件的数据筛选出来，而隐藏其他数据。下面介绍在“员工绩效考核表.xlsx”工作簿中筛选出本月销售额大于“200000”的相关数据的方法，具体操作如下。

（1）打开“员工绩效考核表.xlsx”工作簿，单击“筛选”按钮进入筛选状态，在“本月销售额”单元格中单击下拉按钮，在打开的下拉列表中选择“数字筛选”/“大于”选项，如图 8-26 所示。

（2）在“自定义自动筛选方式”对话框的“本月销售额”栏中的“大于”下拉列表右侧的下拉列表中输入“200000”，单击确定按钮，如图 8-27 所示。

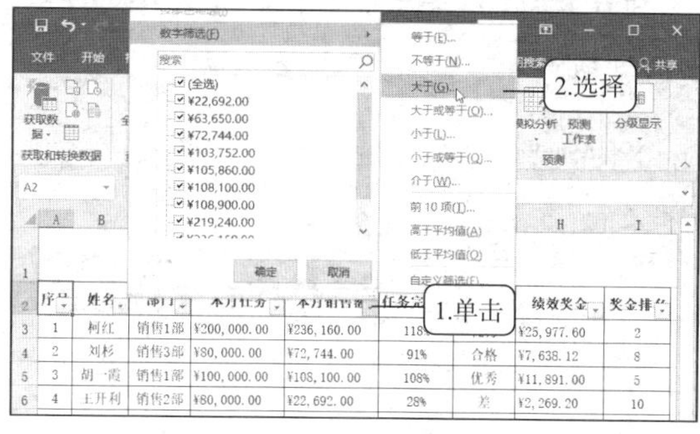

图 8-26　选择筛选选项

图 8-27　设置筛选方式

（3）返回工作表即可查看筛选出的销售额大于 200000 的相关数据，如图 8-28 所示。

销售部员工1月绩效考核表

序号	姓名	部门	本月任务	本月销售额	任务完成率	评语	绩效奖金	奖金排名
1	柯红	销售1部	¥200,000.00	¥236,160.00	118%	优秀	¥25,977.60	2
7	杜乐月	销售3部	¥100,000.00	¥219,240.00	219%	优秀	¥24,116.40	3
10	张晓丽	销售3部	¥200,000.00	¥436,800.00	218%	优秀	¥48,048.00	1

图 8-28　查看筛选结果（2）

提示　筛选并查看数据后，在“数据”/“排序和筛选”组中单击清除按钮，可清除筛选结果，但仍保持筛选状态；在“数据”/“排序和筛选”组中单击“筛选”按钮，可直接退出筛选状态，返回筛选前的工作表。

3. 高级筛选

微课：高级筛选

通过高级筛选功能，可以自定义筛选条件，在不影响当前工作表的情况下显示筛选结果，对于较复杂的筛选，可以使用高级筛选功能。下面介绍在“员工绩效考核表.xlsx”工作簿中筛选出销售额大于 100000，绩效奖金大于 10000 的数据的方法，具体操作如下。

（1）在工作表中的 C14 单元格中输入筛选序列“本月销售额”，在 C15 单元格中输入条件“>100000”，在 D14 单元格中输入筛选序列“绩效奖金”，在 D15 单元格中输入条件“>10000”，在表格中选择任意的单元格，在“数据”/“排序和筛选”组中单击高级按钮，如图 8-29 所示，打开“高级筛选”对话框。

（2）单击“在原有区域显示筛选结果”单选按钮，在“列表区域”参数框中选择 A2:I12 单元格区域，在“条件区域”参数框中选择 C14:D15 单元格区域，单击确定按钮，如图 8-30 所示。

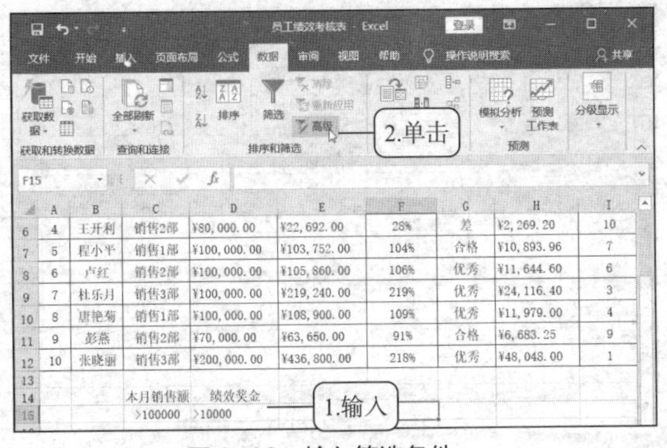

图 8-29　输入筛选条件

图 8-30　设置筛选区域

（3）返回工作表可以查看筛选出的销售额大于 100000，绩效奖金大于 10000 的数据，如图 8-31 所示。

销售部员工1月绩效考核表

序号	姓名	部门	本月任务	本月销售额	任务完成率	评语	绩效奖金	奖金排名
1	柯红	销售1部	¥200,000.00	¥236,160.00	118%	优秀	¥25,977.60	2
3	胡一霞	销售1部	¥100,000.00	¥108,100.00	108%	优秀	¥11,891.00	5
5	程小平	销售1部	¥100,000.00	¥103,752.00	104%	合格	¥10,893.96	7
6	卢红	销售2部	¥100,000.00	¥105,860.00	106%	优秀	¥11,644.60	6
7	杜乐月	销售3部	¥100,000.00	¥219,240.00	219%	优秀	¥24,116.40	3
8	唐艳菊	销售1部	¥100,000.00	¥108,900.00	109%	优秀	¥11,979.00	4
10	张晓丽	销售3部	¥200,000.00	¥436,800.00	218%	优秀	¥48,048.00	1

本月销售额	绩效奖金
>100000	>10000

图 8-31　查看筛选结果（3）

（三）对数据进行分类汇总

微课：对数据进行分类汇总

运用 Excel 2019 的分类汇总功能可对表格中同一类数据进行统计，使工作表中的数据变得更加清晰、直观，具体操作如下。

（1）选择 C 列的任意一个单元格，在“数据”/“排序和筛选”组中单击“升序”按钮，对数据进行排序，如图 8-32 所示。

（2）在“数据”/“分级显示”组中单击“分类汇总”按钮，如图 8-33 所示。

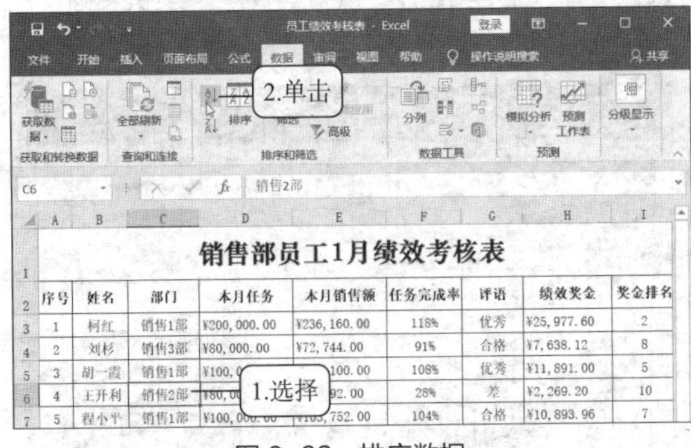

图 8-32　排序数据

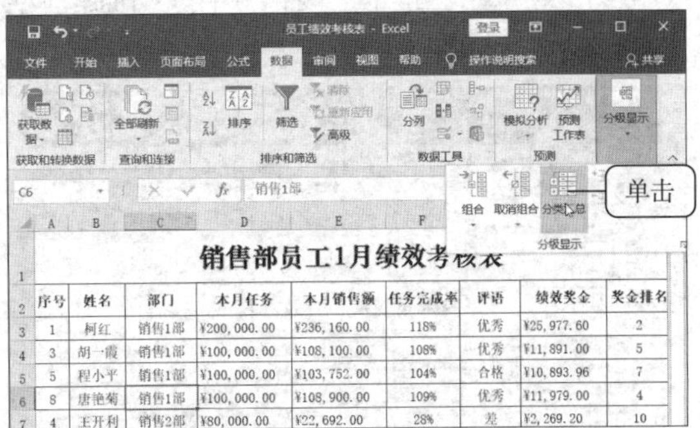

图 8-33　单击“分类汇总”按钮

（3）在“分类汇总”对话框“分类字段”下拉列表中选择“部门”选项，在“汇总方式”下拉列表中选择“求和”选项，在“选定汇总项”列表框中勾选“本月销售额”和“绩效奖金”复选框，单击 确定 按钮，如图 8-34 所示。

（4）此时即可对数据进行分类汇总，同时直接在表格中显示汇总结果，如图 8-35 所示。

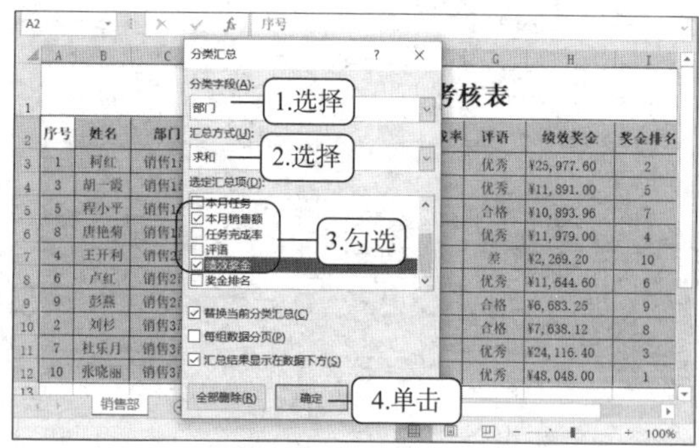

图 8-34　设置分类汇总

销售部员工1月绩效考核表

序号	姓名	部门	本月任务	本月销售额	任务完成率	评语	绩效奖金	奖金排名
1	柯红	销售1部	¥200,000.00	¥236,160.00	118%	优秀	¥25,977.60	3
3	胡一霞	销售1部	¥100,000.00	¥108,100.00	108%	优秀	¥11,891.00	7
5	程小平	销售1部	¥100,000.00	¥103,752.00	104%	合格	¥10,893.96	9
8	唐艳菊	销售1部	¥100,000.00	¥108,900.00	109%	优秀	¥11,979.00	6
	销售1部 汇总			¥556,912.00			¥60,741.56	
4	王开利	销售2部	¥80,000.00	¥22,692.00	28%	差	¥2,269.20	12
6	卢红	销售2部	¥100,000.00	¥105,860.00	106%	优秀	¥11,644.60	8
9	彭燕	销售2部	¥70,000.00	¥63,650.00	91%	合格	¥6,683.25	11
	销售2部 汇总			¥192,202.00			¥20,597.05	
2	刘杉	销售3部	¥80,000.00	¥72,744.00	91%	合格	¥7,638.12	10
7	杜乐月	销售3部	¥100,000.00	¥219,240.00	219%	优秀	¥24,116.40	4
10	张晓丽	销售3部	¥200,000.00	¥436,800.00	218%	优秀	¥48,048.00	2
	销售3部 汇总			¥728,784.00			¥79,802.52	
	总计			¥1,477,898.00			¥161,141.13	

图 8-35　查看分类汇总结果

提示　分类汇总实际上就是分类加汇总，其操作过程首先是通过排序功能对数据进行分类排序，再按照分类进行汇总。如果没有进行排序，汇总的结果就没有意义。所以在分类汇总之前，必须先对数据进行排序，且排序的条件最好是需要分类汇总的相关字段，这样汇总的结果才会更加清晰。

提示　并不是所有数据表都能够进行分类汇总，数据表中必须具有可以分类的序列才能进行分类汇总。另外，打开已经进行了分类汇总的工作表，在表中选择任意单元格，然后在“数据”/“分级显示”组中单击“分类汇总”按钮，打开“分类汇总”对话框，在其中直接单击 全部删除(R) 按钮即可删除已创建的分类汇总。

（四）创建并编辑数据透视表

微课：创建并编辑数据透视表

数据透视表是一种交互式的数据报表，可以快速汇总大量的数据，同时对汇总结果进行筛选，以查看源数据的不同统计结果。下面介绍如何为“员工绩效考核表.xlsx”工作簿创建数据透视表，具体操作如下。

（1）打开“员工绩效考核表.xlsx”工作簿，选择 A2:I12 单元格区域，在“插入”/“表格”组中单击“数据透视表”按钮，如图 8-36 所示。

（2）在打开的“创建数据透视表”对话框中单击“新工作表”单选按钮，单击 确定 按钮，如图 8-37 所示。

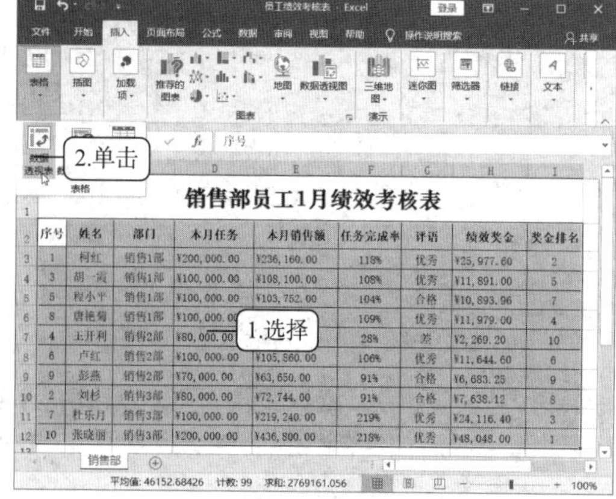

图 8-36　选择单元格区域（2）

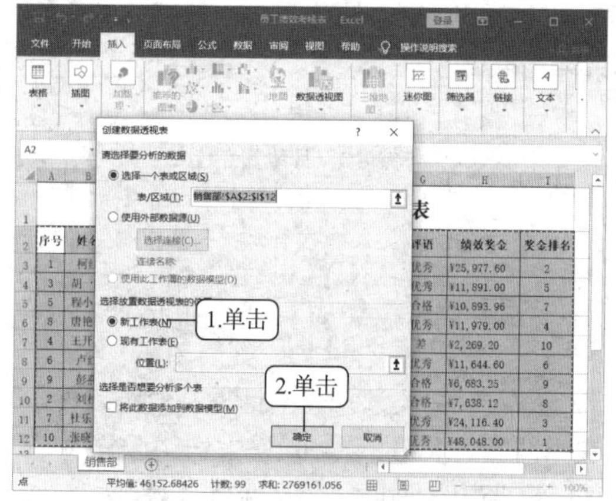

图 8-37　设置数据透视表放置位置

（3）在“数据透视表字段”窗格中勾选需要的字段对应的复选框，这里依次勾选“姓名”“部门”“评语”“绩效奖金”复选框，如图 8-38 所示。

（4）在“数据透视表字段”窗格下方的区域中，拖动“评语”字段到“筛选”栏；拖动“部门”字段到“列”栏，如图 8-39 所示。

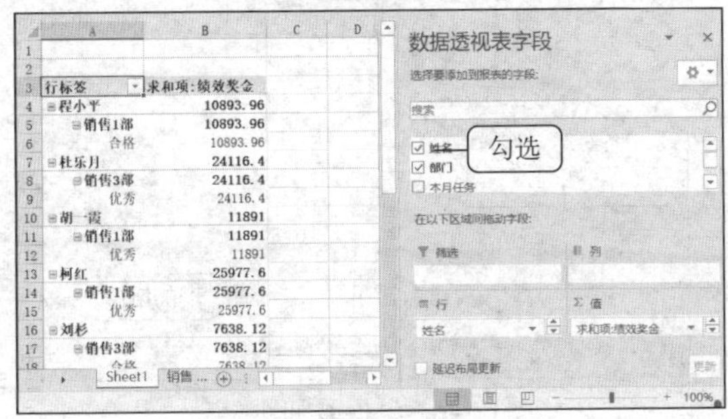

图 8-38　添加字段

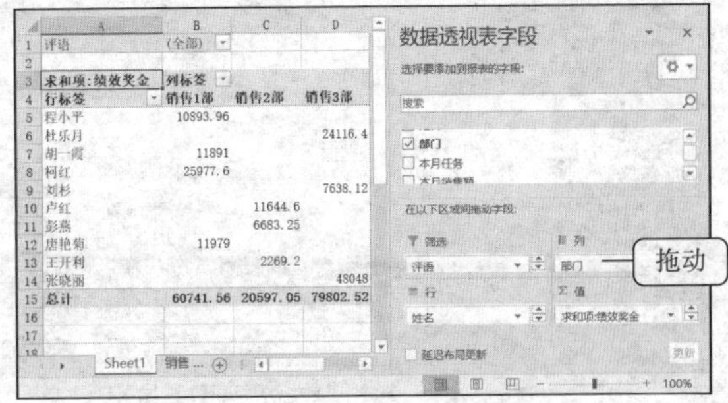

图 8-39　设置筛选字段

（5）此时数据透视表区域的列方向将按部门显示数据，行方向按姓名显示数据，所显示的数据都是绩效奖金，如图 8-40 所示。

（6）单击“评语”单元格右侧的下拉按钮▾，在打开的下拉列表中选择“差”选项，单击【确定】按钮，如图 8-41 所示。

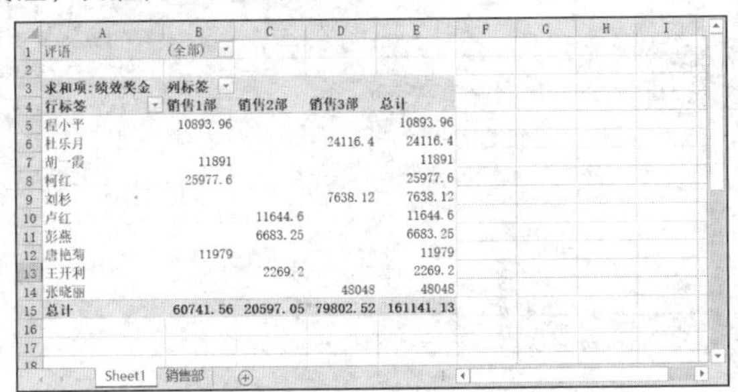

图 8-40　查看数据透视表效果

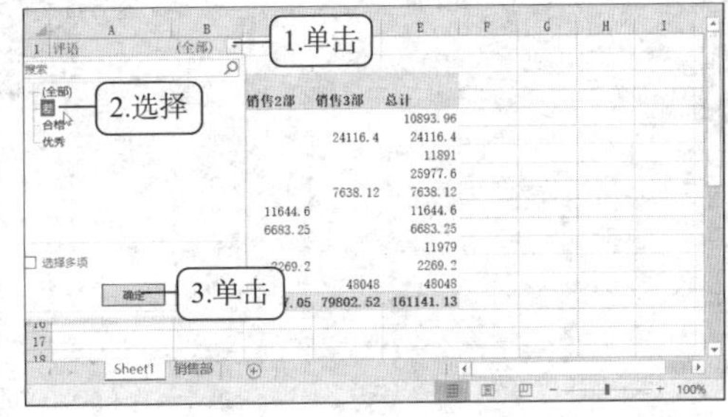

图 8-41　设置筛选条件（2）

（7）数据透视表中将显示评语为“差”的结果，如图 8-42 所示。

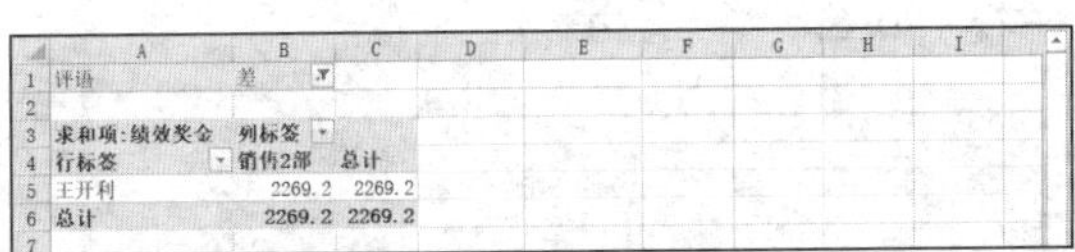

图 8-42　显示筛选结果

（五）创建数据透视图

通过数据透视表分析数据后，为了能更直观地查看数据情况，还可以根据数据透视表制作数据透视图。下面介绍根据“员工绩效考核表.xlsx”工作簿中的数据透视表创建数据透视图的方法，具体操作如下。

微课：创建数据透视图

（1）在“员工绩效考核表.xlsx”工作簿中创建数据透视表后，在“数据透视表工具-分析”/“工具”组中单击“数据透视图”按钮，如图 8-43 所示。

（2）在“所有图表”对话框左侧的列表中选择“柱形图”选项，在右侧列表中选择“三维簇状柱形图”选项，单击【确定】按钮，如图 8-44 所示。

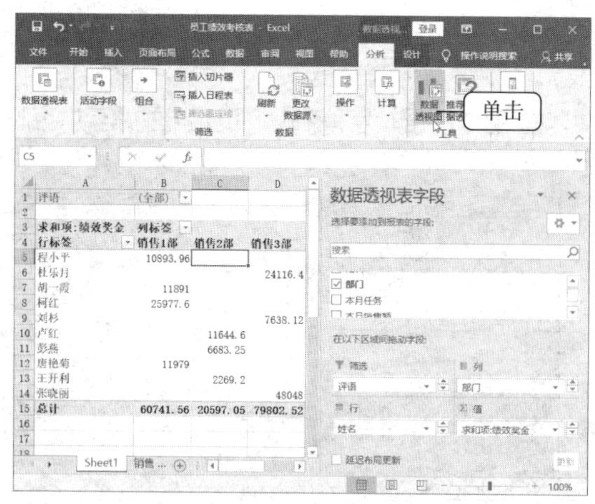

图 8-43　单击“数据透视图”按钮

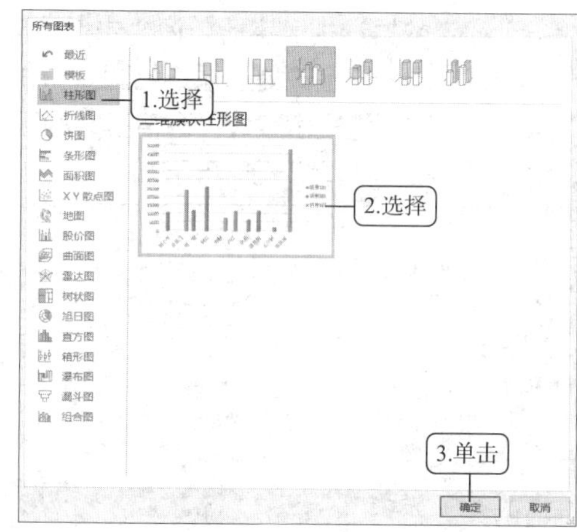

图 8-44　选择透视图类型

（3）此时将在当前工作表中插入数据透视图，该图实际上是将数据透视表中的数据以图形的方式直观地进行显示的结果，如图 8-45 所示。

（4）单击图表右侧的“部门”下拉按钮，在打开的下拉列表中仅勾选“销售 1 部”复选框，单击确定按钮，如图 8-46 所示。

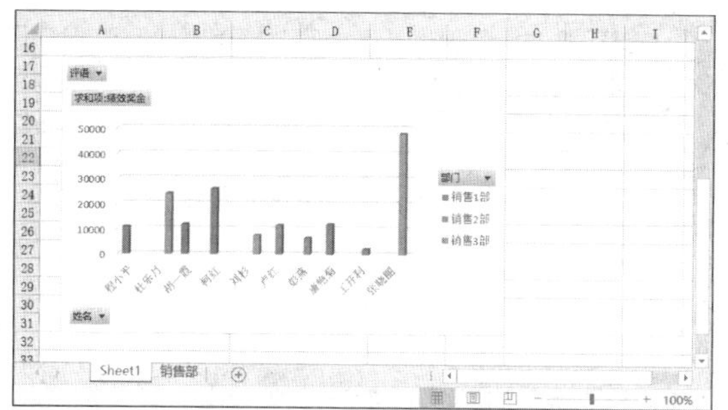

图 8-45　创建的数据透视图

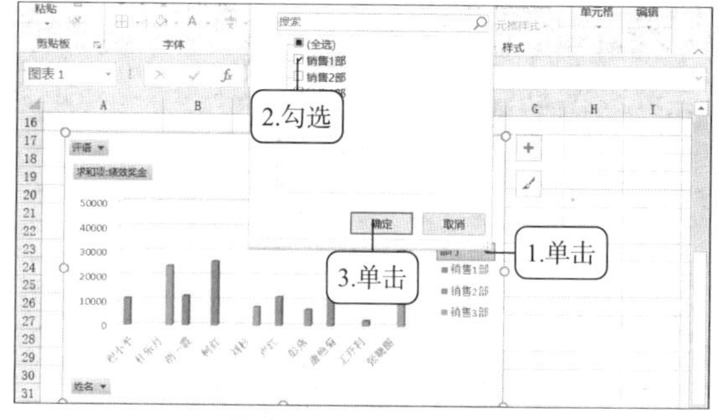

图 8-46　筛选数据透视图数据

（5）此时数据透视图中将显示销售 1 部所有员工的绩效奖金数据图形，从中可以轻松地对该部门每位员工绩效奖金进行对比，如图 8-47 所示。

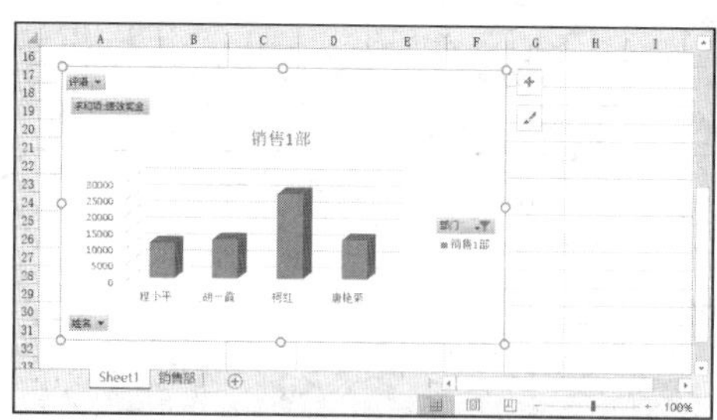

图 8-47　筛选后的数据透视图

提示　数据透视图和数据透视表是相互联系的，改变数据透视表中的内容，数据透视图也将发生相应的变化。另外，数据透视表中的字段可拖动到 4 个区域，各区域的作用为：“筛选”区域的作用类似于自动筛选，是所在数据透视表的条件区域，在该区域内的所有字段都将作为筛选条件；“行”和“列”两个区域用于设置横向或纵向显示的数据；“值”区域主要是设置需要显示的数据。

任务三　制作工资对比图表

任务要求

公司财务部领导需要对各员工的工资情况进行对比，以分析公司薪资方面的一些情况，因此需要一份数据差异和走势显示得较明显的图表来直观反映相关情况。领导让小夏制作一份工资对比图表，制作完成后的效果如图 8-48 所示，相关操作如下。

制作“工资对比图表”相关知识

- 打开已经创建并编辑好的素材表格文件，根据表格文件中的数据创建图表。
- 对图表进行相应编辑，包括移动图表、修改图表数据源、添加图例和数据标签、设置图表样式。

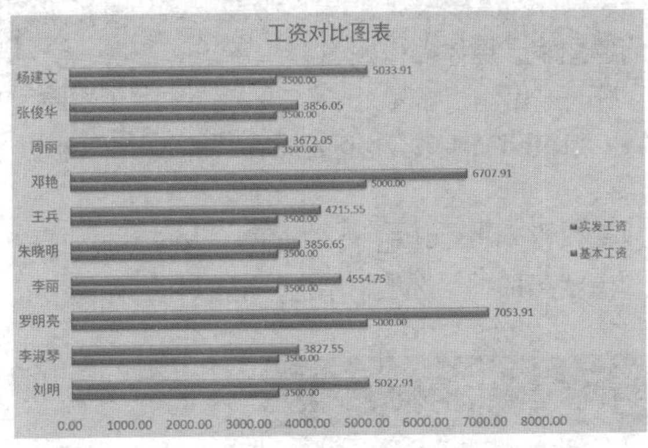

图 8-48 “工资对比图表”工作簿

相关知识

（一）图表的类型

图表是 Excel 2019 重要的数据分析工具，Excel 2019 为用户提供了多种图表类型，包括柱形图、条形图、折线图、饼图和面积图等，用户可根据不同的情况选用不同类型的图表。

- 柱形图。柱形图常用于几个项目之间数据的对比。
- 条形图。条形图与柱形图的用法相似，但数据位于 y 轴，值位于 x 轴，位置与柱形图相反。
- 折线图。折线图多用于显示等时间间隔数据的变化趋势，它强调的是数据的时间性和变动率。
- 饼图。饼图用于显示一个数据系列中各项的大小与各项总和的比例。
- 面积图。面积图用于显示每个数值的变化量，强调数据随时间变化的幅度，还能直观地体现整体和部分的关系。

（二）使用图表的注意事项

制作完成后的图表除了要具备必要的图表元素，还需让人一目了然，在制作图表前应该注意以下 6 点。

- 在制作图表前需要先根据前期收集的数据制作出相应的电子表格，并对表格进行一定的美化。
- 根据表格中某些数据项或所有数据项创建相应形式的图表。选择电子表格中的数据时，可根据图表的需要而定。
- 检查所创建的图表中的数据有无遗漏，及时对数据进行添加或删除，然后对图表形状、样式和布局等内容进行相应设置，完成对图表的创建与编辑。

- 不同的图表类型能够进行的操作可能不同，如二维图表和三维图表就可进行不同的格式设置。
- 图表中的数据较多时，应该尽量将所有数据都显示出来，所以一些非重点的部分，如图表标题、坐标轴标题等都可以省略。
- 办公文件讲究简洁明了，除非有特定要求，最好使用 Excel 2019 自带的图表格式和布局等。

任务实现

（一）创建图表

图表可以将数据表格以图例的方式展现出来。创建图表时，首先需要创建或打开数据表格，然后根据数据表格创建图表。下面介绍如何为“薪酬明细表.xlsx”工作簿创建图表，具体操作如下。

（1）打开“薪酬明细表.xlsx”工作簿，在“工资表”工作表中按住“Ctrl”键选择 A5:A14 和 N5:N14 单元格区域，在“插入”/“图表”组中单击“推荐的图表”按钮，如图 8-49 所示。

（2）在打开的“插入图表”对话框中单击“所有图表”选项卡，在左侧列表中选择“条形图”选项，在右侧列表中选择“簇状条形图”选项，单击确定按钮，如图 8-50 所示。

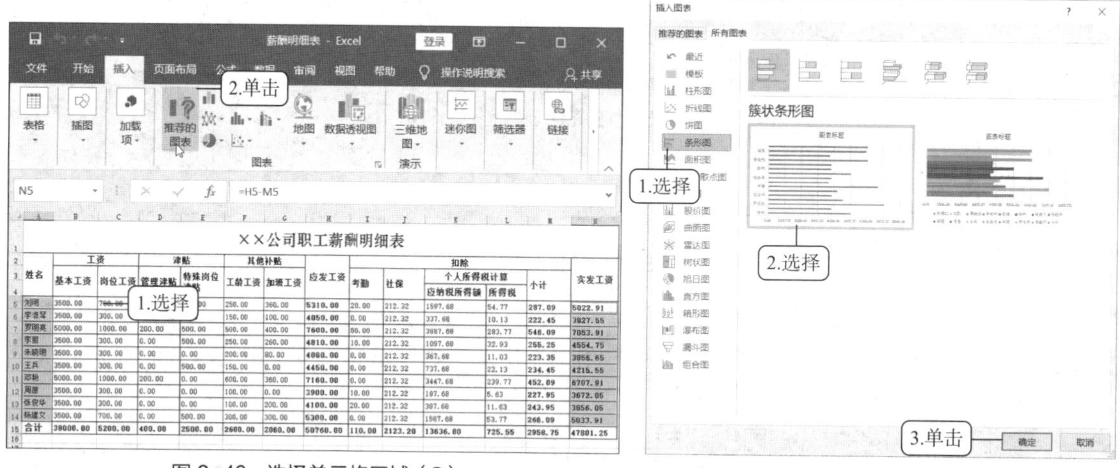

图 8-49　选择单元格区域（3）

图 8-50　选择图表类型

（3）此时在当前工作表中创建了一个条形图，图表中以条形的图形显示各员工的实发工资情况，如图 8-51 所示。

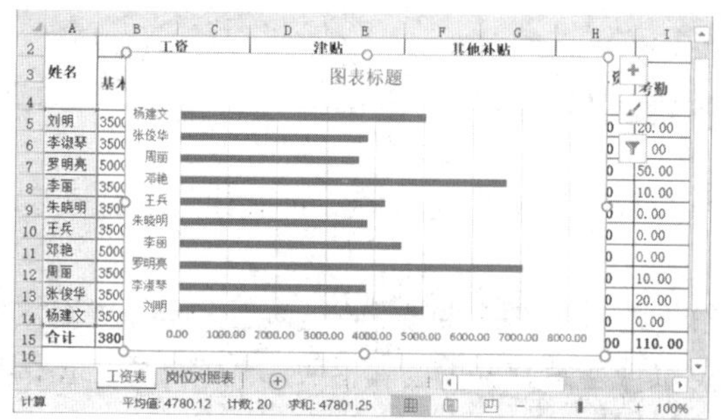

图 8-51　创建图表效果

（二）编辑图表

创建图表后，可能并不能满足需要，此时可以重新对图表进行编辑。编辑图表包括移动图表位置、修改图表数据、设置图表文本格式、添加图表元素、设置图表样式等，具体操作如下。

（1）在工作表中选择创建的图表，在“图表工具-设计”/“位置”组中单击“移动图表”按钮，打开“移动图表”对话框，单击“新工作表”单选按钮，在其后的文本框中输入工作表的名称，这里输入“工资对比”文本，单击确定按钮，如图 8-52 所示。

（2）将图表标题文本框中的文本修改为“工资对比图表”，并将字体格式设置为“黑体、24、加粗”。将纵坐标轴的字体格式设置为“黑体、16”，将横坐标轴的字号设置为“16”。

（3）选择图表，在“图表工具-设计”/“数据”组中单击“选择数据”按钮，如图 8-53 所示。

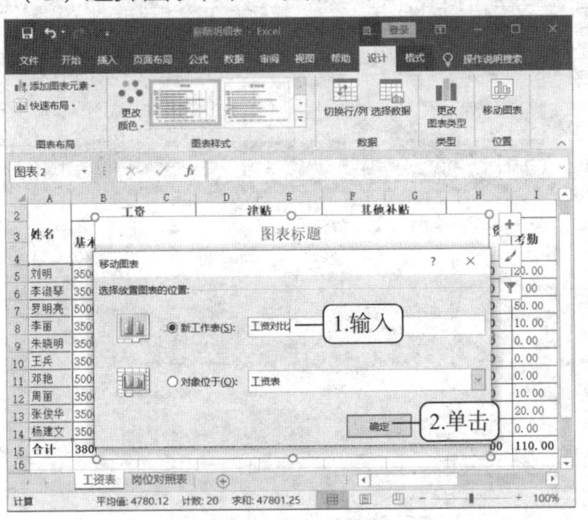

图 8-52 “移动图表”对话框

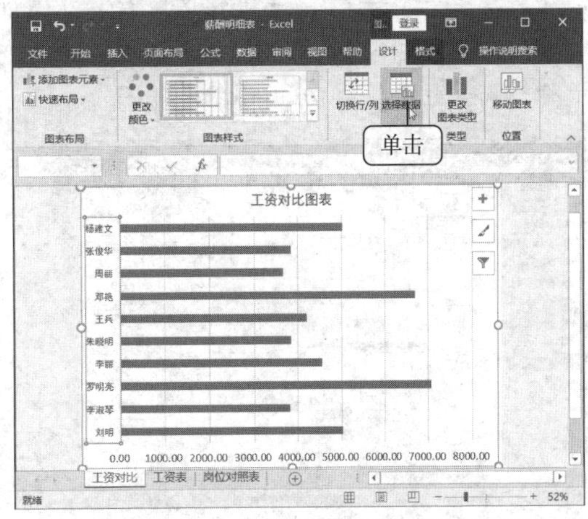

图 8-53 单击“选择数据”按钮

（4）在打开的“选择数据源”对话框中单击“图表数据区域”文本框右侧的“收缩”按钮，对话框将收缩，在工作表中按住“Ctrl”键选择 A5:B14 和 N5:N14 单元格区域，单击按钮，如图 8-54 所示。

（5）展开“选择数据源”对话框，在“图例项(系列)”列表框中选择“系列 1”选项，单击编辑(E)按钮，如图 8-55 所示。

图 8-54 添加图表数据

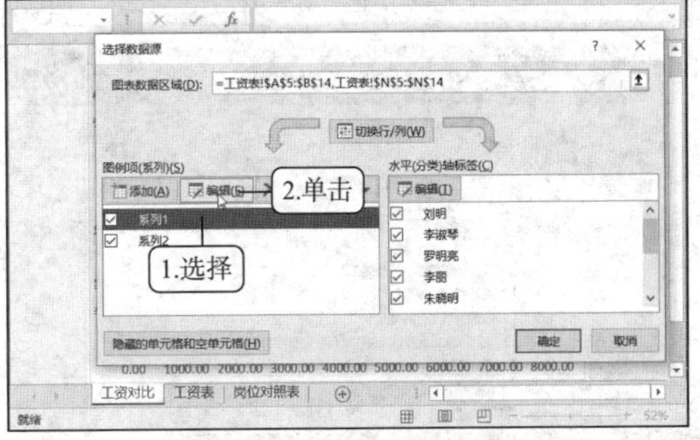

图 8-55 编辑系列名称

（6）在“编辑数据系列”对话框的“系列名称”文本框中输入“基本工资”文本，单击确定按钮，如图 8-56 所示，返回“选择数据源”对话框。

（7）在“图例项(系列)”列表框中选择“系列 2”选项，单击编辑(E)按钮，打开“编辑数据系列”

对话框，在“系列名称”文本框中输入“实发工资”文本，单击 确定 按钮，如图 8-57 所示。

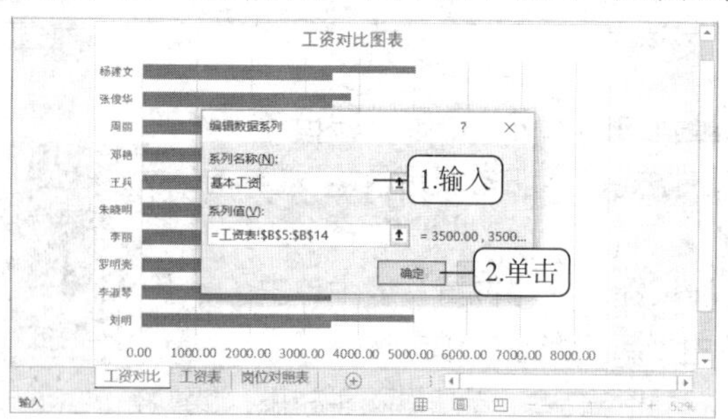

图 8-56　输入“基本工资”系列名称

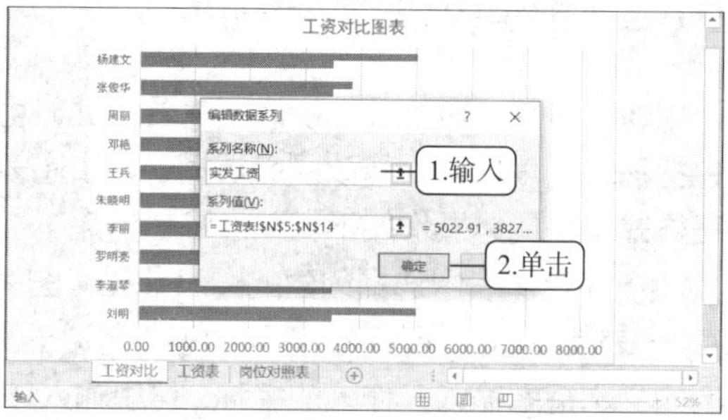

图 8-57　输入“实发工资”系列名称

（8）在“图表工具-设计”/“图表布局”组中单击“添加图表元素”按钮，在打开的下拉列表中选择“图例”/“右侧”选项，在图表右侧添加图例，如图 8-58 所示。

（9）选择“实发工资”数据系列，单击“添加图表元素”按钮，在打开的下拉列表中选择“数据标签”/“数据标签外”选项，在数据系列中添加数据标签，如图 8-59 所示。用相同的方法为“基本工资”数据系列添加数据标签。

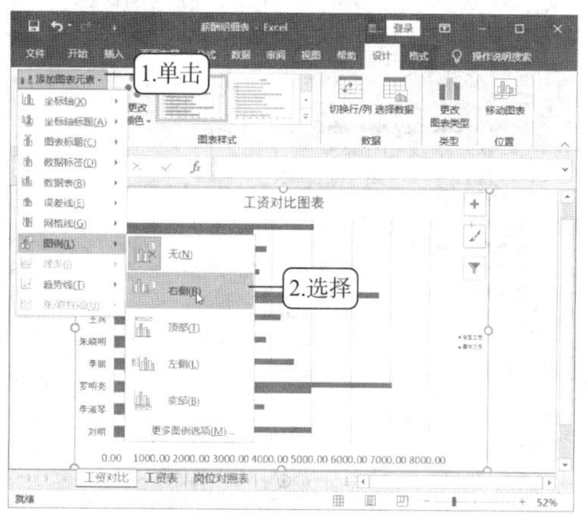

图 8-58　添加图例

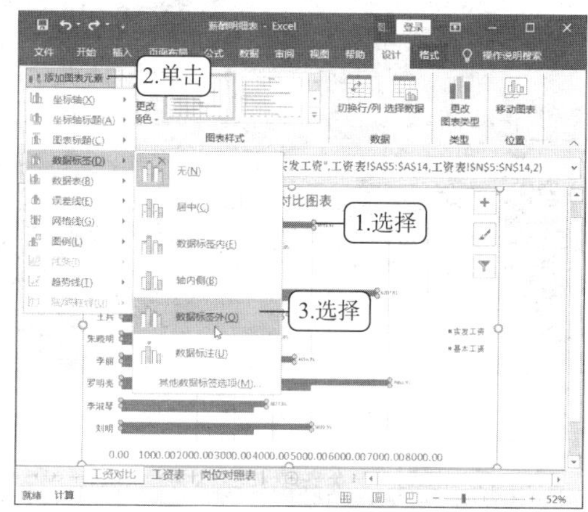

图 8-59　添加数据标签

（10）返回图表选择图例中的文本，将其文本格式设置为“黑体、14”，将两个数据标签中的文本字号分别设置为“14”和“12”，如图 8-60 所示。

（11）选择图表，在“图表工具-格式”/“形状样式”组中单击“形状填充”按钮，在打开的下拉列表中选择“蓝色，个性色 1，淡色 60%”选项，如图 8-61 所示，为图表设置背景颜色。

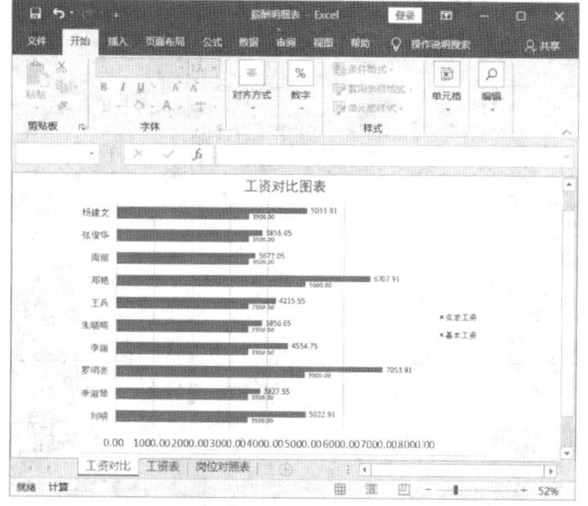

图 8-60　设置图例和数据标签文本格式

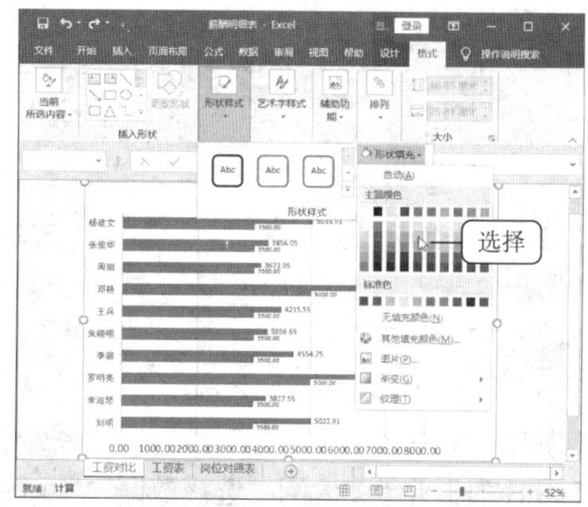

图 8-61　设置图表填充颜色

（12）选择图表中的“实发工资”数据系列，在“图表工具-格式”/“形状样式”组中“样式”列表框中选择“强调效果-蓝色，强调颜色 1”选项，为数据系列设置样式效果，如图 8-62 所示。

（13）用同样的方法选择图表中的“基本工资”数据系列，在“图表工具-格式”/“形状样式”组中“样式”列表框中选择“强调效果-红色，强调颜色 2”选项，为数据系列设置样式效果，完成图表的编辑操作，效果如图 8-63 所示。

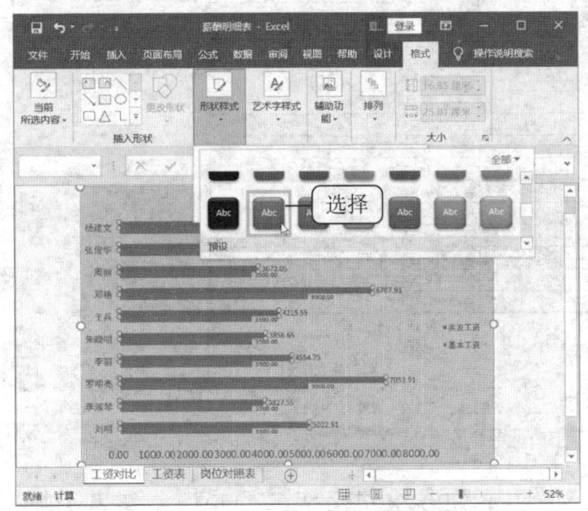

图 8-62　设置“实发工资”数据系列样式效果

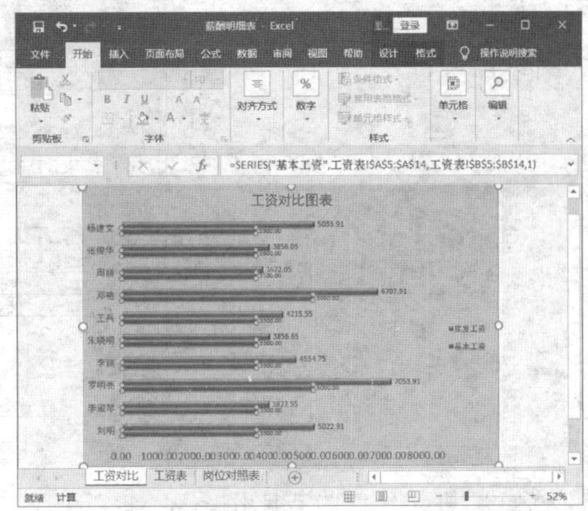

图 8-63　设置“基本工资”数据系列样式效果

课后练习

操作题

（1）打开素材文件“员工培训成绩表.xlsx”工作簿，按照下列要求对其进行操作，参考效果如图 8-64 所示。

员工培训成绩表

编号	姓名	所属部门	办公软件	财务知识	法律知识	英语口语	职业素养	人力管理	总成绩	平均成绩	排名	等级
CM001	张良	行政部	87	84	95	87	78	85	516	86	4	良
CM002	胡国风	市场部	60	54	55	58	75	55	357	59.5	7	差
CM003	郭超	研发部	99	92	94	90	91	89	555	92.5	2	优
CM004	蓝志明	财务部	83	89	96	89	75	90	522	87	3	良
CM005	陈玉	市场部	62	60	61	50	63	61	357	59.5	7	差
CM006	李东旭	市场部	70	72	60	95	84	90	471	78.5	5	一般
CM007	夏浩文	行政部	92	90	89	96	99	92	558	93	1	优
CM008	毕霞	市场部	60	85	88	70	80	82	465	77.5	6	一般

图 8-64 “员工培训成绩表”工作簿

制作“员工培训成绩表”

① 使用 SUM()函数计算各个员工的总成绩。

② 使用 AVERAGE()函数计算各个员工各科成绩的平均分。

③ 使用 RANK.EQ()函数计算各个员工成绩的排名情况。

④ 使用 IF()嵌套函数计算各个员工的等级情况。

（2）打开“车间生产记录表.xlsx”工作簿，按照下列要求对表格进行操作，参考效果如图 8-65 所示。

① 打开已经创建并编辑完成的车间生产记录表，对其中的数据进行排序。

② 对工作表中的数据按照不同的条件进行自动筛选、自定义筛选及高级筛选。

③ 按照不同的设置字段，对表格中的数据创建分类汇总。

	A	B	C	D	E	F	G
1	车间生产记录表						
2	产品代码	产品名称	生产数量	单位	生产车间	生产时间	合格率
3	HYL-002	怪味胡豆	1000	袋	第一车间	2013/11/3	98%
4	HYL-006	山楂片	1000	袋	第一车间	2013/11/5	93%
5	HYL-013	豆腐干	1350	袋	第一车间	2013/11/12	90%
6	HYL-017	蛋黄派	1000	袋	第一车间	2013/11/22	90%
7			4350		第一车间 汇总		
8	HYL-003	蚕豆	600	袋	第二车间	2013/11/3	100%
9	HYL-005	小米锅粑	1200	袋	第二车间	2013/11/5	90%
10	HYL-007	通心卷	800	袋	第二车间	2013/11/8	100%
11	HYL-010	鱼皮花生	1500	袋	第二车间	2013/11/12	90%
12	HYL-014	话梅	500	袋	第二车间	2013/11/15	97%
13	HYL-015	巧克力豆	350	袋	第二车间	2013/11/18	96%
14			4950		第二车间 汇总		
15	HYL-001	薯片	1500	袋	第三车间	2013/11/3	100%
16	HYL-009	早餐饼干	600	袋	第三车间	2013/11/10	93%
17	HYL-011	沙琪玛	750	袋	第三车间	2013/11/12	100%
18	HYL-016	薯条	1250	袋	第三车间	2013/11/18	96%
19			4100		第三车间 汇总		
20	HYL-004	彩虹糖	1700	袋	第四车间	2013/11/3	94%
21	HYL-008	红泥花生	750	袋	第四车间	2013/11/10	92%
22	HYL-012	咸干花生	500	袋	第四车间	2013/11/12	99%
23	HYL-018	五香瓜子	800	袋	第四车间	2013/11/23	95%
24			3750		第四车间 汇总		
25			17150		总计		
26							
27					生产车间	合格率	
28					第二车间	100%	

图 8-65 “车间生产记录表”工作簿

（3）打开“年度收支比例图表.xlsx”工作簿，按照下列要求对表格进行操作，参考效果如图 8-66 所示。

① 利用工作表中的数据创建三维饼图。

② 编辑图表的名称为“年度收支比例图表”。

③ 对图表中的数据进行添加并编辑。

④ 对图表的格式进行设置。

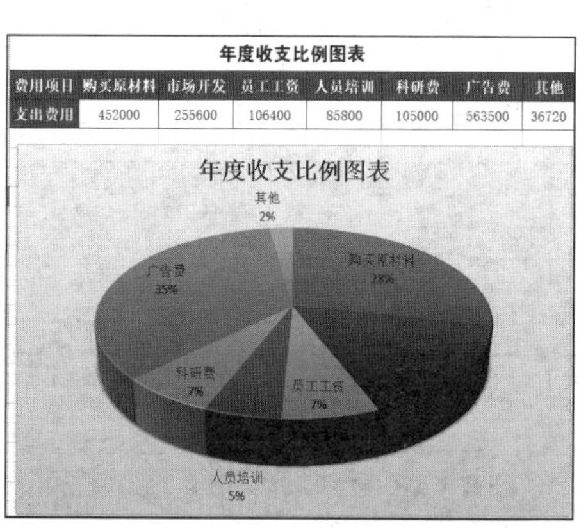

年度收支比例图表							
费用项目	购买原材料	市场开发	员工工资	人员培训	科研费	广告费	其他
支出费用	452000	255600	106400	85800	105000	563500	36720

图 8-66 “年度收支比例图表”工作簿

项目九 制作演示文稿

PowerPoint 2019 作为 Office 2019 的三大核心组件之一，主要用于制作与播放幻灯片，该软件能够应用于各种演讲、演示场合。它可以通过图示、视频和动画等多媒体形式表现复杂的内容，帮助用户制作出图文并茂、富有感染力的演示文稿，使其更容易被观众理解。本项目将通过 2 个典型任务，介绍制作演示文稿的基本操作，包括演示文稿的基本操作、文本输入与美化，以及插入艺术字、图片、形状、表格和媒体文件等。

课堂学习目标

- 制作企业宣传演示文稿。
- 编辑入职培训演示文稿。

任务一 制作企业宣传演示文稿

任务要求

王林大学毕业后在一家公司工作，公司安排王林结合自己对公司的了解制作一份企业宣传资料。王林知道用 PowerPoint 2019 来完成这个任务是再合适不过的了，但作为新手，王林希望尽量通过简单的操作来制作出演示文稿。图 9-1 所示为制作完成后的企业宣传演示文稿，具体要求如下。

- 启动 PowerPoint 2019，通过“未来展望”模板新建演示文稿，然后以“企业宣传”为名将演示文稿保存在计算机桌面上。
- 在第一张幻灯片中输入并设置演示文稿的标题。
- 新建一张“标题和内容”版式的幻灯片作为演示文稿的目录，在占位符中输入文本。
- 新建一张“两栏内容”版式的幻灯片，在占位符中输入文本并设置文本格式。
- 将第 4 张幻灯片移动到第 2 张幻灯片下面，复制第 3 张幻灯片至第 4 张幻灯片所在的位置。

查看“企业宣传”相关知识

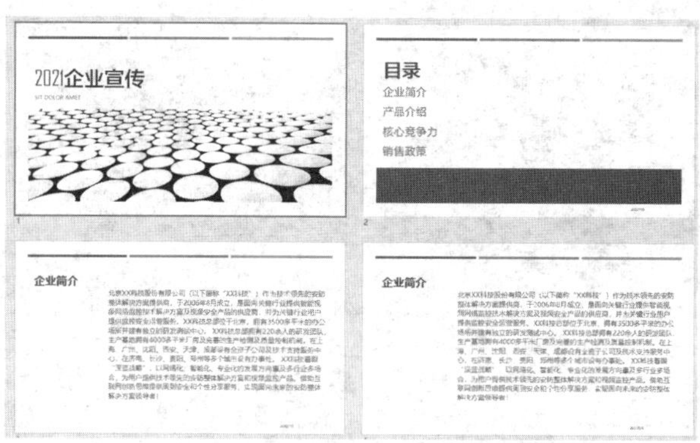

图 9-1 “企业宣传”演示文稿

相关知识

（一）PowerPoint 2019 工作界面

在桌面左下角单击“开始”按钮，在打开的“开始”菜单中选择“PowerPoint 2019”选项或双击计算机中保存的 PowerPoint 2019 演示文稿（扩展名为.pptx）图标即可启动 PowerPoint 2019，并打开 PowerPoint 2019 的工作界面，如图 9-2 所示。

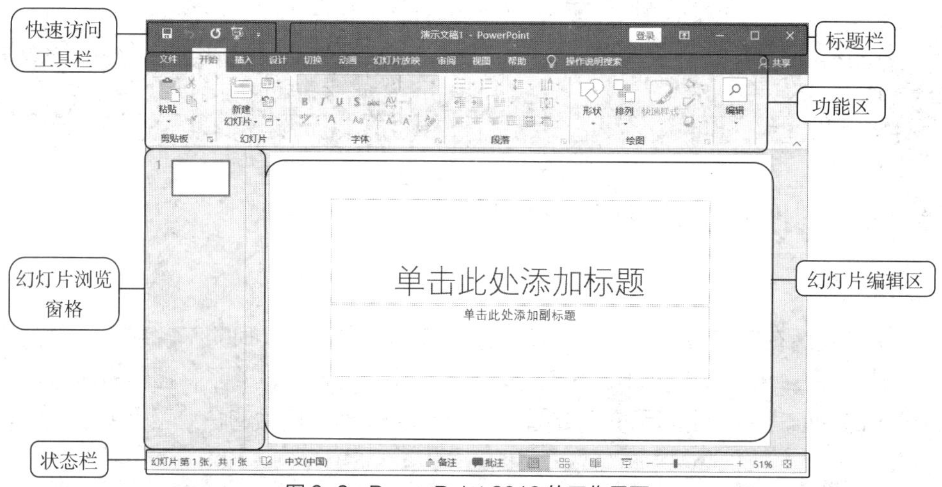

图 9-2 PowerPoint 2019 的工作界面

> **提示** 以双击演示文稿图标的方式启动 PowerPoint 2019，将在启动的同时打开相应演示文稿；以选择命令的方式启动 PowerPoint 2019，将在启动的同时自动生成一个名为“演示文稿1”的空白演示文稿。

从图 9-2 中可以看出，PowerPoint 2019 的工作界面与 Word 2019 和 Excel 2019 的工作界面基本类似。三大组件的快速访问工具栏、标题栏和功能区等的结构及作用也很类似，下面介绍 PowerPoint 2019 工作界面特有功能的内容。

- 幻灯片编辑区。幻灯片编辑区位于演示文稿编辑区的中心，用于显示和编辑幻灯片的内容。
- 幻灯片浏览窗格。幻灯片浏览窗格位于幻灯片编辑区的左侧，主要显示当前演示文稿中所有幻灯片的缩略图，单击某张幻灯片缩略图，可跳转到相应幻灯片并在右侧的幻灯片编辑区中显示幻灯片的内容。

- 状态栏。状态栏位于工作界面的底部，用于显示当前幻灯片的页面信息，它主要由状态提示栏、“备注”按钮、“批注”按钮、视图切换按钮、显示比例栏和最右侧的按钮组成。其中，单击“备注”按钮和“批注”按钮，可以为幻灯片添加备注和批注内容，为演示者制作提醒与说明。用鼠标指针拖动显示比例栏中的缩放比例滑块，可以调节幻灯片的显示比例。单击状态栏最右侧的按钮，可以使幻灯片的显示比例自动适应当前窗口的大小。

（二）演示文稿与幻灯片

演示文稿和幻灯片二者之间是相辅相成的关系，也是包含与被包含的关系。演示文稿由幻灯片组成，而每张幻灯片又有自己独立表达的主题。

演示文稿由“演示”和“文稿”两个词语组成，这说明它是用于演示某种效果而制作的文档，主要应用于会议、产品展示和教学等领域。

（三）PowerPoint 视图

PowerPoint 2019 为用户提供了普通视图、大纲视图、幻灯片浏览视图、幻灯片放映视图、阅读视图和备注页视图 6 种视图模式，在工作界面下方的状态栏中单击相应的视图按钮，或在“视图”/“演示文稿视图”组中单击相应的视图按钮即可进入相应的视图。各视图的功能分别如下。

- 普通视图。普通视图是 PowerPoint 2019 默认的视图模式，打开演示文稿即可进入普通视图，单击“普通视图”按钮也可切换到普通视图。在普通视图中，可以对幻灯片的总体结构进行调整，也可以对单张幻灯片进行编辑，这是编辑幻灯片最常用的视图模式。
- 大纲视图。大纲视图含有大纲窗格、幻灯片缩略图窗格和幻灯片备注页窗格。大纲窗格仅显示演示文稿的文本内容和组织结构，不显示图形、图像、图表等对象。在大纲视图下编辑演示文稿，可以调整各幻灯片的前后顺序；在一张幻灯片内可以调整标题的层次级别和前后次序；还可以将某幻灯片的文本复制或移动到其他幻灯片中。
- 幻灯片浏览视图。单击“幻灯片浏览”按钮可进入幻灯片浏览视图。在该视图中可以浏览演示文稿中所有幻灯片的整体效果，并且可以对其整体结构进行调整，如调整演示文稿的背景、移动或复制幻灯片等，但是不能编辑幻灯片中的内容。
- 幻灯片放映视图。单击“幻灯片放映”按钮可进入幻灯片放映视图。进入幻灯片放映视图后，幻灯片将按放映设置进行全屏放映，在幻灯片放映视图中，可以浏览每张幻灯片的放映情况，测试幻灯片中插入的动画和声音效果，并可以控制放映过程。
- 阅读视图。单击“阅读视图”按钮可进入幻灯片阅读视图。进入阅读视图后，可以在当前计算机上以窗口方式查看演示文稿放映的效果，单击“上一张”按钮和“下一张”按钮可切换幻灯片。
- 备注页视图。在“视图”/“演示文稿视图”组中单击“备注页”按钮，可进入备注页视图。备注页视图将“备注”窗格以整页的形式进行显示，在备注页视图中可以更加方便地编辑备注内容。

（四）演示文稿的基本操作

启动 PowerPoint 2019 后，就可以对 PowerPoint 文件（即演示文稿）进行操作了。由于 Office

2019 各组件具有共通性，因此对演示文稿的操作与对 Word 文档的操作有一定的相似之处。

1. 新建演示文稿

新建演示文稿的方法有很多，如新建空白演示文稿、利用模板新建演示文稿等，用户可根据实际需求进行选择。

- 新建空白演示文稿。启动 PowerPoint 2019 后，在打开的窗口中选择“空白演示文稿”选项，即可新建一个名为“演示文稿 1”的空白演示文稿。另外，也可选择“文件”/“新建”命令，在打开的“新建”界面中选择“空白演示文稿”选项，新建一个空白演示文稿。还可以直接按“Ctrl+N”组合键新建空白演示文稿。
- 利用模板新建演示文稿。PowerPoint 2019 提供了 20 多种模板，用户可在预设模板的基础上快速新建带有内容的演示文稿。选择“文件”/“新建”命令，在打开的“新建”界面中选择所需的模板选项，单击“创建”按钮，新建相应模板样式的演示文稿。

2. 打开演示文稿

当需要对演示文稿进行编辑、查看或放映操作时，应先将其打开。打开演示文稿的方法主要包括以下 2 种。

- 打开演示文稿。启动 PowerPoint 2019，选择“文件”/“打开”命令或按“Ctrl+O”组合键，打开“打开”界面，选择“浏览”选项，打开“打开”对话框，在其中选择需要打开的演示文稿，单击 打开(O) 按钮即可。
- 打开最近使用的演示文稿。PowerPoint 2019 提供了记录最近打开的演示文稿的功能，如果想打开最近打开过的演示文稿，可选择“文件”/“打开”命令，在“打开”界面的“最近”列表中查看最近打开的演示文稿，选择需要打开的演示文稿即可。

3. 保存演示文稿

制作好的演示文稿应及时保存在计算机中，同时用户应根据需要选择不同的保存方式。保存演示文稿的方法有很多，下面分别进行介绍。

- 直接保存演示文稿。直接保存演示文稿是十分常用的保存方法，选择“文件”/“保存”命令或单击快速访问工具栏中的“保存”按钮，打开“另存为”界面，在左侧选择“浏览”选项，打开“另存为”对话框，在其中设置文件名和保存位置后，单击 保存(S) 按钮即可完成保存。当执行过一次保存操作后，再次选择“文件”/“保存”命令或单击“保存”按钮，可保存两次保存操作之间编辑的内容。
- 另存为演示文稿。若不想改变原有演示文稿中的内容，可通过“另存为”命令将演示文稿作为一个新的文件保存在其他位置，还可以更改文件名。若要另存为演示文稿，选择“文件”/“另存为”命令，在打开的“另存为”界面中进行操作即可。
- 另存为模板演示文稿。使用模板可提高制作演示文稿的速度。选择“文件”/“保存”命令，在打开的界面中选择“浏览”选项，打开“另存为”对话框，在“保存类型”下拉列表中选择“PowerPoint 模板*.pptx”选项，单击 保存(S) 按钮。

4. 关闭演示文稿

当不再需要对演示文稿进行操作时，可将其关闭。关闭演示文稿的常用方法有以下 3 种。

- 单击“关闭”按钮关闭。单击 PowerPoint 2019 工作界面标题栏右边的“关闭”按钮，关闭演示文稿并退出 PowerPoint 2019。
- 选择快捷菜单命令关闭。在 PowerPoint 2019 工作界面标题栏上单击鼠标右键，在弹出的快捷菜单中选择“关闭”命令。
- 按组合键关闭。按“Alt+F4”组合键关闭。

（五）幻灯片的基本操作

幻灯片是演示文稿的重要组成部分。一个演示文稿一般由多张幻灯片组成，因此对幻灯片的操作是 PowerPoint 2019 中十分重要的操作。

1. 新建幻灯片

在新建空白演示文稿或根据模板新建演示文稿时，一般默认只有一张幻灯片，不能满足实际的需要，因此用户需要手动新建幻灯片。新建幻灯片的方法主要有以下 2 种。

- 在幻灯片浏览窗格中新建。在幻灯片浏览窗格中的空白区域或在已有的幻灯片上单击鼠标右键，在弹出的快捷菜单中选择“新建幻灯片”命令。
- 通过“幻灯片”组新建。在普通视图或幻灯片浏览视图中选择一张幻灯片，在“开始”/“幻灯片”组中单击“新建幻灯片”按钮右边的下拉按钮，在打开的下拉列表中选择一种幻灯片版式即可。

2. 应用幻灯片版式

如果对新建的空白幻灯片版式不满意，可进行更改。在“开始”/“幻灯片”组中单击“版式”按钮右侧的下拉按钮，在打开的下拉列表中选择一种幻灯片版式，即可将其应用于当前幻灯片。

3. 选择幻灯片

选择幻灯片是编辑幻灯片的前提，选择幻灯片主要有以下 3 种方法。

- 选择单张幻灯片。在幻灯片浏览窗格中单击幻灯片缩略图即可选择当前幻灯片。
- 选择多张幻灯片。在幻灯片浏览视图或幻灯片浏览窗格中按住“Shift”键单击幻灯片可选择多张连续的幻灯片，按住“Ctrl”键单击幻灯片可选择多张不连续的幻灯片。
- 选择全部幻灯片。在幻灯片浏览视图或幻灯片浏览窗格中按“Ctrl+A”组合键，即可选择全部幻灯片。

4. 移动和复制幻灯片

当需要调整某张幻灯片的顺序时，可直接移动该幻灯片。当需要使用某张幻灯片中已有的版式或内容时，可直接复制该幻灯片进行更改，以提高工作效率。移动和复制幻灯片的方法主要有以下 3 种。

- 拖动鼠标指针。选择需要移动的幻灯片，按住鼠标左键将其拖动到目标位置后释放鼠标左键完成移动操作；选择幻灯片，按住“Ctrl”键将其拖动到目标位置，完成幻灯片的复制操作。
- 选择菜单命令。选择需要移动或复制的幻灯片，单击鼠标右键，在弹出的快捷菜单中选择“剪切”或“复制”命令。将插入点定位到目标位置，单击鼠标右键，在弹出的快捷菜单中选择“粘贴”命令，完成幻灯片的移动或复制。
- 按组合键。选择需要移动或复制的幻灯片，按“Ctrl+X”组合键（剪切）或“Ctrl+C”组合键（复制），将插入点定位到目标位置，按“Ctrl+V”组合键进行粘贴，完成移动或复制操作。

5. 删除幻灯片

在幻灯片浏览窗格或幻灯片浏览视图中均可删除幻灯片，具体方法介绍如下。

- 选择要删除的幻灯片，单击鼠标右键，在弹出的快捷菜单中选择“删除幻灯片”命令。
- 选择要删除的幻灯片，按“Delete”键。

任务实现

（一）新建并保存演示文稿

下面将通过“未来展望”模板新建一个演示文稿，然后以“企业宣传”为名将其保存在计算机

微课：新建并保存演示文稿

桌面上，具体操作如下。

（1）在桌面左下角单击“开始”按钮，在打开的“开始”菜单中选择“PowerPoint 2019”选项，启动 PowerPoint 2019。选择“文件”/“新建”命令，在“搜索联机模板和主题”搜索框下方选择“未来展望”模板，如图 9-3 所示。

（2）在打开的对话框中单击“创建”按钮，即可通过该模板创建演示文稿，如图 9-4 所示。

图 9-3　选择演示文稿模板

图 9-4　创建演示文稿

（3）在快速访问工具栏中单击“保存”按钮，打开“另存为”界面，在其中选择保存位置为“这台电脑”选项中的“桌面”选项，如图 9-5 所示，打开“另存为”对话框。

（4）在“文件名”文本框中输入“企业宣传”文本，在“保存类型”下拉列表中选择“PowerPoint 演示文稿”选项，单击保存(S)按钮，如图 9-6 所示。

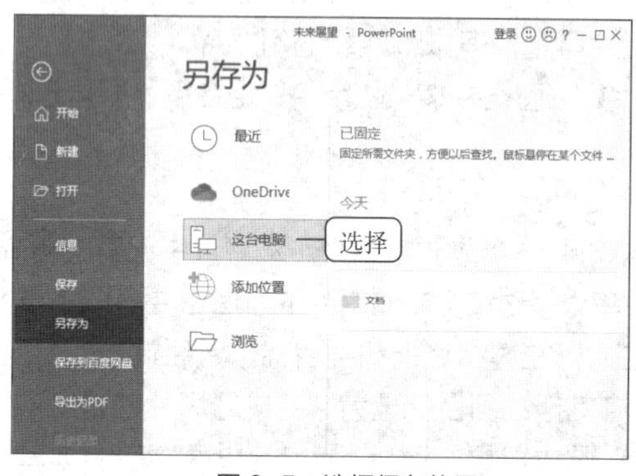

图 9-5　选择保存位置

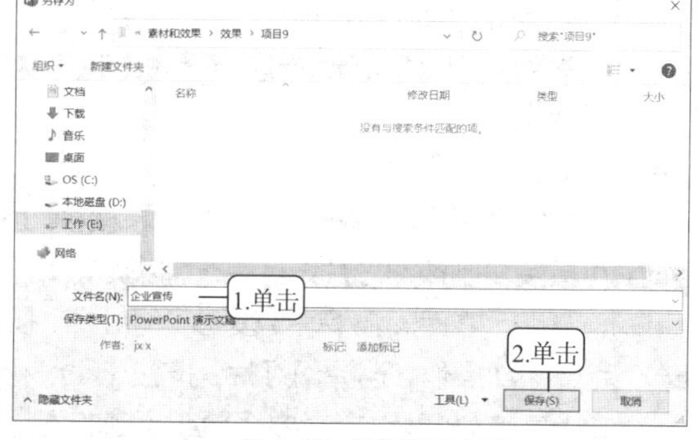

图 9-6　保存演示文稿

（二）新建幻灯片并输入文本

微课：新建幻灯片并输入文本

新建的演示文稿中的幻灯片往往不能够满足实际需要，因此需要新建幻灯片，并在幻灯片中输入相应的文本。下面在新建的“企业宣传.pptx”演示文稿中进行新建幻灯片和输入文本的操作，具体如下。

（1）选择第 1 张幻灯片上面文本框中的文本，将其删除，输入“2021 企业宣传”文本，选择中文文本，将其字体格式设置为“方正兰亭中黑简体、60、黑色”，选择数字文本，将其格式设置为“Agency FB、60、红色”，如图 9-7 所示。

（2）选择第 1 张幻灯片，在“开始”/“幻灯片”组中单击“新建幻灯片”按钮下方的下拉按钮，在打开的下拉列表中选择“标题和内容”选项，新建一张“标题和内容”版式的幻灯片，如图 9-8 所示。

图 9-7　输入并设置标题文本（1）

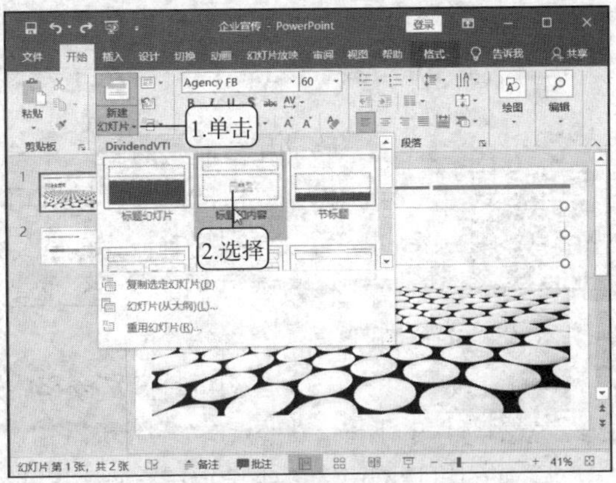

图 9-8　选择新建幻灯片版式

（3）将插入点定位到上面标题占位符中，“单击此处添加标题”文本会自动消失，在其中输入“目录”文本，并将其字体格式设置为“方正兰亭中黑简体，54”，如图 9-9 所示。

（4）在下面的占位符中输入图 9-10 所示的文本，将其字体格式设置为“方正兰亭中黑简体、32”，输入文本时可以按“Enter”键对文本进行分段，完成第 2 张幻灯片的制作。

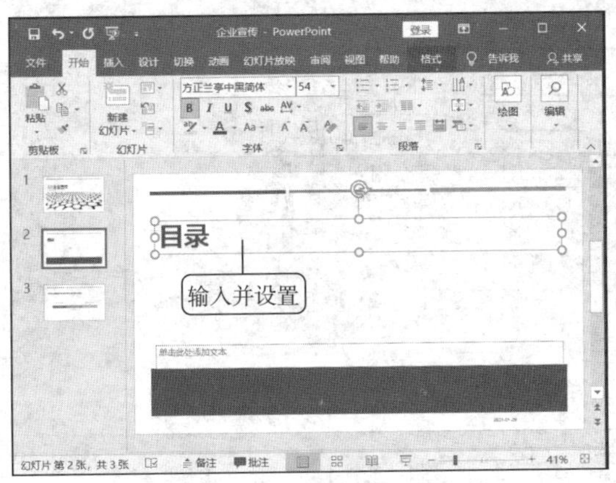

图 9-9　输入并设置标题文本（2）

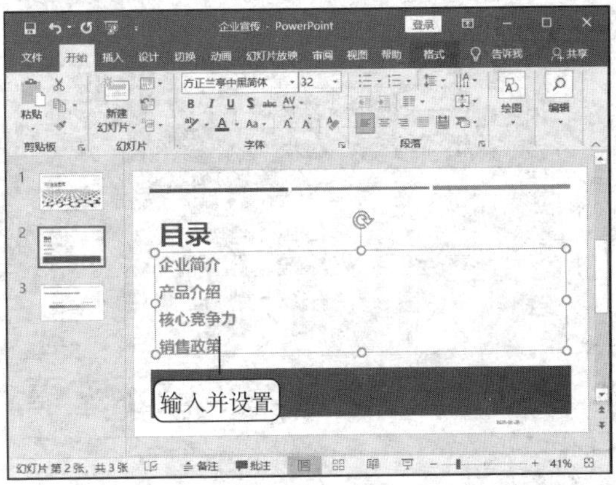

图 9-10　输入并设置正文文本

（5）新建一张版式为“两栏内容”的幻灯片，在标题占位符中输入“企业简介”文本，将其字体格式设置为“方正兰亭中黑简体、32”，如图 9-11 所示。

（6）在下面右侧的占位符中输入企业简介的文本内容，根据需要调整文本框的宽度，如图 9-12 所示。

图 9-11　输入并设置标题文本（3）

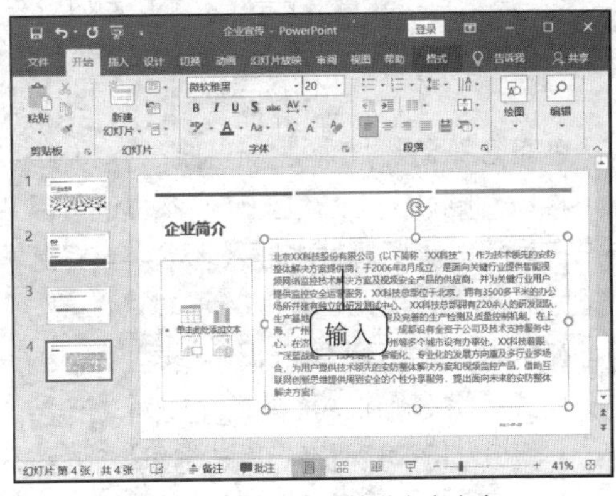

图 9-12　输入企业简介文本内容

（三）移动和复制幻灯片

微课：移动和复制幻灯片

移动和复制幻灯片是十分有用的操作。由于幻灯片的位置决定了它在整个演示文稿中的播放顺序，因此可移动幻灯片重新调整幻灯片的位置。在制作幻灯片时，可以复制已制作完成的幻灯片，再根据需要进行修改，以减少制作时间，提高工作效率。下面在"企业宣传.pptx"演示文稿中移动和复制幻灯片，具体操作如下。

（1）在幻灯片浏览窗格中选择第 4 张幻灯片，按住鼠标左键不放，将其拖动到第 2 张幻灯片的下面，如图 9-13 所示。

（2）在幻灯片浏览窗格中选择第 3 张幻灯片，在按住鼠标左键的同时按住"Ctrl"键，向下拖动鼠标指针到需要的位置，即可复制该幻灯片到目标位置，如图 9-14 所示。

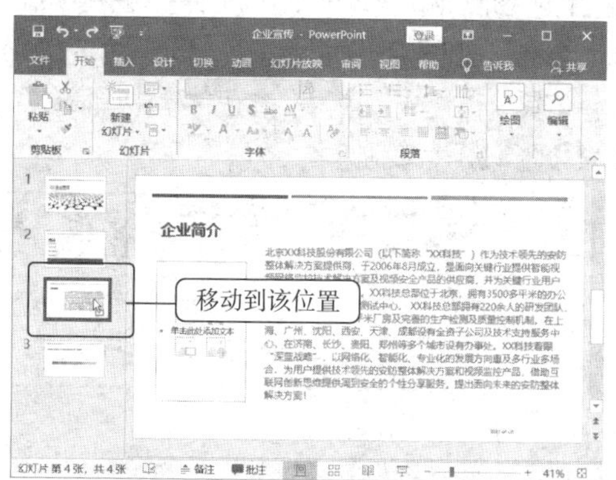

图 9-13　移动幻灯片

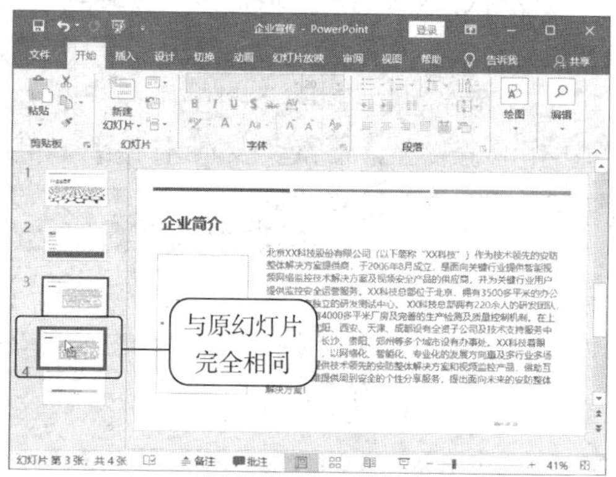

图 9-14　复制幻灯片到目标位置

任务二　编辑入职培训演示文稿

任务要求

查看"入职培训"相关知识

王林所在的公司最近招聘了一批新员工。新员工在入职前需要进行入职培训，了解公司的发展情况及公司的一些规章制度。王林作为人力资源部的一员，承担了制作入职培训演示文稿的任务。图 9-15 所示为编辑完成后的"入职培训.pptx"演示文稿效果，具体要求如下。

- 在第 8、11 张幻灯片中插入文本框，并输入文本，将文本框填充颜色设置为"白色，背景 1，深色 5%"，形状轮廓的颜色为"黑色，文字 1"，粗细为"1 磅"，形状效果为"预设 2"。
- 在第 8 张幻灯片中插入一张图片，并调整图片大小和位置，创建一个文本框，输入文本，并移动到图片上，通过拖动文本框的控制点调整角度。
- 在最后一张幻灯片中插入艺术字，将艺术字文本修改为"感谢观看！"，设置艺术字的字体格式和文本效果。
- 在第 5 张幻灯片中新建一个类型为"射线循环"的 SmartArt 图形，并输入文字，设置字体格式。将 SmartArt 样式设置为"嵌入"。
- 在第 9、10、12 张幻灯片中分别绘制矩形和箭头形状，并在矩形形状中添加文本，设置字体格式为"黑体、24"；设置快速样式为"强烈效果-红色，强调颜色 1"。

- 在第 18 张幻灯片中制作一个 5 列 4 行的表格，对第一行中的单元格进行合并，然后输入表格标题，并设置其字体格式为“黑体、24”，设置其对齐方式为居中和垂直居中。在其他单元格中输入文本，设置字体格式为“黑体、20”。将第 5 列的第 3 行与第 4 行合并，并设置其对齐方式为居中对齐。设置表格的样式为“浅色样式 3-强调 1”。为第二行第一个单元格绘制一条斜线，设置表格的形状效果为“单元格凹凸效果”中的“圆形”。
- 在第 1 张幻灯片中插入一个跨幻灯片循环播放的音乐文件，并设置声音图标在播放时不显示。

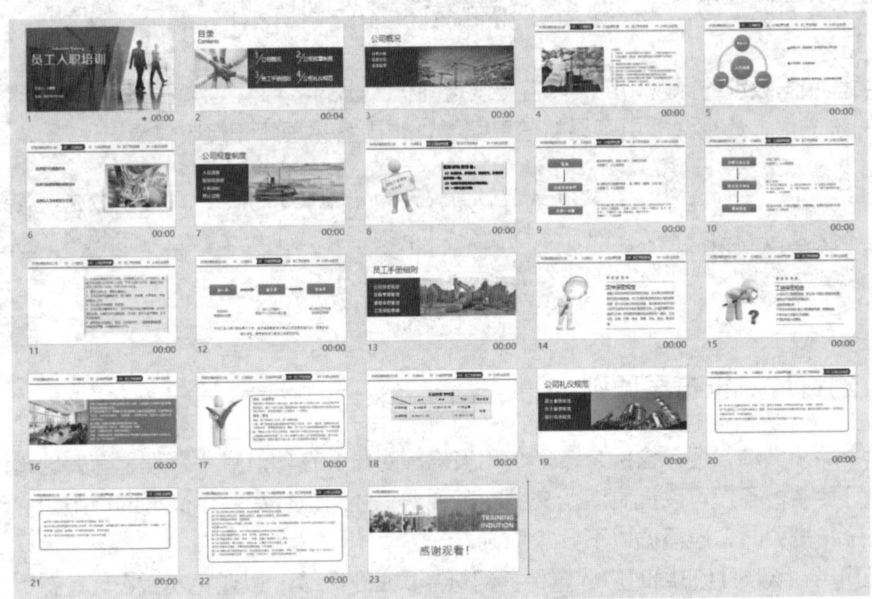

图 9-15 “入职培训”演示文稿

相关知识

（一）幻灯片文本设计原则

文本是制作演示文稿十分重要的元素，文本要设计美观，符合幻灯片观众需求，如为了方便观众观看，应设置相对较大的字号等。

1. 字体设置原则

字体搭配效果与演示文稿的可读性和感染力息息相关。实际上，字体设置也有一定的原则可循，下面介绍 5 种常见的字体设置原则。

- 幻灯片的标题字体最好选用容易阅读的较粗字体，正文则使用比标题细的字体，以区分主次。
- 在搭配字体时，标题和正文尽量选用常用的字体，而且要考虑标题字体和正文字体的搭配效果。
- 在演示文稿中若要使用英文字体，可选择 Arial 与 Times New Roman 两种英文字体。
- 演示文稿不同于文档，其正文内容不宜过多，正文中只列出较重点的内容即可，其余的扩展内容可留给演讲者临场发挥。
- 在商业培训等较正式的场合，可使用较正规的字体，如标题使用方正粗宋简体、黑体和方正综艺简体等，正文可使用方正细黑简体和宋体等；在一些相对轻松的场合，可选择较活泼的字体，如方正粗倩简体、楷体（加粗）和方正卡通简体等。

2. 字号设置原则

在演示文稿中，字号的大小不仅会影响观众接收信息时的体验，还会从侧面反映出演示文稿制作的专业度，因此字号大小的设置也非常重要。字号大小需根据演示文稿演示的场合和环境来决定，在选择字号时要注意以下 2 点。

- 如果演示的场合较大，观众较多，那么幻灯片中字体的字号就应该较大，以保证最远位置的观众都能看清幻灯片中的文字。此时，建议标题文本使用 36 号以上的字号，正文文本使用 28 号以上的字号。为了使观众更易查看，一般情况下，演示文稿中的字号不应小于 20 号。
- 同类型和同级别的标题和正文内容要设置同样大小的字号，这样可以保证内容的连贯性与文本的统一性，让观众能更容易将信息归类，也更容易理解和接收信息。

注意 除了字体、字号之外，对文本显示影响较大的元素还有颜色，文本一般使用与背景颜色反差较大的颜色，以方便查看。另外，一个演示文稿中的文本最好用统一的颜色，只有需要重点突出的文本才使用其他颜色。

（二）幻灯片对象布局原则

幻灯片中除了文本，还包含图片、形状和表格等对象。在幻灯片中合理、有效地将这些元素布局在各张幻灯片中，不仅可以提高演示文稿的表现力，还可以提高演示文稿的说服力。幻灯片中的各个对象在分布排列时，应遵循以下 5 个原则。

- 画面平衡。幻灯片布局时应尽量保持幻灯片页面的平衡，以避免左重右轻、右重左轻及头重脚轻情况的出现，使整个幻灯片画面更加协调。
- 布局简单。虽然一张幻灯片是由多个对象组合在一起的，但一张幻灯片中的对象不宜过多，否则幻灯片会显得很拥挤，不利于传递信息。
- 统一和谐。同一演示文稿中各张幻灯片标题文本的位置，文字采用的字体、字号、颜色和页边距等应尽量统一，不能随意设置，以免破坏幻灯片的整体效果。
- 强调主题。要想使观众快速、深刻地对幻灯片中表达的内容产生共鸣，可通过设置颜色、字体及样式等手段，强调幻灯片中要表达的核心内容，引起观众注意。
- 内容简练。幻灯片只是辅助演讲者传递信息的一种方式，且观众在短时间内可接收并记忆的信息量并不多，因此在一张幻灯片中只需列出要点或核心内容即可。

任务实现

（一）添加文本框

微课：添加文本框

在制作幻灯片时，有时需要在幻灯片中添加文本框，再在文本框中输入文本。下面将在“入职培训.pptx”演示文稿的第 8 张幻灯片中添加文本框并输入文本内容，具体操作如下。

（1）打开“入职培训.pptx”演示文稿，选择第 8 张幻灯片，在“插入”/“文本”组中单击“文本框”按钮下方的下拉按钮，在打开的下拉列表中选择“绘制横排文本框”选项，如图 9-16 所示。

（2）将鼠标指针移动到幻灯片中，按住左键拖动鼠标指针绘制一个文本框，如图 9-17 所示。

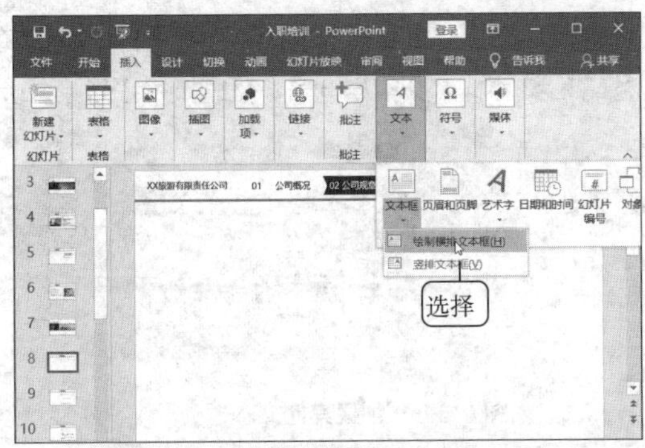

图 9-16　选择“绘制横排文本框”选项

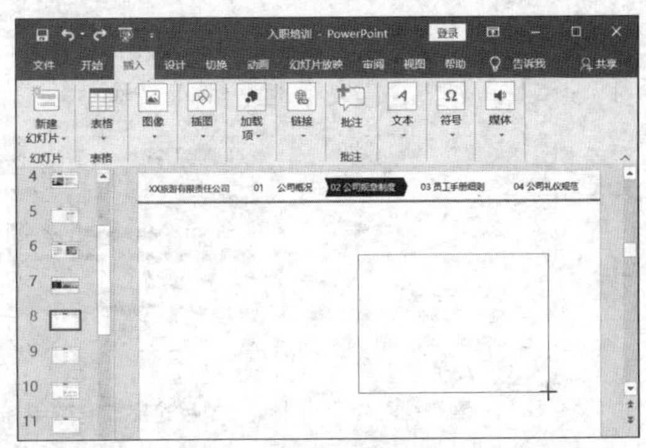
图 9-17　拖动鼠标指针绘制文本框

（3）释放鼠标左键，插入点自动定位到其中。输入相关的文本，并将其中第一行文本的字体格式设置为“黑体、28”，其他文本格式设置为“黑体、18”，如图 9-18 所示。

（4）选择文本框，在“绘图工具-格式”/“形状样式”组中单击“形状填充”按钮，在打开的下拉列表中选择“白色，背景 1，深色 5%”选项，如图 9-19 所示。

图 9-18　输入文本并设置字体格式

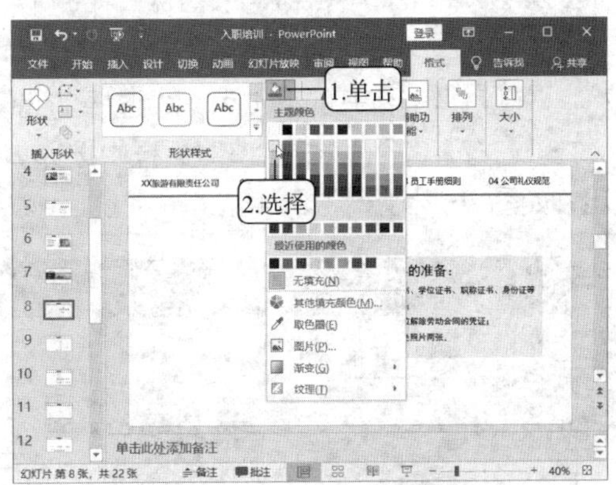

图 9-19　设置文本框填充颜色

（5）在“绘图工具-格式”/“形状样式”组中单击“形状轮廓”按钮，在打开的下拉列表中的“主题颜色”栏中选择“黑色，文字 1”选项，设置文本框边框颜色，然后在列表中选择“粗细”/“1 磅”选项，设置边框的粗细，如图 9-20 所示。

（6）在“绘图工具-格式”/“形状样式”组中单击“形状效果”按钮，在打开的列表中选择“预设”/“预设 2”选项，如图 9-21 所示。

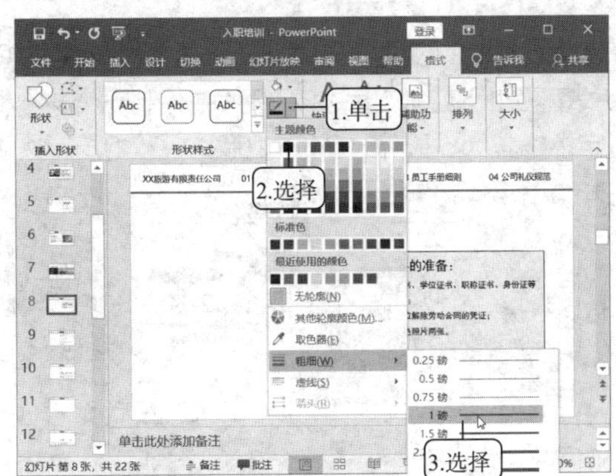

图 9-20　设置边框颜色和粗细

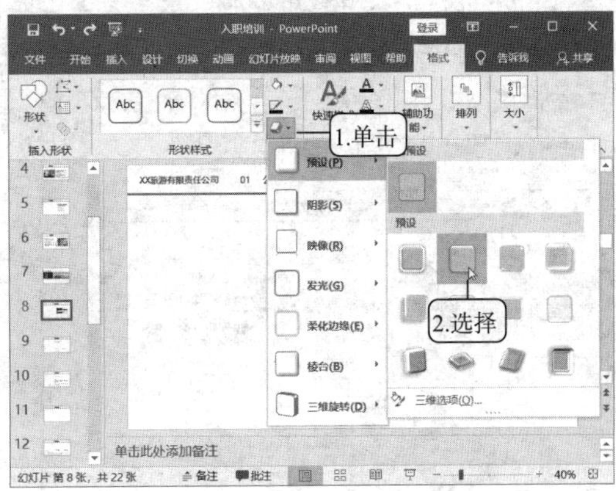

图 9-21　设置形状效果

（7）返回幻灯片中可以看到设置形状样式后的文本框效果，如图 9-22 所示。用同样的方法在第 11 张幻灯片中绘制文本框并输入文本，设置字体格式和文本框的形状样式，如图 9-23 所示。

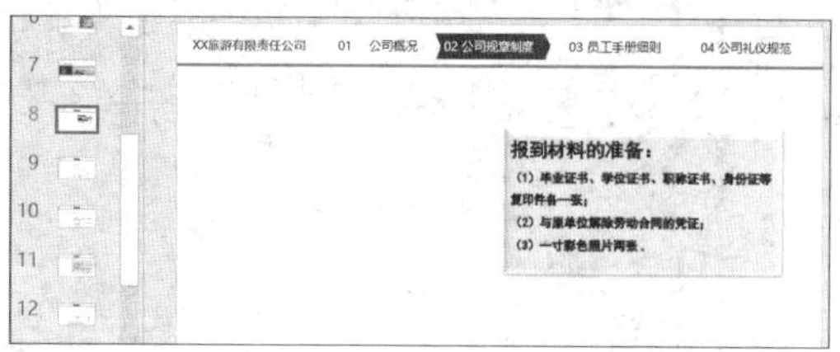

图 9-22 设置形状样式后的文本框效果

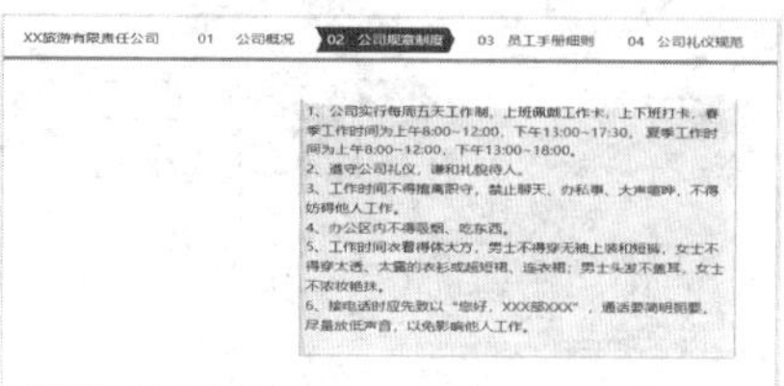

图 9-23 创建其他文本框

（二）插入图片

图片是演示文稿中非常重要的一部分，在幻灯片中可以插入计算机中保存的图片。下面将在“入职培训.pptx”演示文稿的第 8 张幻灯片中插入图片，并对图片进行设置，具体操作如下。

（1）选择第 8 张幻灯片，在“插入”/“图像”组中单击“图片”按钮，在打开的下拉列表中选择“此设备”选项，如图 9-24 所示。

（2）在打开的“插入图片”对话框中选择需要插入图片的保存位置，选择“图片 1”，单击 插入(S) 按钮，如图 9-25 所示。

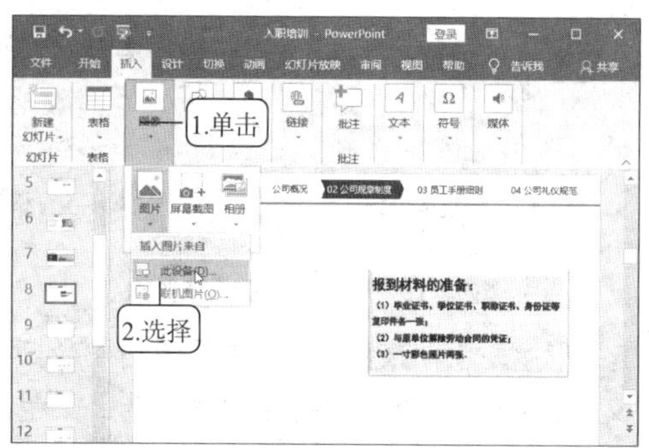

图 9-24 选择“此设备”选项

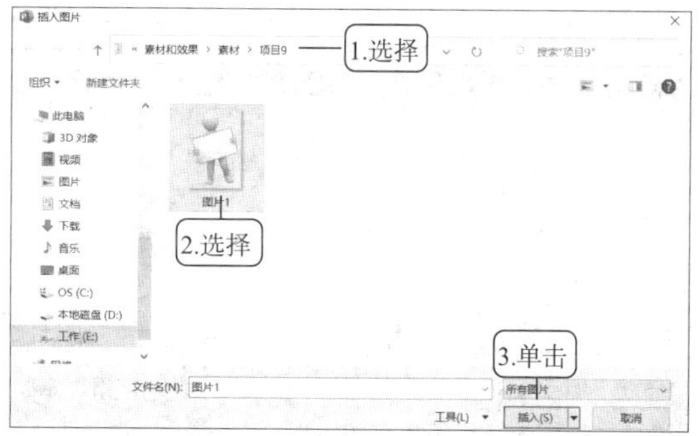

图 9-25 选择插入的图片

（3）返回 PowerPoint 2019 工作界面可以看到插入图片后的效果。将鼠标指针移动到图片右下角的圆形控制点上，拖动鼠标指针调整图片大小，如图 9-26 所示。

（4）选择图片，将鼠标指针移动到图片任意位置，当鼠标指针变为✥形状时，按住鼠标左键拖动鼠标指针到幻灯片右侧的空白位置后释放鼠标左键，图片将移到相应的位置，在幻灯片中绘制一个文本框，在其中输入“录取了要做些什么呢？”文本，并设置字体格式为“黑体、24”，如图 9-27 所示。

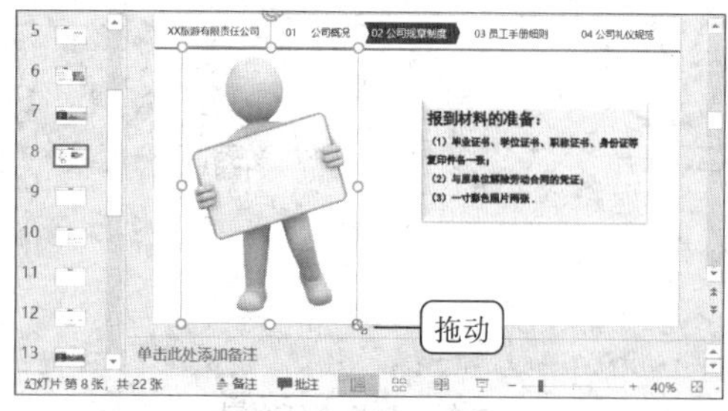

图 9-26 调整图片大小

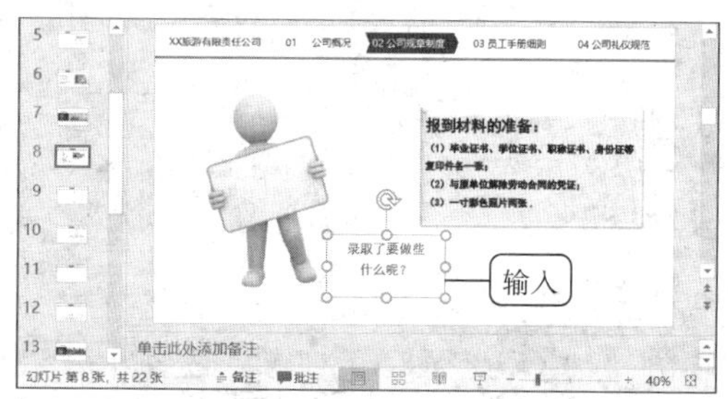

图 9-27 绘制文本框并输入文本

（5）将文本框移动到插入图片的矩形图像上，将鼠标指针移动到文本框上方的控制点上，当鼠标指针变为形状时，如图 9-28 所示，按住鼠标左键向左拖动鼠标指针使图片向左旋转一定角度。

（6）当文本的角度和文本框一致时，释放鼠标左键，完成设置，如图 9-29 所示。

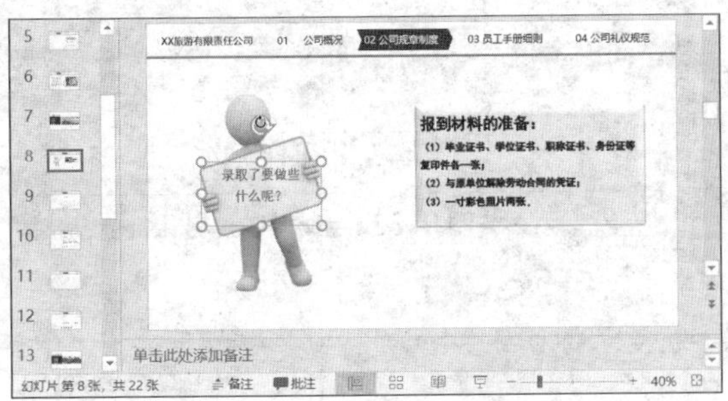

图 9-28　移动文本框

图 9-29　旋转文本框

（三）插入艺术字

艺术字比普通文本文字拥有更多的美化和设置功能，如渐变的颜色、不同的形状效果、立体效果等，因此艺术字在演示文稿中十分常用。下面将在“入职培训.pptx”演示文稿最后一张幻灯片中输入艺术字“感谢观看！”。要求样式为“艺术字”中第一行第一个，将艺术字移动到幻灯片中间，设置其字体为“黑体”，最后设置艺术字映像效果为“透视：左上”，具体操作如下。

微课：插入艺术字

（1）选择最后一张幻灯片，在“插入”/“文本”组中单击“艺术字”按钮，在打开的下拉列表中选择“填充：黑色，文本色 1；阴影”选项，如图 9-30 所示。

（2）此时出现一个艺术字占位符，将其拖动到幻灯片下方的空白位置，将插入点定位到“请在此放置您的文字”占位符中，删除文本，输入“感谢观看！”文本，并将其字体格式设置为“黑体、72、红色”，如图 9-31 所示。

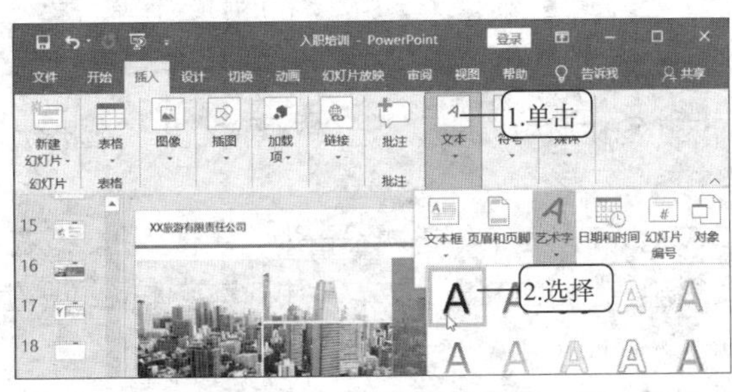

图 9-30　选择艺术字样式

图 9-31　输入艺术字文本

（3）保持文本框的选择状态，在“绘图工具-格式”/“艺术字样式”组中单击“文本效果”按钮，在打开的下拉列表中选择“阴影”/“透视：左上”选项，如图 9-32 所示。

（4）返回幻灯片中可以看到设置后艺术字的效果，如图 9-33 所示。

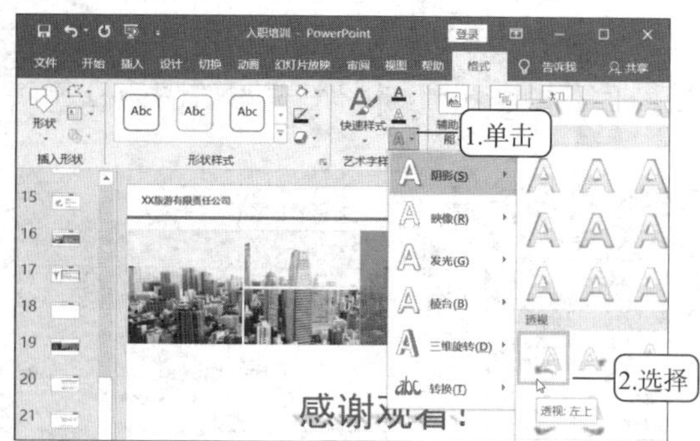

图 9-32　选择艺术字文本效果

图 9-33　艺术字文本效果

（四）插入 SmartArt 图形

微课：插入 SmartArt 图形

SmartArt 图形用于表明各种事物之间的关系，它在演示文稿中使用非常广泛。下面在“入职培训.pptx”演示文稿的第 5 张幻灯片中新建一个“射线循环”SmartArt 图形，输入文字并设置样式效果，具体操作如下。

（1）在幻灯片浏览窗格中选择第 5 张幻灯片，在“插入”/“插图”组中单击“SmartArt”按钮，如图 9-34 所示。

（2）在“选择 SmartArt 图形”对话框左侧列表中选择“循环”选项，在中间部分选择“射线循环”选项，单击[确定]按钮，如图 9-35 所示。

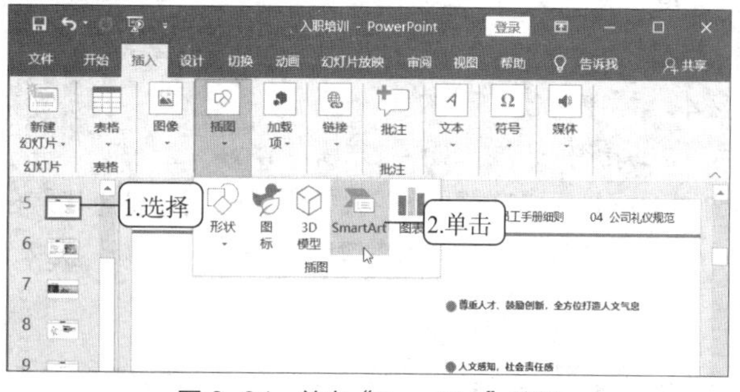

图 9-34　单击“SmartArt”按钮

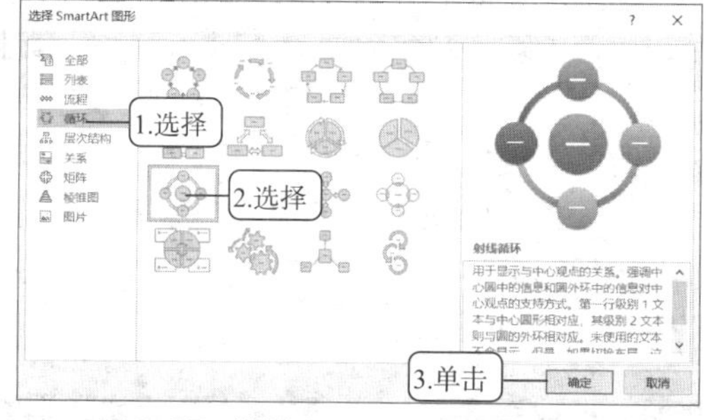

图 9-35　选择 SmartArt 图形类型

（3）此时在占位符处插入一个“射线循环”样式的 SmartArt 图形，选择外围中的一个图形，按“Delete”键将其删除，如图 9-36 所示。

（4）在中间的圆形文本框中输入“人文精神”文本，并将其字体格式设置为“黑体、24”，在其他 3 个圆形文本框中分别输入“尊重人才”“人文感知”“策略先导”文本，并将其字体格式设置为“黑体，16”，如图 9-37 所示。

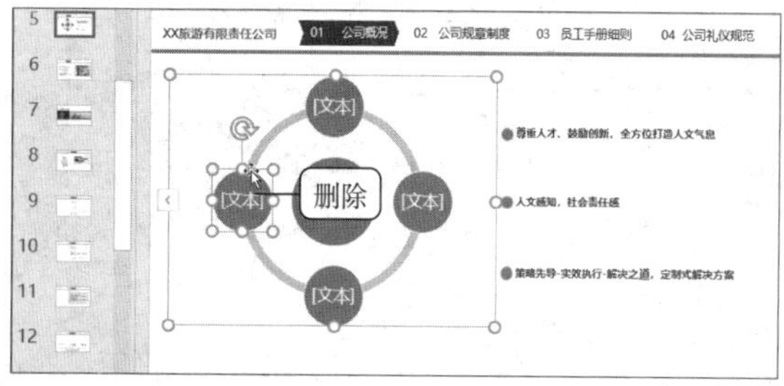

图 9-36　删除图形

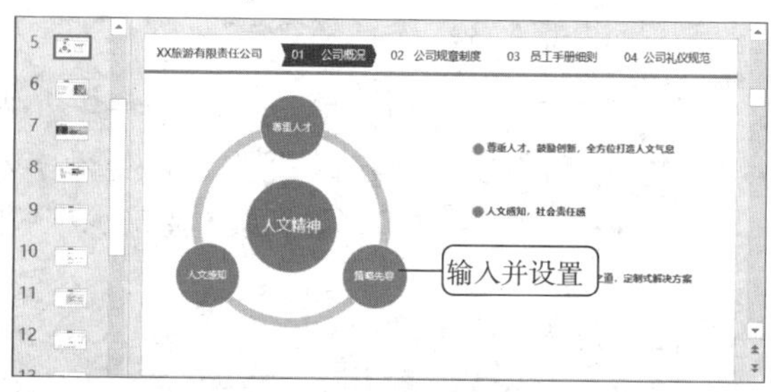

图 9-37　输入并设置文本

（5）选择 SmartArt 图形，在“SmartArt-设计”/“SmartArt 样式”组中的列表框中选择“嵌入”选项，如图 9-38 所示。

（6）返回幻灯片中可以看到设置后 SmartArt 图形的样式效果，如图 9-39 所示。

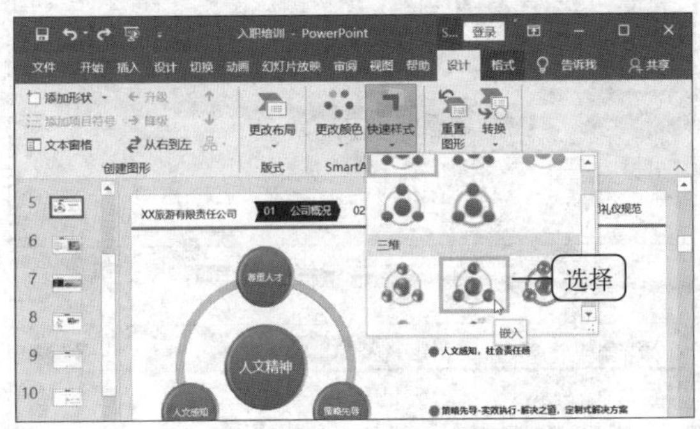

图 9-38　选择 SmartArt 图形样式

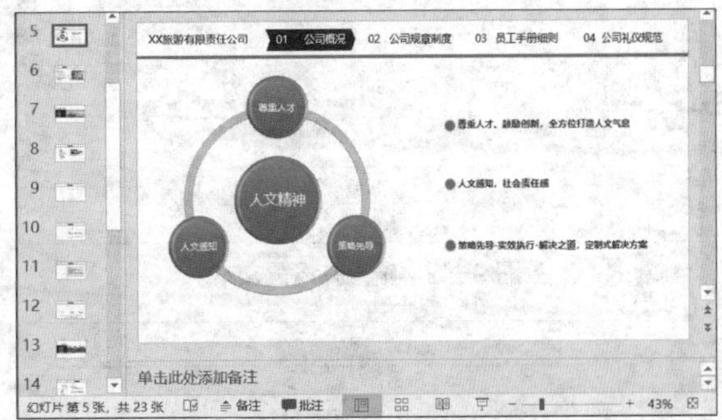

图 9-39　查看 SmartArt 图形样式效果

（五）插入形状

形状是 PowerPoint 2019 提供的基础图形，通过基础图形的绘制、组合，有时可达到比系统预设的 SmartArt 图形更好的效果。下面在“入职培训.pptx”演示文稿中通过绘制矩形和箭头形状，组合一个流程图，具体操作如下。

微课：插入形状

（1）选择第 9 张幻灯片，在“插入”/“插图”组中单击“形状”按钮，在打开的下拉列表中选择“矩形：圆角”选项，如图 9-40 所示。

（2）此时鼠标指针变为+形状，在幻灯片左上方按住鼠标左键拖动鼠标指针绘制一个矩形，如图 9-41 所示。

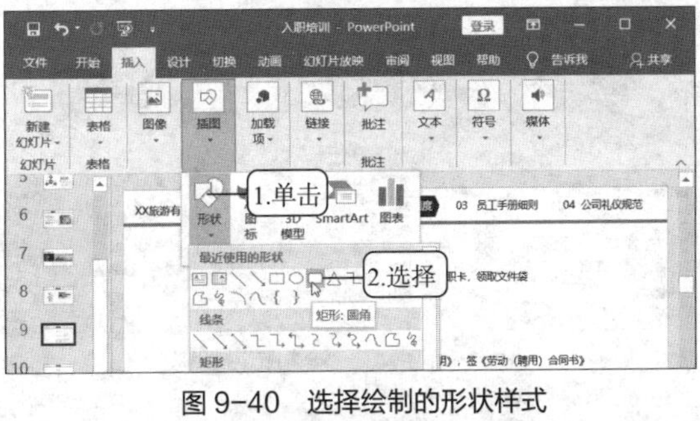

图 9-40　选择绘制的形状样式

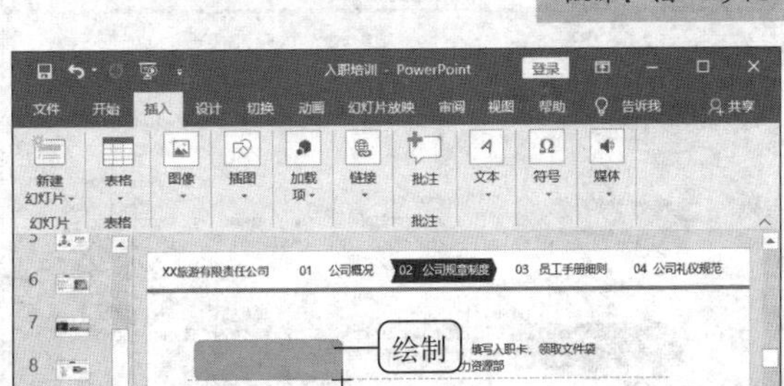

图 9-41　绘制矩形形状

（3）在绘制的矩形上单击鼠标右键，在弹出的快捷菜单中选择“编辑文字”命令，输入“报道”文本，将文本字体格式设置为“黑体、24”，如图 9-42 所示。

（4）选择矩形，在“绘图工具-格式”/“形状样式”组中的列表框中选择“强烈效果-红色，强调颜色 1”选项，设置矩形形状的样式效果，如图 9-43 所示。

（5）用同样的方法在矩形形状下面绘制一个“箭头：下”形状，并设置相同的样式效果，如图 9-44 所示。

（6）选择绘制的矩形和箭头形状，并向下进行复制操作，修改矩形形状中的文本，并调整其位置为图 9-45 所示的效果。

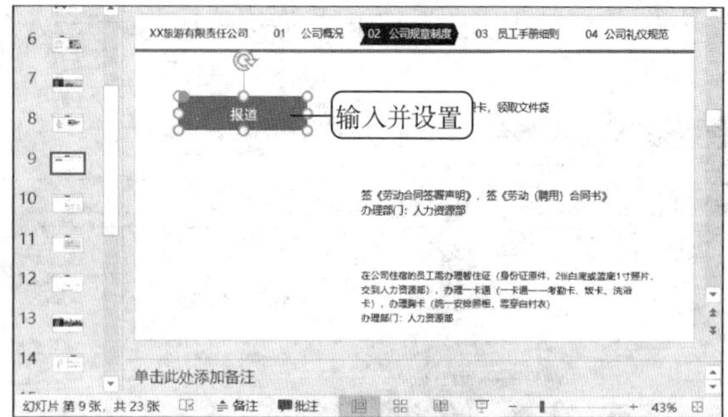

图 9-42 输入并设置文本

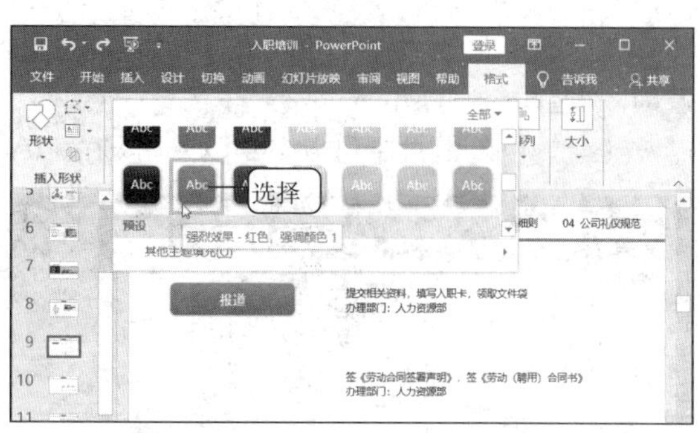

图 9-43 设置形状样式效果

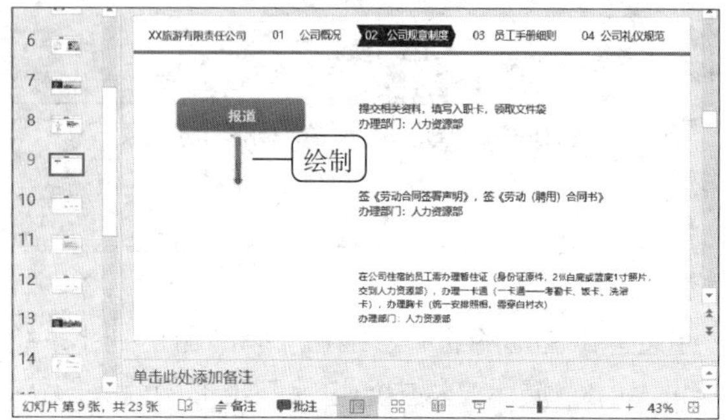

图 9-44 绘制并设置箭头形状

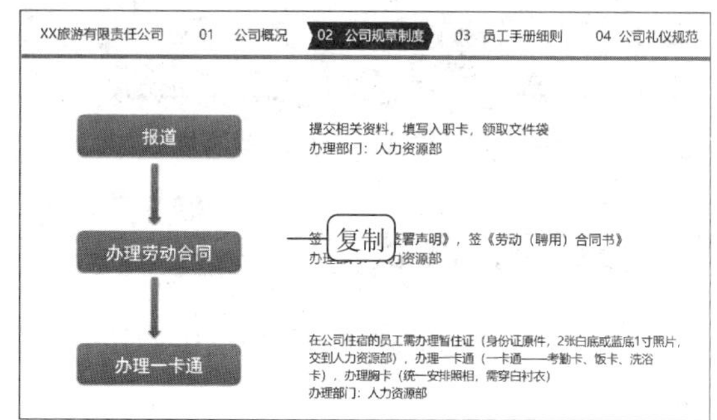

图 9-45 复制形状并修改文本

（7）用同样的方法分别在第 10、12 张幻灯片中绘制矩形和箭头形状，并输入文本、设置样式效果，如图 9-46 和图 9-47 所示。

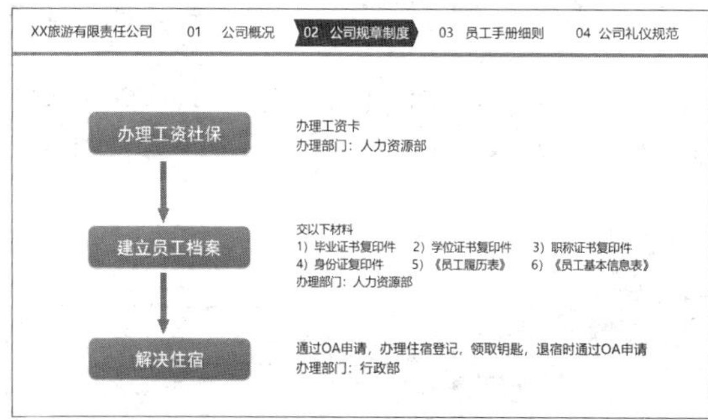

图 9-46 绘制和设置形状（1）

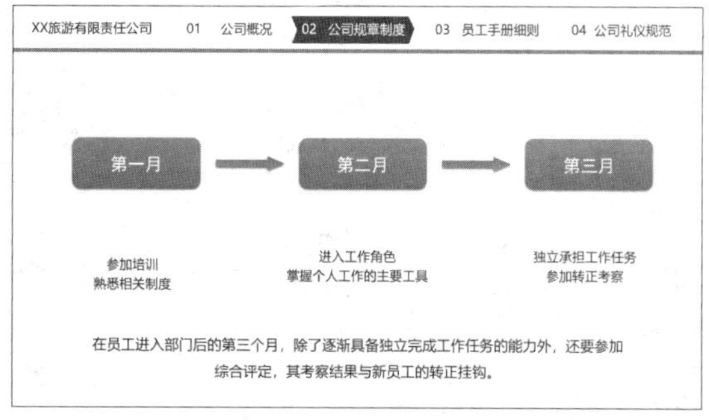

图 9-47 绘制和设置形状（2）

提示 选择图形后，在拖动鼠标指针的同时按住“Ctrl”键是为了复制图形，而按住“Shift”键则是为了使复制的图形与被选择的图形能够在一个方向平行或垂直，从而使最终制作完成的图形更加美观。

微课：插入表格

（六）插入表格

表格可直观形象地表达数据情况，在 PowerPoint 2019 中不仅可以在幻灯片中插入表格，还可对插入的表格进行编辑和美化。下面在“入职培训.pptx”演示文稿中的第 18 张幻灯片中制作一个表格并设置表格格式，具体操作如下。

（1）选择第 18 张幻灯片，在“插入”/“表格”组中单击“表格”按钮，在打开的下拉列表中选择“插入表格”选项，如图 9-48 所示。

（2）在“插入表格”对话框的“列数”数值框中输入“5”，在“行数”数值框中输入“4”，单击 确定 按钮，如图 9-49 所示。

图 9-48　选择“插入表格”选项

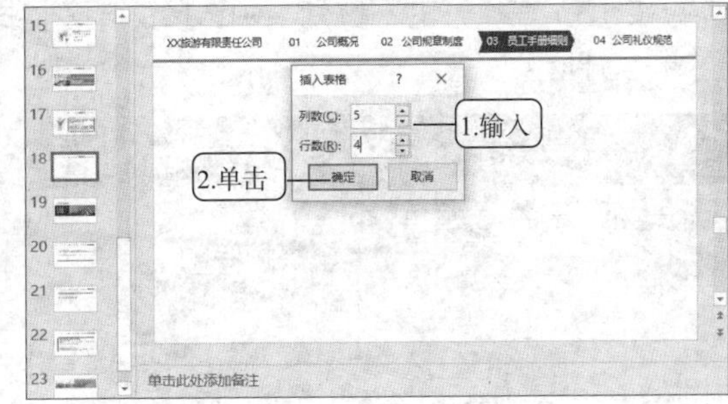

图 9-49　输入行数和列数

（3）拖动鼠标指针选择第一行中的全部单元格，在“表格工具-布局”/“合并”组中单击“合并单元格”按钮，将选择的单元格进行合并，如图 9-50 所示。

（4）在第 1 行合并的单元格中输入“上班和打卡时段”文本，并设置其字体格式为“黑体、24”，在“表格工具-布局”/“对齐方式”组中分别单击“居中”按钮和“垂直居中”按钮，设置文本居中对齐，如图 9-51 所示。

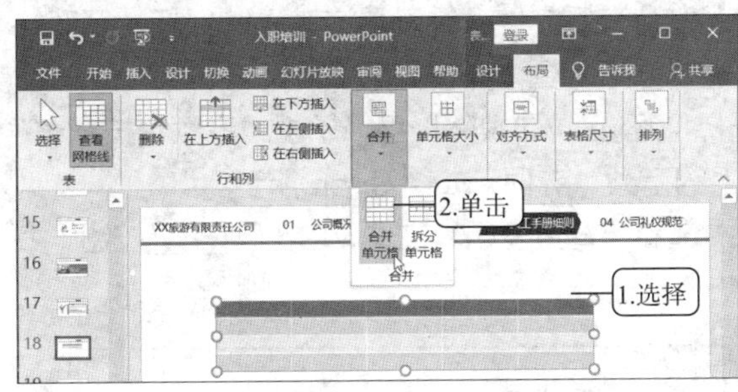

图 9-50　合并单元格

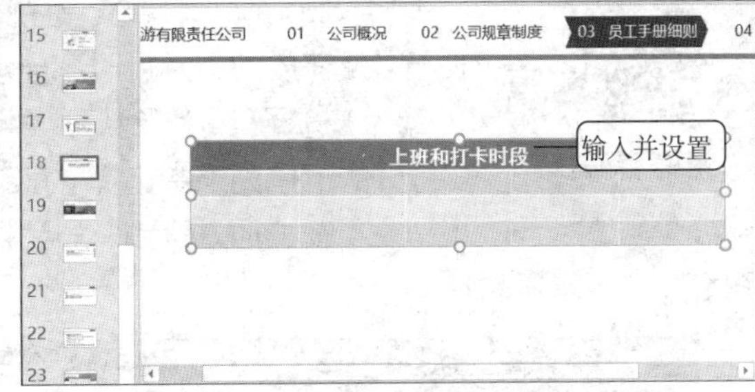

图 9-51　输入并设置标题文本

（5）在第 2～4 行的单元格中输入其他文本，并设置其中的文本字体格式为“黑体、20”，设置其对齐方式为“居中对齐”，如图 9-52 所示。

（6）选择第 5 列中第 3 行和第 4 行中的单元格，将其合并，并设置文本居中对齐。选择表格，在“表格工具-设计”/“表格样式”组中的列表框中选择“浅色样式 3-强调 1”样式，为表格设置新的外观样式，如图 9-53 所示。

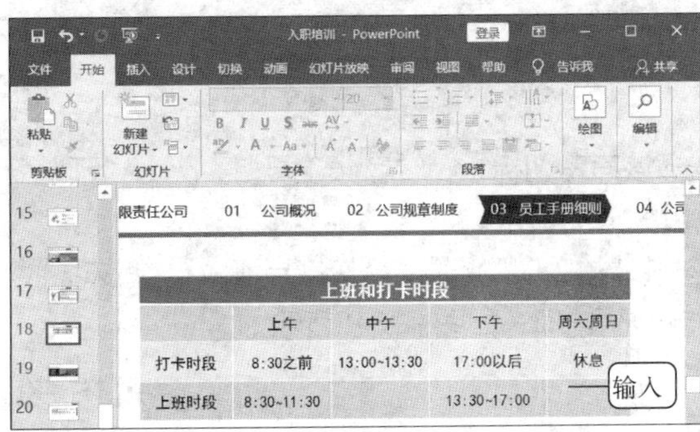

图 9-52　输入并设置文本

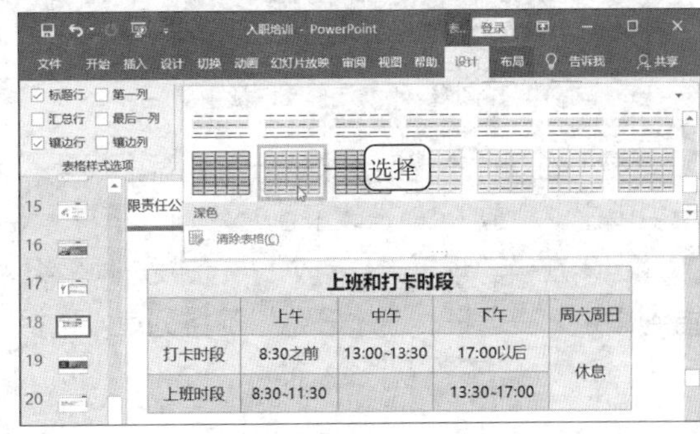

图 9-53　设置表格样式

（7）选择表格，在“表格工具-设计”/“表格样式”组中单击“效果”按钮，在打开的下拉列表中选择“单元格凹凸效果”/“圆形”选项，为表格中的所有单元格应用该样式，如图 9-54 所示。

（8）选择第 2 行第一个单元格，在“表格工具-设计”/“表格样式”组中单击“边框”按钮旁的下拉按钮，在打开的下拉列表中选择“斜下框线”选项，为表格添加斜线表头，完成表格的制作，如图 9-55 所示。

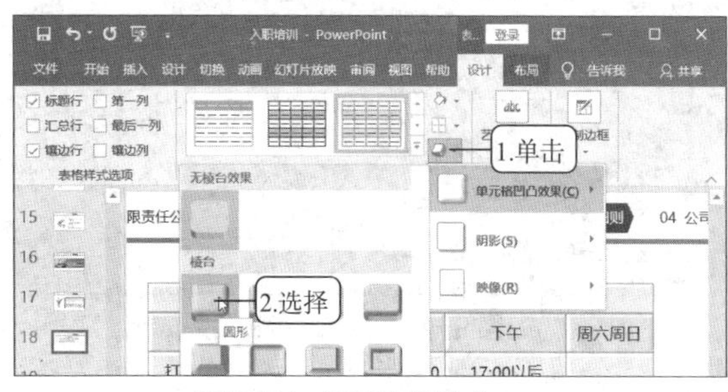

图 9-54　设置表格样式

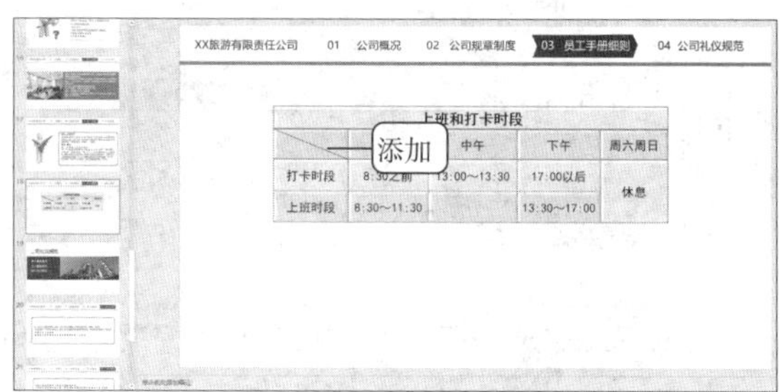

图 9-55　添加斜线表头

（七）插入媒体文件

媒体文件指音频和视频文件，PowerPoint 2019 支持插入媒体文件。下面在“入职培训.pptx”演示文稿中插入一个音乐文件，并设置该音乐跨幻灯片循环播放，以及在放映幻灯片时不显示声音图标，具体操作如下。

（1）选择第 1 张幻灯片，选择“插入”/“媒体”组，单击“音频”按钮，在打开的下拉列表中选择“PC 上的音频”选项，如图 9-56 所示。

（2）在“插入音频”对话框中选择“背景音乐”文件，单击 插入(S) 按钮，如图 9-57 所示。

图 9-56　选择插入音频

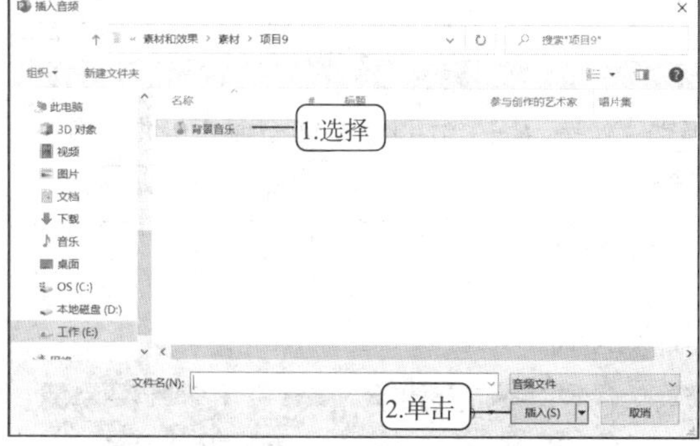

图 9-57　选择音频文件

（3）幻灯片中将自动插入一个声音图标，选择该声音图标，在“音频工具-播放”/“预览”组中单击“播放”按钮，PowerPoint 2019 将播放插入的音乐。

（4）在“音频工具-播放”/“音频选项”组中勾选“放映时隐藏”“跨幻灯片播放”“循环播放，直到停止”复选框，在“开始”下拉列表中选择“自动”选项，如图 9-58 所示。

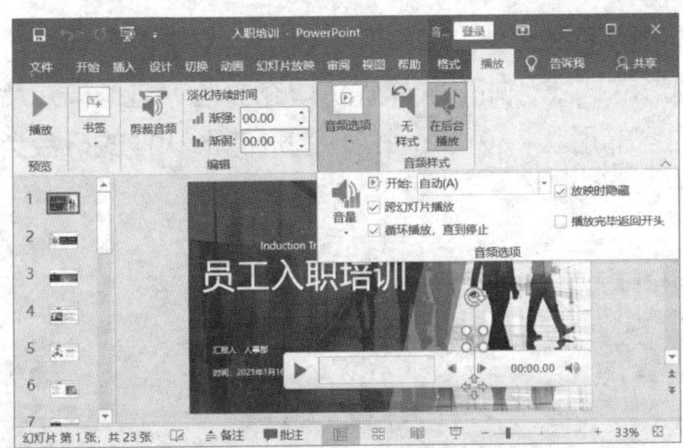

图 9-58　设置音频播放

课后练习

操作题

（1）按照下列要求制作一个“工作总结.pptx”演示文稿，并将其保存在计算机桌面上，参考效果如图 9-59 所示。

① 新建一个演示文稿，将其保存为“工作总结.pptx”，在其中插入图片作为背景，插入幻灯片标题等文本内容，并设置字体格式。

② 插入图片，为插入的图片应用图片样式，并设置图片的大小和位置。

③ 插入 SmartArt 图形，并设置其样式，在其中输入文本。

④ 插入新的形状，并在其中输入文本，使演示文稿更加美观多样。

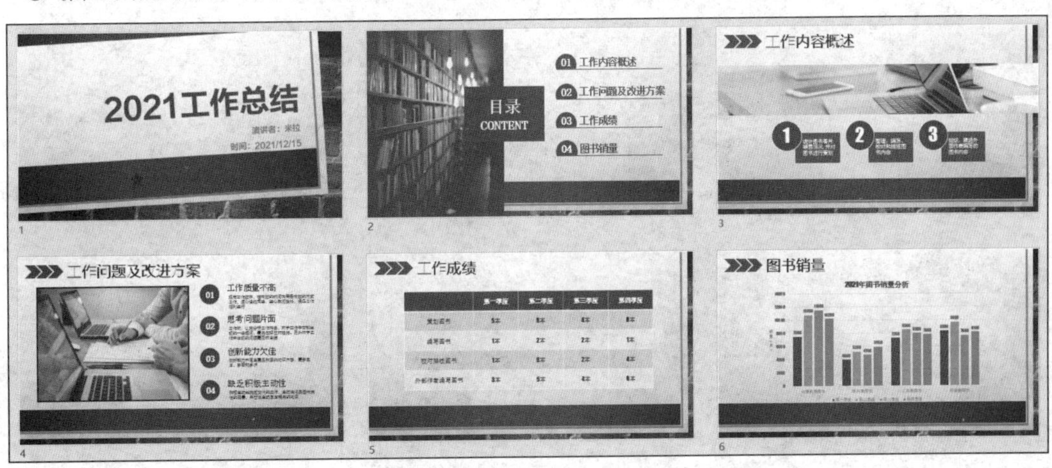

图 9-59　“工作总结”演示文稿

（2）打开“公司晨会.pptx”素材演示文稿，按照下列要求对演示文稿进行编辑并保存，参考效果如图 9-60 所示。

制作“公司晨会”

① 打开“公司晨会.pptx”演示文稿，在第 19 张幻灯片中插入表格并输入文本。

② 插入图片，设置其大小和样式。

③ 插入文本框，并在其中输入文本，设置文本字体格式。

④ 插入 SmartArt 图形并输入文本。

⑤ 设置 SmartArt 图形的形状大小，使其完全显示出文本内容。

⑥ 设置 SmartArt 图形的样式，如形状样式、填充颜色、边框样式及形状效果。

⑦ 更改不适合当前内容的形状，使 SmartArt 图形的形状样式符合当前需要。

图 9-60 “公司晨会”演示文稿

项目十 设置并放映演示文稿

10

PowerPoint 2019 作为主流的多媒体演示软件，在易学性、易用性等方面得到了广大用户的肯定，其中母版、主题和背景都是常用的功能，它们可以快速美化演示文稿，简化用户操作。PowerPoint 2019 的“动画”与“幻灯片放映”功能是其区别于其他办公软件的重要功能，这两个功能可以让呆板的演示文稿变得灵动起来，在某种意义上可以说，正因为这两个功能，才成就了 PowerPoint 2019 多媒体演示软件的地位。本项目将通过 2 个典型任务，介绍 PowerPoint 2019 母版的使用、幻灯片切换动画、幻灯片动画效果，以及放映、输出幻灯片的方法等。

课堂学习目标

- 设置营销分析报告演示文稿。
- 放映并输出礼仪手册演示文稿。

任务一 设置营销分析报告演示文稿

任务要求

张斌是一名刚毕业的大学生，想在创业之前对市场进行相关的调查和研究，并制作一份演示文稿，以向合伙人陈述他的观点。完成后的演示文稿效果如图 10-1 所示，具体要求如下。

查看“营销分析报告”相关知识

- 打开素材演示文稿，应用“水滴”主题，设置“效果”为“乳白玻璃”，“字体”为“华文楷体”。
- 为演示文稿的第一张幻灯片设置背景。
- 在幻灯片母版视图中设置标题占位符的文本格式为“黑体、36、红色”，设置正文占位符的字体为“黑体”。
- 在幻灯片母版的左下角插入名为“图片 1.png”的图片并调整其大小和位置；设置幻灯片的页眉页脚；退出幻灯片母版视图。
- 适当调整幻灯片中各个对象的位置，使其符合应用主题和设置幻灯片母版后的效果。
- 为所有幻灯片设置“随机线条”切换动画效果，设置切换声音为“打字机”。
- 为幻灯片中的各个对象设置“飞入”等动画，设置效果选项，并对开始、持续时间和延迟等选项进行设置。

图 10-1 “营销分析报告”演示文稿

相关知识

（一）母版

母版是演示文稿中特有的概念，通过设计、制作母版，可以快速使设置的内容在多张幻灯片、讲义或备注中生效。PowerPoint 2019 中有 3 种母版：幻灯片母版、讲义母版和备注母版。其作用分别如下。

- 幻灯片母版。幻灯片母版是存储关于模板信息的设计模板，这些模板信息包括字形、占位符大小和位置、背景设计、配色方案等，只要在母版中更改了样式，对应幻灯片中相应的样式也会随之改变。
- 讲义母版。讲义是指演讲者在编写演示文稿时使用的纸稿，纸稿中显示了每张幻灯片的大致内容、要点等。讲义母版用于设置内容在纸稿中的显示方式，制作讲义母版主要包括设置每页上显示的幻灯片数量、排列方式及页面和页脚的信息等。
- 备注母版。备注是指演讲者在幻灯片下方输入的内容，根据需要可将这些内容打印出来。备注母版是指将这些备注信息打印在纸张上对备注进行的相关设置。

（二）幻灯片动画

在 PowerPoint 2019 中，幻灯片动画有两种类型：幻灯片切换动画和幻灯片对象动画。动画效果在幻灯片放映时才能被看到。

幻灯片切换动画是指放映幻灯片时幻灯片进入、离开屏幕时的动画效果；幻灯片对象动画是指为幻灯片中添加的各对象设置的动画效果，多种不同的对象动画组合在一起可形成复杂而自然的动画效果。PowerPoint 2019 中的幻灯片切换动画种类较简单，而对象动画相对较复杂，对象动画的类别主要有以下 4 种。

- 进入动画。进入动画指对象从幻灯片显示范围之外进入幻灯片内部的动画效果，如对象从左上角飞入幻灯片中指定的位置，对象在指定位置以翻转效果由远及近地显示出来等。

- 强调动画。强调动画指对象本身已显示在幻灯片中，然后以指定的动画效果突出显示，从而起到强调作用，如将已存在的图片放大显示或旋转等。
- 退出动画。退出动画指对象本身已显示在幻灯片之中，然后以指定的动画效果离开幻灯片，如对象从显示位置左侧飞出幻灯片，对象从显示位置以弹跳方式离开幻灯片等。
- 路径动画。路径动画是指对象按用户绘制的或系统预设的路径移动的动画，如对象按圆形路径移动等。

任务实现

（一）应用幻灯片主题

微课：应用幻灯片主题

主题是一组预设的背景、字体格式等的组合，在新建演示文稿时可以使用主题，对于已经创建好的演示文稿，也可以应用主题。应用主题后还可以修改搭配好的颜色、效果及字体等。下面打开“营销分析报告.pptx”演示文稿，并为其应用“水滴”主题，设置效果为“乳白玻璃”，具体操作如下。

（1）打开“营销分析报告.pptx”演示文稿，在“设计”/“主题”组中的列表框中选择“水滴”选项，为该演示文稿应用“水滴”主题，如图 10-2 所示。

（2）在“设计”/“变体”组中单击“其他”按钮，在打开的下拉列表中选择“效果”/“乳白玻璃”选项，如图 10-3 所示。继续在下拉列表中选择“字体”/“华文楷体”选项。

图 10-2　选择主题

图 10-3　选择主题效果

（二）设置幻灯片背景

微课：设置幻灯片背景

幻灯片的背景可以是一种颜色，也可以是多种颜色，还可以是图片。设置幻灯片背景是快速改变幻灯片效果的方法之一。下面为“营销分析报告.pptx”演示文稿的第一张幻灯片设置背景，具体操作如下。

（1）选择第 1 张幻灯片，在“设计”/“自定义”组中单击“设置背景格式”按钮，如图 10-4 所示。

（2）在“设置背景格式”窗格的“填充”栏中单击“图片或纹理填充”单选按钮，在“图片源”栏中单击插入(R)...按钮，如图 10-5 所示。

图 10-4　设置背景格式

图 10-5　单击“插入”按钮

（3）在打开的“插入图片”提示框中选择“来自文件”选项，如图 10-6 所示。

（4）在“插入图片”对话框中选择图片的保存位置后，选择“背景图片”，单击 插入(S) 按钮，如图 10-7 所示。

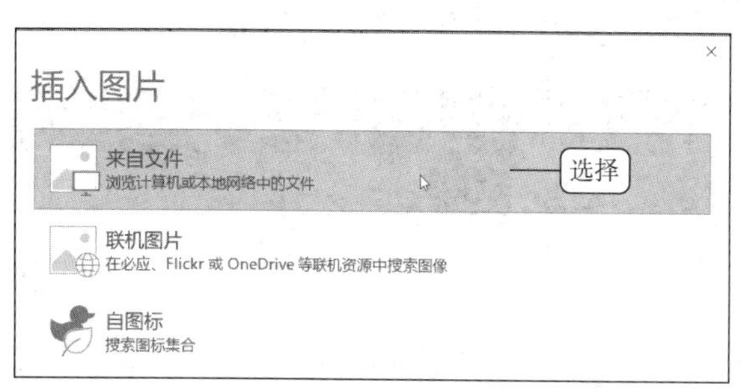

图 10-6　选择“来自文件”选项

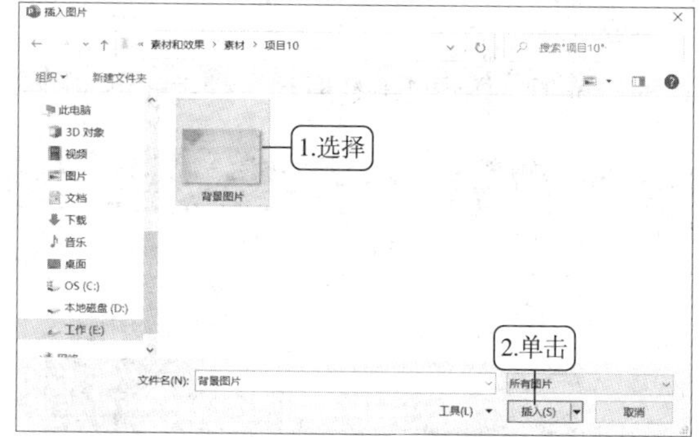

图 10-7　选择背景图片

（5）返回“设置背景格式”窗格，单击“关闭”按钮 × 关闭窗格，效果如图 10-8 所示。

图 10-8　设置幻灯片背景后的效果

提示　设置幻灯片背景后，在“设置背景格式”窗格中单击 应用到全部(L) 按钮，可将背景应用到演示文稿的所有幻灯片中，否则将只应用到被选择的幻灯片中。

（三）制作并使用幻灯片母版

幻灯片母版是十分常用的母版，通常用来制作具有统一标志、背景、占位符格式、各级标题文本格式等的演示文稿。制作幻灯片母版实际上就是在母版视图下设置占位符格式、项目符号、背景、页眉/页脚等。

微课：制作并使用幻灯片母版

下面在“营销分析报告.pptx”演示文稿中制作并使用幻灯片母版，具体操作如下。

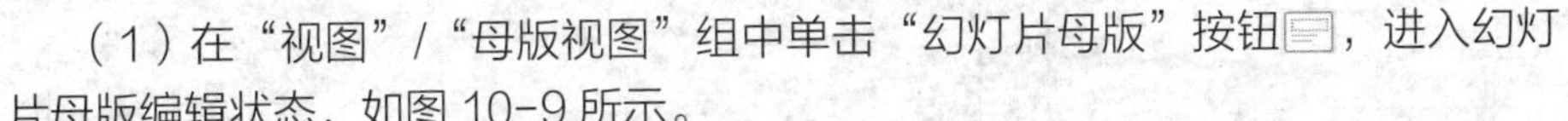

（1）在“视图”/“母版视图”组中单击“幻灯片母版”按钮，进入幻灯片母版编辑状态，如图 10-9 所示。

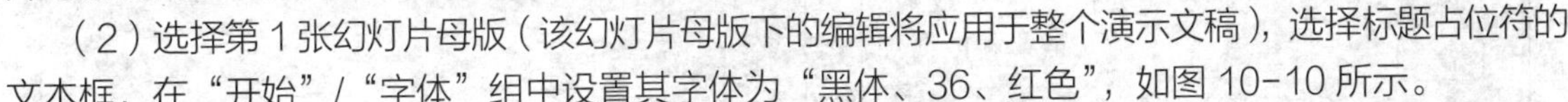

（2）选择第 1 张幻灯片母版（该幻灯片母版下的编辑将应用于整个演示文稿），选择标题占位符的文本框，在“开始”/“字体”组中设置其字体为“黑体、36、红色”，如图 10-10 所示。

图 10-9　进入幻灯片母版编辑状态

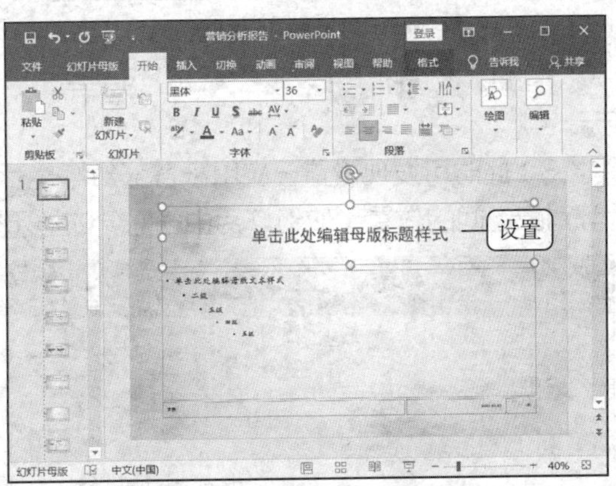

图 10-10　设置标题占位符字体格式

（3）选择正文占位符的文本框，在“开始”/“字体”组设置其字体为“黑体”，如图 10-11 所示。

（4）选择“插入”/“图像”组，单击“图片”按钮，在打开的下拉列表中选择“此设备”选项，打开“插入图片”对话框，在地址栏中选择图片位置，在中间选择“图片 1.png”图片，单击插入(S)按钮，将图片插入幻灯片母版中，适当缩小后移动到左下角，如图 10-12 所示。

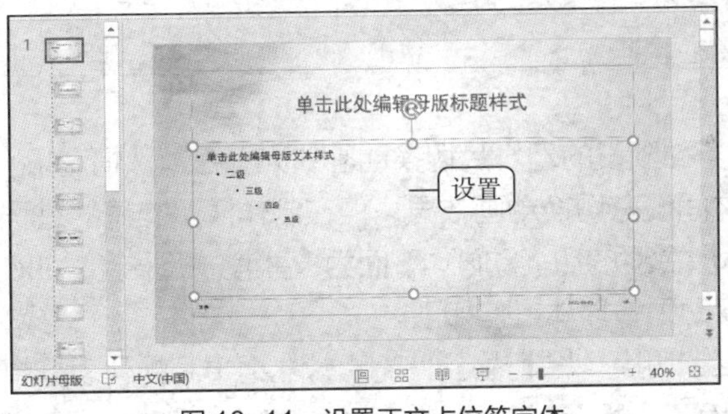

图 10-11　设置正文占位符字体

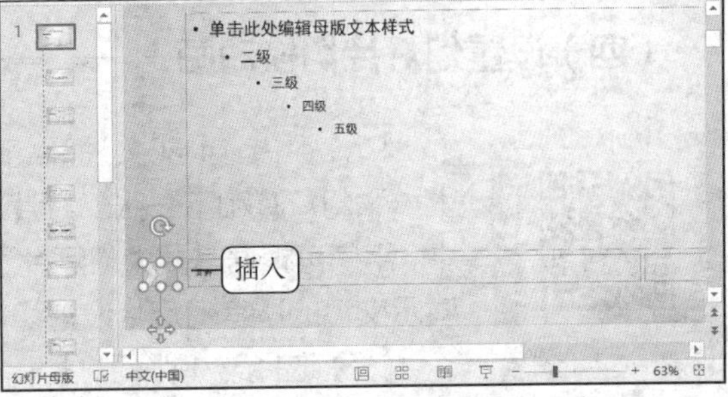

图 10-12　插入并设置图片

（5）在“插入”/“文本”组中单击“页眉和页脚”按钮，打开“页眉和页脚”对话框，单击“幻灯片”选项卡，勾选“日期和时间”复选框，再单击“自动更新”单选按钮，在每张幻灯片下方显示日期和时间，根据每次打开日期的不同自动更新日期。勾选“页脚”复选框，其下方的文本框将自动激活，在其中输入“营销分析报告”文本，完成后单击全部应用(Y)按钮，如图 10-13 所示。

（6）返回到幻灯片母版中，在左下角选择页脚文本框，将其字体格式设置为“黑体、16”，如图 10-14 所示。

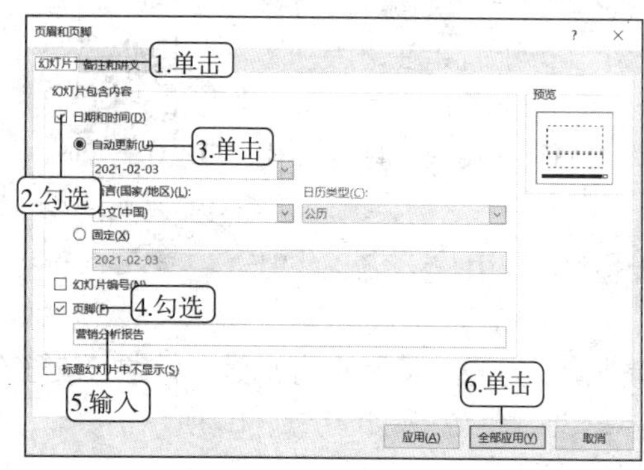

图 10-13　设置页脚内容

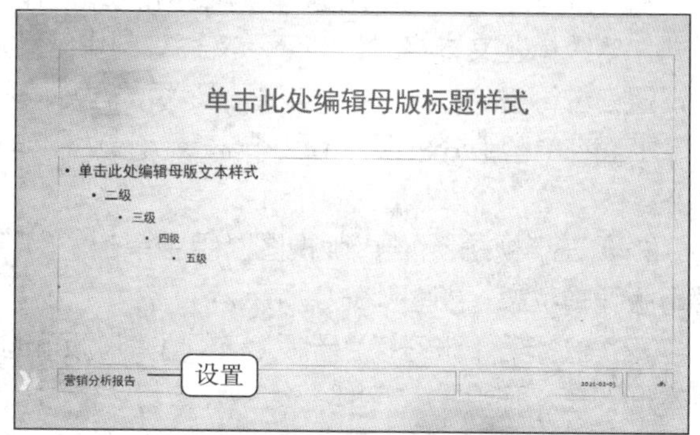

图 10-14　设置页脚文本格式

（7）在“幻灯片母版”/“关闭”组中单击“关闭母版视图”按钮，退出该视图，如图 10-15 所示。

（8）此时可发现设置已应用于各张幻灯片，依次查看每一张幻灯片，适当调整标题、正文和图片等对象之间的位置，使幻灯片中各对象的显示效果更和谐，如图 10-16 所示。

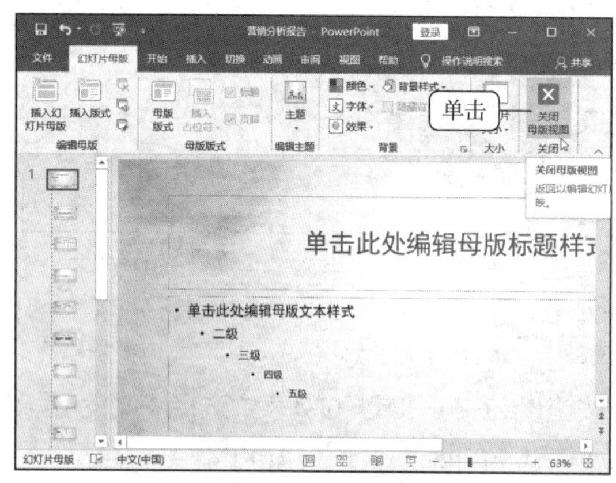

图 10-15　退出母版视图

图 10-16　查看设置母版后的效果

（四）设置幻灯片切换动画

微课：设置幻灯片切换动画

PowerPoint 2019 提供了多种预设的幻灯片切换动画效果，在默认情况下，上一张幻灯片和下一张幻灯片之间没有切换动画效果，但在制作演示文稿的过程中，用户可根据需要为幻灯片添加合适的切换动画。下面为“营销分析报告.pptx”演示文稿的所有幻灯片设置切换动画，具体操作如下。

（1）选择第 1 张幻灯片，在“切换”/“切换到此幻灯片”组中间的列表框中选择“随机线条”选项，如图 10-17 所示。

（2）在“切换”/“计时”组中的“声音”下拉列表中选择“打字机”选项，在“持续时间”数值框中将时间设置为“01.50”，在“换片方式”栏下勾选“单击鼠标时”复选框，表示在放映幻灯片时，单击将进行切换幻灯片操作，单击应用到全部按钮，将设置的切换动画应用到全部的幻灯片中，如图 10-18 所示。

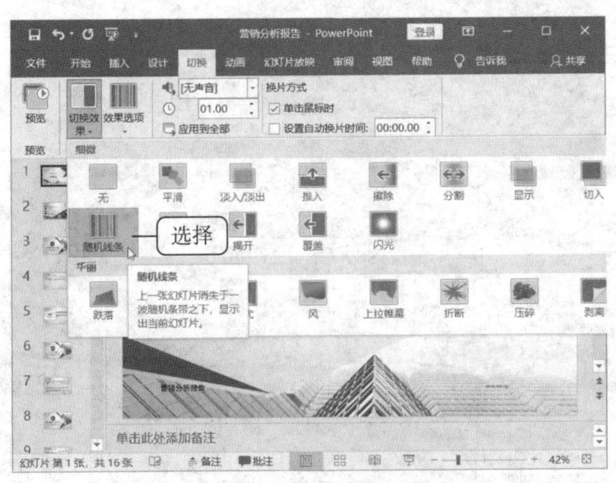

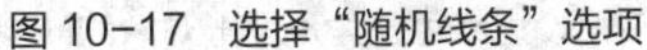
图 10-17　选择“随机线条”选项

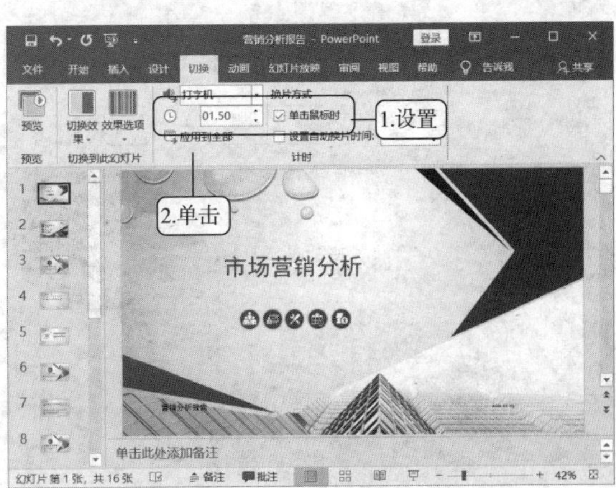

图 10-18　设置声音和时间

（五）设置幻灯片动画效果

为幻灯片中的各对象设置动画效果，能够很大程度地提升演示文稿的演示效果。下面为“营销分析报告.pptx”演示文稿第一张幻灯片中的各对象设置动画，其具体操作如下。

（1）在第一张幻灯片中选择下面建筑图片，在“动画”/“动画”组中单击“动画样式”按钮★，在打开的下拉列表中选择“进入”栏中的“飞入”动画效果，如图 10-19 所示。

（2）在“动画”/“动画”组中单击“效果选项”按钮↑，在打开的下拉列表中选择“自底部”选项，如图 10-20 所示。

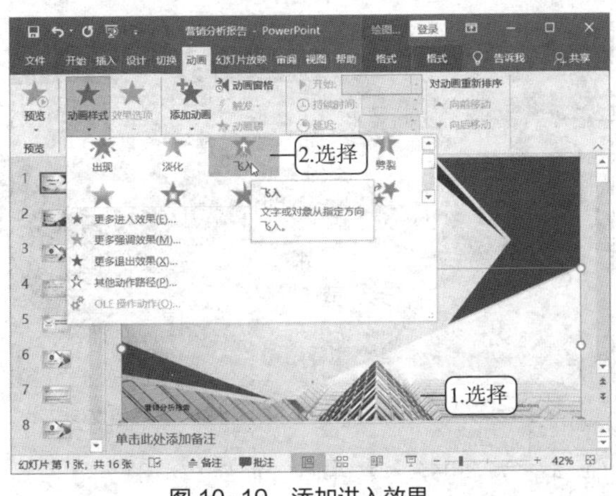

图 10-19　添加进入效果

图 10-20　设置动画的效果选项

（3）在“动画”/“计时”组中的“开始”下拉列表中选择“上一动画之后”选项，设置动画开始触发的动作，在“持续时间”数值框中输入“01.00”，设置动画持续放映的时间，如图 10-21 所示。

（4）选择幻灯片左下角红色三角形图形，设置其动画样式为“进入”栏中的“擦除”，“效果选项”设置为“自左侧”，“开始”设置为“上一动画之后”，“持续时间”设置为“00.50”，如图 10-22 所示。

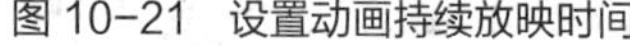
图 10-21　设置动画持续放映时间

图 10-22　设置红色三角形图形对象的动画和效果

提示　“动画”/“计时”组中的“开始”下拉列表中各选项的含义如下：“单击时”表示单击时开始播放动画；“与上一动画同时”表示播放前一动画的同时播放该动画；“上一动画之后”表示前一动画播放完之后，到设定的时间自动播放该动画。

（5）选择幻灯片右上角的黑色三角形图形，设置其动画样式为“进入”栏中的“擦除”，“效果选项”设置为“自顶部”，“开始”设置为“与上一动画同时”，“持续时间”设置为“00.50”，如图 10-23 所示。

（6）选择幻灯片右上角的红色多边形图形，设置其动画样式为“进入”栏中的“擦除”，“效果选项”设置为“自底部”，“开始”设置为“与上一动画同时”，“持续时间”设置为“00.50”，如图 10-24 所示。

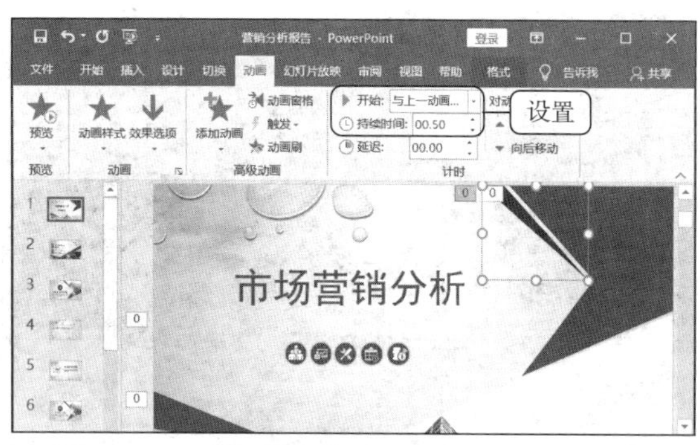

图 10-23　设置黑色三角形图形对象的动画和效果

图 10-24　设置红色多边形图形对象的动画和效果

（7）选择“市场营销分析”文本框，设置其动画样式为“进入”栏中的“旋转”，“开始”设置为“上一动画之后”，“持续时间”设置为“01.00”，如图 10-25 所示。

（8）从左到右分别选择“市场营销分析”文本下方的圆形图形，设置其动画样式为“进入”栏中的“飞入”，“效果选项”设置为“自底部”，第一个圆形图形的“开始”设置为“上一动画之后”，其他圆形图形的“开始”设置为“与上一动画同时”，“持续时间”全部设置为“00.50”，“延迟”分别设置为“00.00”“00.10”“00.20”“00.30”“00.40”，如图 10-26 所示。

图 10-25 设置文本框对象的动画和效果

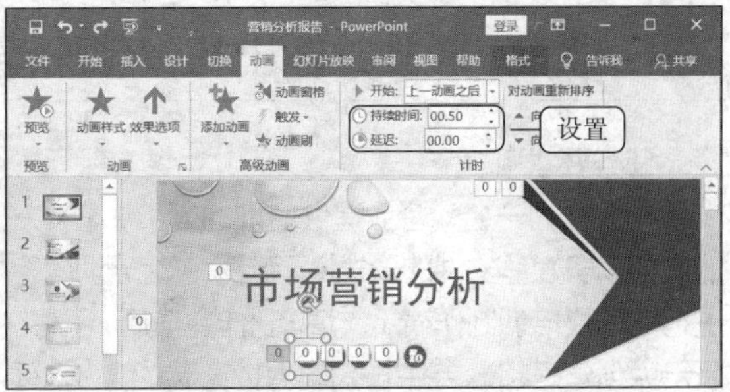

图 10-26 设置圆形图形对象的动画和效果

（9）在“动画”/“高级动画”组中单击“动画窗格”按钮，如图 10-27 所示。

（10）打开“动画窗格”窗格，其中显示了当前幻灯片中所有对象已设置的动画，动画在列表中自上而下依次进行播放，选择某一个动画，单击或按钮，可以调整动画的顺序。在“Freeform 6”动画选项上单击鼠标右键，在弹出的快捷菜单中选择“效果选项”命令，如图 10-28 所示。

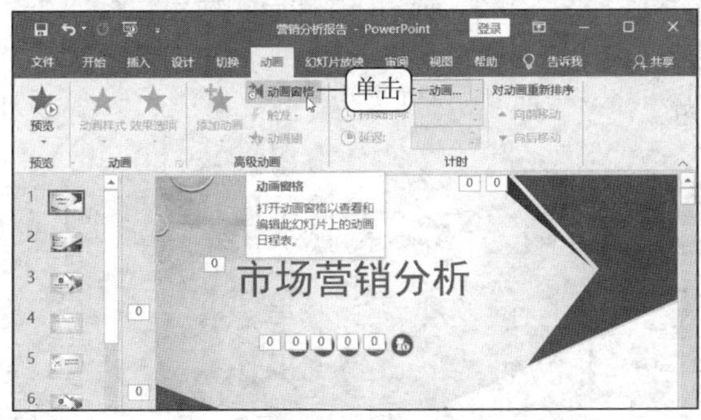

图 10-27 单击“动画窗格”按钮

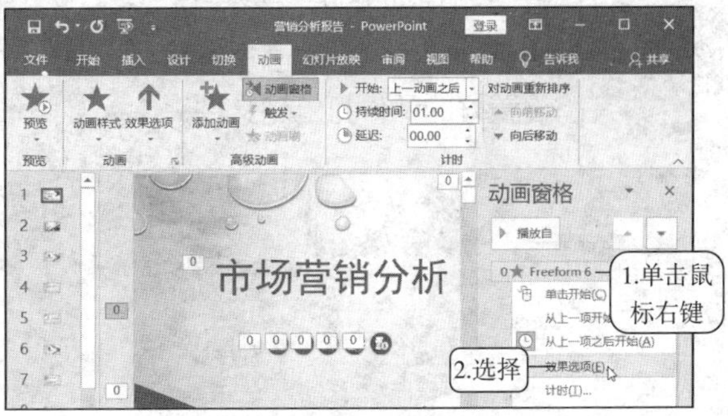

图 10-28 选择“效果选项”命令

（11）在打开的对话框中的“效果”选项卡中设置“平滑开始”为 0.09 秒，“平滑结束”为“0.03 秒”，如图 10-29 所示。

（12）单击“计时”选项卡，设置“延迟”为“1”，“期间”为“慢速(3 秒)”，如图 10-30 所示，完成后单击确定按钮。

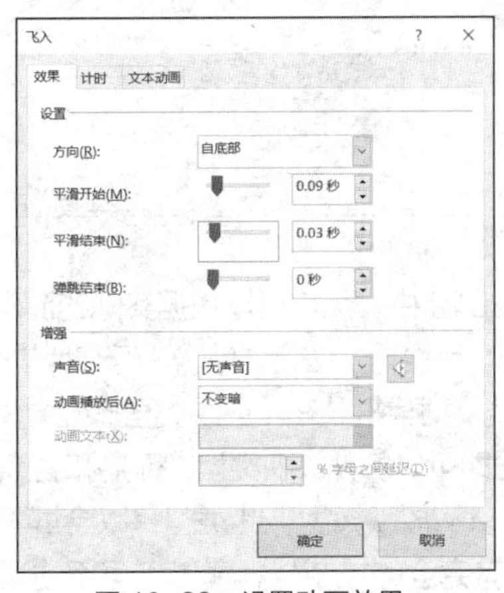

图 10-29 设置动画效果

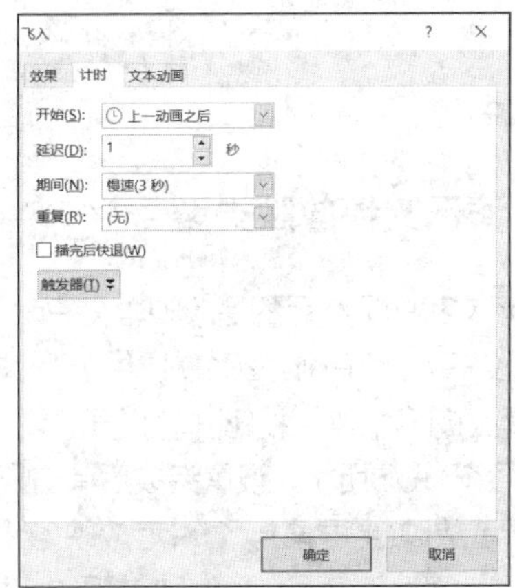

图 10-30 设置动画计时

（13）完成第 1 张幻灯片动画的设置后，按照相同的方法为其他幻灯片中的对象设置动画。

任务二　放映并输出礼仪手册演示文稿

任务要求

刘菲作为一名为企业提供培训的人员，喜欢在培训中借助 PowerPoint 2019 演示文稿将需要讲解的内容以多媒体文件的形式演示出来，让培训内容更加生动，更容易被接受。这次刘菲准备为自己将要进行的礼仪培训制作演示文稿，制作完毕后，还需在计算机上放映预演一下，以提升讲解质量，图 10-31 所示为创建好超链接并准备放映的演示文稿，具体要求如下。

- 为第 3 张幻灯片中的各项文本创建超链接，并链接到对应的幻灯片中。
- 在第 20 张幻灯片左下角插入一个动作按钮，并链接到第一张幻灯片中。
- 放映制作好的演示文稿，并使用超链接快速定位到相应的幻灯片中，然后返回上次查看的幻灯片，依次查看各幻灯片及其中的对象。
- 在最后一页使用黄色的“荧光笔”标记第 6 张幻灯片中的文本，然后退出幻灯片放映视图。
- 隐藏第 10 张幻灯片，然后再次进入幻灯片放映视图，查看隐藏幻灯片后的效果。
- 对演示文稿中的各动画进行排练计时。
- 将设置好的课件打包到文件夹中，并命名为“礼仪手册”。

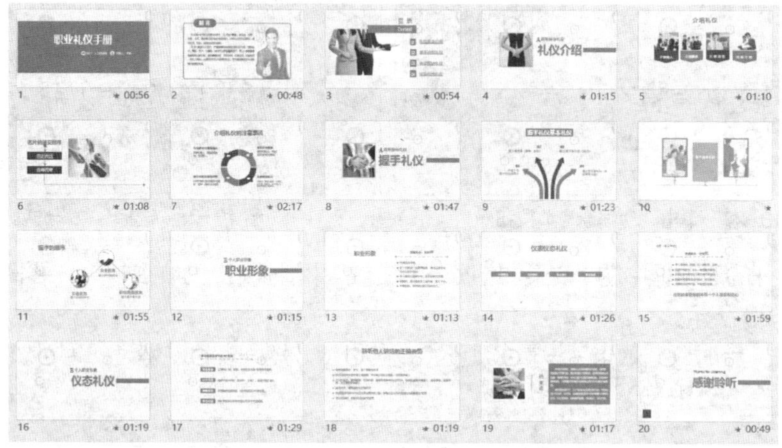

图 10-31　“礼仪手册”演示文稿

相关知识

（一）演示文稿放映类型

制作演示文稿的最终目的是放映，在 PowerPoint 2019 中，用户可以根据实际的演示场合选择不同的放映类型，PowerPoint 2019 提供了 3 种放映类型。其设置方法为：单击“幻灯片放映”/“设置”组中的“设置幻灯片放映”按钮，打开“设置放映方式”对话框，在“放映类型”栏中单击不同的单选按钮，如图 10-32 所示，设置完成后单击【确定】按钮即可。各种放映类型的作用和特点如下。

- 演讲者放映(全屏幕)。演讲者放映(全屏幕)是默认的放映类型，此类型将以全屏幕的状态放映演示文稿。在演示文稿放映过程中，演讲者具有完全的控制权，演讲者可手动切换幻灯片和动画效果，也可以将放映暂停、为演示文稿添加细节等，还可以在放映过程中录下旁白。
- 观众自行浏览(窗口)。此类型将以窗口形式放映演示文稿，在放映过程中可利用鼠标滚轮、“PageDown”键、“PageUp”键切换幻灯片，但不能通过单击切换幻灯片。

- 在展台浏览(全屏幕)。此类型是最简单的一种放映类型，不需要人为控制，系统将自动全屏循环放映演示文稿。使用这种类型的方式放映时，不能通过单击切换幻灯片，但可以单击幻灯片中的超链接和动作按钮来切换，按“Esc”键可结束放映。

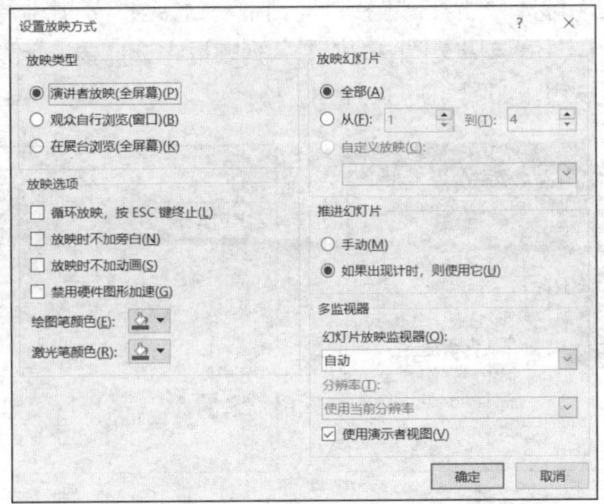

图 10-32 “设置放映方式”对话框

（二）幻灯片输出格式

在 PowerPoint 2019 中，除了可以将制作的文件保存为演示文稿外，还可以将其输出为其他格式。操作方法较简单，选择“文件”/“另存为”命令，打开“另存为”对话框，选择文件的保存位置，在“保存类型”下拉列表中选择需要输出的格式选项，单击保存(S)按钮即可。下面讲解 4 种常见的输出格式。

- 图片。选择“GIF 可交换的图形格式(*.gif)”“JPEG 文件交换格式(*.jpg)”“PNG 可移植网络图形格式(*.png)”或“TIFF Tag 图像文件格式(*.tif)”选项，单击保存(S)按钮，根据提示进行相应操作，可将当前演示文稿中的幻灯片保存为一张对应格式的图片。如果要在其他软件中使用，还可以将这些图片插入对应的软件中。
- 视频。选择“Windows Media 视频(*.wmv)”选项，可将演示文稿保存为视频。保存为视频文件后，文件播放的随意性更强，不受字体、PowerPoint 版本的限制，只要计算机中安装了视频播放软件就可以播放，这在一些需要自动展示演示文稿的场合非常实用。
- 自动放映的演示文稿。选择“PowerPoint 放映(*.ppsx)”选项，可将演示文稿保存为自动放映的演示文稿，双击此类型的演示文稿将不再打开 PowerPoint 2019 的工作界面，而是直接启动放映模式，开始放映幻灯片。
- 大纲文件。选择“大纲/RTF 文件(*.rtf)”选项，可将演示文稿保存为大纲文件，生成的大纲文件中将不再包含幻灯片中的图形、图片及幻灯片中插入的文本框中的内容。

任务实现

（一）创建超链接与动作按钮

在浏览网页的过程中，有时单击某段文本或某张图片会自动弹出另一个相关的网页，通常这些被单击的对象称为超链接。在 PowerPoint 2019 中也可以为幻灯片中的图片和文本创建超链接。下面为“礼仪手册.pptx”演示文稿中的文本创建超链接，然后插入一个动作按钮，具体操作如下。

微课：创建超链接与动作按钮

（1）打开“礼仪手册.pptx”演示文稿，选择第 3 张幻灯片，选择幻灯片中的“礼仪基本介绍”文本，在“插入”/“链接”组中单击“链接”按钮，如图 10-33 所示。

（2）选择“插入超链接”对话框“链接到”列表框中的“本文档中的位置”选项，在“请选择文档中的位置”列表框中选择要链接到的第 4 张幻灯片，单击确定按钮，如图 10-34 所示。

图 10-33　选择链接文本

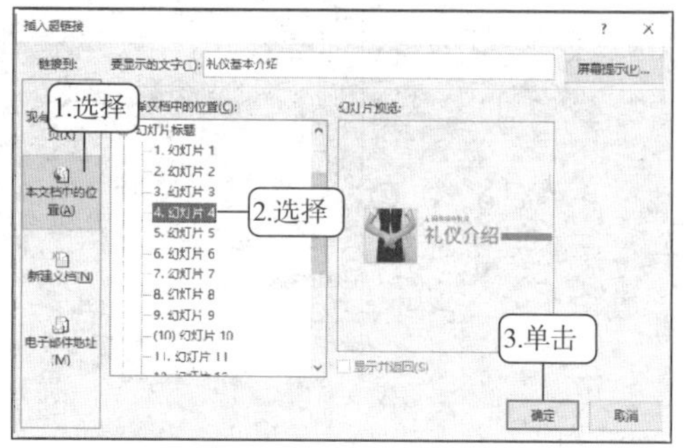

图 10-34　“插入超链接”对话框

（3）返回幻灯片编辑区可以看到设置超链接的文本颜色已发生变化，并且文本下方有一条下画线，如图 10-35 所示。

（4）使用相同的方法，依次选择幻灯片中的其他文本，为其设置超链接，如图 10-36 所示。

图 10-35　超链接效果

图 10-36　创建其他文本超链接

（5）选择第 20 张幻灯片，在“插入”/“插图”组中单击“形状”按钮，在打开的下拉列表中选择“动作按钮”栏的第 5 个选项，如图 10-37 所示。

（6）此时鼠标指针变为十形状，在幻灯片左下角空白位置按住鼠标左键并拖动鼠标指针，绘制一个动作按钮，如图 10-38 所示。

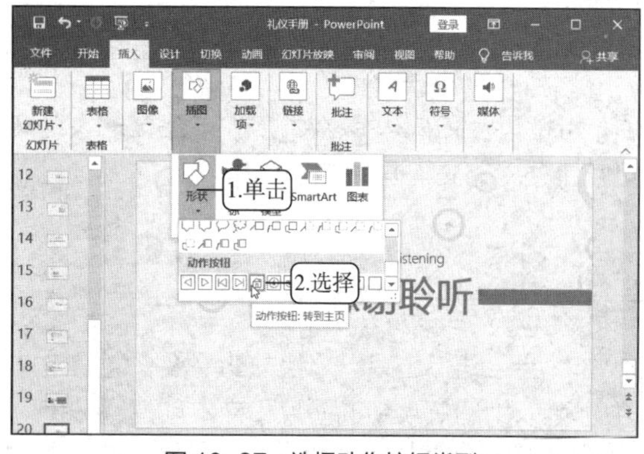

图 10-37　选择动作按钮类型

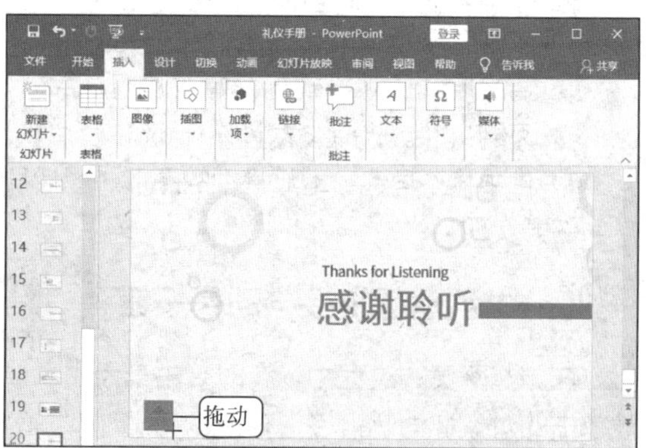

图 10-38　绘制动作按钮

（7）绘制动作按钮后会自动打开“操作设置”对话框，单击“超链接到”单选按钮，在下方的下拉列表中选择“第一张幻灯片”选项，单击确定按钮，如图 10-39 所示。

（8）返回幻灯片中可以看到绘制的动作按钮，如图 10-40 所示，当放映到这张幻灯片时，单击动作按钮即可跳转到第一张幻灯片中。

图 10-39 “操作设置”对话框

图 10-40 查看动作按钮效果

提示 如果进入幻灯片母版，在其中绘制动作按钮，并创建超链接，则该动作按钮将应用到该幻灯片母版对应的所有幻灯片中。

（二）放映幻灯片

制作演示文稿的最终目的就是要展示给观众，即放映演示文稿。下面放映前面制作好的“礼仪手册.pptx”演示文稿，并使用超链接快速定位到“礼仪基本介绍”幻灯片，然后返回上次查看的幻灯片，依次查看各幻灯片及其中的对象，在第 6 张幻灯片中标记重要内容（不保留标记），最后退出幻灯片放映视图，具体操作如下。

微课：放映幻灯片

（1）在“幻灯片放映”/“开始放映幻灯片”组中单击“从头开始”按钮，如图 10-41 所示，进入幻灯片放映视图。

（2）从演示文稿的第 1 张幻灯片开始放映，单击或滚动鼠标滚轮依次放映下一个动画或下一张幻灯片，如图 10-42 所示。

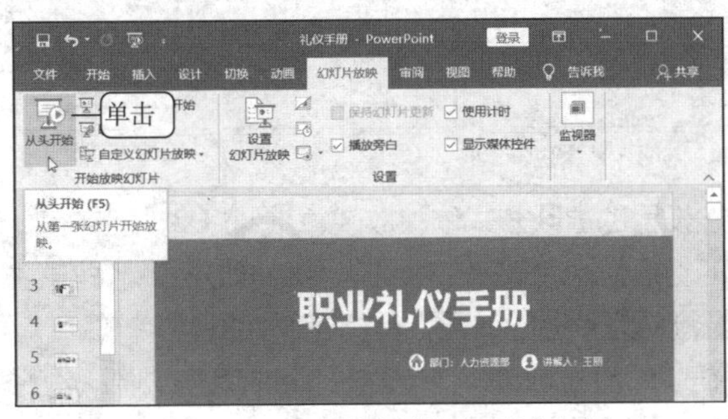

图 10-41 单击“从头开始”按钮

图 10-42 放映幻灯片

（3）当播放到第 3 张幻灯片时，将鼠标指针移动到“礼仪基本介绍”文本上，此时鼠标指针变为形状，单击，如图 10-43 所示。

（4）切换到超链接的目标幻灯片，使用前面的方法单击即可继续放映幻灯片。在幻灯片上单击鼠标右键，在弹出的快捷菜单中选择“上次查看的位置”命令，如图 10-44 所示，返回上一次查看的幻灯片，然后继续播放幻灯片。

图 10-43　单击超链接

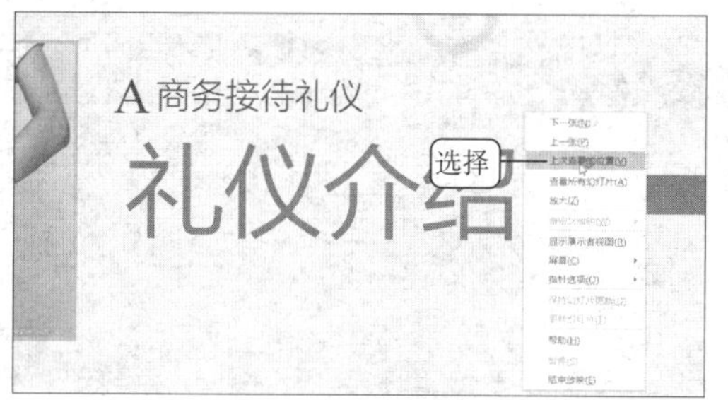

图 10-44　返回上一次查看的幻灯片

（5）当播放到需要进行圈点的幻灯片时，单击鼠标右键，在弹出的快捷菜单中选择“指针选项”/“荧光笔”命令，如图 10-45 所示，再次单击鼠标右键，在弹出的快捷菜单中选择“指针选项”/“墨迹颜色”/“黄色”命令。

（6）此时鼠标指针变为Ⅰ形状，按住鼠标左键并拖动鼠标指针标记重要的内容，如图 10-46 所示。

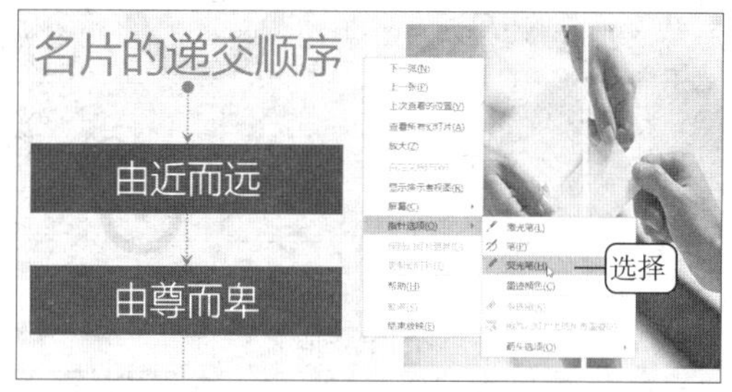

图 10-45　选择荧光笔

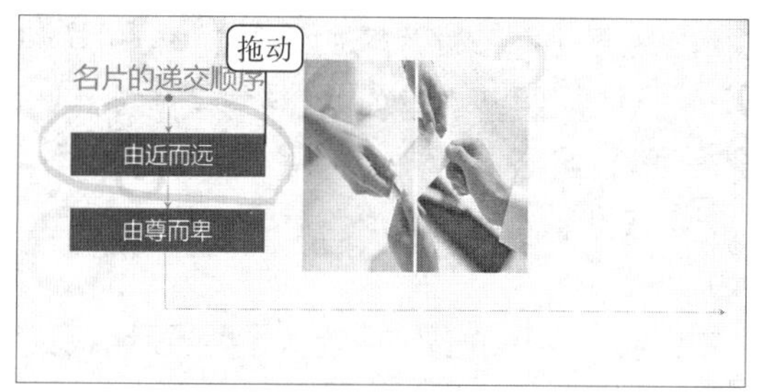

图 10-46　进行标记

（7）播放完最后一张幻灯片后，单击打开一个黑色界面，提示“放映结束，单击鼠标退出。”，单击即可退出。由于前面标记了内容，将打开是否保留墨迹注释的提示对话框，单击放弃(D)按钮，删除之前的标记。

提示　单击“从当前幻灯片开始”按钮或在状态栏中单击“幻灯片放映”按钮，可从选择的幻灯片开始播放。在播放过程中，通过右键快捷菜单，可快速定位到上一张、下一张或具体某一张幻灯片。

（三）隐藏幻灯片

微课：隐藏幻灯片

放映幻灯片时，系统将自动按设置的放映方式依次放映每张幻灯片，但在实际放映过程中，可以将暂时不需要的幻灯片隐藏起来，等到需要时再显示。下面隐藏第 10 张幻灯片，然后放映查看隐藏幻灯片后的效果，具体操作如下。

（1）选择第 10 张幻灯片，在“幻灯片放映”/“设置”组中单击“隐藏幻灯片”按钮，隐藏幻灯片，如图 10-47 所示。

（2）幻灯片浏览窗格中第 10 张幻灯片对应位置将出现10标志，如图 10-48

所示，在“幻灯片放映”/“开始放映幻灯片”组中单击“从头开始”按钮，开始放映幻灯片，此时隐藏的幻灯片将不再被放映出来。

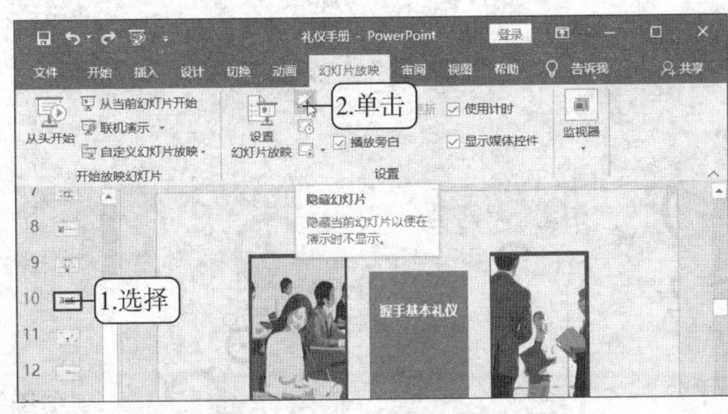

图 10-47　选择隐藏的幻灯片

图 10-48　隐藏幻灯片效果

提示　若要显示隐藏的幻灯片，在放映幻灯片时，单击鼠标右键，在弹出的快捷菜单中选择“查看所有幻灯片”命令，在打开的界面中选择已隐藏的幻灯片的名称。如要取消隐藏幻灯片，可在“幻灯片放映”/“设置”组中再次单击“隐藏幻灯片”按钮。

（四）排练计时

使用排练计时可以为每一张幻灯片中的对象设置具体放映时间，开始放映演示文稿时，就可按设置好的时间和顺序进行放映，无需用户单击就能实现演示文稿的自动放映。下面在演示文稿中对各动画进行排练计时，具体操作如下。

微课：排练计时

（1）在“幻灯片放映”/“设置”组中单击“排练计时”按钮，如图 10-49 所示。

（2）进入放映排练状态，同时打开“录制”工具栏自动为该幻灯片计时，如图 10-50 所示，单击或按“Enter”键控制幻灯片中下一个动画出现的时间，如果用户确认该幻灯片的播放时间，可直接在“录制”工具栏的时间框中输入时间值。

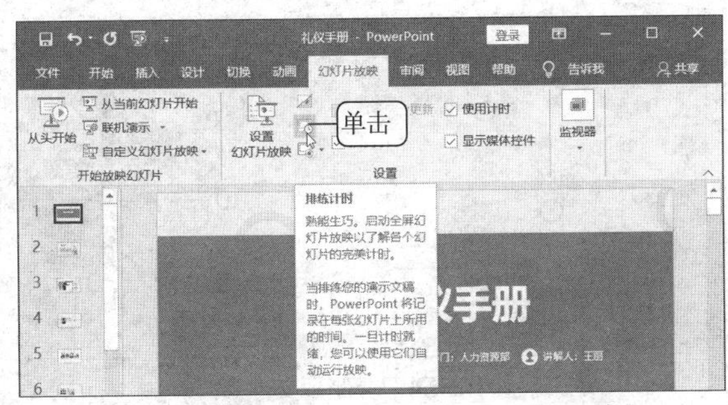

图 10-49　单击“排练计时”按钮

图 10-50　“录制”工具栏

（3）一张幻灯片播放完成后，单击切换到下一张幻灯片，“录制”工具栏中将从头开始为当前幻灯片的放映计时。放映结束后，打开提示对话框，提示排练计时时间，并询问是否保留新的幻灯片排练时间，单击按钮保存，如图 10-51 所示。

（4）切换到幻灯片浏览视图，每张幻灯片的右下角都显示了幻灯片的播放时间，如图 10-52 所示。

图 10-51　是否保留排练时间

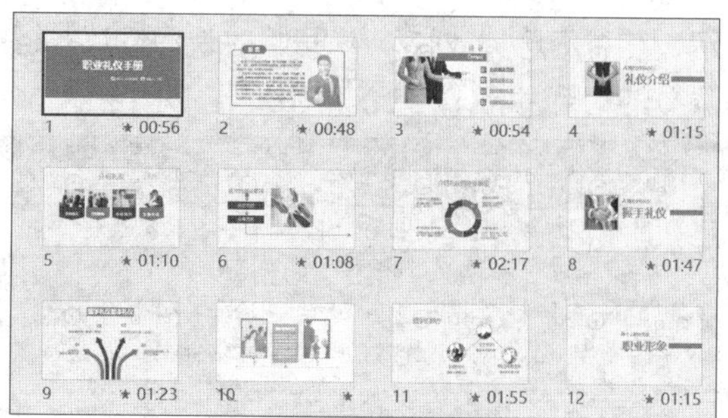

图 10-52　显示播放时间

提示　如果不想使用排练好的时间自动放映，可在“幻灯片放映”/“设置”组中取消勾选“使用计时”复选框，这样在放映时就能手动切换幻灯片。

（五）打包演示文稿

微课：打包演示文稿

演示文稿制作好后，有时需要在其他计算机上放映，若想一次性传输演示文稿及其相关的音频、视频文件，可将制作好的演示文稿打包。下面将前面设置好的“礼仪手册.pptx”演示文稿打包到文件夹中，并命名为“礼仪手册”，具体操作如下。

（1）选择“文件”/“导出”命令，在界面左侧选择“将演示文稿打包成 CD”选项，单击“打包成 CD”按钮，如图 10-53 所示。

（2）在打开的“打包成 CD”对话框中的“将 CD 命名为”文本框中输入“礼仪手册”文本，单击“复制到文件夹(F)...”按钮，如图 10-54 所示。

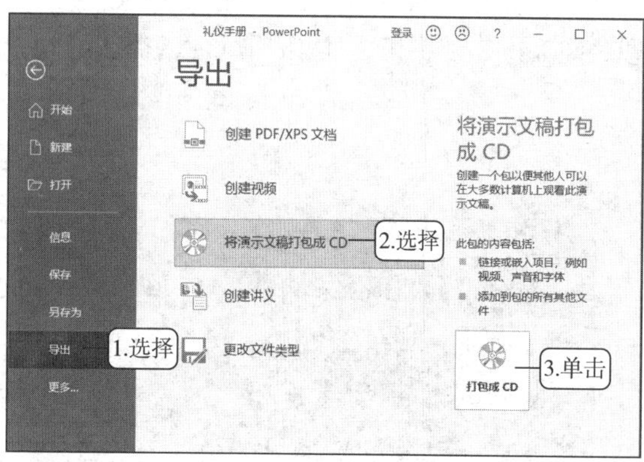

图 10-53　单击“打包成 CD”按钮

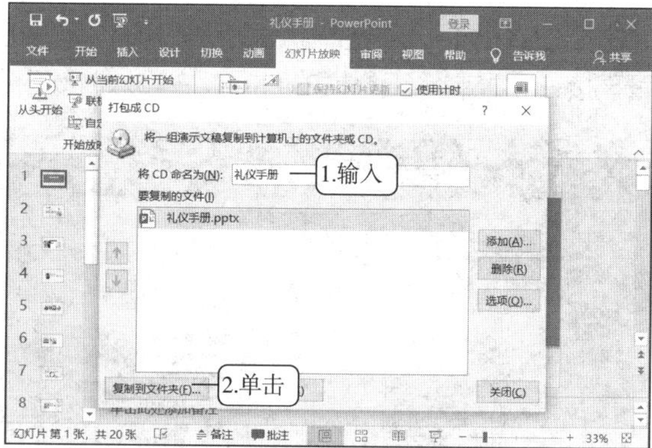

图 10-54　复制到文件夹

（3）在“复制到文件夹”对话框的“文件夹名称”文本框中输入“礼仪手册”文本，在“位置”文本框中设置打包后的文件夹的保存位置，单击“确定”按钮，如图 10-55 所示，打开提示对话框，提示是否保存链接文件，单击“是(Y)”按钮，完成打包操作。

（4）打包后将自动打开“礼仪手册”文件夹，双击名为“礼仪手册”的文件即可编辑或放映演示文稿，如图 10-56 所示。

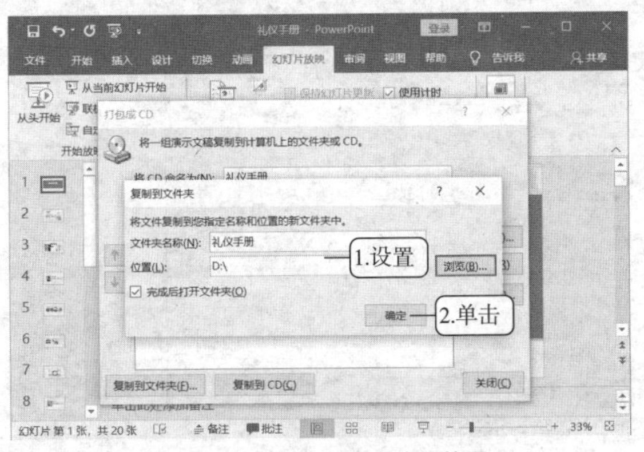

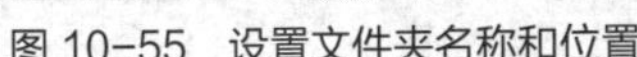
图 10-55　设置文件夹名称和位置

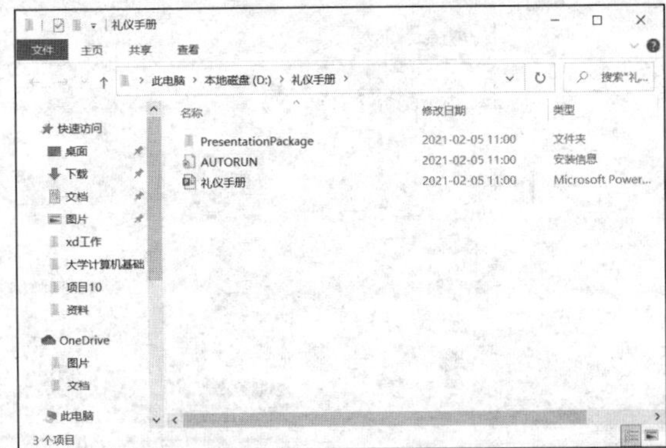

图 10-56　“礼仪手册”文件夹

课后练习

操作题

制作“能力培训”

（1）打开“能力培训.pptx”演示文稿，按照下列要求对演示文稿进行操作，参考效果如图 10-57 所示。

① 进入幻灯片母版视图，调整幻灯片主题和母版样式，以及设置标题占位符和文本。

② 对幻灯片中的“第一张”“上一张”“下一张”“最后一张”文本创建超链接，方便快速查看，完成后保存幻灯片，并为演示文稿设置排练计时。

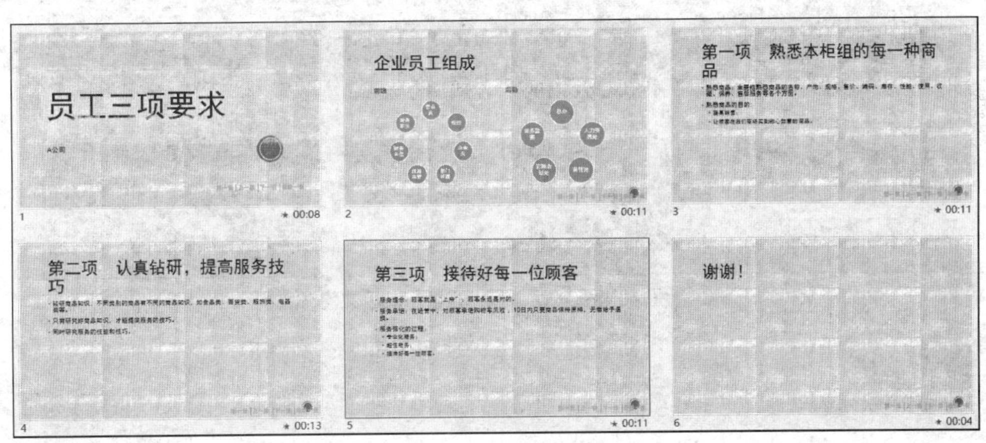

图 10-57　“能力培训”演示文稿

制作“环境保护”

（2）打开“环境保护.pptx”演示文稿，按照下列要求对演示文稿进行编辑，参考效果如图 10-58 所示。

① 为幻灯片中的对象添加并设置动画效果，并为幻灯片设置不同样式的切换效果。

② 设置幻灯片的放映方式，设置幻灯片的放映时间。

③ 打包幻灯片。

图 10-58 “环境保护”演示文稿

制作“活动策划方案”

（3）打开“活动策划方案.pptx”演示文稿，按照下列要求对演示文稿进行编辑并保存，参考效果如图 10-59 所示。

① 进入幻灯片母版视图，设置统一的字体格式。

② 设置幻灯片切换效果。

③ 为每张幻灯片中的对象设置动画效果。

④ 对演示文稿进行放映操作。

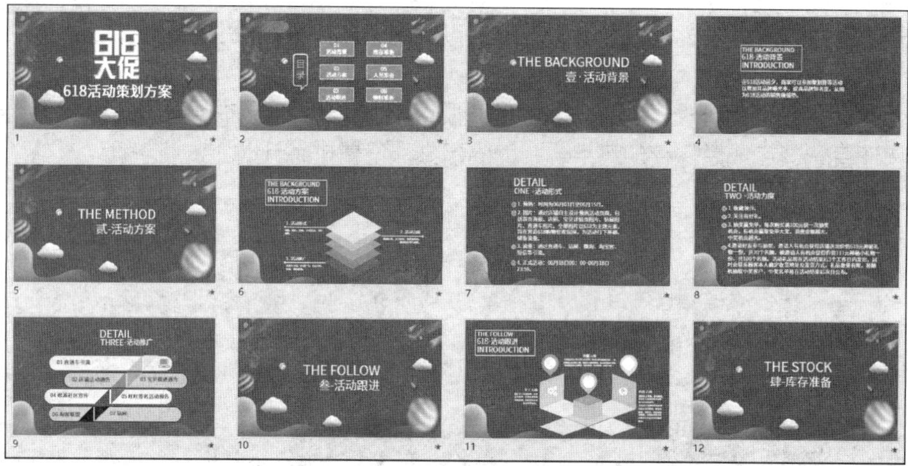

图 10-59 “活动策划方案”演示文稿

项目十一 认识并使用计算机网络

11

随着信息技术的不断发展，计算机网络已经成为计算机应用的重要领域。计算机网络将计算机连入网络，使其能共享网络中的资源并进行信息传输。计算机要连入网络必须具备相应的条件。现在最常用的网络是因特网（Internet），它是一个全球性的网络，它将全世界的计算机联系在一起，通过这个网络，用户可以实现对多种功能的应用。本项目将通过 3 个典型任务，介绍计算机网络的基础知识、Internet的基础知识，以及如何在 Internet 中浏览信息、下载资源、使用流媒体、远程登录界面、网上求职等。

课堂学习目标

- 认识计算机网络。
- 认识 Internet。
- 应用 Internet。

任务一 认识计算机网络

任务要求

肖磊最近调到了公司的行政岗位上做行政工作。行政工作的内容本身不太复杂，用大学学习到的知识加上勤学苦干，肖磊相信自己一定可以做得很好。在日常的工作中，肖磊经常需要与网络接触，因此他决定先了解计算机网络的基础知识。

本任务要求了解计算机网络的定义，网络中的硬件、软件，以及无线局域网。

任务实现

（一）了解计算机网络的定义

在计算机网络发展的不同阶段，人们对计算机网络的理解不同，针对不同的阶段，人们对计算机网络提出了不同的定义。就目前计算机网络的发展现状看，从资源共享的观点出发，通常将计算机网络定义为以能够相互共享资源的方式连接起来的独立计算机系统的集合，也就是说，将相互独立的计算机系统用通信线路相互连接，按照全网统一的网络协议进行数据通信，从而实现网络资源共享。

微课：计算机网络的发展

从计算机网络的定义可以看出，构成计算机网络有以下 4 点要求。

- 计算机相互独立。从分布的地理位置来看，它们是独立的，既可以相距很近，也可以相隔千里；

从数据处理功能上来看，它们也是独立的，既可以联网工作，也可以脱离网络独立工作，而且联网工作时，没有明确的主从关系，即网络内的任何一台计算机都不能强制控制另一台计算机。

- 通过通信线路相互连接。各计算机系统必须通过传输介质和互联设备实现互联，传输介质可以是双绞线、同轴电缆、光导纤维、微波和无线电等。
- 采用统一的网络协议。网络中的各计算机在通信过程中必须共同遵守“全网统一”的通信规则，即网络协议。
- 资源共享。计算机网络中的其中一台计算机的资源（包括硬件、软件和信息）可以提供给网络中的其他计算机，实现资源共享。

（二）了解网络中的硬件

要形成一个能传输信号的网络，必须有硬件设备的支持。由于网络的类型不一样，使用的硬件设备可能也有所差别，总体来说，网络中的硬件设备有传输介质、网卡、路由器和交换机等。

1. 传输介质

传输介质（Transmission Medium）是网络中信息传递的媒介，传输介质的性能对传输速率、通信距离、网络节点数目和传输的可靠性均有很大的影响。网络中常用的传输介质包括双绞线、同轴电缆和光导纤维，另外还包括微波和红外线等无线传输介质。下面分别进行介绍。

- 双绞线。它是由两条相互绝缘的导线按照一定的规格互相缠绕（一般以顺时针缠绕）在一起而制成的一种通用配线，属于信息通信网络传输介质。双绞线一般由两根 22～26 号绝缘铜导线相互缠绕而成，实际使用时，双绞线是由多对双绞线一起包在一个绝缘电缆套管里的。典型的双绞线一般有 4 对，此外也有更多对双绞线放在一个电缆套管里，这些我们称为双绞线电缆。
- 同轴电缆。它是计算机网络中常见的传输介质之一，是一种宽带宽、误码率低、性价比较高的传输介质，在早期的局域网中应用广泛。顾名思义，同轴电缆是由一组共轴心的电缆构成的。其具体的结构由内到外包括中心铜线、绝缘层、网状屏蔽层和塑料封套 4 个部分。应用于计算机网络的同轴电缆主要有 2 种，即“粗缆”和“细缆”。同轴电缆同样可以组成宽带系统，主要有双缆系统和单缆系统 2 种类型。同轴电缆网络一般可分为主干网、次主干网和线缆 3 类。
- 光导纤维。光导纤维简称光纤，是一种性能非常好的网络传输介质。目前，光纤是网络传输介质中发展最为迅速的一种，也是未来网络传输介质的发展方向。光纤主要是在要求传输距离较长、布线条件特殊的情况下用于主干网的连接。根据需要还可以将多根光纤合并在一根光缆里面。光纤是一种新型的传输介质，具有频带宽、损耗低、重量轻、抗干扰能力强、保真度高、工作性能可靠、成本不断下降的优点。按光在光纤中的传输模式可将光纤分为单模光纤和多模光纤。目前，光纤主要应用在大型局域网中作主干线路。
- 无线传输介质。常见的无线传输介质有无线电波、微波、红外线，无线局域网就是由无线传输介质组成的局域网。利用无线通信技术，可以有效扩展通信空间，摆脱有线介质的束缚。无线传输介质可使用的频段很广，人们现在已经利用了好几个波段进行通信。常用的无线传输介质有无线电波、微波、蓝牙和红外线，紫外线和更高波段的波目前还不能用于通信。

2. 网卡

网卡（Network Interface Card，NIC）又称网络适配器、网络卡或者网络接口卡，是以太网的必备设备。网卡通常工作在 OSI 模型的物理层和数据链路层，在功能上相当于广域网的通信控制处理机，通过它将工作站或服务器连接到网络，实现网络资源共享和相互通信。

网络有许多种不同的类型，如以太网、令牌环和无线网络等，不同的网络必须采用与之相适应的网卡。现在使用最多的仍然是以太网。网卡的种类有很多，不同的标准有不同的分类方式。但最常用的网卡分类方式是将网卡分为有线和无线 2 种。有线网卡是指必须将网络连接线连接到网卡中才能访问网络的网卡，主要包括 PCI 网卡、集成网卡和 USB 网卡 3 种类型。无线网卡是无线局域网的无线网络信号覆盖下通过无线连接网络进行上网使用的无线终端设备。目前的无线网卡主要包括 PCI 网卡、USB 网卡、PCMCIA 网卡和 MINI-PCI 网卡 4 种类型。

3. 路由器

路由器（Router）是一种连接多个网络或网段的网络设备。它能将不同网络或网段之间的数据信息进行“翻译”，使不同网段和网络之间能够相互“读懂”对方的数据，从而构成一个更大的网络。路由器的主要工作就是为经过路由器的每个数据帧寻找一条较佳传输路径，并将该数据帧有效地传输到目的站点。路由器是网络与外界的通信出口，也是联系内部子网的桥梁。在网络组建的过程中，路由器的选择是极为重要的。选择路由器要考虑的因素有安全性能、处理器、控制软件、容量、网络扩展能力、支持的网络协议和带线拔插等。

4. 交换机

交换机（Switch）是一种用于电信号转发的网络设备。它可以为接入交换机的任意两个网络节点提供独享的电信号通路。最常见的交换机是以太网交换机，其他常见的还有电话语音交换机、光纤交换机等。交换机的雏形是电话交换机系统，经过发展和不断创新才形成了如今的交换机技术。交换机的主要功能包括物理编址、网络拓扑结构、错误校验、帧序列及流量控制。目前一些高档交换机还具备一些新的功能，如对虚拟局域网（Virtual Local Area Network，VLAN）的支持、对链路汇聚的支持，有的还具有路由器和防火墙的功能。

（三）了解网络中的软件

网络软件是计算机网络中不可或缺的组成部分。网络的正常工作需要网络软件的控制，如同单个计算机在软件的控制下工作一样。一方面，网络软件授权用户对网络资源访问，帮助用户方便、快速地访问网络；另一方面，网络软件也能够管理和调度网络资源，提供网络通信和用户所需要的各种网络服务。网络软件包括通信支撑平台软件、网络服务支撑平台软件、网络应用支撑平台软件、网络应用系统、网络管理系统，以及用于特殊网络站点的软件等。从网络体系结构模型不难看出，通信软件和各层网络协议软件是网络软件的主体。

通常情况下，网络软件分为通信软件、网络协议软件和网络操作系统 3 个部分。

- 通信软件。通信软件用以监督和控制通信工作，除了作为计算机网络软件的基础组成部分，还可用作计算机与自带终端或附属计算机之间实现通信的软件，通常由线路缓冲区管理程序、线路控制程序及报文管理程序组成。报文管理程序由接收、发送、收发记录、差错控制、开始和终了 5 个部分组成。
- 网络协议软件。网络协议软件是网络软件的重要组成部分，按网络所采用的协议层次模型（如 ISO 建议的开放系统互连基本参考模型）组织而成。除物理层外，其余各层协议大都由软件实现，每层协议软件通常由一个或多个进程组成，其主要任务是完成相应层协议所规定的功能，以及与上、下层接口的功能。
- 网络操作系统。网络操作系统是指能够控制和管理网络资源的软件。网络操作系统的功能作用在两个级别上：一是在服务器机器上为在服务器上的任务提供资源管理；二是在每个工作站机器上向用户和应用软件提供一个网络环境的“窗口”，从而向网络操作系统的用户和管理人员提供整体的系统控制能力。服务器操作系统要完成目录管理、文件管理、安全性、网络打印、存储管理和通信管理等主要服务；工作站操作系统要完成工作站任务的识别和与网络的连接，即首先判断应用程序提出的服务请求是使用本地资源还是使用网络资源，若使用网络资源则需完成与网络的连接。常用的网络操作系统有 Netware 系统、Windows NT 系统、UNIX 系统和 Linux 系统等。

（四）了解无线局域网

随着技术的发展，无线局域网已逐渐代替有线局域网，成为当前家庭、小型公司主流的局域网组建方式。无线局域网利用射频技术，使用电磁波取代由双绞线构成的局域网络。

无线局域网的实现协议有很多，其中应用最为广泛的是无线保真技术（Wi-Fi），它提供了一种能够将各种终端都使用无线进行互联的技术，为用户屏蔽了各种终端之间的差异性。要实现无线局域网功能，目前一般需要一台无线路由器、多台有无线网卡的计算机和手机等可以上网的智能移动终端。

无线路由器可以看作是一个转发器，它将宽带网络信号通过天线转发给附近的无线网络设备，同时它还具有其他网络管理功能，如 DHCP 服务、NAT 防火墙、MAC 地址过滤和动态域名等。

任务二　认识 Internet

任务要求

肖磊在学习了一些基本的计算机网络知识后，同事告诉他，计算机网络不等同于 Internet，Internet 是使用最为广泛的一种网络，也是现在世界上最大的一种网络，在该网络上可以实现很多特有的功能。肖磊决定再好好补补 Internet 的基础知识。

本任务要求认识 Internet 与万维网，了解 TCP/IP，认识 IP 地址和域名系统，掌握连入 Internet 的方法。

任务实现

（一）认识 Internet 与万维网

Internet 和万维网是两种不同类型的网络，其功能各不相同。

1. Internet

Internet 是全球最大、连接能力最强，由遍布全世界的众多大大小小的网络相互连接而成的网络。Internet 主要采用 TCP/IP，它使网络上各个计算机可以相互交换各种信息。目前，Internet 通过全球的信息资源和覆盖多个国家的数百万个网点，在网上提供数据、电话、广播、出版、软件分发、商业交易、视频会议及视频节目点播等服务。Internet 在全球范围内提供了极为丰富的信息资源，一旦连接到 Web 节点，就意味着该计算机已经进入 Internet。

Internet 将全球范围内的网站链接在一起，形成了一个资源十分丰富的信息库。Internet 在人们的工作、生活和社会活动中起着越来越重要的作用。

2. 万维网

万维网（World Wide Web，WWW）又称环球信息网、环球网和全球浏览系统等。WWW 是一种基于超文本的、方便用户在 Internet 上搜索和浏览信息的服务系统。它通过超链接把全球各地不同 Internet 节点上的相关信息有机地组织在一起，用户只需发出检索要求，它就能自动进行定位并找到相应的检索信息。用户可用 WWW 在 Internet 上浏览、传递和编辑超文本格式的文件。WWW 是 Internet 上最受欢迎、最为流行的信息检索工具，它能把各种类型的信息（文本、图像、声音和影像等）集成起来供用户查询。WWW 为全世界人们提供了查找和共享知识的手段。

WWW 还具备连接文件传输协议（File Transfer Protocol，FTP）和网络论坛（Bulletin Board System，BBS）等功能。总之，WWW 的应用和发展已经远远超出网络技术的范畴，影响着新闻、广告、娱乐、电子商务和信息服务等诸多领域。可以说，WWW 的出现是 Internet 应用的一个里程碑。

（二）了解 TCP/IP

计算机网络要正常工作，就必须依靠网络协议，网络中每个主机系统都应配置相应的协议软件，以确保网络中不同系统之间能够可靠、有效地相互通信和合作。传输控制协议/互联网协议（Transmission Control Protocol/Internet Protocol,TCP/IP）是 Internet 最基本的协议，又名网络通信协议，它也是 Internet 国际互联网络的基础。

微课：ping 命令

TCP/IP 由网络层的 IP 和传输层的 TCP 组成。它定义了电子设备如何连入 Internet，以及数据在它们之间传输的标准。TCP 即传输控制协议，位于传输层，负责向应用层提供面向连接的服务，确保网上发送的数据包可以被完整接收。如果发现传输有问题，则要求重新传输，直到所有数据安全、正确地传输到目的地。IP 即互联网协议，它负责给 Internet 中的每一台联网设备规定一个地址，即常说的 IP 地址。同时，IP 还有另一个重要的功能——路由选择功能，用于选择从网上一个节点到另一个节点的传输路径。

TCP/IP 共分为 4 层，即网络接口层、互联网络层、传输层和应用层。

- 网络接口层（Host-to-Network Layer）。网络接口层用于规定数据包从一个设备的网络层传输到另一个设备的网络层的方法。
- 互联网络层（Internet Layer）。互联网络层负责提供基本的数据包传输功能，让每一块数据包都能够到达目的主机，使用 IP、互联网控制报文协议（Internet Control Message Protocol，ICMP）。
- 传输层（Transport Layer）。传输层用于为两台连网设备之间提供端到端的通信，在这一层有 TCP 和用户数据报协议（User Datagram Protocol，UDP）。其中，TCP 是面向连接的协议，它提供可靠的报文传输和对上层应用的连接服务；UDP 是面向无连接的不可靠传输的协议，主要用于不需要 TCP 的排序和流量控制等功能的应用程序。
- 应用层（Application Layer）。应用层包含所有的高层协议，用于处理特定的应用程序数据，为应用软件提供网络接口，包括文件传输协议（File Transfer Protocol，FTP）、电子邮件传输协议（Simple Mail Transfer Protocol，SMTP）、域名服务（Domain Name Service，DNS）、网上新闻传输协议（Network News Transfer Protocol，NNTP）等。

（三）认识 IP 地址和域名系统

Internet 连接了众多的计算机，想要有效地分辨这些计算机，需要通过 IP 地址和域名来实现。

1. IP 地址

IP 地址即互联网协议地址。连接在 Internet 上的每台主机都有一个在全球范围内唯一的 IP 地址。一个 IP 地址由 4 字节（32bit）组成，通常用小圆点分隔，其中每个字节可用一个十进制数来表示。例如，192.168.1.51 就是一个 IP 地址。

微课：设置 IP 地址

IP 地址通常可以分成两部分，一是网络号，二是主机号。

Internet 的 IP 地址可以分为 A、B、C、D、E 5 类。其中，0~127 为 A 类

地址；128～191 为 B 类地址；192～223 为 C 类地址；D 类地址留给 Internet 体系结构委员会使用；E 类地址保留在今后使用。也就是说，每字节的数字由 0～255 的数字组成，大于或小于该数字的 IP 地址都不正确，通过数字所在的区域可判断该 IP 地址的类别。

提示 由于网络的迅速发展，已有协议（IPv4）规定的 IP 地址已不能满足用户的需要，IPv6 采用 128 位地址长度，几乎可以不受限制地提供地址。IPv6 除解决了地址短缺的问题以外，还解决了在 IPv4 中存在的其他问题，如端到端 IP 连接、服务质量（Quality of Service，QoS）、安全性、多播、移动性和即插即用等。IPv6 已成为新一代的网络协议标准。

2. 域名系统

数字形式的 IP 地址难以记忆，因此在实际使用时常采用字符形式来表示 IP 地址，即域名系统（Domain Name System，DNS）。域名系统由若干子域名构成，子域名之间用小数点的圆点来分隔。

域名的层次结构如下。

……三级子域名.二级子域名.顶级子域名

每一级的子域名都由英文字母和数字组成（不超过 63 个字符，并且不区分大、小写字母），级别最低的子域名写在最左边，级别最高的顶级域名写在最右边。一个完整的域名不超过 255 个字符，其子域级数一般不予限制。

提示 在顶级域名下，二级域名又分为类别域名和行政区域名。类别域名共 7 个，包括用于科研机构的 ac，用于商业组织的 com，用于教育机构的 edu，用于政府部门的 gov，用于互联网络信息中心和运行中心的 net，用于国防或军事机构的 mil。而行政区域名有 34 个。

（四）掌握连入 Internet 的方法

将用户的计算机连入 Internet 的方法有多种，一般都是通过联系 Internet 服务提供商（Internet Service Provider，ISP），对方根据当前的实际情况查看、连接后，分配 IP 地址、设置网关及 DNS 等，从而实现上网。目前，连入 Internet 的方法主要有非对称数字用户线（Asymmetric Digital Subscriber Line，ADSL）拨号上网和光纤宽带上网两种，下面分别对其进行介绍。

- ADSL。ADSL 可直接利用现有的电话线路，通过 ADSL Modem 传输数字信息，理论上 ADSL 连接速率可达 1Mbit/s～8Mbit/s。它具有速率稳定、带宽独享、语音数据不干扰等优点，可满足家庭、个人用户的大多数网络应用需求。它可以与普通电话线共存于一条电话线上，在接听、拨打电话的同时能进行 ADSL 传输，而且互不影响。
- 光纤宽带。光纤宽带是目前宽带网络多种传输媒介中较理想的一种，它具有传输容量大、传输质量高、损耗小、中继距离长等优点。光纤连入 Internet 一般有两种方法：一是通过光纤接入小区节点，再由网线连接到各个共享点上；二是“光纤到户”，将光缆直接铺设到每一户家庭。

任务三　应用 Internet

任务要求

老师告诉肖磊，Internet 可以实现的功能有很多，不仅可以查看和搜索信息，还可以下载资料等。

在信息技术如此发达的今天，不管是工作还是日常生活，都离不开 Internet。于是，肖磊决定系统地学习 Internet 的使用方法。

本任务需要掌握常见的 Internet 操作，包括使用 Microsoft Edge 浏览器、使用搜索引擎、下载资源、使用流媒体、远程登录桌面和网上求职等。

相关知识

（一）Internet 的相关概念

Internet 可以实现的功能很多，在使用 Internet 之前，用户应先了解 Internet 的相关概念，以便后期学习。

1. 浏览器

浏览器是用于浏览 Internet 信息的工具，Internet 中的信息内容繁多，有文字、图像、多媒体，还有连接到其他网址的超链接。通过浏览器，用户可迅速浏览各种信息，并可将用户反馈的信息转换为计算机能够识别的命令。在 Internet 中，这些信息一般都集中在 HTML 格式的网页上。

浏览器的种类众多，一般常用的有 Microsoft Edge 浏览器、Internet Explorer、QQ 浏览器、Firefox、Safari、Opera、百度浏览器、搜狗浏览器、360 浏览器和 UC 浏览器等。

2. URL

统一资源定位符（Uniform Resource Locator，URL）即网页地址，简称网址，是 Internet 上标准资源的地址。URL 由资源类型、主机域名、资源文件路径和资源文件名四部分组成，其格式是“资源类型：//主机域名/资源文件路径/资源文件名”。

3. 超链接

超链接是超级链接的简称，网页中包含的信息众多，这些信息不可能在一个页面中全部显示出来，因此有了超链接。超链接是指从一个网页指向一个目标的连接关系，这个目标可以是另一个网页，也可以是相同网页上的不同位置，还可以是一张图片、一个电子邮件地址、一个文件，甚至是一个应用程序等。而在一个网页中用来作为超链接的对象，可以是一段文本、一张图片等。

在一些大型的综合网站中，首页一般都是超链接的集合，单击这些超链接，即可一步步进入具体可以阅读的网页。

4. FTP

FTP 可将一个文件从一台计算机传送到另一台计算机中，而不管这两台计算机使用的操作系统是否相同，相隔的距离有多远。

在使用 FTP 的过程中，经常会遇到两个概念，即下载（Download）和上传（Upload）。下载就是将文件从远程计算机复制到本地计算机上；上传就是将文件从本地计算机复制到远程计算机上。用 Internet 语言来说，用户可通过客户机程序向（从）远程计算机上传（下载）文件。

> **提示** 百度云是百度公司提供的公有云平台，于 2015 年正式开放运营。百度云是一个网盘，类似于计算机中安装的硬盘，通过百度云不仅可以把文件上传到互联网中保存，而且可以将保存在互联网中的文件下载到计算机中。

（二）Microsoft Edge 浏览器窗口

Microsoft Edge 浏览器是目前的主流浏览器。单击“开始”按钮⊞，在打开的菜单中选择“所有程序”/“Microsoft Edge”命令，打开图 11-1 所示的窗口。

图 11-1　Microsoft Edge 浏览器窗口

Microsoft Edge 浏览器界面中前进/后退按钮的作用与前面章节中介绍的应用程序窗口中的类似，下面介绍 Microsoft Edge 浏览器窗口中的特有部分。

- 地址栏。地址栏用来显示用户当前所打开的网页的地址，也就是常说的网站的网址，单击地址栏右边的☆按钮，可将当前网址添加到收藏夹中，单击▥按钮，可让当前浏览网页快速进入阅读模式。
- 网页选项卡。通过网页选项卡，用户可以在单个浏览器窗口中查看多个网页，即当打开多个网页时，单击不同的网页选项卡可以在打开的网页间快速切换。
- 工具栏。工具栏中包含浏览网页时所需的常用工具按钮，单击相应的按钮可以快速对浏览的网页进行相应的设置或操作。
- 网页浏览窗口。所有的网页文字、图片、声音和视频等信息都显示在网页浏览窗口中。

（三）流媒体

流媒体是一种以“流”的形式在网络中传输音频、视频和多媒体文件的方式。它将视频和音频等多媒体文件经过特殊的压缩方式分成一个个压缩包，由服务器连续地、实时地向用户的计算机进行传输。在使用流媒体传输方式的系统中，用户只需要很短的时间，便可在计算机上播放正在下载中的视频或音频等流媒体文件。

1. 实现流媒体的条件

实现流媒体需要两个条件，一是传输协议，二是缓存。

- 传输协议。流式传输有实时流式传输和顺序流式传输两种。实时流式传输适合现场直播，需要另外使用实时流协议（Real-Time Streaming Protocol，RTSP）或微软媒体服务器（Microsoft Media Server，MMS）传输协议；顺序流式传输适合于已有的多媒体文件，这时用户可观看已下载的那部分文件，但不能跳到还未下载的部分，由于标准的 HTTP 服务器可以直接发送这种形式的文件，所以无须使用其他特殊协议即可实现。
- 缓存。流媒体技术之所以可以实现，是因为它先在使用者的计算机上创建了一个缓冲区。通过流媒体技术传输视频、音频等多媒体文件时，会在播放文件前预先下载一段数据作为缓存，在网络实际连线速度小于播放所耗用数据的速度时，播放程序就会取用缓冲区内的数据，从而避免播放中断，达到流媒体连续不断的目的。

2. 流媒体传输过程

通过流媒体传输方式在服务器和客户端之间进行文件传输的过程如下。

（1）客户端 Web 浏览器与媒体服务器之间交换控制信息，检索出需要传输的实时数据。

（2）Web 浏览器启动客户端的音频与视频程序，并初始化该程序，包括目录信息、音频与视频数据的编码类型和相关的服务地址等信息。

（3）客户端的音频与视频程序和媒体服务器之间运行流媒体传输协议，交换音频/视频传输所需的控制信息，实时流协议提供播放、快进、快退和暂停等功能。

（4）媒体服务器通过传输协议将音频与视频数据传输给客户端，当数据到达客户端时，客户端程序即可播放正在通过流媒体传输方式传输的文件。

任务实现

（一）使用 Microsoft Edge 浏览器

用户上网的目的是浏览 Internet 中的信息，并实现信息交换的功能。Microsoft Edge 浏览器作为 Windows 操作系统集成的浏览器，具有浏览网页、保存网页中的资料、使用历史记录和使用收藏夹等多种功能。

1. 浏览网页

使用 Microsoft Edge 浏览器打开网页，并查看网页中的内容。

微课：浏览网页

下面使用 Microsoft Edge 浏览器打开网易的网页，然后进入“旅游”专题，查看其中的内容。

（1）单击任务栏上的 Microsoft Edge 图标启动浏览器，在上方的地址栏中输入网易网址，按“Enter”键确认，Microsoft Edge 浏览器打开该网页。

（2）网页中有很多目录索引，将鼠标指针移动到“旅游”超链接上，鼠标指针变为形状，单击打开超链接，如图 11-2 所示。

提示 启动 Microsoft Edge 浏览器后自动打开的网页称为主页，用户可对其进行修改，方法是：在工具栏中单击“设置及其他”按钮…，在打开的下拉列表中选择“设置”选项，在打开的面板中将“显示主页按钮”设置为“开”状态，在下方的“设置您的主页”下拉列表中选择“特定页”选项，在下方的文本框中输入需要设置为主页的网址，单击保存即可。

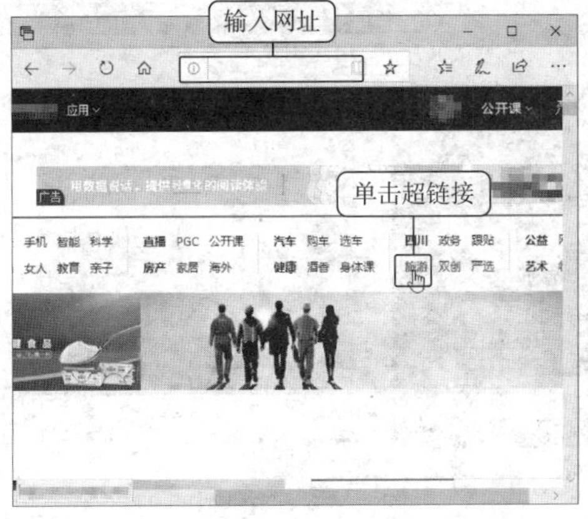

图 11-2 打开网页

（3）打开“旅游”专题，滚动鼠标滚轮上下移动网页，在该网页中找到自己感兴趣的内容的超链接后，单击超链接，如图 11-3 所示，将在打开的网页中显示其具体内容，如图 11-4 所示。

图 11-3　单击超链接

图 11-4　浏览具体内容

微课：保存网页中的资料

2. 保存网页中的资料

Microsoft Edge 浏览器为用户提供了信息保存功能，当用户浏览的网页中有需要保存的内容时，可将网页保存在计算机中，以备使用。

以下为保存打开的网页中的文字信息和图片信息、最后保存整个网页内容的步骤。

（1）打开一个有需要保存的资料的网页，选择需要保存的文字，在被选择的文字区域中单击鼠标右键，在弹出的快捷菜单中选择“复制”命令或按“Ctrl+C”组合键。

（2）启动记事本程序或 Word 2019 软件，按“Ctrl+V”组合键，将从网页中复制的文字信息粘贴到新建的记事本或文档中。

（3）在快速启动栏中单击“保存”按钮，在打开的对话框中进行相应的设置，将文档保存在计算机中。

（4）在需要保存的图片上单击鼠标右键，在弹出的快捷菜单中选择“将目标另存为”命令，打开“另存为”对话框。

（5）在“地址栏”设置图片的保存位置，在“文件名”文本框中输入要保存的图片的名称，这里输入“杜甫草堂”，单击保存(S)按钮，即可将图片保存在计算机中，如图 11-5 所示。

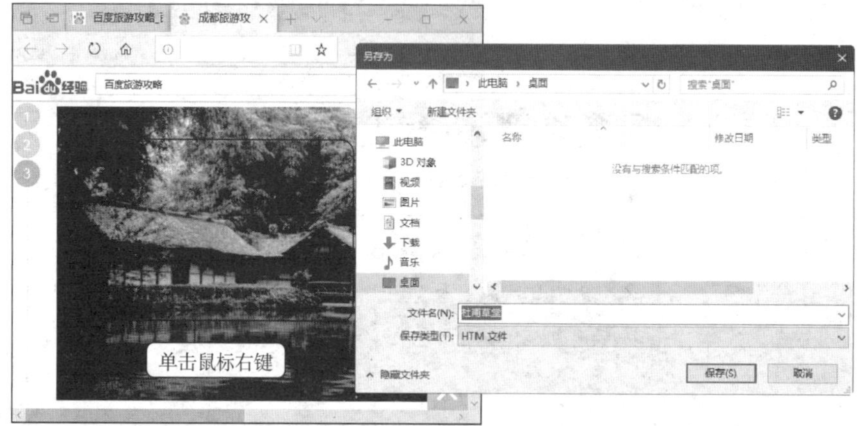

图 11-5　保存图片

3. 使用历史记录

微课：使用历史记录

用户使用Microsoft Edge浏览器查看过的网页，将被记录在Microsoft Edge浏览器中，当需要再次打开该网页时，可通过历史记录找到该网页并打开。下面使用历史记录查看今天曾经打开过的一个网页。

（1）在窗口右侧单击“设置及其他”按钮…，在打开的下拉列表中选择“历史记录”选项。

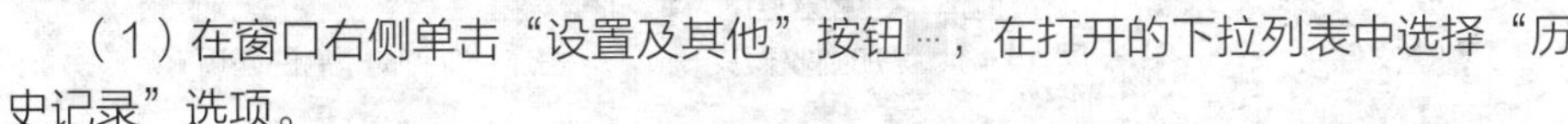

（2）在下方将以星期形式显示日期列表，选择“今天”选项，在展开的子列表中将显示今天查看的所有网页文件夹。

（3）选择一个网页文件夹，即可在下方显示出今天在该网站查看过的所有网页的列表，选择一个网页选项，即可在网页浏览窗口中显示网页的内容，如图 11-6 所示。

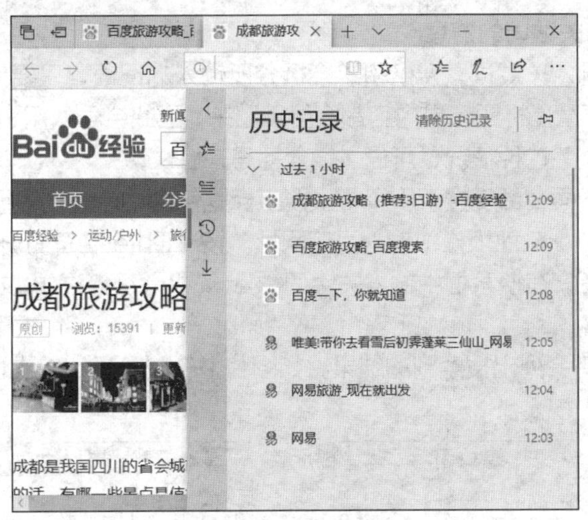

图 11-6　使用历史记录

> **提示**　在打开的窗格中单击右上角的“清除历史记录”超链接可将当前的历史记录清除；单击“固定此窗格”按钮可将当前窗格固定到浏览器中一直显示。

4. 使用收藏夹

微课：使用收藏夹

对于需要经常浏览的网页，可以将其添加到收藏夹中，以便快速打开。下面将“京东”网页添加到收藏夹的“购物”文件夹中，具体操作步骤如下。

（1）在地址栏中输入京东的网址，按“Enter”键打开网页，在右侧单击“收藏夹”按钮。

（2）在网页右侧将打开“收藏夹”窗格，单击上方的“创建新的文件夹”按钮，在添加的文本框中输入“购物”文本，修改文件夹名称，如图 11-7 所示。

（3）在地址栏中单击“收藏”按钮，在“保存位置”下拉列表中选择“购物”选项，单击 添加 按钮，如图 11-8 所示。

（4）再次打开收藏夹，即可发现多了一个“购物”文件夹，选择该文件夹，下面将显示被保存在该文件夹中的“京东”网页选项，如图 11-9 所示，单击该选项即可打开该网页。

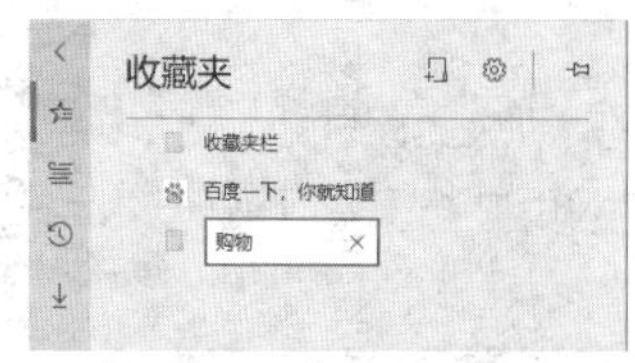

图 11-7　创建文件夹

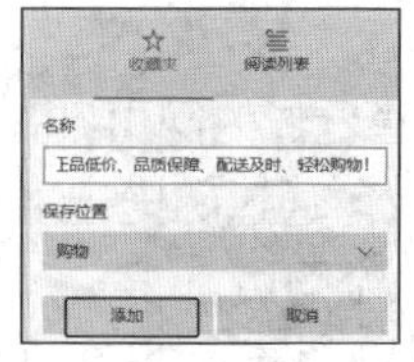

图 11-8　添加到收藏夹

图 11-9　收藏后的网页

（二）使用搜索引擎

搜索引擎是专门用来查询信息的网站，搜索引擎可以提供全面的信息查询功能。目前，常用的搜索引擎有百度、搜狗、必应、360 搜索及搜搜等。使用搜索引擎搜索信息的方法有很多，下面介绍常用的方法。

1. 只搜索标题含有关键词的信息

微课：只搜索标题含有关键词的信息

输入关键词，搜索引擎会拆分所输入的词语，只要信息中包含所拆分的关键词，不管是标题还是内容都会显示出来，因此会导致用户搜索到很多无用的信息。要想避免这种情况，可通过输入括号来解决。

下面在百度搜索引擎中只搜索标题包含“计算机等级考试”的信息。

（1）在地址栏中输入百度网址，按“Enter”键打开“百度”网站首页。

（2）在搜索框中输入关键词“（计算机等级考试）”文本，单击百度一下按钮，如图 11-10 所示。

（3）打开的网页中将会列出搜索到的结果，如图 11-11 所示，单击任意一个超链接，即可在打开的网页中查看具体内容。

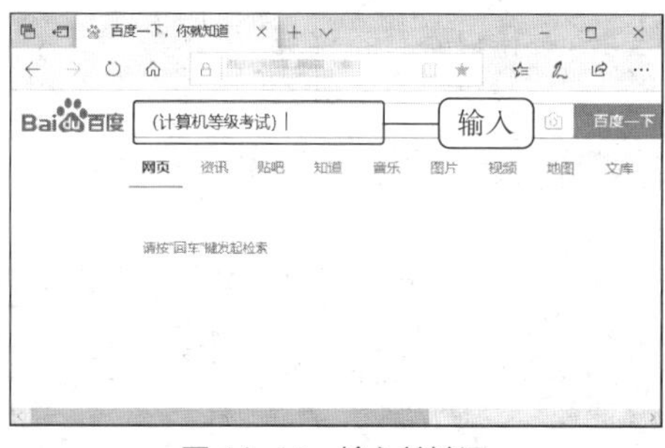

图 11-10　输入关键词

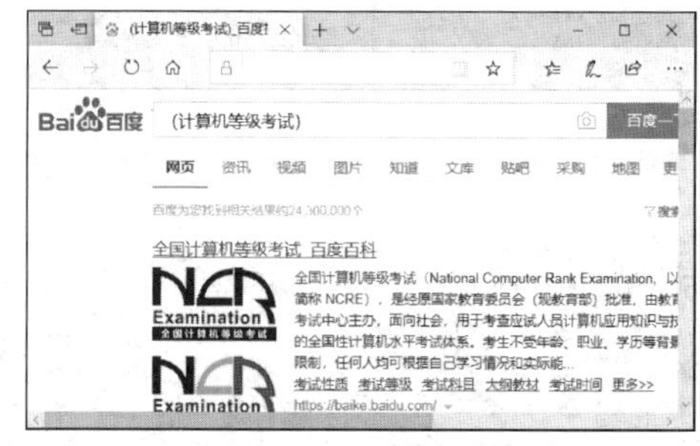

图 11-11　搜索结果（1）

> **提示**　在搜索引擎网页的上方单击不同的超链接即可在对应板块的网页下搜索信息，如搜索视频信息、搜索地图信息等，这样可以帮助用户更加精确地搜索需要的信息。

2. 避免同音字干扰搜索结果

微课：避免同音字干扰搜索结果

用户在使用搜索引擎搜索默认输入的关键字信息时，搜索引擎还会搜索与它同音的关键字的信息，可通过输入双引号的方式来避免这一情况出现。

下面在百度搜索引擎中搜索“赵丽英”的相关资料，具体操作如下。

（1）打开“百度”网站首页，在搜索框中输入关键字——赵丽英，单击百度一下按钮，此时将出现同音字“赵丽颖”的相关信息，如图 11-12 所示。

（2）在搜索框中输入关键字——“赵丽英”，单击百度一下按钮，即可查找到赵丽英的相关信息，如图 11-13 所示。

图 11-12　输入关键字

图 11-13　搜索结果（2）

3. 只搜索标题含有关键字的内容

微课：只搜索标题含有关键字的内容

若希望搜索一些文献或文章，如果通过直接输入关键字搜索的方式进行搜索，会出现很多无用的信息，此时可通过“intitle:标题”的方法只搜索标题含有关键字的内容。在搜索框中输入关键字“intitle:人间四月天”，单击百度一下按钮，即可查找到标题含有“人间四月天”这几个关键字的相关信息，如图 11-14 所示。

图 11-14　搜索结果（3）

（三）下载资源

微课：下载资源

Internet 的网站中有很多资源，用户可以通过搜索并访问网站进行资源的下载。

下面将“搜狗输入法”软件下载到本地计算机中，其具体操作如下。

（1）在 Microsoft Edge 浏览器的地址栏中输入百度的网址，按“Enter”键打开百度网站首页，输入“搜狗输入法下载”文本，在搜索结果中单击“搜狗输入法-首页”超链接，打开搜狗输入法官网。

（2）滚动鼠标滚轮，选择需要下载的系统并将鼠标指针放在系统图标上，这里将鼠标指针移动到“Windows”图标上，单击↓按钮，如图 11-15 所示。

（3）系统自动开始下载，下载完成后单击浏览器工具栏中的↓按钮，在打开的提示框中单击“打开文件”超链接，可以启动安装文件。单击 按钮，可以在保存位置查看下载的资源，如图 11-16 所示。

图 11-15　下载搜狗输入法

图 11-16　查看下载的资源

（四）使用流媒体

微课：使用流媒体

现在很多网站提供了在线播放音频与视频的服务，如优酷和爱奇艺等。它们的使用方法基本相同，但其网站中保存的音频与视频文件各有不同。

在爱奇艺网站中欣赏一部视频文件（动画片）的具体操作如下。

（1）在浏览器中打开爱奇艺网站，单击首页的“儿童”超链接，打开少儿频道。

（2）选择喜欢的视频，视频将在网页窗口中播放，如图 11-17 所示。

（3）可以在窗口右侧选择需要播放的视频，在视频播放窗口下方拖动进度条或单击进度条上的某一个点，从指定点所对应的时间开始播放视频，如图 11-18 所示。在进度条下方有一个时间表，表示当前视频的播放时长和总时长。

图 11-17　播放视频

图 11-18　播放任意时间点的视频

（4）单击按钮可暂停播放视频，单击按钮可继续播放视频，单击“全屏”按钮，将以全屏模式播放视频文件。

（五）远程登录桌面

微课：远程登录桌面

设置远程登录桌面可以让用户在两台计算机之间进行桌面连接，查阅资料。下面介绍设置远程登录桌面的具体操作。

（1）在桌面上的“此电脑”快捷方式图标上单击鼠标右键，在弹出的快捷菜单中选择“属性”命令，打开“系统”控制面板，在左侧单击“高级系统设置”超链接，如图 11-19 所示。

（2）在“系统属性”对话框中单击“远程”选项卡，在“远程桌面”栏中单击“允许远程连接到此计算机”单选按钮，单击确定按钮，如图 11-20 所示。

（3）在桌面右下角单击“网络”图标，在打开的面板上选择“打开网络和共享中心”选项，在打开的窗口右侧选择“更改适配器选项”选项，如图 11-21 所示。

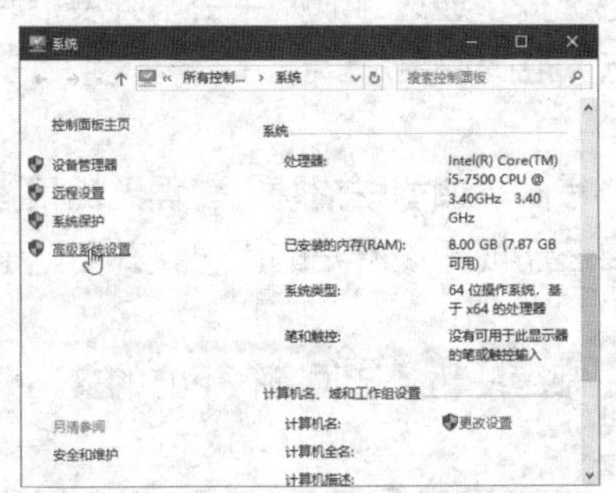

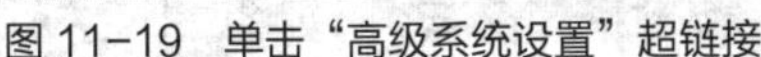

图 11-19 单击“高级系统设置”超链接

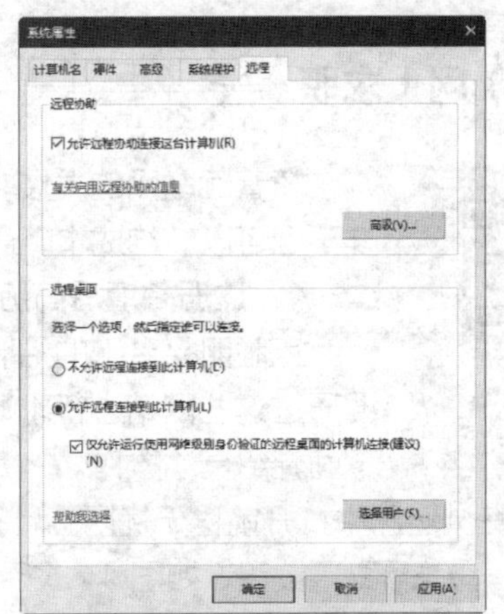

图 11-20 单击“允许远程连接到此计算机”单选按钮

（4）在打开的窗口中的“本地连接”上单击鼠标右键，在弹出的快捷菜单中选择“属性”命令，如图 11-22 所示。

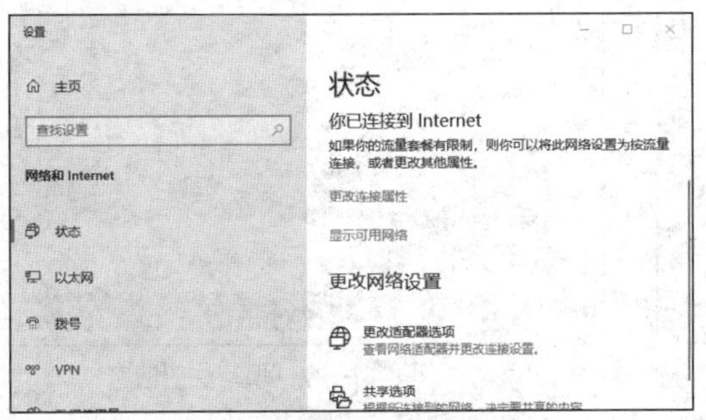

图 11-21 选择“更改适配器选项”选项

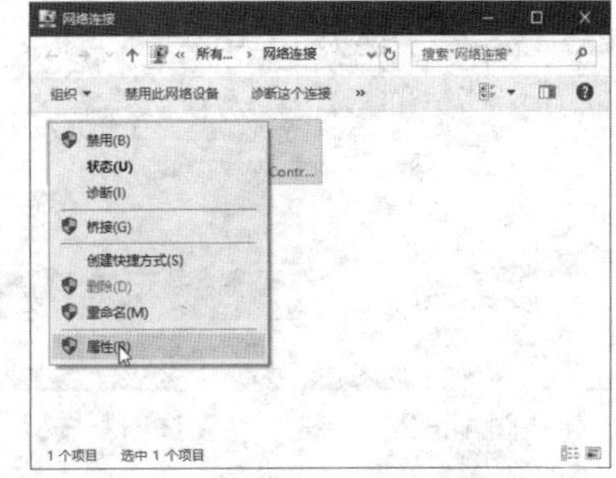

图 11-22 选择“属性”命令

（5）在“本地连接属性”对话框中双击“Internet 协议版本 4”，在打开的对话框中可查看当前计算机的 IP 地址，如图 11-23 所示。

（6）在另外一台计算机上选择“开始”/“所有程序”/“Windows 附件”/“远程桌面连接”命令，打开“远程桌面连接”对话框，在其中输入需要连接的 IP 地址，如图 11-24 所示。

（7）单击 连接(N) 按钮，“远程桌面连接”提示框会显示连接进度，稍等片刻后即可连接到远程计算机桌面，如图 11-25 所示。

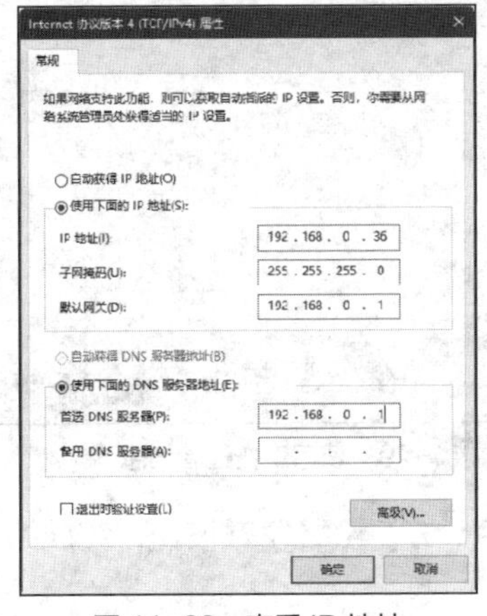

图 11-23 查看 IP 地址

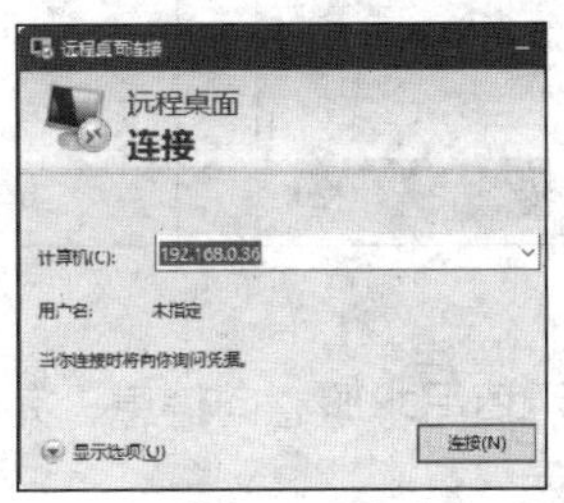

图 11-24 输入计算机 IP 地址

图 11-25 远程连接桌面进度栏

（六）网上求职

微课：注册并填写简历

随着互联网的发展，许多企业也选择了通过互联网平台来开展招聘工作，这样不但可以节约成本，而且人员的选择范围也更广。

1. 注册并填写简历

互联网平台上的招聘求职网站非常多，如智联招聘、前程无忧和猎聘网等，要通过这些网站进行求职，首先需要注册成为该网站的用户，并创建电子简历，下面介绍具体操作。

（1）在浏览器中打开前程无忧网站，在右侧选择“邮箱注册”选项，在下方的文本框中输入邮箱和密码，单击免费注册按钮，如图 11-26 所示。

（2）在打开的页面中根据提示输入相关的信息，单击注册按钮，如图 11-27 所示。

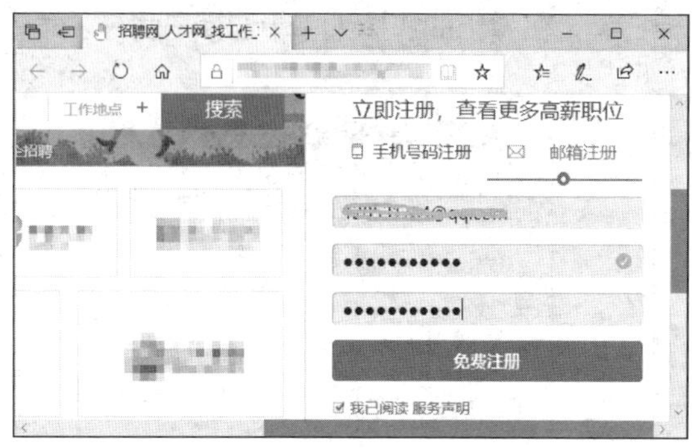

图 11-26 单击“免费注册”按钮

图 11-27 填写注册信息

（3）注册成功会打开提示对话框提示创建简历，单击“马上创建简历”超链接，在打开的窗口中根据提示信息填写简历的基本信息部分，如图 11-28 所示。

（4）单击下一步按钮，根据提示填写工作经验信息，如图 11-29 所示。

图 11-28 填写基本信息

图 11-29 填写工作经验信息

（5）单击下一步按钮，根据提示填写求职意向信息，完成后单击创建完成按钮，完成简历的创建，如图 11-30 所示。

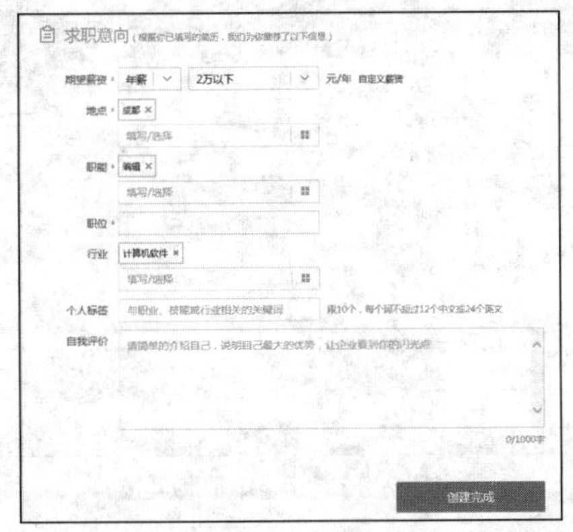

图 11-30　完成简历创建

2. 投递简历

用户在网站中创建简历后，就可以搜索感兴趣的职位并投递简历，下面介绍具体操作。

（1）打开前程无忧网站首页，在网页右侧单击“已有账号，去登录”超链接，在登录界面输入登录信息，单击 登录 按钮登录网站，在网页中的导航栏中选择“地区频道”选项，在打开的对话框中单击“成都”超链接，如图 11-31 所示。

（2）在页面搜索框中输入“编辑”文本，单击 搜索 按钮，如图 11-32 所示。

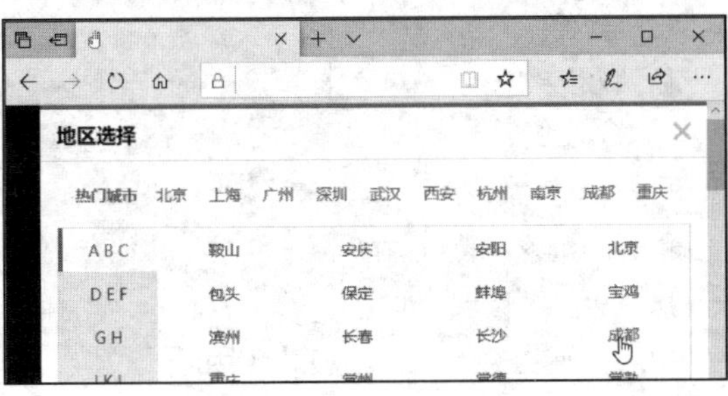

图 11-31　选择求职城市

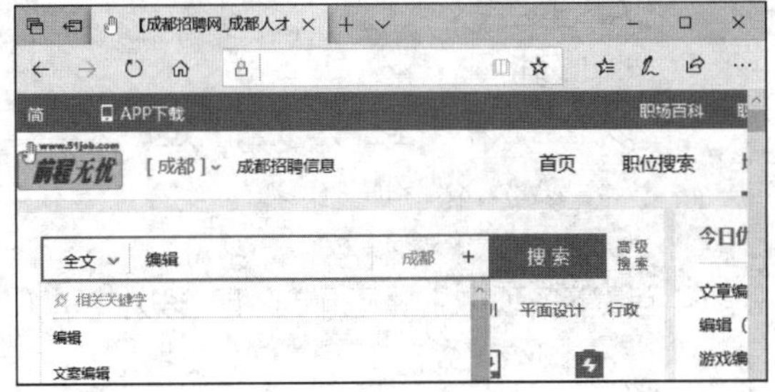

图 11-32　搜索职位

（3）此时页面将显示搜索的内容，单击需要求职的超链接，如图 11-33 所示。

（4）在打开的页面左侧可浏览该职位的相关介绍，在右侧单击 申请职位 按钮，如图 11-34 所示。

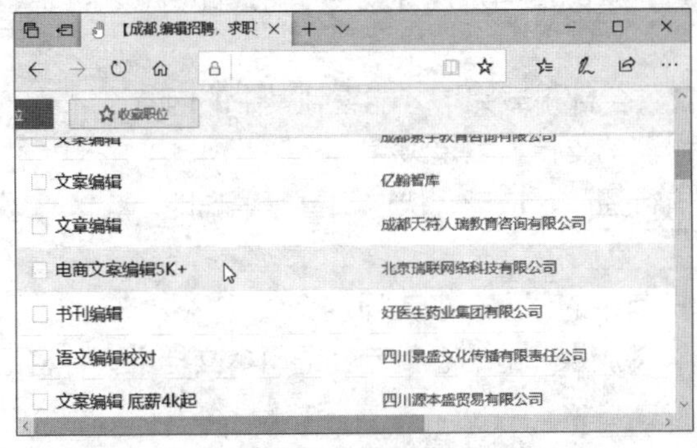

图 11-33　单击职位超链接

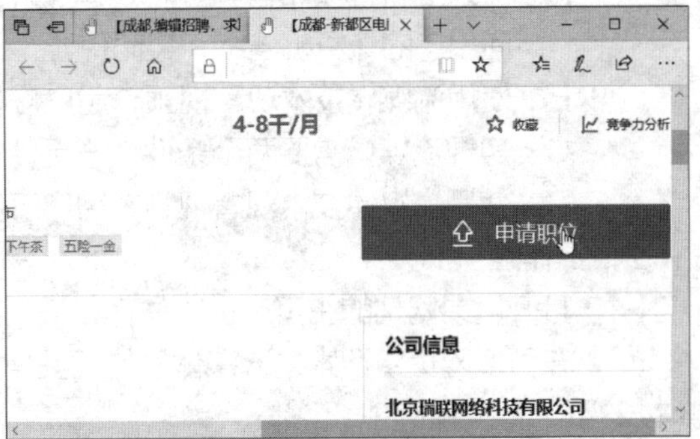

图 11-34　申请职位

（5）稍等片刻后，“申请职位”按钮将变为“已申请”状态，如图 11-35 所示。

（6）在网页上方的用户名处单击，在打开的下拉列表中选择“我的 51Job”选项，在打开的界面中可以查看职位的申请情况和反馈意见等，如图 11-36 所示。

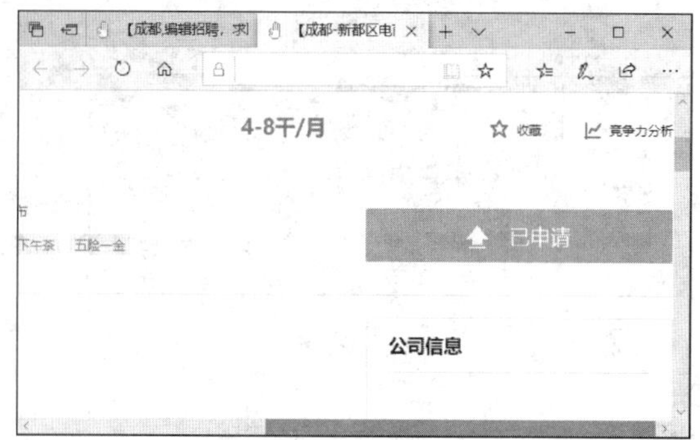

图 11-35　完成申请

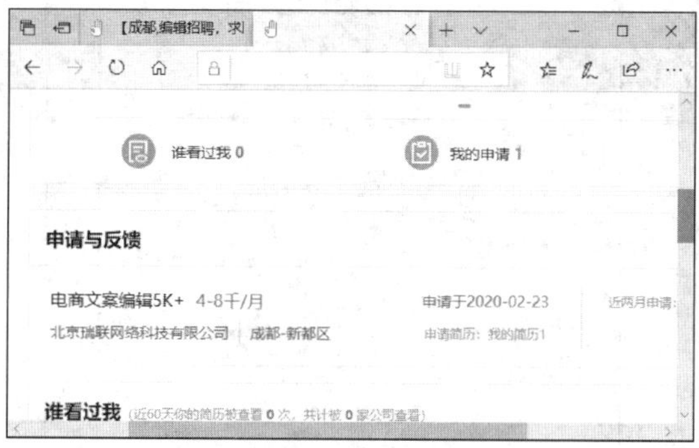

图 11-36　查看申请和反馈

课后练习

1. 选择题

（1）以下正确的 IP 地址是（　　）。

A. 323.112.0.1　　B. 134.168.2.10.2
C. 202.202.1　　D. 202.132.5.168

（2）以下各项中不属于网络传输介质的是（　　）。

A. 电话线　　B. 光纤
C. 网桥　　D. 双绞线

（3）以下各项中不能作为域名的是（　　）。

A. www.××××.com.cn　　B. www,××××.com
C. www. ××××.com　　D. mail.××××.com

（4）以下各项中不属于 TCP/IP 层次的是（　　）。

A. 网络访问层　　B. 交换层　　C. 传输层　　D. 应用层

（5）未来的 IP 是（　　）。

A. IPv4　　B. IPv5　　C. IPv6　　D. IPv7

（6）下面关于流媒体的说法，错误的是（　　）。

A. 流媒体将视频和音频等多媒体文件经过特殊的压缩方式分成一个个压缩包，由服务器向用户的计算机连续、实时传送
B. 使用流媒体技术观看视频，用户应将文件全部下载完毕才能看到其中的内容
C. 实现流媒体需要两个条件，一是传输协议的支持，二是缓存
D. 使用流媒体技术观看视频，用户可以执行播放、快进、快退和暂停等功能

2. 操作题

（1）打开网易网站的主页，进入体育频道，浏览其中的任意一条新闻。

（2）在百度网页中搜索“流媒体”的相关信息，将流媒体的信息复制到记事本文档中，并将记事本文档保存到桌面。

（3）将百度网页添加到收藏夹中。

（4）在百度网页中搜索“FlashFXP”的相关信息，将该软件下载到计算机的桌面上。

（5）将家里的计算机设置为可以远程登录，在办公室使用远程登录方式登录家里的计算机。

（6）在某招聘网站注册账号，创建简历，并在网站中搜索“行政”职位，投递简历。

项目十二 做好计算机维护与安全管理

12

由于计算机的功能十分强大，因此做好计算机的维护与保障计算机的安全十分重要。在日常工作中，计算机的磁盘、系统等都需要进行相应的维护和优化，在保证计算机正常运行的情况下还可适当提高效率。随着网络的发展，计算机安全也成为用户关注的重点之一，病毒和木马等都是计算机面临的各种不安全因素。本项目将通过 2 个典型任务，介绍计算机磁盘和系统维护的基础知识、磁盘的常用维护操作、设置虚拟内存、管理自启动程序、自动更新系统、计算机病毒的特点和分类、计算机感染病毒的表现、计算机病毒的防治方法、启动 Windows 防火墙及使用第三方软件保护系统等内容。

课堂学习目标

- 维护磁盘与计算机系统。
- 防治计算机病毒。

任务一 维护磁盘与计算机系统

任务要求

肖磊使用计算机办公也有一段时间了，他深知计算机的磁盘和系统对工作的重要性，于是决定学好磁盘与系统维护的相关知识，这样遇到简单问题时也可以自行处理，不用再求助于系统管理员。

本任务要求了解磁盘和系统维护的基础知识，如认识常见的系统维护场所。同时，要求读者可以进行简单的磁盘与系统维护操作，包括硬盘分区与格式化、清理磁盘、整理磁盘碎片、检查磁盘、关闭程序、设置虚拟内存和管理自启动程序等。

相关知识

（一）磁盘维护基础知识

磁盘是在计算机中使用频率非常高的一种硬件设备，在日常的使用中应注意对其进行维护，下面讲解在磁盘维护过程中需要了解的一些基础知识。

1. 认识磁盘分区

一个磁盘由若干个磁盘分区组成，磁盘分区可分为主分区和扩展分区，其含义分别如下。

- 主分区。主分区通常位于硬盘的第一个分区中，即 C 盘。主分区主要用于存放当前计算机操作系统的内容，其中的主引导程序用于检测硬盘分区的正确性，并确定活动分区，同时负责把引导权移交给活动分区的 Windows 10 或其他操作系统。一个硬盘中最多只能存在 4 个主分区。

- 扩展分区。除主分区以外的分区都是扩展分区，扩展分区不是一个实际意义上的分区，而是一个指向下一个分区的指针。扩展分区中可建立多个逻辑分区，逻辑分区是可以实际存储数据的磁盘，如 D 盘、E 盘等。

2. 认识磁盘碎片

计算机使用时间长了之后，磁盘上会保存大量文件，并分散在不同的磁盘空间上，这些零散的文件被称作“磁盘碎片”。由于硬盘读取文件需要在多个磁盘碎片之间跳转，因此磁盘碎片过多会降低硬盘的运行速度，从而降低整个 Windows 系统的运行性能。磁盘碎片产生的原因主要有以下 2 种。

- 下载。在下载电影之类的大文件时，用户可能也在使用计算机处理其他工作，因此下载的文件就被迫分割成若干个碎片存储于硬盘中。
- 文件的操作。在删除文件、添加文件和移动文件时，如果文件空间不够大，就会产生大量的磁盘碎片，随着对文件的频繁操作，磁盘碎片会日益增多。

（二）系统维护基础知识

计算机安装操作系统后，用户需要时常对操作系统进行维护，操作系统的维护一般有固定的设置场所，下面讲解 4 个常用的系统维护场所。

- “系统配置”对话框。系统配置可以帮助用户确定可能阻止 Windows 10 正确启动的问题，使用它可以在禁用服务和程序的情况下启动 Windows 10，从而提高系统运行速度。在搜索框中输入“msconfig”，按“Enter”键，即可打开“系统配置”对话框，如图 12-1 所示。
- “计算机管理”窗口。“计算机管理”窗口集合了一组管理本地或远程计算机的 Windows 10 管理工具，如任务计划程序、事件查看器、设备管理器和磁盘管理等。在桌面的“此电脑”快捷方式图标上单击鼠标右键，在弹出的快捷菜单中选择“管理”命令，或在任务栏的 cortana 搜索框中输入“compmgmt.msc”，按“Enter”键，即可打开“计算机管理”窗口，如图 12-2 所示。

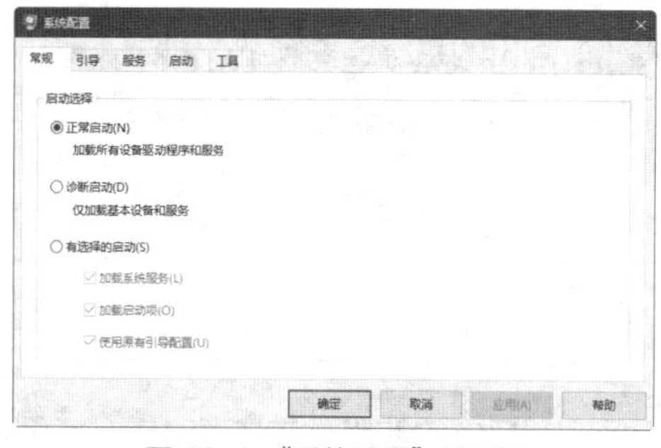

图 12-1 “系统配置”对话框

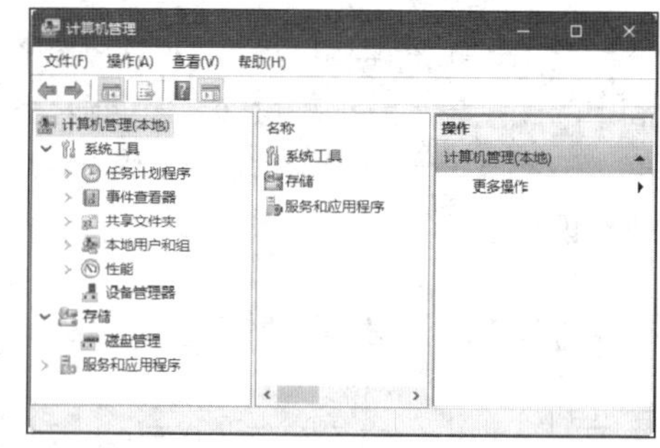

图 12-2 “计算机管理”窗口

- “任务管理器”窗口。“任务管理器”窗口提供了计算机性能的信息和在计算机上运行的程序和进程的详细信息，如果连接到网络，还可查看网络状态。按“Ctrl+Shift+Esc”组合键或在任务栏的空白处单击鼠标右键，在弹出的快捷菜单中选择“任务管理器”命令，均可打开“任务管理器”窗口，如图 12-3 所示。

- “注册表编辑器”窗口。注册表是 Windows 10 的一个重要数据库，用于存储系统和应用程序的设置信息，在整个系统中起着核心作用。在任务栏的 cortana 搜索框中输入“regedit”，按“Enter”键，即可打开“注册表编辑器”窗口，如图 12-4 所示。

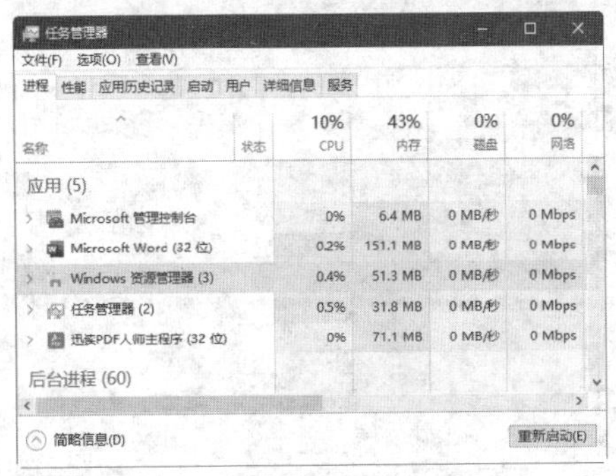

图 12-3 “任务管理器”窗口

图 12-4 “注册表编辑器”窗口

任务实现

（一）硬盘分区与格式化

微课：硬盘分区与格式化

一个新硬盘默认只有一个分区，若要使硬盘能够储存数据，就必须为硬盘分区并进行格式化。下面通过“计算机管理”窗口将 E 盘划分出一部分，新建一个 H 分区，并对其进行格式化，具体操作如下。

（1）在桌面上的“此电脑”快捷方式图标上单击鼠标右键，在弹出的快捷菜单中选择“管理”命令，打开“计算机管理”窗口。

（2）展开左侧的“存储”目录，选择“磁盘管理”选项，打开磁盘列表窗口，在 E 盘上单击鼠标右键，在弹出的快捷菜单中选择“压缩卷”命令，如图 12-5 所示。

（3）打开“压缩 E:”对话框，在“输入压缩空间量”数值框中输入划分出的空间的大小，单击压缩(S)按钮，如图 12-6 所示。

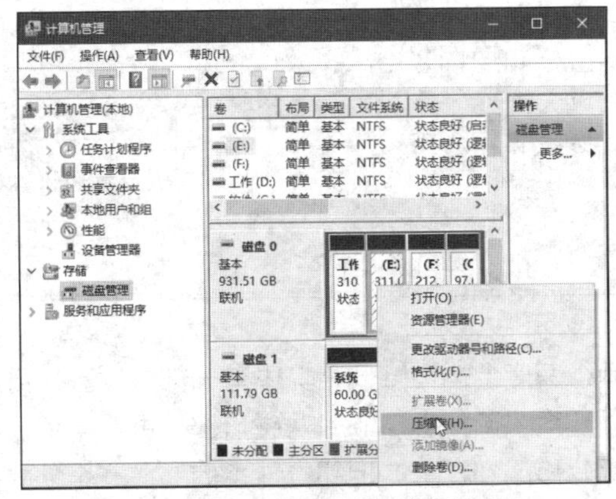

图 12-5 选择需要划分空间的磁盘

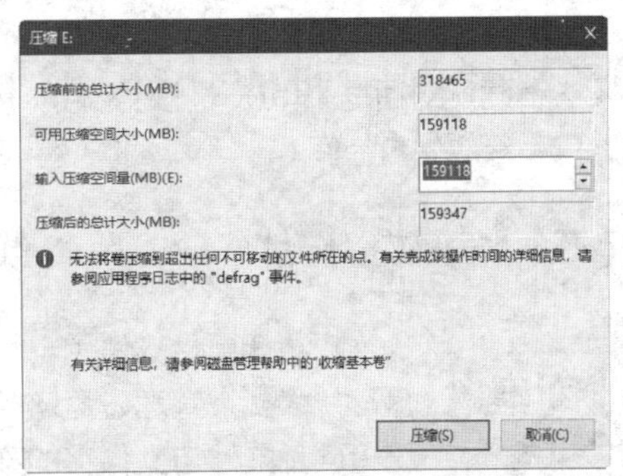

图 12-6 设置划分出的空间的大小

（4）返回“计算机管理”窗口，此时将增加一个可用空间，单击要创建简单卷的动态磁盘上的可用空间，一般显示为绿色，选择“操作”/“所有任务”/“新建简单卷”命令，或在要创建简单卷的动态磁盘的可分配空间上单击鼠标右键，在弹出的快捷菜单中选择“新建简单卷”命令，打开“新建简单卷向导”对话框。在该对话框中指定卷的大小，并单击下一步(N) >按钮，如图 12-7 所示。

（5）分配驱动器号和路径后，单击下一步(N) >按钮。

（6）设置所需参数，格式化新建分区后，单击下一步(N) >按钮，如图 12-8 所示。

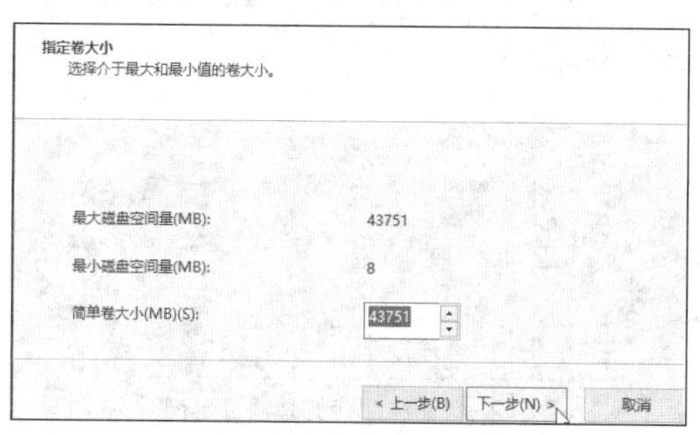

图 12-7　指定卷大小

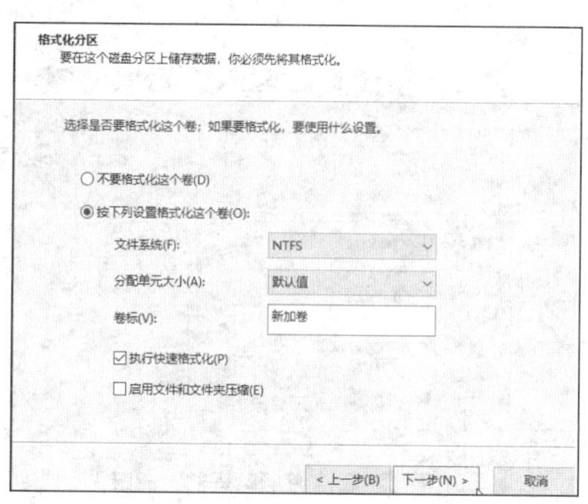

图 12-8　格式化新建分区

（二）清理磁盘

微课：清理磁盘

使用计算机的过程中会产生一些垃圾文件和临时文件，这些文件会占用磁盘空间，定期清理磁盘可提高系统运行速度。下面对 C 盘中已下载的程序文件和 Internet 临时文件进行清理，具体操作如下。

（1）选择“开始”/“所有程序”/“Windows 管理工具”/“磁盘清理”命令，打开“磁盘清理：驱动器选择”对话框。

（2）在对话框中选择需要进行清理的 C 盘，单击确定按钮，系统计算可以释放的空间后打开“(C:)的磁盘清理”对话框，在对话框中“要删除的文件”列表框中勾选“已下载的程序文件”和“Internet 临时文件”复选框，单击确定按钮，如图 12-9 所示。

（3）在确认对话框中单击“删除文件”按钮，系统将执行磁盘清理操作，释放磁盘空间。

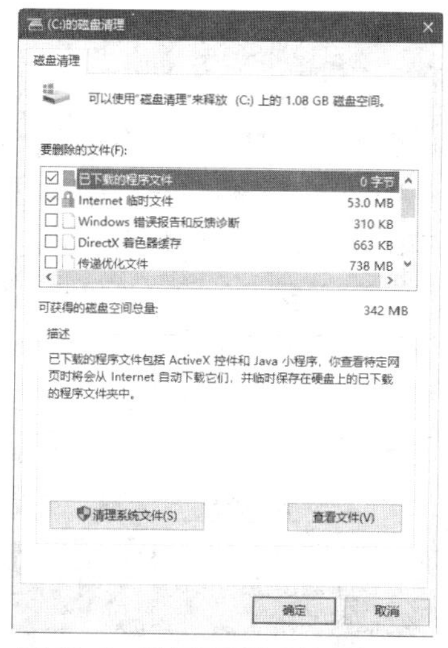

图 12-9　选择需要清理的磁盘文件

（三）整理磁盘碎片

微课：整理磁盘碎片

随着计算机的使用，系统运行速度会慢慢降低，其中有一部分原因是系统磁盘碎片太多，整理磁盘碎片可以让系统运行更流畅。对磁盘碎片进行整理是指系统将碎片文件与文件夹的不同部分移动到卷上的相邻位置，使其在一个独立的连续空间中。对磁盘进行碎片整理需要在“优化驱动器”窗口进行。下面整理 C 盘中的碎片，具体操作如下。

（1）选择“开始”/“所有程序”/“Windows 管理工具”/“碎片整理和优化驱动器”命令，打开“优化驱动器”窗口。

（2）选择要整理的 C 盘，单击分析(A)按钮，系统开始对所选的磁盘进行分析，当分析结束后，单击优化(O)按钮，开始对所选的磁盘进行碎片整理，如图 12-10 所示。在“优化驱动器”窗口中，还可以同时选择多个磁盘进行分析和优化。

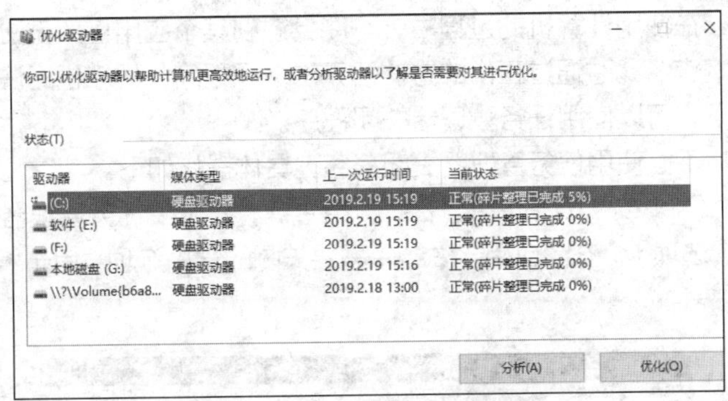

图 12-10　对 C 盘进行碎片整理

（四）检查磁盘

微课：检查磁盘

当计算机出现频繁宕机、蓝屏或者系统运行速度变慢的情况时，可能是磁盘上出现了逻辑错误。这时可以使用 Windows 10 自带的磁盘检查程序检查磁盘中是否存在逻辑错误，当磁盘检查程序检查到逻辑错误时，还可以使用该程序修复逻辑错误。下面对 E 盘进行磁盘检查，具体操作如下。

（1）双击“此电脑”快捷方式图标，打开“此电脑”窗口，在需要检查的磁盘 E 上单击鼠标右键，在弹出的快捷菜单中选择“属性”命令。

（2）打开“本地磁盘(E:)属性”对话框，单击“工具”选项卡，单击“查错”栏中的检查(C)按钮，如图 12-11 所示。

（3）在“错误检查(本地磁盘(E:))”对话框中选择“扫描驱动器”选项，如图 12-12 所示，程序将开始自动检查磁盘逻辑错误。

（4）扫描结束后，系统将打开提示框提示已成功扫描，单击关闭(C)按钮完成磁盘检查操作，如图 12-13 所示。

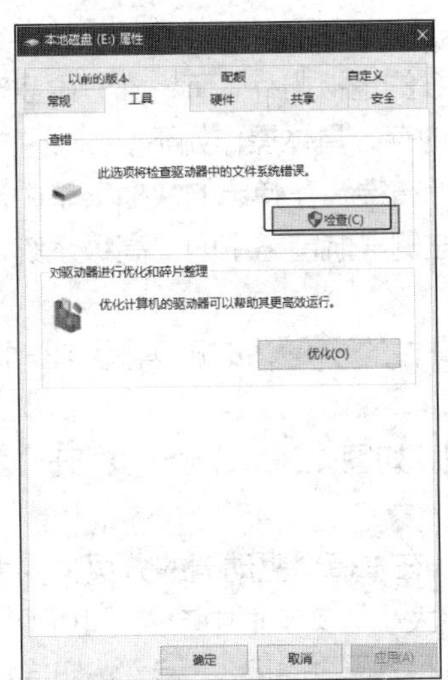

图 12-11　“本地磁盘(E:)属性”对话框

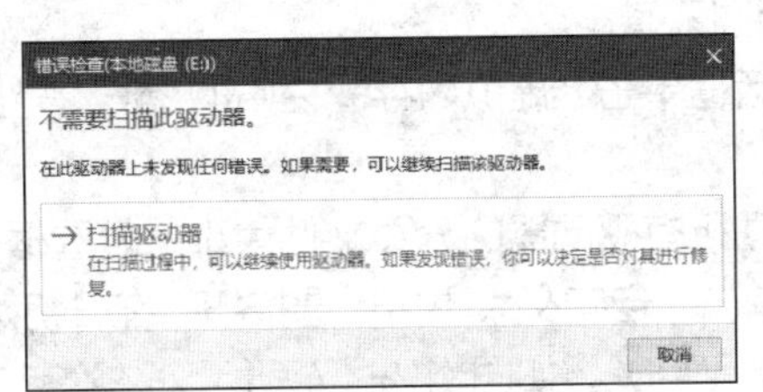

图 12-12　设置磁盘检查选项

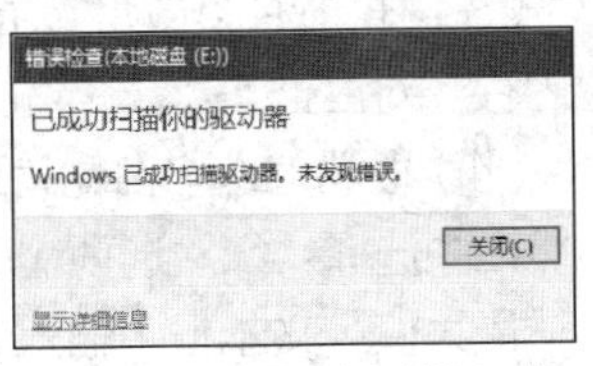

图 12-13　已成功扫描提示框

（五）关闭程序

微课：关闭程序

在使用计算机的过程中，可能会遇到某个应用程序无法操作的情况，即程序无响应，此时通过正常的方法已无法关闭程序，程序也无法继续使用。在这种情况下，可以使用任务管理器关闭程序。

下面使用任务管理器关闭程序，具体操作如下。

（1）按“Ctrl+Shift+Esc”组合键，打开“任务管理器”窗口。

（2）单击“进程”选项卡，在“应用”栏选择需要关闭的程序选项，单击结束任务(E)按钮关闭程序，如图 12-14 所示。

图 12-14　关闭程序

（六）设置虚拟内存

微课：设置虚拟内存

计算机中的程序均需经由内存执行，若执行的程序占用内存过多，就会导致计算机运行缓慢甚至宕机，通过设置 Windows 10 的虚拟内存，可将部分硬盘空间划分出来充当内存使用。下面为 C 盘设置虚拟内存，具体操作如下。

（1）在“此电脑”快捷方式图标上单击鼠标右键，在弹出的快捷菜单中选择“属性”命令，打开“系统”控制面板，单击左侧导航窗格中的“高级系统设置”超链接。

（2）打开“系统属性”对话框，单击“高级”选项卡，单击“性能”栏的设置(S)...按钮，如图 12-15 所示，打开“性能选项”对话框。

（3）在“性能选项”对话框单击“虚拟内存”栏中的更改(C)...按钮，如图 12-16 所示，打开“虚拟内存”对话框。

（4）取消勾选“自动管理所有驱动器的分页文件大小”复选框，在“每个驱动器的分页文件大小”栏中选择“C:”选项。单击“自定义大小”单选按钮，在“初始大小”文本框中输入“1000”，在“最大值”文本框中输入“5000”，如图 12-17 所示，依次单击设置(S)按钮和确定按钮完成设置。

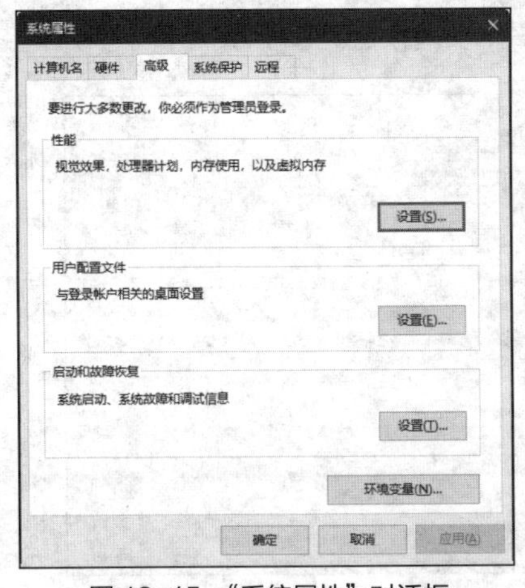

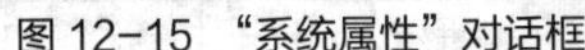
图 12-15 “系统属性”对话框

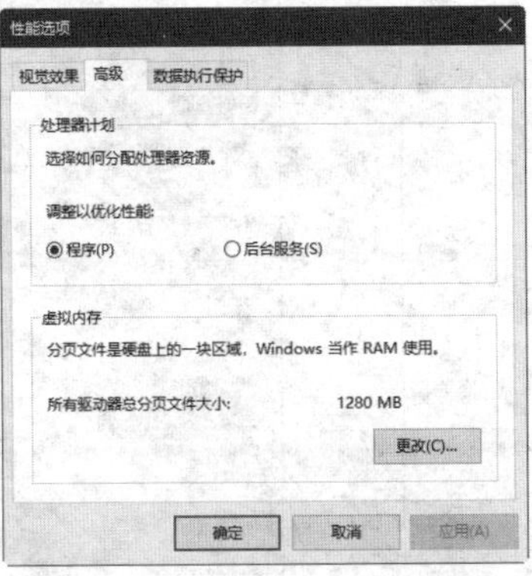

图 12-16 “性能选项”对话框

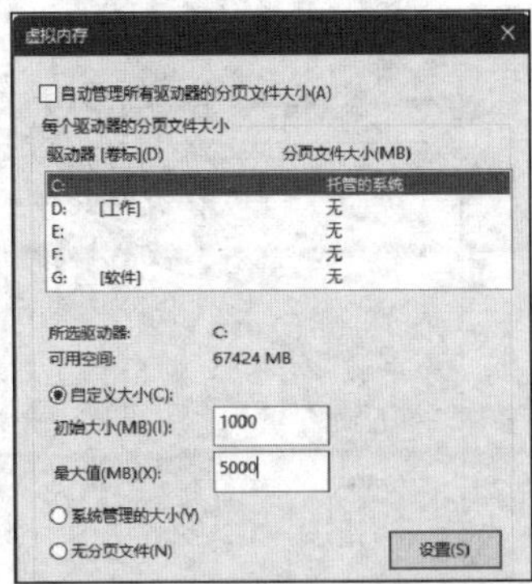

图 12-17 设置 C 盘虚拟内存

（七）管理自启动程序

在安装软件时，有些软件会自动设置为随计算机启动一起启动，这种方式虽然方便了用户，但是如果随计算机启动的软件过多，开机速度会变慢，而且即使开机成功，也会消耗过多的内存。下面设置相关软件在开机时不自动启动，具体操作如下。

（1）在任务栏中单击鼠标右键，在弹出的快捷菜单中选择“任务管理器”命令，打开“任务管理器”对话框。

（2）单击“启动”选项卡，在列表框中选择不需要开机启动的软件，单击 禁用(A) 按钮即可，如图 12-18 所示。

图 12-18 设置开机时不自动启动的程序

（八）自动更新系统

微软每隔一段时间都会发布系统的更新文件，以完善和加强系统功能。Windows 系统的更新功能可自动下载和安装更新文件，当然用户也可以设置手动检查和更新系统。下面使用 Windows 更新功能检查并安装更新，具体操作如下。

（1）选择“开始”/“设置”命令，打开“设置”窗口，在其中单击“更新和安全”超链接，在打开的界面中选择“Windows 更新”选项，打开“Windows 更新”界面，单击“高级选项”超链接，如图 12-19 所示。

(2)在打开的“高级选项”界面中可以设置系统更新的方式，如图 12-20 所示。

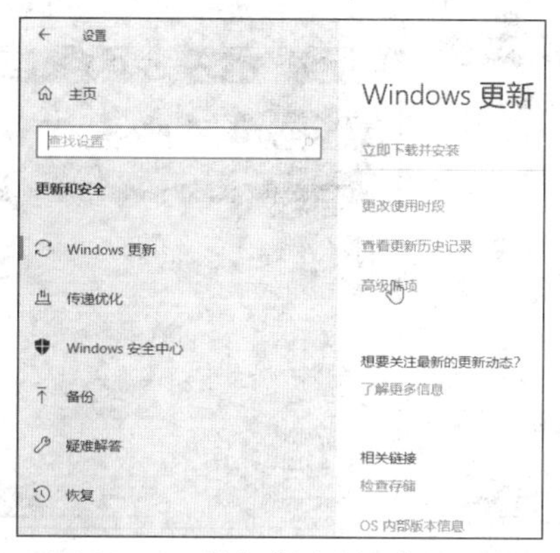

图 12-19　单击“高级选项”超链接

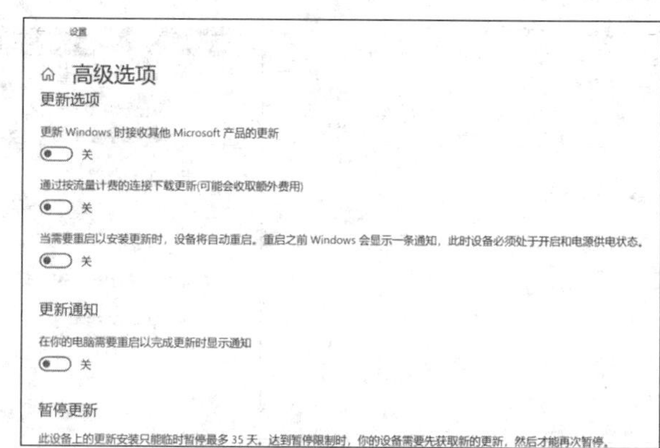

图 12-20　设置系统更新方式

任务二　防治计算机病毒

任务要求

通过前面的学习，肖磊对磁盘和系统的维护已经有了一定的认识，简单的问题也可以自行解决了，同时他也明白了计算机中存储的文件非常重要，维护计算机的信息安全是非常重要的工作。肖磊工作时，很多事情都需要在网上处理：一方面，Internet 给了他一个广阔的空间，不但有很多资源可以共享，还可以拉近朋友之间的距离；可是另一方面，Internet 也让计算机面临被攻击和被病毒感染的风险。如何在享用 Internet 带来便捷的同时又能让计算机不受病毒的侵害，是肖磊面临的新问题。

本任务要求认识计算机病毒的特点和分类、计算机感染病毒的表现，计算机病毒的防治方法，然后通过实际操作，了解防治计算机病毒的各种途径，如启动 Windows 防火墙、使用第三方软件保护系统等。

相关知识

(一)计算机病毒的特点和分类

计算机病毒是一种能够破坏计算机功能或数据，影响计算机使用，并且能够自我复制和传播的计算机程序代码，它常常寄生于系统启动区、设备驱动程序及一些可执行文件内，并能利用系统资源进行自我复制和传播。计算机中毒后会出现运行速度突然变慢、自动打开不知名的窗口或者对话框、突然宕机、自动重启、无法启动应用程序和文件被损坏等情况。

1. 计算机病毒的特点

计算机病毒虽然是一种程序，但是和普通的计算机程序有很大的区别，计算机病毒通常具有以下特点。

- 传染性。计算机病毒具有极强的传染性，病毒一旦侵入，就会不断地自我复制，占据磁盘空间，寻找适合其传播的介质，向与该计算机联网的其他计算机传播，达到破坏数据的目的。
- 危害性。计算机病毒的危害性是显而易见的，计算机一旦感染上病毒，将会影响系统的正常运行，造成系统运行速度减慢、存储数据被破坏，甚至系统瘫痪。
- 隐蔽性。计算机病毒具有很强的隐蔽性，它通常是一个没有文件名的程序。计算机感染病毒后一般无明显表现，因此只有定期对计算机进行病毒扫描和查杀才能最大限度地减少病毒的入侵。

- 潜伏性。当计算机系统或数据被病毒感染后，有些病毒并不立即发作，而是等达到引发病毒条件（如到达发作的时间等）时才开始破坏系统。
- 诱惑性。计算机病毒会充分利用人们的好奇心，通过网络浏览或邮件等多种方式进行传播，所以一些看起来极具诱惑的超链接不可贸然单击。

2. 计算机病毒的分类

计算机病毒从产生之日起到现在已经发展了多年，也产生了很多不同类型的病毒。总体来说，病毒的分类可根据病毒名称的前缀判断，主要有以下 9 种。

- 系统病毒。系统病毒是指可以感染 Windows 操作系统中扩展名为.exe 和.dll 的文件，并且还可以通过这些文件进行传播的病毒，如 CIH 病毒。系统病毒的前缀有 Win32、PE、Win95、W32 和 W95 等。
- 蠕虫病毒。蠕虫病毒通过网络或者系统漏洞传播，很多蠕虫病毒都有向外发送带毒邮件、阻塞网络的特性，如冲击波病毒和小邮差病毒。蠕虫病毒的前缀为 Worm。
- 木马病毒、黑客病毒。二者通常一起出现，木马病毒负责入侵用户的计算机，即通过网络或者系统漏洞进入用户的系统，然后向外界泄露用户的信息；黑客病毒则通过木马病毒来对用户的计算机进行远程控制。木马病毒的前缀为 Trojan，黑客病毒的前缀一般为 Hack。
- 脚本病毒。脚本病毒是使用脚本语言编写、通过网页传播的病毒，如红色代码（Script.Redlof）。脚本病毒的前缀一般为 Script，有时还会有表明以何种脚本编写的前缀，如 VBS、JS 等。
- 宏病毒。宏病毒主要用于感染 Office 系列文档，然后通过 Office 模板进行传播，如美丽莎（Macro.Melissa）。宏病毒也属于脚本病毒的一种，其前缀为 Macro、Word、Word 97、Excel 和 Excel 97 等。
- 后门病毒。后门病毒通过网络传播找到系统，会给用户的计算机带来安全隐患。后门病毒的前缀为 Backdoor。
- 种植程序病毒。种植程序病毒的特征是运行时从病毒体内释放出一个或几个新的病毒到系统目录下，由释放出来的新病毒进行破坏，如冰河播种者（Dropper.BingHe2.2C）、MSN 射手（Dropper.Worm.Smibag）等。种植程序病毒的前缀为 Dropper。
- 破坏性程序病毒。破坏性程序病毒通过好看的图标来引诱用户单击，从而对用户计算机进行破坏，如格式化 C 盘（Harm.formatC.f）、杀手命令（Harm.Command.Killer）等。破坏性程序病毒的前缀为 Harm。
- 捆绑机病毒。捆绑机病毒使用特定的捆绑程序将病毒与应用程序捆绑起来，当用户运行这些程序时，表面上看只是运行一个正常的应用程序，实际上在运行同时还运行捆绑在一起的病毒，从而给用户的计算机造成危害，如捆绑 QQ（Binder.QQPass.QQBin）、系统杀手（Binder.killsys）等。捆绑机病毒的前缀为 Binder。

提示  按其寄生场所不同，计算机病毒可分为引导型病毒和文件型病毒两大类；按对计算机破坏程度的不同，计算机病毒可分为良性病毒和恶性病毒两大类。

（二）计算机感染病毒的表现

计算机在感染病毒之后，不一定会立刻影响计算机的正常工作，这时可以通过计算机在运行方面的细微变化来判断计算机是否感染了病毒。计算机感染病毒后的症状很多，以下几种是最为常见的。

- 磁盘文件的数量无故增多。
- 计算机系统的内存空间明显变小，运行速度明显减慢。
- 文件的日期或时间被修改。
- 经常无缘无故地宕机或重新启动。
- 丢失文件或文件被损坏。
- 打开某网页后弹出大量对话框。
- 文件无法正常读取、复制或打开。
- 以前能正常运行的软件经常发生内存不足的错误，甚至宕机。
- 出现异常对话框，要求用户输入密码。
- 显示器屏幕出现花屏、奇怪的信息或图像。
- 浏览器自动链接到一些陌生的网站。
- 鼠标或键盘不受控制等。

（三）计算机病毒的防治方法

预防计算机病毒的侵害是保护计算机的主要方式，一旦计算机出现了感染病毒的症状，就要清除计算机病毒。

1. 预防计算机病毒

计算机病毒通常通过移动存储介质（如 U 盘、移动硬盘等）和计算机网络两大途径传播。对计算机病毒的防治，以预防为主，堵塞病毒的传播途径。对计算机病毒的防治应遵循以下原则。

- 安装杀毒软件，并进行安全设置，及时升级杀毒软件的病毒库，开启病毒实时监控。
- 扫描系统漏洞，及时更新系统补丁。
- 下载文件、浏览网页时选择正规的网站。
- 禁用远程功能，关闭不需要的服务。
- 分类管理数据。
- 尽量使用具有查毒功能的电子邮箱，尽量不要打开陌生的、可疑的邮件。
- 关注目前流行的计算机病毒感染途径、发作形式及防范方法，做到预先防范，感染后及时查毒，以避免更大的损失。
- 有效管理系统内创建的 Microsoft 账户、Guest 账户及用户创建的账户，包括密码管理、权限管理等。
- 修改浏览器中与安全相关的设置。
- 未经过病毒检测的文件、光盘、U 盘及移动存储设备在使用前应首先使用杀毒软件查毒。
- 按照反病毒软件的要求制作应急盘、急救盘、恢复盘，以便恢复系统时使用。
- 不要使用盗版软件。
- 有规律地制作备份，养成备份重要文件的习惯。
- 注意计算机有没有异常现象，发现可疑情况及时采取相应措施。
- 若硬盘资料已经遭到破坏，不必急着格式化，因病毒不可能在短时间内破坏全部硬盘资料，故可利用“灾后重建”程序加以分析和重建。

2. 清除计算机病毒

清除病毒的方法有用防病毒软件清除病毒、重载系统并格式化硬盘清除病毒和手工清除病毒 3 种。用杀毒软件检测和清除病毒是当前比较流行的方法，下面分别对这 3 种方法进行介绍。

- 用防病毒软件清除病毒。如果发现计算机感染了病毒，需要立即关闭计算机，因为继续使用会使更多的文件感染。对于这种已经感染病毒的计算机，最好使用防病毒软件进行全面杀毒，此类软件都具有清除病毒并恢复原有文件内容的功能。杀毒后，被破坏的文件有可能恢复成正常的文件。对未感染的文件，用户可以打开系统中防病毒软件的“系统监控”功能，从注册表、系统进程、内存、网络等多方面对各种操作进行主动防御。一般来说，使用杀毒软件是能清除病毒的，但考虑到病毒在正常模式下比较难清理，所以需要重新启动计算机，然后在安全模式下进行查杀。若遇到比较顽固的病毒可下载专门的查杀工具来清除，再恶劣点的病毒则只能通过重装系统进行彻底清除。
- 重装系统并格式化硬盘清除病毒。对硬盘进行格式化会破坏硬盘上的所有数据，包括病毒，所以重装系统并进行硬盘格式化是一种比较彻底的清除计算机病毒的方法。但是，在格式化硬盘之前必须确定硬盘中的数据是否还需要保留，对于重要的文件要先做好备份工作。另外，一般是进行高级格式化，最好不要轻易进行低级格式化，因为低级格式化是一种损耗性操作，它对硬盘寿命有一定的影响。
- 手工清除病毒。手工清除计算机病毒对技术要求高，需要熟悉机器指令和操作系统，难度比较大，一般只能由专业人员操作。

任务实现

（一）启用 Windows 防火墙

防火墙是协助用户确保信息安全的硬件或者软件，使用防火墙可以过滤掉不安全的网络访问服务，提高上网安全性。Windows 10 提供了防火墙功能，用户应将其开启。

微课：启用 Windows 防火墙

下面启用 Windows 10 的防火墙，具体操作如下。

（1）选择“开始”/“设置”命令，打开“设置”窗口，在其中单击“更新和安全”超链接，在打开的界面中选择“Windows 安全中心”选项，打开“Windows 安全中心”窗口，在右侧选择“防火墙和网络保护”选项。

（2）在“防火墙和网络保护”界面中单击需要设置的网络超链接，这里单击“公用网络”超链接，如图 12-21 所示。

（3）在打开的界面中将“Windows Defender 防火墙”按钮保持在“开”状态，如图 12-22 所示。

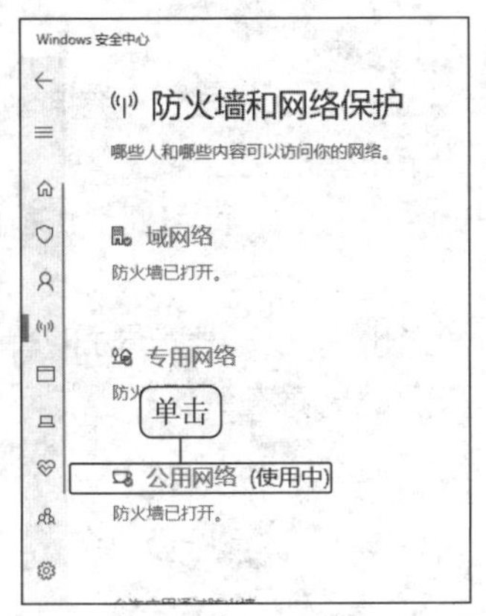

图 12-21　单击超链接

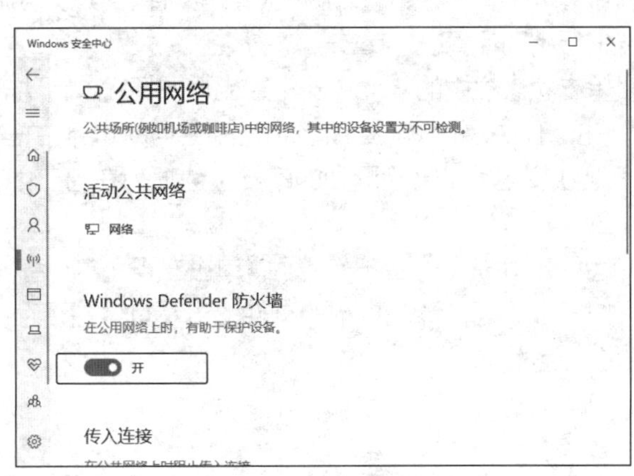

图 12-22　开启 Windows 防火墙

（二）使用第三方软件保护系统

微课：使用第三方软件保护系统

对于普通用户而言，防范计算机病毒、保护计算机最有效、最直接的措施是使用第三方软件。一般使用两类软件即可满足用户保护计算机的需求：一是安全管理软件，如 QQ 电脑管家、360 安全卫士等；二是杀毒软件，如 360 杀毒和百度杀毒等。这些杀毒软件的使用方法类似，下面以使用 360 杀毒软件为例介绍如何使用杀毒软件，具体操作如下。

使用 360 杀毒软件快速扫描计算机中的文件，然后清理有威胁的文件；接着在 360 安全卫士（旗舰版）软件中对计算机进行体检，修复后再扫描计算机，检查计算机中是否存在木马病毒。

（1）安装 360 杀毒软件后，在启动计算机的同时就会默认自动启动该软件，其图标在状态栏右侧的通知栏中显示，单击“360 杀毒”图标。

（2）在 360 杀毒工作界面中选择扫描方式，这里单击“快速扫描”按钮，如图 12-23 所示。

（3）程序开始扫描指定位置的文件，将疑似病毒的文件和对系统有威胁的文件都扫描出来，并显示在打开的窗口中，如图 12-24 所示。

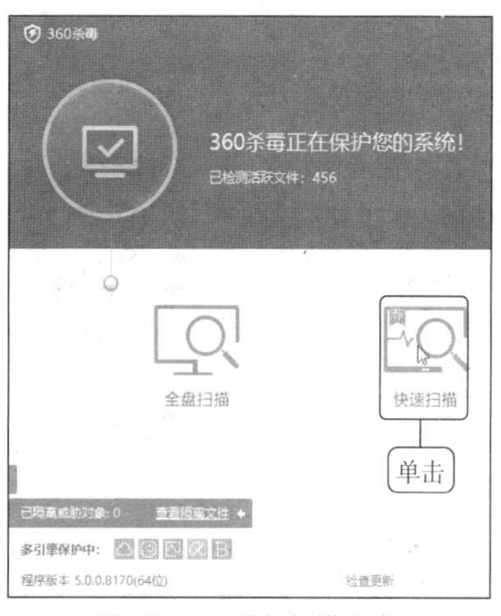

图 12-23 选择扫描方式

图 12-24 扫描文件

（4）扫描完成后，勾选要清理的文件对应的复选框，单击按钮，如图 12-25 所示，在打开的提示对话框中单击按钮确认清理文件。清理完成后，软件提示本次扫描和清理文件的结果，提示需要重新启动计算机，单击按钮。

（5）单击状态栏中的“360 安全卫士”图标，启动 360 安全卫士并打开其工作界面，单击中间的按钮，如图 12-26 所示，软件会自动运行并扫描计算机中的各个位置。

（6）360 安全卫士将检测到的不安全选项列在窗口中，单击按钮，即可对其进行修复，如图 12-27 所示。

（7）返回 360 安全卫士工作界面，单击左下角的“查杀修复”按钮，在打开的界面中单击“快速扫描”按钮，扫描计算机中的文件，查看其中是否存在木马文件，如存在，则根据提示单击相应的按钮进行清除。

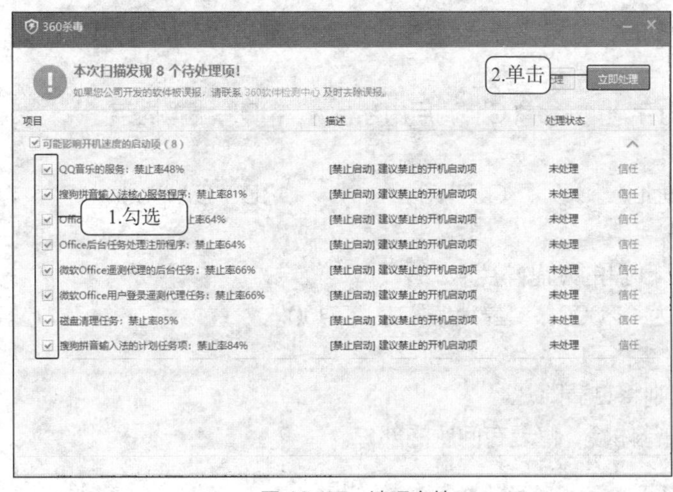

图 12-25　清理文件

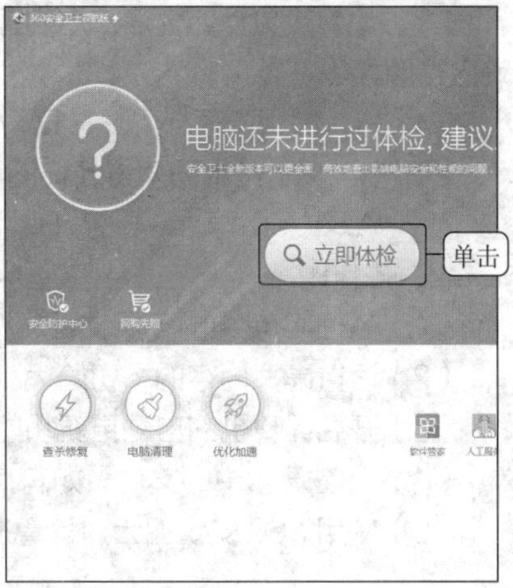

图 12-26　360 安全卫士

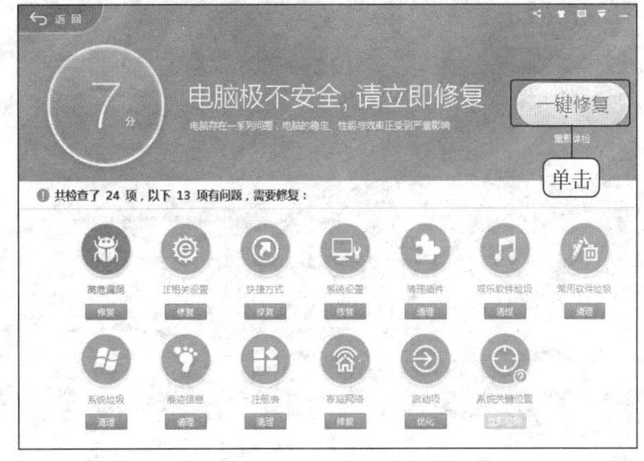

图 12-27　修复系统

提示　在使用杀毒软件杀毒时，用户若怀疑某个位置可能有病毒，可只针对该位置查杀病毒，方法是：在软件工作界面单击“自定义扫描”按钮，打开“选择扫描目录”对话框，勾选需要扫描的文件的位置前的复选框，单击 扫描 按钮。

课后练习

1. 选择题

（1）下列关于计算机病毒的说法中，正确的是（　　）。

A. 计算机病毒发作后，将给计算机硬件造成损坏

B. 计算机病毒可通过计算机传染计算机操作人员

C. 计算机病毒是一种有编写错误的程序

D. 计算机病毒是一种影响计算机使用并且能够自我复制和传播的计算机程序代码

（2）硬盘的（　　）不是一个实际意义的分区，而是一个指向下一个分区的指针。

A. 主分区　　B. 扩展分区　　C. 逻辑分区　　D. 活动分区

（3）计算机执行的程序占用内存过多时，可将部分硬盘空间划分出来充当内存使用，划分出来的内存叫作（　　）。

A．借用内存　　B．假内存　　C．调用内存　　D．虚拟内存

（4）（　　）是木马病毒名称的前缀。

A．Worm　　B．Script　　C．Trojan　　D．Dropper

2．操作题

（1）清理 C 盘中的无用文件，整理 D 盘的磁盘碎片。

（2）设置虚拟内存的“初始大小”为“2000”，“最大值”为“7000”。

（3）开启计算机的自动更新功能。

（4）扫描 F 盘中的文件，如有病毒则将其清除。

（5）使用 360 安全卫士对计算机进行体检，修复有问题的部分。